软件开发源码 精讲系列

UNIX xv6

内核源码深入剖析

高联雄 ◎ 著

清华大学出版社

北京

内容简介

本书对 UNIX xv6 的源码进行了深入剖析和详细注解，同时配合大量实例与图表，对每个模块先提炼关键数据结构和核心方法，再结合源码分析其工作机制，让读者明白其原理及具体实现，以求理论和实践能力同步提升，为深入理解操作系统原理乃至进一步研究学习 Linux 和 Android 等类 UNIX 系统内核打下坚实基础。

本书第 1 章对 xv6 进行概述；第 2 章介绍 xv6 操作系统结构；第 3 章介绍 xv6 开发、测试和运行的软件环境；第 4 章简要介绍 x86 计算机组成原理；第 5 章介绍 x86 的实模式与保护模式；第 6 章深入分析 xv6 的启动；第 7～10 章介绍 xv6 的虚拟空间管理、中断与系统调用、锁以及进程管理，第 11、12 章介绍 xv6 的文件系统；第 13 章介绍 exec()函数、管道与字符串的实现；第 14 章介绍 xv6 的多处理器支持；第 15 章介绍字符设备驱动；第 16 章介绍用户进程的初始化、API 和 Shell 的实现。

本书适合操作系统初、中级学习者，系统程序员，嵌入式系统开发者以及对 UNIX 和 Linux 等类 UNIX 内核感兴趣的读者。

图书在版编目（CIP）数据

UNIX xv6 内核源码深入剖析 / 高联雄著. —北京：清华大学出版社，2022.10
（软件开发源码精讲系列）
ISBN 978-7-302-61463-0

Ⅰ. ①U⋯ Ⅱ. ①高⋯ Ⅲ. ①UNIX 操作系统 Ⅳ. ①TP316.81

中国版本图书馆 CIP 数据核字（2022）第 136119 号

责任编辑：安　妮　张爱华
封面设计：刘　键
责任校对：胡伟民
责任印制：沈　露

出版发行：清华大学出版社
　　　　网　　　　址：http://www.tup.com.cn，http://www.wqbook.com
　　　　地　　　　址：北京清华大学学研大厦 A 座　　邮　　编：100084
　　　　社　总　机：010-83470000　　　　　　　　邮　　购：010-62786544
　　　　投稿与读者服务：010-62776969，c-service@tup.tsinghua.edu.cn
　　　　质　量　反　馈：010-62772015，zhiliang@tup.tsinghua.edu.cn
　　　　课　件　下　载：http://www.tup.com.cn，010-83470236
印　装　者：三河市君旺印务有限公司
经　　　销：全国新华书店
开　　　本：185mm×260mm　　　印　　张：25　　　字　　数：630 千字
版　　　次：2022 年 11 月第 1 版　　　印　　次：2022 年 11 月第 1 次印刷
印　　　数：1～1500
定　　　价：99.00 元

产品编号：094350-01

操作系统在计算机系统中处于承上启下的重要地位，它对下管理计算机的硬件资源，对上服务应用程序和用户。阅读内核源码是学习操作系统原理及实现和理解计算机系统的重要途径，但实际的操作系统太过庞大，以致让人无法窥其全貌，例如 2021 年 4 月发布的 Linux 内核版本 5.10 稳定版已经达到了约 3000 万行源码的规模。

小巧的 UNIX 早期版本 UNIX V6 曾经是 MIT 等众多高校操作系统课程源码研读的首选，而且 Linux、iOS 和 Android 都基于 UNIX V6，通过研读 UNIX V6 源码可以更深入理解 UNIX、Linux 等操作系统内核的基本概念及实现原理。

但 UNIX V6 基于的 PDP-11 硬件平台早已被淘汰，而 UNIX V6 部分汇编代码直接使用了 PDP-11 指令；UNIX V6 所用的 C 语言也是最早期的版本；而且 UNIX V6 部分代码略显粗糙，这些因素给学习者造成了极大障碍。因此，2006 年 MIT 基于 Intel 的 32 位 x86 处理器用标准 C 语言重新实现了 UNIX V6 并命名为 UNIX xv6，简称 xv6。于 2018 年 9 月发布的 xv6 最终修订版 rev11 总共只有 9300 多行，xv6 沿袭了 UNIX V6 的基本架构并对其粗糙的地方进行了改进。xv6 及其变种目前被麻省理工学院（MIT）、耶鲁大学、清华大学、北京航空航天大学和哈尔滨工业大学等众多高校选为操作系统教学和实验平台。

本书结合源码深度剖析 xv6 如何在 Intel 的 32 位 x86 架构上实现 UNIX V6 操作系统，配套源码读者可以扫描下方二维码获取，本书涉及的思想和概念可以为 Linux、iOS、Android 乃至嵌入式系统的开发人员理解操作系统底层原理提供一条便捷之道。

源码

考虑到部分读者对如何学习操作系统及为何研究 xv6 源码存在疑问，因此本书先阐述操作系统的学习之道，然后再解释 xv6 为何适合作为打开操作系统内核的钥匙，最后给出本书的结构。

1. 操作系统的学习之道

操作系统的学习有以下 4 个循序渐进的途径和层次。

1）读原著

首先读一本经典的操作系统书籍，如 Tanenbaum 的《操作系统：设计与实现（第 3 版）》《现代操作系统》或者 Silberschatz 的《操作系统概念》，以对操作系统的基本概念（如进程管理、内存管理、文件系统和 I/O 管理）有基本的理解；此外还可动手编写一些程序来调用操作系统核心 API，实现进程管理、内存分配和文件创建等功能。

如果对计算机系统基本原理不太熟悉，《深入理解计算机系统》可帮助读者对计算机系统有全面且深入的认识；学习操作系统需要理解 CPU 的 6 个重要机制：寄存器、多级缓存、分段、分页、中断以及多核同步，读者可参阅计算机组成原理方面的书籍，如 David A. Patterson 的《计算机组成与设计》；对于 x86 处理器的技术细节，Intel 的开发手册 *Software Developer Manuals for Intel® 64 and IA-32 Architectures*（简称 *Intel SDM*）是权威的参考资料，但 *Intel SDM* 近 5000 页的体量过于庞大，所以更适合作为工具书查阅。

2）探源码

只了解操作系统的一些概念对于学习操作系统来说还只能算是纸上谈兵，如同医生要学习人体解剖学，计算机相关专业的从业者应该"解剖"一个操作系统。源码面前了无秘密，探究内核源码是剖析操作系统的最佳途径，研读内核源码会让读者对计算机系统从硬件到操作系统原理及实现有一个清晰完整的理解。另外，一些操作系统内核源码堪称大师杰作，是学习编程的典范；很多操作系统内核如 UNIX、Linux 等都是用 C 语言编写的，因此内核源码也是程序员学习 C 语言的优秀范本，C 语言的指针、结构体和宏等高级特性在操作系统内核源码中体现得淋漓尽致。

研读源码经常涉及函数的调用与实现、变量和类型的定义，常常在源码之间来回跳转，而且对于一些很隐晦的部分如函数指针，只有具体分析上下文才能确定它关联到哪个函数，因此需要一个专业工具来阅读源码，Source Insight 是阅读源码的利器，Visual Studio Code 也是不错的选择。

3）改源码

对源码研习到一定阶段，读者可尝试修改操作系统内核源码。首先可以尝试在虚拟机上编译、运行并调试内核，让源码"活"起来；然后找到自己关注的模块动手修改，例如可以修改调度算法，实现内存映射、设备驱动、文件系统或者某个用户命令（如 ls）等。

4）做原型

如果到第三个层次仍有余力，读者不妨尝试从零开始编写一个简单的操作系统内核。计算机界的大师如 UNIX 的作者 Ken、Linux 的作者 Linus 以及 Minix 的作者 Andrew Stuart Tanenbaum 就是这样做的。为实现操作系统原型，读者可参考于渊的《Orange's 一个操作系统的实现》、川合秀实的《30 天自制操作系统》以及田宇的《一个 64 位操作系统的设计与实现》。

2. 选择 xv6 源码的原因

研读操作系统源码可帮助读者真正理解操作系统的原理及实现技术，但实际的操作系统内核往往太过庞大。源码只有 1 万多行的 UNIX V6 是现代操作系统的鼻祖，UNIX V6 曾经是众多高校操作系统课程研习内核源码的首选。

本书选择 xv6 的原因如下。

1）xv6 基于 UNIX V6

Linux、Minix、BSD、iOS 和 Android 等众多现代操作系统都是在 UNIX V6 的基础上发展而来的，xv6 也基于 UNIX V6。xv6 基本沿袭 UNIX V6 的结构和风格，并对其粗糙的地方进行了改进，还增加了对多处理器的支持。

2）xv6 基于 Intel 的 32 位架构

UNIX V6 基于古老的 PDP-11 系统，MIT 将 xv6 移植到了 Intel 的 32 位 x86 架构，该架构支持多任务、虚拟内存和多核等现代处理器的基本特征。当代的计算机专业人员对 x86 架构更为熟悉，研读 xv6 源码时无须再去完成对 PDP-11 的"考古"工作。

3）xv6 基于 ANSI C

C 语言经过多年的发展形成了标准化的 ANSI C 版本，ANSI C 被众多编译器支持，ANSI C 与 UNIX V6 使用的早期 C 语言版本已经有很大差别；xv6 采用 ANSI C 来书写，为阅读、修改、编译和调试源码带来了极大方便。

4）xv6 足够精干

xv6 内核只有约 8800 行 C 语言代码、350 行汇编语言代码、100 行链接脚本和 50 行 Perl 脚本，但麻雀虽小五脏俱全，实现了包含进程管理、内存管理、完整的文件系统以及键盘、显示器和 IDE 硬盘等 I/O 设备管理、多核支持以及一个简单的 Shell。此外还实现了 mkfs、cat、grep 和 ls 等命令。

5）xv6 足够典型

读者进一步阅读 Linux 内核源码将会发现，xv6 与现代操作系统如 Linux 无论是在设计思想上还是在启动、内存空间管理、中断、进程管理等功能实现上都已经足够相似。

6）xv6 为学习而生

MIT 开发 xv6 的初衷就是为了操作系统的学习，其设计简洁而优美，通过研读 xv6，读者更容易进入 Linux 等操作系统的内核。

3. 本书的结构

本书共 16 章。

第 1 章是 xv6 的整体概述，简要介绍 xv6 的前身 UNIX、xv6 的诞生及源码和文档。

第 2 章介绍 xv6 操作系统的整体结构，主要包括 xv6 的体系结构、进程管理、内存管理、设备驱动与文件系统，以及系统调用与 API。

第 3 章介绍 xv6 操作系统使用的 C 语言高级特性和 AT&T 汇编语言与内联汇编、编译与链接工具，以及调试工具和运行环境。

第 4 章简要介绍 x86 体系 32 位计算机的组成原理，包括 CPU、内存、外设、中断系统、I/O 端口、I/O 接口控制器与外设。

第 5 章介绍 x86 体系 32 位计算机的实模式与保护模式、分段管理与分页管理。

第 6 章介绍 xv6 的引导、内核进入与初始化过程。

第 7 章介绍 xv6 的虚拟空间管理，包括虚拟空间布局与映射、空间分配与释放以及进程内核空间与用户空间管理。

第 8 章介绍 xv6 的中断处理机制、系统调用和设备驱动，包括中断系统初始化、中断处理过程、系统调用与驱动程序以及中断过程的堆栈。

第 9 章介绍自旋锁、睡眠锁与内核死锁。

第 10 章介绍进程管理，包括进程的概念、进程调度与切换和进程生命周期的主要函数。

第 11 章介绍文件系统的 I/O 处理、磁盘块缓冲与日志、块分配、i 节点与目录管理。

第 12 章介绍文件描述符与文件系统调用。

第 13 章介绍 exec()函数、管道以及基本的字符串处理函数。

第 14 章介绍多处理器的系统架构、数据结构和硬件。

第 15 章介绍键盘、串口和控制台等字符设备的驱动。

第 16 章介绍用户进程初始化、接口函数和 Shell。

xv6 的整体结构和本书各章之间的对应关系如图 0.1 所示。

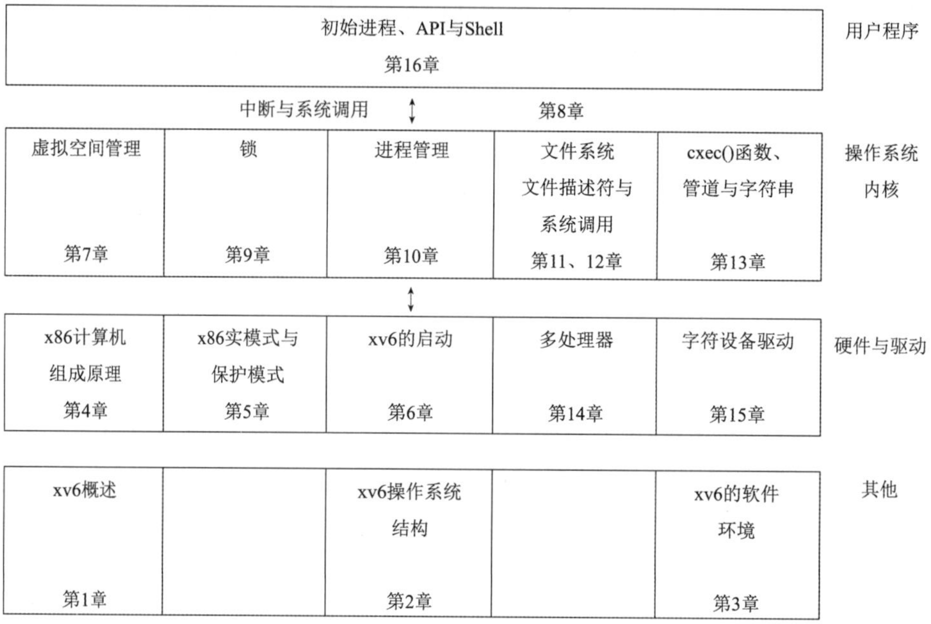

初始进程、API与Shell 第16章					用户程序

中断与系统调用　↕　　第8章

虚拟空间管理 第7章	锁 第9章	进程管理 第10章	文件系统 文件描述符与 系统调用 第11、12章	cxec()函数、 管道与字符串 第13章	操作系统 内核

↕

x86计算机 组成原理 第4章	x86实模式与 保护模式 第5章	xv6的启动 第6章	多处理器 第14章	字符设备驱动 第15章	硬件与驱动

xv6概述 第1章		xv6操作系统 结构 第2章		xv6的软件 环境 第3章	其他

图 0.1　xv6 的整体结构和本书各章之间的对应关系

由于编者水平有限，书中不当之处在所难免，欢迎广大同行和读者批评指正。

高联雄

2022 年 7 月

目 录

第1章

xv6概述

本章先介绍 xv6 的前身 UNIX，再介绍 xv6 的诞生，最后介绍如何获取 xv6 的源码与相关文档。

1.1 xv6 的前身 UNIX

UNIX 可谓现代操作系统的鼻祖，xv6 同 Linux、iOS 和 Android 等都是类 UNIX 操作系统，因此先对 UNIX 做一个简要介绍。

1.1.1 UNIX 发展简史

1964 年，贝尔实验室（Bell Lab）、麻省理工学院（Massachusetts Institute of Technology, MIT）及美国通用电气（General Electric，GE）共同参与研发多路信息与计算服务（Multiplexed Information and Computing Service，Multics），贝尔实验室的肯·汤普森（Ken Thompson，以下简称肯）和丹尼斯·里奇（Dennis Ritchie，以下简称丹尼斯，C 语言之父）作为程序员在 Multics 项目中工作，期间肯在一台 GE 635 大型机上编写了《星际旅行》（*Space Travel*）游戏的程序。正如 Multics 的名字所预示的一样，Multics 太过复杂，1969 年贝尔实验室因工作进度过于缓慢退出该项目；其后肯和丹尼斯找到了一台用户内存只有 4KB 的 DEC PDP-7 计算机，为了能在 DEC PDP-7 上玩《星际旅行》，他们决定重写一个操作系统。

1969 年 8 月，肯用了约 1 个月的时间使用汇编语言开发了 UNIX 的原型。1970 年，肯和丹尼斯把 UNIX 移植到了 PDP-11 计算机，UNIX V1 于 1971 年 3 月发布。1973 年，肯和丹尼斯因为汇编语言难以移植而设计了 B 语言并改良形成了 C 语言，肯和丹尼斯用 C 语言重写了 UNIX V3 内核形成了 UNIX V4，同年贝尔实验室所属的美国电话电报公司（American Telephone and Telegraph Company，AT&T）向教育机构发布了 UNIX V5。

1975 年，AT&T 发布了商业版的 UNIX V6，该版本部分内核以 PDP-11 汇编语言写成。据估计，UNIX V6 的工作量约 10 人年。著名的《莱昂氏 UNIX 源代码分析》一书就基于 UNIX V6，该书的流行使得 UNIX V6 在教育领域广泛传播，直到 2006 年 MIT 都使用 UNIX V6 来进行"操作系统"课程的教学。

1.1.2　UNIX 家族

在 UNIX 的基础上发展出了众多现代操作系统，其中较为重要的有 Minix、Linux、iOS 和 Android。

1. Minix

多数操作系统的教学和教材都重理论而轻实践，研读内核源码是实践的重要途径，但实际的操作系统往往不开放源码，UNIX 的源码也受到 AT&T 的版权限制；鉴于此，荷兰的安德鲁·斯图尔特·塔能鲍姆（Andrew Stuart Tanenbaum）教授为操作系统教学编写了一个不包含任何 AT&T 源码的微内核类 UNIX 操作系统 Minix（代表 Mini UNIX）。基于 UNIX V7 的 Minix 1.0 版 1987 年发布，它大概有 12 000 行；Minix 2 大约 27 000 行。目前，最新版本 Minix 3.2.0 大约有 300MB。

2. Linux

1990 年秋季学期，芬兰赫尔辛基大学的学生李纳斯·托瓦兹（Linus Torvalds）选修了"C 语言与 UNIX"课程，为此他在暑假研究了 Minix 操作系统，他认为 Minix 有些地方不够好用，于是课程结束后决定自己开发一个操作系统，该系统后来被命名为 Linux，最早的版本 Linux 0.11 于 1991 年 9 月 17 日发布，仅有约 1 万行源码。

3. iOS 和 Android

随着智能手机的发展，苹果公司开发了类 UNIX 操作系统 iOS；谷歌公司收购了基于 Linux 内核开发的 Android 操作系统。

1.2　xv6 的诞生

UNIX V6 自诞生以来其源码就被很多高校作为"操作系统"课程的范例，澳大利亚新南威尔士大学的 John Lions 教授对源码进行了注释和解读，产生了著名的《莱昂氏 UNIX 源代码分析》；MIT 的"操作系统工程"课程（课程代号 6.828）最初也使用 UNIX V6 和《莱昂氏 UNIX 源代码分析》进行教学。UNIX V6 的部分内核使用了早已退出历史舞台的 PDP-11 汇编语言，所用的 C 语言也是古老的版本而且部分代码略显粗糙，这给学习者造成了很大障碍，于是 2006 年夏季课程的老师们决定基于 Intel 的 IA-32（Intel Architecture 32-bit）架构（即 32 位 x86 架构）多处理器系统，基本遵循 V6 的结构和风格，使用 ANSI C 语言重新实现了肯和丹尼斯编写的 UNIX V6，从而产生了 xv6。MIT 在 2006 年秋季的 6.828 课程中开始使用 xv6。

xv6 增加了多处理器支持，还增加了处理并发所需要的锁机制，重写过程中改进了 UNIX V6 中比较粗糙的部分，如调度和文件系统等；xv6 使用 GCC 编译器（GNU Compiler Collection）编译、支持 ELF（Executable and Linkable Format，可执行、可链接文件格式）。xv6 可以运行在真实的硬件上，为方便开发和测试也可以运行在 Bochs、QEMU 和 VirtualBox 等模拟器上。

1.3　xv6 的源码与文档

xv6 源码以 C 代码为主（文件扩展名为*.h 和*.c），一些 C 程序中也嵌入了 GCC 内联汇编，还包含了 AT&T 风格的汇编（文件扩展名为*.S）和少量 Perl 脚本（文件扩展名为*.pl）。本书源码采用 xv6 的 x86 体系结构最终修订版 rev11。

xv6 源码使用 MIT 许可证，可以从 https://github.com/mit-pdos/xv6-public 获取，也可以用 git 命令复制获得，命令如下：git clone https://github.com/mit-pdos/xv6-public.git。

xv6 将这些文件分为以下部分：

（1）基本头文件；

（2）进入 xv6；

（3）锁；

（4）进程；

（5）系统调用；

（6）文件系统；

（7）管道；

（8）字符串；

（9）底层硬件；

（10）用户级代码。

为便于阅读，MIT 也提供了 PDF 格式的源码手册，手册将源码按行进行编号并以每个页面 100 行进行排版。本书所用源码手册可从 https://pdos.csail.mit.edu/6.828/2018/xv6/xv6-rev11.pdf 下载。本书将它称为 xv6-rev11。对应的源码压缩包可从 https://github.com/mit-pdos/xv6-public/archive/xv6-rev11.zip 获取。

除非特别说明，本书中的行号为源码手册 xv6-rev11 中的源码行号。源码手册中对源码中的注释也编了行号，为了保持源码的完整性，本书引用源码时保留了源码的注释并在需要的地方增加了中文注释，中文注释没有行号。正文中在需要参考源码的地方用括号加行号的方式标出了源码的位置，例如（0251）（2723~2742）。

MIT 提供了一个简要的 xv6 文档，本书将它称为 xv6 Book，可以从 https://pdos.csail.mit.edu/6.828/2018/xv6/book-rev11.pdf 下载，https://www.bookstack.cn/books/xv6-chinese 提供了一个较早版本的中文翻译。

第2章

xv6操作系统结构

本章首先介绍 xv6 操作系统的体系结构，然后简要介绍 xv6 的进程管理、虚拟内存、文件与 I/O 设备驱动以及系统调用、API 与内核函数。

本章涉及的源码主要有 defs.h 和 user.h。

2.1 xv6 体系结构

抽象与分层是计算机科学中降低计算机系统复杂度的有效方法。对于操作系统这样的复杂系统来说，分层抽象提高了模块化程度，降低了各模块之间的耦合度，有利于系统的开发、维护。操作系统可分为若干层，每一层对本层负责的功能进行封装，以接口的形式为上一层提供服务；上一层通过接口使用下一层的功能。xv6 系统的体系结构如图 2.1 所示。

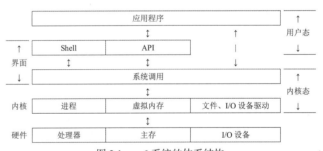

图 2.1 xv6 系统的体系结构

2.1.1 硬件与内核

1. 硬件

从操作系统的角度来看，构成计算机系统的硬件可分为如下三大类。

（1）CPU（Central Processing Unit，中央处理器）是计算机系统的核心，负责运算和系统的控制与协调。

（2）主存，保存指令和数据。

（3）I/O（Input/Output，输入输出）设备，用于数据的输入和输出。

xv6 最初基于 IA-32，2019 年 xv6 也被移植到了 RISC-V（Reduced Instruction Set Computer-V，精简指令集计算机-V）架构，但是本书只介绍 IA-32 版本。

2. 内核

内核是操作系统的核心，内核通过进程、虚拟内存和文件这三个核心概念对计算机系统硬件进行抽象。

1）进程

进程是对一个正在运行的程序的抽象，进程要占用一定的处理器时间和一定的存储空间。

2）虚拟内存

虚拟内存是对进程所占用空间的抽象。在现代计算机系统中，进程空间的内容可以一部分位于内存、一部分位于外部存储器，操作系统将其抽象为虚拟内存。

3）文件

文件是对数据的抽象，是数据的集合，UNIX 以文件的方式来组织外部存储，UNIX 还通过 I/O 设备驱动程序将 I/O 设备抽象为文件，因此可以用文件系统接口访问设备；xv6 也是如此，它提供了键盘、屏幕和串口字符等 I/O 设备驱动。

内核通过实现进程机制、虚拟内存和文件系统完成计算机系统的硬件管理，提供进程管理、内存管理和文件管理等服务。xv6 内核的主要结构体和函数在 defs.h 中声明。

2.1.2　界面

1. 系统调用

系统调用（System Call）是内核为 Shell 和用户程序提供服务的系统接口，用户程序和 Shell 通过系统调用来使用内核的功能，例如用户程序可以通过文件系统相关的系统调用请求打开文件、关闭文件或读写文件。系统调用让用户程序可以使用内核的设备管理、文件系统、进程控制、进程间通信以及存储管理等功能而不必了解操作系统的内部结构和有关硬件的细节，从而减轻用户程序负担、保护系统安全并提高资源利用率。

2. Shell

操作系统的用户界面有命令行界面（Command Line Interface，CLI）和图形用户界面（Graphics User Interface，GUI）。命令行界面程序也称为命令解释器，在 Linux、UNIX 等系统中称为 Shell，UNIX、Linux 系统中常见的有 B Shell 和 C Shell，用户通过向 Shell 输入命令进行计算机的操作。Shell 是操作系统的用户界面，是用户与操作系统内核交互的接口；Shell 是一个独立于内核的普通用户程序。用户登录系统时系统会为用户启动一个 Shell 进程，用户在命令提示符号下输入命令，Shell 分析命令并生成子进程来执行命令。

用户可以将命令的标准文件重定向到文件，例如：

```
ls > y
```

用户也可以用管道来连接一个命令的输出与另一个命令的输入：

```
cat < y | sort
```

如果用户在命令后加上&，命令将在后台运行，Shell 不等待命令执行完毕就返回并给出提示符，用户可以继续输入下一条命令。用户也可以把几个命令通过分号"；"、或号"||" 和与号"&&"连接在一起并列执行，命令还可以进一步通过括号进行组合。

xv6 在 sh.c 中实现了一个简单的 Shell 程序 sh。sh 打开标准输入（stdin）、标准输出（stdout）和标准错误（stderr）三个控制台（Console）文件，然后读入并运行用户命令。

3. API

操作系统的主要功能是管理硬件资源并为应用程序开发人员提供良好的环境以便开发和使用应用程序，为此内核提供一系列具备特定功能的内核函数，并通过一组称为系统调用的接口函数呈现给用户，这些函数简称为系统调用函数。系统调用把应用程序的请求传给内核并调用相应的内核函数完成所需的处理，然后将处理结果返回给应用程序。xv6 的系统调用函数在 use、h 中定义。

系统调用提供内核的基本功能集，为便于使用，往往以系统库的形式对系统调用提供的基本功能进行封装、增加一些公共函数再开放其用户编程接口（Application Programming Interface，API）给应用程序使用，例如 Linux 的 glibc 库。

2.1.3　内核态与用户态

1. 特权级

计算机系统需要用户程序和操作系统内核相互配合并使用计算机系统的硬件来实现其功能。用户应用程序向上主要面向用户解决特定领域具体的问题，向下主要调用操作系统的系统函数或者系统库来组装和实现自身的功能；操作系统内核向上为应用程序提供服务，向下管理计算机系统硬件。从系统的安全性和稳定性角度来看，用户程序可能存在潜在错误或者恶意代码，从而对计算机系统的安全和稳定造成威胁，因此需要在用户程序和操作系统内核之间建立隔离机制，让有些特定的任务只有内核代码才可以完成。

现代 CPU 的设计为这种隔离机制提供了硬件基础，IA-32 计算机提供了 4 种特权级（Privilege Level）。这些特权级经常被描述为保护环（Protection Ring），最里边的环对应于最高特权，编号从 0（最高特权）到 3（最低特权）。计算机系统有三种主要资源受到保护：内存、I/O 端口以及执行特殊机器指令的能力。指令集中有少数指令被 CPU 限制只能在特权级 0 执行。 CPU 在一个特定的特权级下运行，特权级决定了代码可以做什么、不可以做什么。

2. xv6 的内核态与用户态

操作系统使用 CPU 的硬件保护机制来保证用户进程只能访问自己的内存空间。内核拥有实现保护机制所需的硬件权限（Hardware Privilege），而用户程序没有这些权限。由于用户进程在较低的特权级上运行，它们不能意外或故意破坏其他进程或内核的空间。

xv6 使用 IA-32 的两个特权级 0 和 3，分别对应 xv6 的用户态和内核态两种不同运行态（也称为运行模式）。操作系统核心运行在被称为**内核态**的高特权级；应用程序以及 Shell 则是在被称为**用户态**的低特权级运行。处理器根据运行代码的特权级在两种运行态之间切换。当用户进程需要完成内核态下才能完成的某些功能时，必须通过系统调用才能陷入内核态执行系统调用所提供的限制功能然后返回用户态，所以进程总是在用户态和内核态之间交替运行。

每种运行态都有自己的堆栈，xv6 堆栈相应地分为用户栈和内核栈，用户栈包括用户态执行时函数调用的参数、局部变量和其他数据结构。

2.2　进程管理

进程是程序在计算机系统中的一个运行实例。进程的运行需要一定的资源，如 CPU 时间、内存空间和其他一些 I/O 设备资源，操作系统对进程所需要的资源进行分配和管理。

1. 多任务与进程调度

进程是操作系统工作的一个基本单元，xv6 是分时多任务操作系统，能够同时运行多个进程，xv6 通过调度算法将 CPU 的时间片分配给进程从而实现多任务。xv6 使用了比较简单的轮转法（Round Robin）调度算法来选择要执行的进程。

进程调度时需要对进程进行切换，因此操作系统保存进程运行需要的 CPU 寄存器等状态，这种状态就是进程的上下文。当操作系统决定把控制权从当前进程转移到另一个新进程时就会进行上下文的切换，即保存当前进程的上下文、恢复新进程的上下文再将控制权传递给新进程，新进程就从上次停止的地方开始执行。

对于多 CPU 系统，每个 CPU 单独运行一个进程；对于单 CPU 系统，通过多任务机制，每个进程可以认为只有自己独占了该 CPU，而且每个进程有自己独立的地址空间并且只能由这一进程访问，这样就避免了进程之间的互相干扰。

2. 进程的生命周期

进程是一个动态的实体，进程从创建到消亡的过程就是进程的整个生命周期。除了创建和消亡这两种状态外，进程在以下三种状态之间转换：

（1）就绪状态，进程已经获得除 CPU 以外的其他所需资源，在就绪队列中等待 CPU 调度。

（2）执行状态，进程已经获得 CPU 以及其他所需资源，正在运行。

（3）阻塞状态（等待状态），进程等待除 CPU 以外的某种所需资源。

3. 进程间通信

为了完成某些任务，有时需要结合两个程序的功能，例如一个程序输出文本而另一个程序对输出的文本进行排序。为此，操作系统提供进程间通信（Inter Process Communication，IPC）机制来帮助完成这样的任务。常见的 IPC 机制有消息队列、管道、共享内存、信号量和套接字等，xv6 只实现了管道。

2.3　虚拟内存、文件与 I/O 设备驱动

1. 虚拟内存

每个进程都需要存放指令、数据和堆栈的内存空间。计算机的内存资源都是有限的，系统中往往有多个运行中的程序共享计算机的整个内存。为了方便程序使用，也为了让有限的物理内存满足应用程序对内存的需求，xv6 在程序和计算机的物理内存之间建立了一种隔离和抽象机制，称为虚拟内存。xv6 的每个进程都有独立的虚拟地址空间，地址范围为 0~4GB。其中，0~2GB 供用户使用，称为用户空间；2GB~4GB 供内核使用，称为内核空间。用户程序不能直接使用内核空间，但可以通过内核空间提供的一些接口函数（系统调用）访问内核空间。

必须将进程的虚拟地址映射到一段物理内存CPU才能取得物理内存中的数据和指令，IA-32 CPU 的分段机制与分页机制共同作用完成地址映射。分段机制记录一段物理空间的起点和大小，实现虚拟地址的重定位；分页机制将虚拟地址空间划分为大小容易处理的页面（例如 4KB 或者 4MB），页面映射就是让页面对应到物理内存页面（也称为物理帧）。如果使用没有映射的虚拟内存地址，就会引发地址错误。

xv6 的内存管理包括内存的分配和释放，以及物理内存与虚拟内存的映射。

2. 文件与 I/O 设备驱动

为了方便对外部数据进行管理，xv6 对外设和外存进行了抽象，外存的数据被组织成文件，文件被进一步组织成目录，目录也是一种特殊的文件，这些目录被组织成一个称为文件系统的树状结构。xv6 的文件系统主要包括文件和目录的创建、修改和删除以及文件的读写等功能。xv6 将文件的元信息抽象为文件控制块，每个进程用一个表来存储该进程打开文件的文件控制块，称为打开文件表，xv6 中记为 ofile，并且 xv6 用一个称为文件描述符的整数来索引该表，对文件的读写等操作均通过文件描述符来指定待读写的文件。

UNIX 将设备分为三类：块设备、字符设备和网络设备，xv6 只涉及前两者。块设备往往一次从设备读写一个数据块，如磁盘等；字符设备则一次从设备读写一个字符，如键盘、控制台和串口等。

设备驱动程序是控制与管理硬件设备数据收发的软件，它是应用程序与硬件设备沟通的桥梁。驱动程序主要负责硬件设备的数据读写、参数配置与中断处理。xv6 中沿袭了 UNIX "一切皆文件"的思想，将字符设备也看作文件，xv6 提供了对键盘、控制台和串口等字符设备的驱动。

现代操作系统有多个用户同时使用系统、多个进程并发执行，为了数据安全，操作系统对文件和进程的访问进行授权和认证控制，但 xv6 没有实现访问控制。

2.4　系统调用、API 与内核函数

2.4.1　系统调用

系统调用是一种软中断处理程序，操作系统内核需要通过系统调用机制来将内核的功能提供给用户进程，系统调用让 CPU 从用户模式陷入内核模式并在特权级 0 下运行，从而可以存取核心数据结构和它所支持的用户级数据，在内核模式下完成一定的服务请求后再返回用户模式。操作系统通常将系统调用的功能进行编号，称为系统调用的功能号，功能号在系统调用时以参数的形式传递给系统调用。

以 HelloWorld 程序为例，它运行在用户态，它使用的打印函数 printf() 也属于用户函数，打印的字符串"Hello world!"也属于用户空间数据。xv6 中的 HelloWorld.c 程序如例 2.1 所示。

例 2.1　xv6 中的 HelloWorld.c 程序

```
#include <types.h>
#include <user.h>
int main()
{
    printf(1,"Hello world!");
    return 0;
}
```

查看 xv6 中 printf() 函数的定义可知，printf() 函数中调用了 write() 系统调用函数，write() 函数在 user.h 中声明为 int write(int,void*,int)，但是并不能在 xv6 源码中找到这个声明所对应的 C 语言代码形式的具体实现，它其实是在 usys.S 中由宏 SYSCALL(write) 展开为 write() 函数的，write() 函数以软件中断 int 指令的形式使用功能号为 SYS_write 的系统调用来实现，而系统调用的中断处理程序函数 sys_call() 根据 write() 函数对应的功能号进一步调用内核函数 sys_write()，sys_write() 最终调

用内核函数 filewrite()来实现输出字符串"Hello world!"到标准输出的功能。整个过程如图 2.2 所示。注：图中的函数调用关系是用 Source Insight 4.0 生成的，函数名无括号，下同。

HelloWorld.c 应用程序　用户态

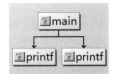

用户函数 printf()　用户态

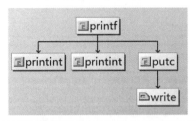

系统调用函数 write()　用户态

```
movl    $SYS_write,  %eax;
int     $T_SYSCALL;
```

系统调用中断处理程序函数 syscall()　内核态

根据功能号 $SYS_write
调用系统函数 sys_write()

系统函数 sys_write()调用内核函数 filewrite()　内核态

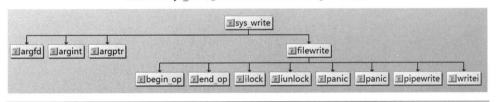

图 2.2　系统调用示例

2.4.2　API

user.h 中申明了 xv6 为用户提供的 API。它包括如下两部分：

（1）系统调用函数部分，操作系统把系统调用按照功能号封装为系统调用函数，例如 2.4.1 节中涉及的 write()函数，它们在 usys.S 中实现。

（2）ulib 部分，提供了一些公共函数如字符串复制等，它们的实现在 ulib.c、umalloc.c 和 printf.c 等文件中。一个公共函数往往利用几个系统调用函数组合完成；此外也可能像 printf() 函数那样将系统调用函数 write()重新封装后提供；有些 API 甚至不需要任何系统调用——因为它不需要使用内核服务，如比较字符串的 strcmp()函数。

与系统调用比较而言，API 抽象层次更高，例如 POSIX（Portable Operating System Interface of UNIX）等 API 甚至屏蔽操作系统的细节，从而可以在不同的操作系统上实现；此外，系统调用通常提供一种内核的最小接口，而 API 通常提供比较复杂的功能。

2.4.3　内核函数

xv6 中，同一个名字的函数可能对应多个不同的函数，以名为 fork() 的函数为例，它有以下两种形态：

（1）用户态的函数 fork()，称为用数函数 fork() 或系统调用函数 fork()，供用户程序使用，生成子进程的系统调用，它是由宏 SYSCALL (fork)（8460）展开实现的。

（2）内核态的函数 fork()（2580），称为内核函数 fork()，负责生成子进程功能的具体实现。

此外，还有一个与功能号 SYS_fork 系统调用相对应的内核函数 sys_fork()（3760），称为系统函数 sys_fork()。系统函数把内核函数封装为相应功能号的系统调用。

内核函数是操作系统内核内部使用的一些函数，它既不对外展现也不提供给用户使用；而系统调用函数是用户进入内核的接口，它本身并非内核函数。系统调用陷入内核后，系统调用中断处理程序函数 syscall() 根据系统调用的功能号调用相应的系统函数来完成实际的工作，系统函数进一步调用一些内核函数来实现相应的功能。例如对于系统调用函数 write()，syscall() 函数调用系统函数 sys_write() 来完成实际的工作。而系统函数 sys_write() 则进一步调用内核函数 filewrite() 来写文件，如引用 2.1 所示。

引用 2.1　系统函数 sys_write() 与内核函数 filewrite()（syscall.c）

```
6150 int
6151 sys_write(void)
6152 {
6153 struct file *f;
6154 int n;
6155 char *p;
6156
6157 if(argfd(0, 0, &f) < 0 || argint(2, &n) < 0 ||
argptr(1, &p, n) < 0)
6158 return -1;
6159 return filewrite(f, p, n);
6160 }
```

xv6 系统中存在许多内核函数，有些是内核的某个源文件中自己使用的，有些则是可以展现出来供内核其他源文件共同使用的。xv6 中的主要内核函数在 defs.h 中声明。

系统调用是对内核函数的封装，内核函数的实现与硬件相关，而系统调用屏蔽了具体的硬件细节。与系统调用相比较，内核函数实现更底层、更经常变化，而系统调用更稳定。

第3章

xv6的软件环境

本章主要介绍 xv6 的软件环境，首先介绍 xv6 中常使用的 C 语言技巧以及汇编知识，接着介绍 xv6 的编译、调试和链接，然后介绍运行 xv6 的 Bochs 和 QEMU 模拟器。

本章主要涉及 xv6 的自动构建脚本 Makefile、内核链接脚本文件 kernel.ld、Bochs 配置文件 dot-bochsrc 以及 xv6 的 type.h、param.h、x86.h、elf.h 和 date.h 等基本头文件。

3.1 xv6 的 C 语言技巧

xv6 主要源码为 ANSI C 语言代码，xv6 的 C 语言代码大量使用静态变量和函数、内联函数和指针等技巧。

3.1.1 static

xv6 中大量使用 static 来声明变量和函数，其用途主要有静态全局变量、静态局部变量和静态函数。

1. 静态全局变量

若全局变量仅仅在某个 C 程序文件中访问，则用 static 声明为静态全局变量将只具有文件作用域，这可降低耦合性，例如引用 3.1 中用 static 声明 initproc 为静态全局变量。

引用 3.1　静态全局变量示例（proc.c）

```
2414 static struct proc *initproc;
```

2. 静态局部变量

若变量仅仅由某个函数访问，则可用 static 声明为函数的静态局部变量，这样它将不会暴露给其他函数使用，例如引用 3.2 中用 static 声明 shift 和 charcode 为静态局部变量。

引用 3.2　静态局部变量示例（kbd.c）

```
7855 int
7856 kbdgetc(void)
7857 {
```

```
7858    static uint shift;
7859    static uchar *charcode[4] = {
7860      normalmap, shiftmap, ctlmap, ctlmap
7861    };
...
7893  }
7894
```

3. 静态函数

若一个函数仅仅在本文件中调用，则可用 static 声明为静态函数，例如引用 3.3 中用 static 声明 mpmain()为静态函数。

引用 3.3 静态函数示例（main.c）

```
1251  static void
1252  mpmain(void)
1253  {
1254    cprintf("cpu%d: starting %d\n", cpuid(), cpuid());
1255    idtinit(); // load idt register
1256    xchg(&(mycpu()->started), 1);
1257    scheduler(); // start running processes
1258  }
1259
```

3.1.2 inline

C 语言的 inline 关键字用来定义内联函数，它可以用来替代 C 语言程序中表达式形式的宏定义。inline 关键字定义的函数在编译时被内联展开到调用的地方，除非特别指定不将其展开；宏是编译预处理机制，出错时往往不易查错；内联函数相对于宏的优势在于它在编译时处理，引用 3.4 给出了一个内联函数示例。

引用 3.4 内联函数示例（x86.h）

```
0511 static inline void
0512 lgdt(struct segdesc *p, int size)
0513 {
...
0521 }
0522
```

3.1.3 函数指针

函数的本质是一段可执行代码，每个函数都有一个入口地址，也就是这段函数代码被执行的首地址，可以认为函数名就是代表函数入口地址的常量，所谓函数指针就是存储函数入口地址的指针。xv6 中多处使用了函数指针，C 语言中可以用函数指针来引用（调用）函数。

1. 用途

函数指针有如下两个用途。

（1）直接调用：直接使用函数指针来调用函数。函数指针提供了一种调用函数 caller()，运行时再根据情况决定调用同一类型函数中的某个被调函数的机制。

（2）回调：如果函数指针作为参数传递给调用函数 caller()，则函数指针关联的函数被称为回调函数（Callback Function）。该函数指针称为回调函数指针，简称为 callback。

　　函数指针把函数的接口与函数的实现分开，调用函数在定义时只需要知道被调函数或调用函数的原型，而不需要知道具体由哪个函数来实现，使用时再把需要调用的函数赋值或者作为实参传递给调用函数。

　　回调函数机制为处理相似事件提供了灵活性，可以根据具体情况使用不同的方法处理，当调用函数一部分功能需要由外部根据具体情况来实现时，可采用回调函数机制，从而实现功能之间的解耦。

　　回调函数的一个很好的例子是 C/C++标准库 stdlib.h/cstdlib 中的快速排序函数 qsort()和二分查找函数 bsearch()，排序算法并不知道如何比较两个对象的大小，因此要求使用者提供一个比较对象大小的函数 comp()作为参数，comp()即为回调函数。快速排序函数 qsort()和二分查找函数 bsearch()原型如下：

```
void qsort( void *ptr, size_t count, size_t size,
            int (*comp)(const void *, const void *) );

void* bsearch( const void *key, const void *ptr,
            size_t count, size_t size,
            int (*comp)(const void*, const void*) );
```

函数 bsearch()和 qsort()即为回调函数 comp()的调用者。

函数指针机制可分为函数指针定义、函数实现、函数指针注册和函数调用四个步骤。

2. 函数指针定义

函数指针的定义有两种情况。

1）直接调用

直接调用的情况下，函数指针的定义形式如下：

returnType (*fnp)(param_list);

returnType 是返回值类型，fnp 是函数指针的名字，param_list 是参数列表。

2）回调

回调函数指针 callback 在调用函数 caller()的参数中定义：

```
returnType0 caller(returnType (*callback)(param_list),
param_list0)
{
    ...
}
```

returnType 是回调函数返回值类型，callback 是回调函数指针的名称，param_list 是回调函数参数列表；returnType0 是调用函数 caller()的返回值类型，caller 是把回调函数作为参数的函数名称，param_list0 是 caller()的其余参数列表。

3. 函数实现

供函数指针引用的函数 impl()可按照如下形式定义和实现：

returnType impl(param_list)

```
{
    ...
}
```

impl 是实现函数功能的函数名字，param_list 应该与函数指针定义的参数列表相同；编译器不检查 returnType 类型是否相同，但是如果不同则有些情况下可能会导致赋值时的类型转换错误。

4. 函数指针注册

在使用函数指针调用函数前，必须把它指向某个参数定义与 param_list 相同的函数，该步称为函数指针注册。注册的形式有如下两种。

1）直接调用

直接调用时，将实现函数赋值给函数指针，形式如下：

fnp=impl; //函数指针 fnp 赋值为 impl

2）回调

回调机制中，caller()函数的使用者 user()函数将函数指针作为 caller()函数的实参。User()函数的形式如下：

```
returnType1 user(param_list1)
{
    ...
    caller(impl, param_list0 的实参);
    //函数 impl()作为实参与函数指针 callback 结合
    ...
}
```

5. 函数调用

使用函数指针 fnp 调用函数：

(*fnp)(param_list 的实参);

函数指针直接调用与回调的对比如表 3.1 所示。

表 3.1　函数指针直接调用与回调的对比

	直 接 调 用	回 调
用途	接口与实现分离，系统结构更加清晰，类似于多态	函数功能解耦合
定义	直接定义	在函数的参数中定义
实现	相同	相同
注册	直接赋值	形参与实参结合
调用	相同	相同

3.1.4　函数指针示例

以下给出 xv6 中四个函数指针的例子，引用的黑体字部分描述了代码对应的函数指针的定义、实现、注册或调用等步骤。

1. 函数指针 entry

引用 3.5 给出了一个通过函数指针直接调用函数的例子，该例子中由于 entry()函数要到内核加载 ELF 文件后才能确定其地址，故使用函数指针。

引用 3.5 通过函数指针直接调用函数示例 1（bootmain.c）

```
9216 void
9217 bootmain(void)
9218 {
9219   struct elfhdr *elf;
9220   struct proghdr *ph, *eph;
//定义
9221   void (*entry)(void);
...
//注册（赋值）
9245   entry = (void(*)(void))(elf->entry);
//调用
9246   entry();
9247 }
9248
...
bootasm.S
//实现
1043 .globl entry
1044 entry:
...
```

2. 函数指针数组 syscalls[]

引用 3.6 中由于各个系统调用函数都有相同的形式，因此定义了函数指针数组 syscalls[]来存放这些系统调用函数的指针，并用功能号 NUM 来作为数组的索引，这样就可以用统一而简洁的形式来处理系统调用了。

引用 3.6 通过函数指针直接调用函数示例 2（syscall.c）

```
//定义
3672 static int (*syscalls[])(void) = {
//注册
3673   [SYS_fork] sys_fork,
...
3694 };
3695
...
3700 void
3701 syscall(void)
3702 {
...
3707   if(num > 0 && num < NELEM(syscalls) && syscalls[num]) {
//调用
3708     curproc->tf->eax = syscalls[num]();
...
//实现
3759 int
3760 sys_fork(void)
3761 {
3762   return fork();
3763 }
3764
```

3. 函数指针 read

引用 3.7 中由于各种设备读取数据的函数可抽象出统一的接口，但是在实现上差别很大，因此，定义函数指针 read，各个设备驱动负责实现 read()函数接口。

引用 3.7　通过函数指针直接调用函数示例 3

```
(file.h)
4179 struct devsw {
//定义
4180   int (*read)(struct inode*, char*, int);
...
4182 };
4183
(fs.c)
5502 int
5503 readi(struct inode *ip, char *dst, uint off, uint n)
5504 {
...
//调用
5511   return devsw[ip->major].read(ip, dst, n);
...
 (console.c)
//实现
8220 int
8221 consoleread(struct inode *ip, char *dst, int n)
8222 {
...
8256 }
8273 void
8274 consoleinit(void)
8275 {
8276   initlock(&cons.lock, "console");
8277
//注册
8278   devsw[CONSOLE].write = consolewrite;
8279   devsw[CONSOLE].read = consoleread;
...
```

4. 回调函数 getc()

引用 3.8 中由于控制台中断处理时各种设备读取字符的实现差别很大，因此将读取字符的功能定义为回调函数 getc()，各设备驱动负责具体实现。

引用 3.8　getc()回调函数指针示例（file.h）

```
(kbd.c)
     //实现
7855 int
7856 kbdgetc(void)
7857 {
...
7893 }
```

```
7894
7895 void
7896 kbdintr(void)
7897 {
      //注册
7898   consoleintr(kbdgetc);
7899 }
...
(console.c)
      //定义
8176 void
8177 consoleintr(int (*getc)(void))
8178 {
8179   int c, doprocdump = 0;
8180
8181   acquire(&cons.lock);
      //调用
8182   while((c = getc()) >= 0){
...
8218 }
```

3.1.5　双重指针

双重指针就是指向指针的指针。xv6 的源码中多处使用双重指针，大致可以分为三种情况：字符串数组或者指针数组、存储指针的地址和作为函数参数返回指针。

1. 字符串数组或者指针数组

例如，在引用 3.9 中，argv 即为字符串数组。

引用 3.9　字符串数组示例（exec.c）

```
6609  int
6610  exec(char *path, char **argv)
```

该函数中，argv 是字符串数组，它作为 exec()函数的参数。

2. 存储指针的地址

一个地址存储了指针，则该地址为双重指针。引用 3.10 中，code-4、code-8 和 code-12 都是双重指针，在这些地址中分别存储了栈指针、函数 mpenter()的指针和页表指针。

引用 3.10　存储指针的地址示例 1（main.c）

```
1285 *(void**)(code-4) = stack + KSTACKSIZE;
1286 *(void(**)(void))(code-8) = mpenter;
1287 *(int**)(code-12) = (void *) V2P(entrypgdir);
```

引用 3.11 中，双重指针 pp 存储了指针 b。

引用 3.11　存储指针的地址示例 2（ide.c）

```
4353 void
4354 iderw(struct buf *b)
4355 {
4356   struct buf **pp;
...
4371   *pp = b;
```

```
...
4384 }
```

3. 作为函数参数返回指针

如果函数的参数需要带回函数中对指针本身（注意，不是指针所指向的内容）的修改，则需要使用指向指针的指针。例 3.1 中函数 ltrim() 的参数 s 无法返回去除左边空格的字符串。

例 3.1　ltrim() 错误代码

```c
#include <stdio.h>
void ltrim(char *s)
{
    if(!s)    return;
    while((*s)==' ')s++;
    }

int main(void)
{
    char *s1 = "   inside xv6";
    char *s2 = s1;
    ltrim(s2);
    printf("s1:%s\n",s1);
    printf("s2:%s\n",s2);
    return 0;
}
```

输出如下：

```
s1:   inside xv6
S2:   inside xv6
```

可见输出 s1 和 s2 相同，函数 ltrim() 并没有返回修改后的字符串，原因是 ltrim() 函数中传递给函数的参数 s 是指针 s2（指针值与 s1 相同）的复制，函数中改变指针 s 的值不会影响 s2 的值。正确的代码如例 3.2 所示。

例 3.2　ltrim() 正确代码

```c
#include <stdio.h>
void ltrim(char **ps)
{
    char *s;
    if(!ps)    return;
    s = *ps;
    if(!s)     return;
    while((*s)==' ')    s++;
    *ps = s;
    return;
}

int main(void)
{
    char *s1 = "   inside xv6";
    char *s2 = s1;
    ltrim(&s2);
    printf("s1:%s\n",s1);
```

```
    printf("s2:%s\n",s2);
    return 0;
}
```

输出如下：

```
s1:   inside xv6
s2:inside xv6
```

xv6 中多处使用这种形式的双重指针，引用 3.12 列出了 xv6 中函数参数带回指针的情况。

引用 3.12　xv6 函数参数带回指针

```
3581  fetchstr(uint addr, char **pp)
3611  argptr(int n, char **pp, int size)
3629  argstr(int n, char **pp)
6071  argfd(int n, int *pfd, struct file **pf)
6772  pipealloc(struct file **f0, struct file **f1)
7280  mpconfig(struct mp **pmp)
8856  gettoken(char **ps, char *es, char **q, char **eq)
8901  peek(char **ps, char *es, char *toks)
8935  parseline(char **ps, char *es)
8951  parsepipe(char **ps, char *es)
8964  parseredirs(struct cmd *cmd, char **ps, char *es)
9001  parseblock(char **ps, char *es)
9017  parseexec(char **ps, char *es)
```

3.2　AT&T 汇编与内联汇编

xv6 还包括小部分 AT&T 格式的 x86 汇编代码，其文件扩展名为*.S；C 文件中也使用了少部分内联汇编。AT&T 汇编语言与 Intel 汇编语言有一定的差别，为便于阅读，本节对 AT&T 汇编语言与内联汇编做简要介绍。

3.2.1　AT&T 汇编

1. 寄存器引用前缀与操作数长度后缀

引用寄存器要在寄存器号前加百分号%；指令后的符号 b、w 和 l 分别表示操作数的长度 byte（8 位）、word（16 位）和 long（32 位）。

例如，引用 3.13 中 movl 的 l 代表 long。

引用 3.13　寄存器引用（entry.S）

```
1046 movl %cr4, %eax
```

Pentium 常用寄存器如下。

（1）8 个 32 位寄存器，即%eax、%ebx、%ecx、%edx、%edi、%esi、%ebp、%esp，如引用 3.13 中的%eax。

（2）8 个 16 位寄存器，上面 8 个 32 位寄存器的低 16 位，即%ax、%bx、%cx、%dx、%di、%si、%bp、%sp，如引用 3.14 中的%ax。

引用 3.14　16 位寄存器引用（entryother.S）

```
1128 movw %ax,%ds
```

（3）8 个 8 位寄存器，%ax、%bx、%cx、%dx 的高 8 位和低 8 位，即%ah、%al、%bh、%bl、%ch、%cl、%dh、%dl，如引用 3.15 中的%al。

引用 3.15　8 位寄存器引用（bootasm.S）

```
9127 movb $0xd1,%al # 0xd1 -> port 0x64
```

（4）6 个段寄存器（16 位），即%cs、%ds、%ss、%es、%fs 和%gs。

（5）4 个控制寄存器（32 位），即%cr0、%cr2、%cr3 和%cr4。

2. 操作数顺序与内存单元操作数

1）操作数排列

操作数排列是从源（左）到目的（右），例如：

```
movl %eax（源）,%ebx（目的）
```

2）内存单元操作数

在 AT&T 汇编格式中，内存操作数的寻址方式如下：

```
section:disp(base, index, scale)
```

其中，base 为基址，index 为变址，scale 为每个操作数的大小。Linux 和 xv6 保护模式下设置的段基址为 0，相当于只使用了 32 位线性地址，所以在计算地址时不用考虑段基址，而是采用如下地址计算方法：

```
disp + base + index * scale
```

当 AT&T 汇编格式括号内只有基址或者变址时，逗号是可以省略的，如引用 3.16 所示。

引用 3.16　内存操作数示例（swtch.S）

```
3060 movl 4(%esp), %eax
```

它表示从堆栈段地址%esp+4 复制一个长字到%eax 寄存器。

3. 立即数前缀

使用立即数要在数前面加符号$，如例 3.3 和例 3.4 所示。

例 3.3　立即数示例 1

```
a=0x8a00
movl $a,%ax
```

或者

例 3.4　立即数示例 2

```
movl $0x8a00,%ax
```

指令执行的结果是将立即数$0x8a00 装入寄存器%ax。

4. 符号常数与符号地址前缀

1）符号常数直接引用

引用 3.17 的符号常数示例中，第 1135 行的 gdtdesc 即为符号常数。

引用 3.17　符号常数示例（entryother.S）

```
1135 lgdt gdtdesc
...
1193 gdtdesc:
1194 .word (gdtdesc - gdt - 1)
```

```
1195 .long gdt
```

指令执行的结果是将 gdtdesc 处的三个字装入寄存器 gdt。

2）符号地址前缀

引用符号的地址需要在符号前加符号$，引用 3.18 的符号地址示例中，黑体部分$(start32)
就是一个符号地址。

引用 3.18　符号地址示例（entryother.S）

```
1151 start32:
1153 movw $(SEG_KDATA<<3), %ax # Our data segment selector
1143 ljmpl $(SEG_KCODE<<3), $(start32)
1144
```

5. 调用与跳转

1）段内调用与跳转

引用 3.19 的段内调用与跳转示例中，8420 行为段内跳转 9168 行为段内调用。

引用 3.19　段内调用与跳转示例（initcode.S）

```
8417 exit:
...
8420 jmp exit
...
(bootasm.S)
9168 call bootmain
```

2）绝对调用与转移

call 和 jump 操作如果在操作数前没有指定前缀*，则操作数是一个相对地址；若指定前缀*，
则表示是一个绝对地址调用/跳转，引用 3.20 的绝对地址调用示例中，start-8 处存放一个函数的
地址，括号代表间接寻址。

引用 3.20　绝对地址调用示例（entryother.S）

```
1176 call *(start-8)
```

3）段间调用和跳转

段间调用和跳转指令的格式：

```
lcall/ljmp    $SECTION,$OFFSET
```

引用 3.21 的段间跳转示例中，1143 行跳转到内核代码段的 start32 位置处。

引用 3.21　段间跳转示例（entryother.S）

```
1143 ljmpl $(SEG_KCODE<<3), $(start32)
```

6. 操作码前缀

操作码前缀用于对操作码的操作进行补充说明，它被用在下列情况：字符串重复操作指令
（rep 和 repne）；指定被操作的段寄存器（cs、ds、ss、es、fs 和 gs）；进行总线加锁（lock）；指
定地址和操作的大小（data16、addr16）。

引用 3.22 的操作码前缀示例中，前缀 rep 表示进行字符串重复操作。

引用 3.22　操作码前缀示例（x86.h）

```
0503 rep stosl
```

3.2.2　GCC 内联汇编

GCC 支持在 C/C++语言代码中嵌入汇编代码，这些代码称为 GCC 内联汇编。引用 3.23 的内联汇编示例中，代码 0574~0577 行即为 GCC 内联汇编。

引用 3.23　GCC 内联汇编示例（x86.h）

```
0568 static inline uint
0569 xchg(volatile uint *addr, uint newval)
0570 {
0571 uint result;
0572
0573 //The + in "+m" denotes a read-modify-write operand
0574 asm volatile("lock; xchgl %0, %1" :
0575 "+m" (*addr), "=a" (result) :
0576 "1" (newval) :
0577 "cc");
0578 return result;
0579 }
```

1. 基本格式

GCC 内联汇编的基本格式如下：

asm [volatile] ("汇编语句" [: [输出]:[输入]:[寄存器(内存)修改]]);

其中，asm 用来声明一个内联汇编语句；volatile 是一个可选项，它向 GCC 声明不要优化其后的汇编代码。

GCC 内联汇编由汇编语句、输出、输入和破坏描述等几部分构成。

2. 汇编语句

GCC 使用 AT&T 汇编语句，语句之间使用 “;”“\n” 或 “\n\t” 分开。

指令中的操作数可以使用占位符引用 C 语言变量，按照变量出现的顺序编号，操作数占位符最多 10 个，名称为%0，%1，…，%9。

引用 3.23 中，%0 匹配(*addr)， %1 匹配(result)。

指令中使用占位符表示的操作数总被视为 4 字节的 long（长整）型，但操作数根据指令可以是字或者字节，当把操作数当作字或者字节使用时，默认为低字或者低字节。

对字节操作可以显式地指明是低字节还是高字节，方法是在%和序号之间插入一个字母，b 代表低字节，h 代表高字节，例如%b1。

3. 输出部分

输出部分用来指定当前 GCC 内联汇编语句的输出，称为输出表达式。格式为：

"操作约束"(输出表达式)

上例中输出部分就是：

"+m" (*addr), "=a" (result)

圆括号中指定的表达式为输出表达式，用双引号括起来的部分指定了 C/C++语言中赋值表达式的右值来源，这部分称为**操作约束**，也可以称为**输出约束**。操作约束包含修饰符和约束字符两个组成部分。

修饰符如表 3.2 所示，约束字符稍后介绍。

表 3.2　GCC 内联汇编修饰符

修　饰　符	输　入　输　出	含　　义
=	输出	输出操作表达式是只写的
+	输出	输出操作表达式是可读可写的
&	输出	输出操作表达式独占为其指定的寄存器
%	输入	输入操作表达式中的 C 语言表达式可以与下一个输入操作表达式中的 C 语言表达式互换

在引用 3.23 中包括两个输出：

```
"+m" (*addr)
```

其中，操作约束是"+m"，+表示输出表达式**(*addr)**可读可写；约束字符 m 表示使用系统支持的任何一种内存方式，不需要借助于寄存器。

```
"=a" (result)
```

其中，修饰符=（等号），约束字符 a 是寄存器 eax/ax/al 的缩写，说明 result 的值要从寄存器 eax 中获取。

4. 输入部分

输入部分描述输入操作数，不同的操作数描述符之间使用逗号隔开，每个操作数描述符由限定字符串和 C 语言表达式或者 C 语言变量组成。格式为：

```
"操作约束"(输入表达式)
```

引用 3.23 中的输入部分为：

```
"1" (newval)
```

5. 破坏描述部分

破坏描述部分用于通知编译器使用或改变了哪些寄存器或内存，由逗号隔开的字符串组成，每个字符串描述一种情况，一般是寄存器名；除寄存器外还有"memory"。例如："eax"、"ecx"、"memory"、"cc"等。"eax"、"ecx"向 GCC 声明：在这里"eax"、"ecx"可能发生了修改；"memory"向 GCC 声明在这里内存发生了或可能发生了修改；"cc"向 GCC 声明条件寄存器被修改。

6. 约束字符

约束字符有很多种，有些与特定体系结构相关，此处仅列出常用的约束字符和 xv6 中可能用到的一些约束字符。约束字符的作用是指示编译器如何处理其后的 C 语言变量与指令操作数之间的关系。

1）寄存器操作数约束

当使用这种约束指定操作数时，操作数存储在通用寄存器中。寄存器约束首先将值存储在要修改的寄存器中，然后将它写回到内存位置。引用 3.23 中，"=a" (result)，变量 result 保存在寄存器 eax 中。操作前 result 的值被复制到该寄存器中，操作完成后，寄存器 eax 的值更新到内存。常用的寄存器约束的缩写如表 3.3 所示。

2）内存约束

操作数位于内存时，任何对它们的操作将直接发生在内存位置。"m"表示使用系统支持的任何一种内存方式，不需要借助于寄存器。

表 3.3　常用的寄存器约束的缩写

缩　写	寄　存　器	缩　写	寄　存　器
a	eax	D	edi
b	ebx	q	eax、ebx、ecx、edx 中的一个
c	ecx	r	eax、ebx、ecx、edx、esi、edi 中的一个
d	edx	A	eax 和 edx 合成一个 64 位的寄存器
S	esi		

3）通用约束

"g"可以用于输入和输出，表示可以使用通用寄存器、内存、立即数等任何一种处理方式；"0,1,2,3,4,5,6,7,8,9" 只能用于输入，表示与第 *n* 个操作表达式使用相同的寄存器/内存。

引用 3.24 的 GCC 内联汇编示例中，0576 行中的"1"表示与第 1 个操作表达式相同，也就是与 result 相同。

引用 3.24　GCC 内联汇编示例（x86.h）

```
0574 asm volatile("lock; xchgl %0, %1" :
0575 "+m" (*addr), "=a" (result) :
0576 "1" (newval) :
0577 "cc");
```

7. 示例

引用 3.25~引用 3.27 给出了 xv6 中几个典型的内联汇编的例子。

引用 3.25　从端口 port 输入一字节并返回该字节（x86.h）

```
0452    static inline uchar
0453    inb(ushort port)
0454    {
0455    uchar data;
0456
0457    asm volatile("in %1,%0" : "=a" (data) : "d" (port));
0458    return data;
0459    }
0460
```

0457 行中变量 data 通过 0 引用，变量 port 通过 1 引用；输出 data 限定使用 eax 寄存器，= 表示输出限定；输入 port 限定使用 edx 寄存器。

引用 3.26　从端口 port 输入 cnt 个长字到 addr（x86.h）

```
0461    static inline void
0462    insl(int port, void *addr, int cnt)
0463    {
0464    asm volatile("cld; rep insl" :
0465    "=D" (addr), "=c" (cnt) :     // =D 指定 edi, =c 指定 ecx
0466    "d" (port), "0" (addr), "1" (cnt) :   // =d 指定 edx
0467    "memory", "cc");
0468    }
```

0464 行中汇编部分为 cld; rep insl；输出部分 0465 行中 addr 限定 edi 寄存器，cnt 限定使用 ecx 寄存器，=表示输出限定；输入部分 0466 行中 port 限定使用 edx 寄存器，addr 作为常数 0，

cnt 作为常数 1，输入部分 0467 行中"memory"表示内存被修改，"cc" 表示条件寄存器被修改。

引用 3.27　加载地址为 p、限长为 size-1 的 gdt 表

```
0509    struct segdesc;
0510
0511    static inline void
0512    lgdt(struct segdesc *p, int size)
0513    {
0514    volatile ushort pd[3];
0515
0516    pd[0] = size-1;
0517    pd[1] = (uint)p;
0518    pd[2] = (uint)p >> 16;
0519
0520    asm volatile("lgdt (%0)" : : "r" (pd));
0521    }
```

数组 pd 第 0 个字为限长；第 1 个字为地址低 16 位；第 2 个字为地址高 16 位。0520 行中汇编部分 lgdt (%0)括号表示间接寻址；输入部分 pd 匹配操作数 0，"r" 表示限定使用任意通用寄存器。

3.3　函数调用与堆栈

xv6 中有多处汇编语言和 C 语言函数之间的相互调用，函数调用常常用堆栈和寄存器来传递参数，因此需要关注函数调用时堆栈等相关细节。

3.3.1　栈帧、寄存器惯例与调用约定

1. 栈帧

栈帧（Stack Frame）也称为调用活动记录，是编译器用堆栈来实现函数的一种数据结构。每个独立的栈帧对应一个函数调用，包括局部变量、参数和函数调用上下文。它的生命周期与函数被调用的过程一致，栈帧随着函数被调用产生、变化和消亡。当运行中的程序调用另一个函数时，就要构造一个新的栈帧，调用函数的栈帧称为调用者栈帧，新的栈帧称为当前栈帧，也称为被调用者栈帧。

IA-32 体系结构中，利用%ebp 寄存器来管理栈帧，调用者函数的栈帧底部由旧的%ebp（已经压入堆栈）指示，调用者函数的栈帧顶部为当前帧%ebp 指示位置的前一个长字；当前帧的底部（高地址）由%ebp 寄存器指示，顶部由%esp 指示，这两个寄存器用来定位当前帧的空间。函数开始处把调用者的%ebp 压入堆栈，将%esp 作为当前帧的%ebp，在稍后的栈帧示例 1 中，体现为 swap()函数的以下汇编代码（其中行号为 swap()函数的汇编代码行编号）：

```
2       pushl %ebp              #Save old %ebp
3       movl %esp, %ebp         #Set %ebp as frame pointer
```

栈帧的详细结构如图 3.1 所示。

2. IA-32 寄存器使用惯例

IA-32 架构下，寄存器的使用按照如下约定进行。

（1）%eax、%edx 和%ecx 称为调用者保存寄存器（Caller Saved Registers），被调用者使用这 3 个寄存器时不必关心它们原来的值有没有保存下来，这由调用者负责。例如，在稍后的栈帧示例 1 中，被调用函数 swap()直接使用%edx 和%ecx，使用前并没有将其保存到堆栈。代码如下所示。

```
5      movl 8(%ebp), %edx      #取得 px
6      movl 12(%ebp), %ecx     #取得 py
```

（2）%ebp、%ebx、%esi 和%edi 称为被调用者保存寄存器（Caller Saved Registers），%ebp 由被调用函数在函数刚开始时保存，被调用者如果想要使用%ebx、%esi 或%edi，必须保存它们的值到堆栈并在结束时恢复。此外，%eip 由 call 指令压入被调用函数堆栈。

在稍后的栈帧示例 1 中，被调用函数保存和恢复寄存器体现为以下 swap()函数的汇编代码：

```
2      pushl %ebp              #保存旧的%ebp
4      pushl %ebx              #保存%ebx
12     popl %ebx               #恢复%ebx
13     popl %ebp               #恢复%ebp
```

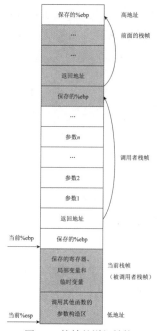

图 3.1　栈帧的详细结构

3. 函数调用约定

函数调用约定规定了执行过程中函数的调用者和被调用者之间如何传递参数以及如何保存、恢复栈。在 IA-32 体系结构中有 3 种调用约定：cdecl、stdcall 和 fastcall。GCC 的默认调用约定为 cdecl，即 C 调用约定。该约定规定调用方按从右到左的顺序将函数参数放入栈中，在被调用的函数完成其操作时，调用方负责从栈中清除参数。

在稍后的栈帧示例 1 中，调用函数 main()按从右到左的顺序将函数参数放入栈中，这体现为以下汇编代码：

```
4      subl $24, %esp          #在堆栈上分配 24 字节
7      leal -8(%ebp), %eax     #计算&arg2
8      movl %eax, 4(%esp)      #保存到堆栈
9      leal -4(%ebp), %eax     #计算&arg1
10     movl %eax, (%esp)       #保存到堆栈
```

调用函数 main()从栈中清除参数体现为以下汇编代码：

```
15     leave
```

在稍后的栈帧示例 1 中被调用函数 swap()取得参数的汇编代码为：

```
5      movl 8(%ebp), %edx      #取得 px
6      movl 12(%ebp), %ecx     #取得 py
```

4. 函数的一般形式

结合调用约定与寄存器使用惯例，假设函数 caller()调用函数 callee()，则 callee()与 caller()的一般形式如下。

1）被调用函数 callee()

（1）压入%ebp。

（2）当前**%esp** 的值复制到**%ebp**，作为当前栈帧的底部。

（3）保存用到的**%ebx**、**%esi** 和**%edi**。

（4）取出参数。

（5）函数主体。

（6）恢复用到的**%ebx**、**%esi** 和**%edi**。

（7）弹出**%ebp**。

（8）**callee()**函数返回（返回地址出栈）。

黑体字部分为 callee()作为**被调用函数**所做的栈帧管理、寄存器管理和函数调用约定方面的工作。

2）调用函数 caller()

由于调用函数 caller()也会被其他函数调用，因此，caller()的一般形式为：

（1）压入%ebp。

（2）当前%esp 的值复制到%ebp。

（3）保存用到的%ebx、%esi 和%edi。

（4）**保存需要的%eax、%edx 和%ecx**。

（5）**参数顺次（从右到左的顺序）压入堆栈**。

（6）**调用函数 callee()**。

（7）**从堆栈清除参数**。

（8）**恢复需要的%eax、%edx 和%ecx**。

（9）恢复用到的%ebx、%esi 和%edi。

（10）弹出%ebp。

（11）caller()函数返回（返回地址出栈）。

黑体字部分为 caller()函数作为**调用函数**所做的工作。

3.3.2　栈帧示例 1

本例中 main()为调用函数，它调用函数 swap()；被调用函数 swap()完成两个整数的交换。

1. swap()函数

swap()函数的 C 语言代码如例 3.5 所示。

例 3.5　swap()函数的 C 语言代码

```
int swap(int *px, int *py)
{
    int x = *px;
    int y = *py;
    *px = y;
    *py = x;
    return x + y;
}
```

其汇编语言代码如例 3.6 所示，行号为本函数中的行编号。

例 3.6　swap()函数的汇编语言代码

```
1    swap:
2        pushl %ebp                    #保存旧的%ebp
```

```
3       movl %esp, %ebp              #置%ebp 为栈帧的指针
4       pushl %ebx                   #保存被调用者负责的寄存器%ebx
5       movl 8(%ebp), %edx           #取得 px
6       movl 12(%ebp), %ecx          #取得 py
7       movl (%edx), %ebx            #取得 x
8       movl (%ecx), %eax            #取得 y
9       movl %eax, (%edx)            #保存 y 到 px
10      movl %ebx, (%ecx)            #保存 x 到 py
11      addl %ebx, %eax              #返回值=x+y
12      popl %ebx                    #恢复%ebx
13      popl %ebp                    #恢复%ebp
14      ret                          #函数返回
```

2. main()函数

本例的主函数 C 语言代码如例 3.7 所示。

例 3.7　main()函数

```
int main()
{
    int arg1 = 534;
    int arg2 = 1057;
    int sum = swap(&arg1, &arg2);
    int diff = arg1 - arg2;
    return sum * diff;
}
```

main()对应的汇编语言代码如例 3.8 所示，行号为本函数中的行编号。

例 3.8　main()对应的汇编语言代码

```
1    main:
2       pushl %ebp                   #保存旧的%ebp
3       movl %esp, %ebp              #置新的%ebp 指向当前函数的栈底
4       subl $24, %esp               #在堆栈分配 24 字节空间，开辟新的栈帧
5       movl $534, -4(%ebp)          #置 arg1 为 534
6       movl $1057, -8(%ebp)         #置 arg2 为 1057
7       leal -8(%ebp), %eax          #计算&arg2
8       movl %eax, 4(%esp)           #arg2 保存到堆栈
9       leal -4(%ebp), %eax          #计算&arg1
10      movl %eax, (%esp)            #arg1 保存到堆栈
11      call swap                    #调用 swap()函数
12      movl -4(%ebp), %edx
13      subl -8(%ebp), %edx
14      imull %edx, %eax
15      leave                        #恢复堆栈
16      ret                          #函数返回
```

注：参数 2 的地址低于参数 1 的地址，所以相当于参数 2 先入栈，即参数按从右到左的顺序入栈。

leave 指令相当于下面两条指令的合成：

（1）movl %ebp, %esp 指令。

%ebp=>%esp，清除被调用者的栈帧内容，%esp 指向被调用者的栈帧的底部（最高地址）。

（2）popl %ebp 指令。恢复上一层调用者的栈底，%ebp 指向调用者栈帧的底部（最低地址）。

3. 调用栈帧

将 main()的栈帧视为调用者的栈帧，预处理工作完成后，此时的帧指针%ebp 指向调用者的

栈帧底部，而栈指针%esp 指向调用者栈帧的顶部。在 swap()函数对应汇编语言的第 11 行设置断点，栈帧结构如图 3.2 所示。

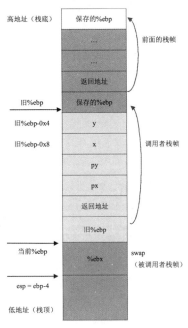

图 3.2　栈帧结构

3.3.3　栈帧示例 2

例 3.9 的 C 语言程序定义了计算面积的函数 square()和计算体积的函数 cube()，它调用 square()来完成计算；而主函数 main()调用 cube()完成体积计算。

1. C 语言源程序 sf.c

例 3.9　C 语言（栈帧）源程序 sf.c

```
1   int square(int a, int b)
2   {
3       int t;
4       t= a*b;
5       return (t);  //设置断点
6   }
7
8   int cube(int a, int b, int c)
9   {
10      int d=square(a,b);
11      return (d*c);
12  }
13
14  int main()
15  {
16
17      int e=2, f=3,g=4;
18      int h=cube(e,f,g);
19      return h;
20  }
```

2. 汇编语言代码 sf.S

按照以下方式编译和反汇编可得到汇编语言代码 sf.S：

```
gcc -O0 -m32 -g -o sf sf.c
objdump -S sf>sf.S
```

sf.S 如例 3.10 所示，行号为本函数中的指令地址。

例 3.10 栈帧 sf.c 对应的汇编程序

```
#08048394 <square>:
#int square(int a, int b)
#{
 8048394:55                      push   %ebp
 8048395:89 e5                   mov    %esp,%ebp
 8048397:83 ec 10                sub    $0x10,%esp
    #int t;
    #t= a*b;
 804839a:8b 45 08                mov    0x8(%ebp),%eax
 804839d:0f af 45 0c             imul   0xc(%ebp),%eax
 80483a1:89 45 fc                mov    %eax,-0x4(%ebp)
    #return (t);
 80483a4:8b 45 fc                mov    -0x4(%ebp),%eax
 80483a7:c9                      leave
 80483a8:c3                      ret
#}
#
#080483a9 <cube>:
#int cube(int a, int b, int c)
#{
 80483a9:55                      push   %ebp
 80483aa:89 e5                   mov    %esp,%ebp
 80483ac:83 ec 18                sub    $0x18,%esp
    #int d=square(a,b);
 80483af:8b 45 0c                mov    0xc(%ebp),%eax
 80483b2:89 44 24 04             mov    %eax,0x4(%esp)
 80483b6:8b 45 08                mov    0x8(%ebp),%eax
 80483b9:89 04 24                mov    %eax,(%esp)
 80483bc:e8 d3 ff ff ff          call   8048394 <square>
 80483c1:89 45 fc                mov    %eax,-0x4(%ebp)
    #return (d*c);
 80483c4:8b 45 fc                mov    -0x4(%ebp),%eax
 80483c7:0f af 45 10             imul   0x10(%ebp),%eax
 80483cb:c9                      leave
 80483cc:c3                      ret
#}

#080483cd <main>:
#int main()
#{
 80483cd:55                      push   %ebp
 80483ce:89 e5                   mov    %esp,%ebp
 80483d0:83 ec 1c                sub    $0x1c,%esp
    #int e=2, f=3,g=4;
 80483d3:c7 45 f0 02 00 00 00    movl   $0x2,-0x10(%ebp)
 80483da:c7 45 f4 03 00 00 00    movl   $0x3,-0xc(%ebp)
 80483e1:c7 45 f8 04 00 00 00    movl   $0x4,-0x8(%ebp)
    #int h=cube(e,f,g);
```

```
80483e8:8b 45 f8                    mov    -0x8(%ebp),%eax
80483eb:89 44 24 08                 mov    %eax,0x8(%esp)
80483ef:8b 45 f4                    mov    -0xc(%ebp),%eax
80483f2:89 44 24 04                 mov    %eax,0x4(%esp)
80483f6:8b 45 f0                    mov    -0x10(%ebp),%eax
80483f9:89 04 24                    mov    %eax,(%esp)
80483fc:e8 a8 ff ff ff              call   80483a9 <cube>
8048401:89 45 fc                    mov    %eax,-0x4(%ebp)
  #return h;
8048404:8b 45 fc                    mov    -0x4(%ebp),%eax
8048407:c9                          leave
8048408:c3                          ret
#}
```

3. 调用栈帧

调试 sf，在第 5 行 square() 的 return 语句设置断点，并运行到该行：

```
[root@localhost ~]# gdb sf
 (gdb) b 5
Breakpoint 1 at 0x80483a4: file sf.c, line 5.
```

显示寄存器：

(gdb) info r

其中：

```
esp          0xffffd384
ebp          0xffffd394
```

此时，sf.c 的栈帧如图 3.3 所示。

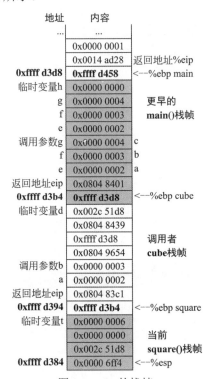

图 3.3　sf.c 的栈帧

3.3.4 汇编语言中调用 C 语言函数

汇编语言中调用 C 语言函数只需要在汇编语言中模仿 C 语言的函数调用即可，其过程如下：

（1）参数按照从右到左的顺序入栈；

（2）调用 C 语言函数；

（3）清除栈。

例如，引用 3.28 所示的 trapasm.S 中调用 trap.c 中的 trap()函数。

引用 3.28　汇编语言调用 trap.c 的 trap()函数（trapasm.S）

```
3317   # Call trap(tf), where tf=%esp
3318   pushl %esp
3319   call    trap
3320   addl    $4, %esp
```

各行的功能如下：

3318 将当前%esp 作为 trap()函数的参数，压栈。

3319 用 call 指令调用函数。

3320 将%esp 加 4，相当于出栈。

3.3.5 C 语言函数调用汇编语言函数

C 语言函数与汇编语言代码如果遵循相同的栈帧结构、调用约定与寄存器惯例，则可以相互调用。以 proc.c 中 sched()函数（见引用 3.30）调用汇编语言写的函数 swtch()（见引用 3.29）为例，C 语言函数调用汇编语言函数，则汇编语言函数需要将%ebp 入栈，保存被调函数赋值的寄存器%ebx、%esi 和%edi，取出参数；返回前将%ebx、%esi、%edi 和%ebp 出栈。

引用 3.29　汇编语言函数 swtch()（swtch.S）

```
3058 .globl swtch
3059 swtch:
3060 movl 4(%esp), %eax
3061 movl 8(%esp), %edx
3062
3063 # Save old callee-saved registers
3064 pushl %ebp
3065 pushl %ebx
3066 pushl %esi
3067 pushl %edi
3068
...
3072
3073 # Load new callee-saved registers
3074 popl %edi
3075 popl %esi
3076 popl %ebx
3077 popl %ebp
3078 ret
3079
```

其中：

3060 取出参数 struct context** old；

3061 取出参数 struct context** new；

3063~3067 保存被调函数负责的寄存器；

3073~3077 恢复被调函数负责的寄存器。

引用 3.30　sched()函数调用 swtch()（proc.c）

```
2807 void
2808 sched(void)
2809 {
...
2822 swtch(&p->context, mycpu()->scheduler);
...
2824 }
2825
```

其中，**2822** 行调用 swtch()，调用它和调用 C 语言定义的函数没有任何区别。

3.4　xv6 编译、调试与链接

3.4.1　gcc 命令

xv6 源码使用 GCC 来编译，GCC 是由 GNU 开发的编程语言编译器。使用 gcc 命令把 C 语言源码文件生成可执行文件的过程有 4 个相互关联的步骤：预处理（也称预编译，Preprocessing）、编译（Compilation）、汇编（Assembly）和链接（Linking），如图 3.4 所示。以下以例 2.1 的 HelloWorld.c 为例介绍 gcc 命令的步骤。

图 3.4　gcc 命令的步骤

1. 预处理

调用预处理命令 cpp 进行预处理。在预处理过程中，C 语言预处理器（C Preprocessor，CPP）对源码中的文件包含（Include）、预编译语句（如宏定义 define 等）进行分析。

命令：`gcc -E hello.c -o hello.i`

2. 编译

调用编译命令 cc1 进行编译。这个阶段根据输入文件生成以.i 为扩展名的目标文件。

命令：`gcc -S hello.i -o hello.S`

3. 汇编

调用汇编命令 as 将汇编文件翻译为能够被 CPU 执行的机器指令目标文件。xv6 中汇编文件的扩展名通常为.S，生成的目标文件的扩展名为.o。

命令：`gcc -c hello.S -o hello.o`

4. 链接

当所有的目标文件都生成之后，GCC 就调用 ld 来完成链接。在链接阶段，所有的目标文件被安排在可执行程序中的恰当的位置，同时该程序所调用到的库函数也被链接到合适的地方。

命令：`gcc hello.o -o hello.out`

以上 4 个过程也可一步完成。

命令：`gcc -o hello.out hello.c`

表 3.4 列出了 gcc 命令的常用选项及 xv6 用到的选项。

表 3.4　gcc 命令的常用选项及 xv6 用到的选项

选　项	说　明
-ansi	只支持 ANSI 标准的 C 语言语法
-c	只编译并生成目标文件
-E	只运行 C 语言预编译器
-g	生成调试信息，GNU 调试器可利用该信息
- nostdinc	使编译器不在系统默认的头文件目录中找头文件，一般和 -I 联合使用，明确限定头文件的位置
-I directory	指定额外的头文件搜索路径 directory
-L directory	指定额外的函数库搜索路径 directory
-l library	链接时搜索指定的函数库 library
-o file	生成指定的输出文件，用在生成可执行文件时
-O0	不进行优化处理
-O 或 O1	优化生成代码
-O2	进一步优化
-O3	比 O2 更进一步优化
-shared	生成共享目标文件，通常用在建立共享库时
-static	禁止使用共享链接
-w	不生成任何警告信息
-Wall	生成所有警告信息
-fnopic	关闭 fPIC
-fPIC	作用于编译阶段，告诉编译器产生与位置无关代码（Position Independent Code），则产生的代码中没有绝对地址，全部使用相对地址，故而代码被加载器加载到内存的任意位置都可以正确地执行
-static	在支持动态链接（Dynamic Linking）的系统上，阻止链接共享库
-fnobuiltin	不接受内建函数（Builtin Function）
-fnostrictaliasing	关闭 strict aliasing，当使用 strict aliasing 时，编译器会认为在不同类型之间的转换不会发生，因此执行更激进的编译优化，例如重新安排执行顺序
-MD	生成当前编译程序文件关联的详细信息，包含目标文件所依赖的所有源码文件，包括头文件，但是信息输出将导入.d 的文件中
-ggdb	生成 GDB 专用的调试信息，使用最适合的格式（stabs 等），会有一些 GDB 专用的扩展

续表

选　　项	说　　明
-m32	生成 32 位机器上的代码
-Werror	所有的警告都变成错误，使得出现警告时也停止编译
-fnoomitframepointer	省略栈帧指针，backtrace 利用调用栈帧信息把函数调用关系层层遍历出来
-fnostackprotector	关闭 fstackprotector
-fstackprotector	gcc 命令的一系列选项所提供的缓冲区溢出检测机制
-gdwarf2	附带输出调试信息

3.4.2　make 命令

一个工程中的源文件较多时，文件按类型、功能、模块分别放在若干个目录中，手动构建过程将非常复杂，在 Linux 和 UNIX 环境下使用 GNU 的 make 工具来实现自动完成编译、链接直至最后的执行过程。make 使用一个或者多个 Makefile 文件作为自动构建过程的脚本。Makefile 定义了一系列规则来指定哪些文件需要先编译、哪些文件需要后编译、哪些文件需要重新编译，或者进行更复杂的操作。

1. Makefile 规则

Makefile 规则如下：

```
target:prerequisites
    command
```

1）target

target 为需要生成的目标，可以是一个目标文件，也可以是一个执行文件，还可以是一个标签，标签稍后解释。除此以外，Makefile 中还可指定特殊目标，如表 3.5 所示。

表 3.5　xv6 Makefile 中的特殊目标

名　　称	功　　能
.PHONY	这个目标的所有依赖被作为伪目标，伪目标是这样一个目标：当使用 make 命令行指定此目标时，这个目标所在的规则定义的命令；无论目标文件是否存在都会被无条件执行
.INTERMEDIATE	这个特殊目标的依赖文件在 make 执行时被作为中间文件对待
.PRECIOUS	这个特殊目标所在的依赖文件在 make 过程中会被特殊处理：当命令执行的过程中断时，make 不会删除它们；而且如果目标的依赖文件是中间过程文件，同样这些文件不会被删除

2）先决条件 prerequisites

prerequisites（先决条件）为生成该目标所依赖的文件和/或目标，其生成规则在 command 中定义。

3）command

command 为 make 需要执行的命令（任意的 Shell 命令），command 前必须以 Tab 键开始，如引用 3.31 所示。

引用 3.31　Makefile 规则示例（xv6 Makefile）

```
103   bootblock: bootasm.S bootmain.c
104       $(CC) $(CFLAGS) -fno-pic -O -nostdinc -I. -c bootmain.c
105       $(CC) $(CFLAGS) -fno-pic -nostdinc -I. -c bootasm.S
```

注：行号为文件中的编号。

该例子中，目标为 bootblock，先决条件为 bootasm.S bootmain.c，104 行的命令描述了编译 bootmain.c 的方法；105 行的命令描述了编译 bootasm.S 的方法。$(CC) 和 $(CFLAGS) 是 Makefile 中定义的两个变量。

4）.PHONY 示例

引用 3.32 中 clean 的冒号后什么也没有，它不是一个文件，而是一个标签，用来表示一个动作。make 命令不会自动去找文件的依赖性，也就不会自动执行其后所定义的命令。要执行其后的命令，就要在 make 命令后显式地指出这个动作的名字：

```
make clean
```

引用 3.32　Makefile 标签示例（xv6 Makefile）

```
190   clean:
191       rm -f *.tex *.dvi *.idx *.aux *.log *.ind *.ilg \
192   *.o *.d *.asm *.sym vectors.S bootblock entryother \
193   initcode initcode.out kernel xv6.img fs.img kernelmemfs \
194   xv6memfs.img mkfs .gdbinit \
195   $(UPROGS)
196
```

更为稳健的做法是使用.PHONY 来声明它是一个"伪目标"，仅作标签使用，如引用 3.33 中，.PHONY 表示 dist-test 和 dist 是"伪目标"。

引用 3.33　Makefile 伪目标示例（xv6 Makefile）

```
257   dist:
258       rm -rf dist
...
268   dist-test:
269       rm -rf dist
...
286   .PHONY: dist-test dist
287
```

2. Makefile 内容

Makefile 主要包含了 5 种成分：显式规则、隐含规则、变量的定义与赋值、文件指示和注释。

1）显式规则

显式规则说明如何生成一个或多个目标文件。这是由 Makefile 的书写者明确指出要生成的文件、文件的依赖文件和生成的命令。即前面所述 Makefile 规则定义的部分。

2）隐含规则

由于 make 有自动推导的功能，因此隐含规则可以使 Makefile 的书写更简洁。例如，make 遇到一个 .o 文件，它就会自动地把 .c 文件加在依赖关系中，如果 make 找到一个 bio.o，那么 bio.c 就会被推测是 bio.o 的依赖文件。并且 cc -c bio.c 也会被推导出来，这使得 Makefile 更简洁。例如 xv6 中的 OBJS 变量中的目标文件都由隐含规则推导出。

3）变量的定义与赋值

在 Makefile 中可定义一系列的变量，变量一般都是字符串，当 Makefile 被执行时，其中的变量都会被扩展到相应的引用位置上，如引用 3.34 所示。

引用 3.34　Makefile 变量定义示例（xv6 Makefile）

```
1   OBJS = \
2       bio.o\
3       console.o\
...
29      vm.o\
...
74  CC = $(TOOLPREFIX)gcc
```

其中，第 **1** 行定义了 OBJS 变量，**74** 行反斜杠（ \ ）是换行符的意思。

xv6 的 Makefile 中，变量的赋值方式有"="和"："="两种。

（1）**=**。

make 会将整个 Makefile 展开后，再决定变量的值。也就是说，变量的值将会是整个 Makefile 中最后被指定的值，如例 3.11 所示。

例 3.11　Makefile 的=赋值

```
x = foo
y = $(x) bar
x = xyz
```

y 的值将会是 xyz bar。

（2）**:=**。

:=表示变量的值决定于它在 Makefile 中的位置而不是整个 Makefile 展开后的最终值，如例 3.12 所示。

例 3.12　Makefile 的:=赋值

```
x := foo
y := $(x) bar
x := xyz
```

y 的值将会是 foo bar。

4）文件指示

文件指示包括三种情况：一种情况是在一个 Makefile 中引用另一个 Makefile；另一种情况是指定 Makefile 中的有效部分，类似 C 语言中的预编译#if；最后一种情况是定义一个多行的命令。例如：

```
188 -include *.d
```

include 包含*.d 文件，前面加了"-"的意思是，也许某些文件出现问题，但可暂时忽略，继续做后面的事。

5）注释

Makefile 中只有行注释，注释用"#"字符引导。多行注释在注释行的结尾加上反斜线"\"。

3. Makefile 通配符与自动变量

1）通配符%、*、？与[]

通配符%匹配本 Makefile 文件中的文件；通配符*匹配系统中的文件；通配符？匹配任意一

个字符；通配符[]指定匹配[]中的字符。

2）自动变量$^、$@、$<与$*

$^代表所有的依赖文件；$@代表当前目标文件；$<代表第一个依赖文件，$*表示目标模式中"%"及其之前的部分，如引用 3.35 所示。

引用 3.35 Makefile 的通配符与自动变量（xv6 Makefile）

```
148 _%: %.o $(ULIB)
149     $(LD) $(LDFLAGS) -N -e main -Ttext 0 -o $@ $^
150     $(OBJDUMP) -S $@ > $*.asm
```

其中：

148 表示以下画线"_"开头的文件，以%代表匹配部分，若匹配则依赖于%.o 和变量代表的文件$(ULIB)，例如_cat 依赖于 cat.o 和$(ULIB)。

149 指示链接当前文件的方法，例如当前匹配%代表 printf，则当前目标文件为_printf，则$^代表其所有的依赖文件，也即 printf.o 和$(ULIB)。

150 指示用$(OBJDUMP) -S 处理当前文件，输出重定向到匹配值.asm 文件中，例如当前目标文件为_cat，则输出重定向到 cat.asm。

4. xv6 的 make 中用到的命令

1）objdump 命令

objdump 命令查看和反汇编目标文件或者可执行文件。objdump 命令的常用选项如表 3.6 所示。

表 3.6　objdump 命令的常用选项

选　　项	简　写	说　　明
--archive-headers	-a	显示文档成员信息，类似 ls -l，将文档的信息列出
--target= bfdname	-b bfdname	指定目标码格式为 BFD 标准格式名 bfdname，如 objdump -b binary hello.o
--debugging	-g	显示调试信息，尽量解析保存在文件中的调试信息并以 C 语言的语法显示出来
--disassemble	-d	从 objfile 中反汇编那些特定指令机器码的节（section）
--disassemble-all	-D	与 -d 类似，但反汇编所有节
--endian= {big|little}	-EB -EL	指定目标文件的小端，这个项将影响反汇编出来的指令
--file-headers	-f	显示每个文件的整体头部摘要信息
--section-headers --headers	-h	显示目标文件各节的头部摘要信息
--help	-H	简短的帮助信息
--info	-i	显示对于 -b 或者 -m 选项可用的架构和目标格式列表
--section=name	-j name	仅仅显示指定名称为 name 的节的信息
--architecture =machine	-m machine	指定反汇编目标文件时使用的架构，如 objdump -m i386 hello.o

选　项	简　写	说　明
--reloc	-r	显示文件的重定位入口，如果和-d 或者-D 一起使用，重定位部分以反汇编后的格式显示出来
--dynamic-reloc	-R	显示文件的动态重定位入口，仅仅对于动态目标文件有意义，例如某些共享库
--full-contents	-s	显示指定节的完整内容，默认所有的非空节都会被显示
--source	-S	尽可能反汇编出源码，尤其当编译时指定了-g 这种调试参数时，效果比较明显
--syms	-t	显示文件的符号表入口
--all-headers	-x	显示所有可用的头信息，包括符号表、重定位入口

2）objcopy 命令

objcopy 命令是将目标文件的一部分或者全部内容复制或转换格式到另外一个目标文件中。命令格式如下：

objcopy [选项] 输入文件 [输出文件]

objcopy 命令的常用选项如表 3.7 所示。

表 3.7　objcopy 命令的常用选项

选　项	简　写	说　明
--input-target= bfdname	-I bfdname	指定输入文件的 BFD 标准格式名 bfdname，可取值为 elf32-little、elf32-big 等
--output-target= bfdname	-O bfdname	指定输出文件的 BFD 标准格式名
--target= bfdname	-F bfdname	指定输入输出文件的 BFD 标准格式名、目标文件格式，只用于在目标和源之间传输数据，不转换
--only-section= sectionname	-j sectionname	只将由 sectionname 指定的节复制到输出文件，可以多次指定
--remove-section= sectionname	-R sectionname	从输出文件中去除由 sectionname 指定的节，可以多次指定
--strip-all	-S	不从源文件复制符号信息和重定位信息
--strip-debug	-g	不从源文件复制调试符号信息和相关的段。对使用-g 编译生成的可执行文件执行之后，生成的结果几乎和不用-g 进行编译生成的可执行文件一样
--keep-global-symbol= symbolname	-G symbolname	只保留 symbolname 为全局变量，让其他变量都是文件局部变量，这样外部不可见
--localize-symbol= symbolname	-L symbolname	将变量 symbolname 变成文件局部变量，可以多次指定
--discard-all	-x	不从源文件中复制非全局变量

例如：

```
objcopy -S -O binary -j .text bootblock.o bootblock
```

从 bootblock.o 复制.text 段（–j）到 bootblock，移出所有的标志及重定位信息（-S），输出转换为二进制（-O binary）。

3）dd 命令

dd 命令用于以指定大小的块读取、转换并输出数据。dd 是 data duplicator 的缩写。例如：

```
dd if=kernel of=xv6.img seek=1 conv=notrunc
```

读取输出文件 kernel，输出到 xv6.img，从开头跳过 1 个块，不截短输出文件。

注意，指定数字的地方若以下列字符结尾，则乘以相应的数字：b=512；c=1；k=1024；w=2。例如，2b 代表 1024。

dd 命令的参数如表 3.8 所示。

表 3.8　dd 命令的参数

参　　数	说　　明
if=文件名	输入文件名，默认为标准输入。 /dev/zero：该设备无穷尽地提供 0。 /dev/null：代表一个无穷的空二进制流，所有写入该文件的内容都会永远丢失，而从该文件什么也读不到
of=文件名	输出文件名，默认为标准输出
ibs=bytes	一次读入 bytes 字节，即指定一个输入块大小为 bytes 字节
obs=bytes	一次输出 bytes 字节，即指定一个输出块大小为 bytes 字节
bs=bytes	同时设置读入/输出的块大小为 bytes 字节
cbs=bytes	一次转换 bytes 字节，即指定转换缓冲区大小
skip=blocks	从输入文件开头跳过 blocks 个块后再开始复制
seek=blocks	从输出文件开头跳过 blocks 个块后再开始复制
count=blocks	仅复制 blocks 个块，块大小等于 ibs 指定的字节数

dd 命令的 conv 参数如表 3.9 所示。

表 3.9　dd 命令的 conv 参数

参　　数	说　　明
ascii	转换 ebcdic 码为 ASCII 码
ebcdic	转换 ASCII 码为 ebcdic 码
ibm	转换 ASCII 码为 alternate ebcdic 码
block	把每一行转换为 cbs 长，不足部分用空格填充
unblock	每一行的长度都为 cbs，尾部的空格替换为换行符
lcase	把大写字符转换为小写字符
ucase	把小写字符转换为大写字符

续表

参　　数	说　　明
swab	交换输入的每对字节
noerror	出错时不停止
notrunc	不截短输出文件
sync	将每个输入块填充到 ibs 字节，不足部分用 NUL 字符补齐

4）nm 命令

nm 命令用于显示二进制目标文件的符号表。命令格式如下：

nm(选项)(参数)

（1）选项。

-A：每个符号前显示文件名；

-D：显示动态符号；

-g：仅显示外部符号；

-r：反序显示符号表。

（2）参数。

目标文件：二进制目标文件，通常是库文件和可执行文件。

nm 命令还可直接通过可执行文件生成相应的 map 文件，例如：

nm hello.o> hello.map

3.4.3　xv6 的 Makefile 文件

1. 变量 OBJS

声明一个变量 OBJS 如引用3.36所示，包含内核所有 C 源程序对应的目标文件。

引用 3.36　OBJS 变量定义（Makefile）

```
1   OBJS = \
2   bio.o\
...
30
```

2. 变量 TOOLPREFIX

引用3.37定义编译工具前缀 TOOLPREFIX。

引用 3.37　TOOLPREFIX 变量定义（Makefile）

```
38 ifndef TOOLPREFIX
39 TOOLPREFIX := $(shell if i386-jos-elf-objdump -i 2>&1 | grep '^elf32-i386$$'
>/dev/null 2>&1; \
40     then echo 'i386-jos-elf-'; \
41     elif objdump -i 2>&1 | grep 'elf32-i386' >/dev/null 2>&1; \
42     then echo ''; \
43     else echo "***" 1>&2; \
44     echo "*** Error: Couldn't find an i386-*-elf version of GCC/binutils." 1>&2; \
45     echo "*** Is the directory with i386-jos-elf-gcc in your PATH?" 1>&2; \
46     echo "*** If your i386-*-elf toolchain is installed with a command" 1>&2; \
```

```
47      echo "*** prefix other than 'i386-jos-elf-', set your TOOLPREFIX" 1>&2; \
48      echo "*** environment variable to that prefix and run 'make' again." 1>&2; \
49      echo "*** To turn off this error, run 'gmake TOOLPREFIX= ...'." 1>&2; \
50      echo "***" 1>&2; exit 1; fi)
51 endif
52
```

定义编译工具前缀 TOOLPREFIX，其主要过程如下。

38 如果 TOOLPREFIX 未定义。

39 按照执行 40~50 行的 Shell 脚本的输出定义 TOOLPREFIX。

40 尝试调用 i386-jos-elf-objdump -i 2>&1 显示支持的平台（-i），标准错误 2 重定向（>）到标准输出 1，输出进入管道（|）；通过命令 grep 查找管道中以 elf32-i386 开头（正则表达式^）和结尾（正则表达式$，在脚本中用$$，前一个$为转义符）的所有行（'^elf32-i386$$'），grep 输出重定向到/dev/null（相当于不输出），/dev/null 标准错误 2 重定向（>）到标准输出 1。

查找成功则输出 i386-jos-elf-赋值给变量 TOOLPREFIX。

41 否则尝试执行 objdump -i 显示支持的平台（-i），标准错误 2 重定向（>）到标准输出 1，输出进入管道（|）；通过命令 grep 查找管道中含有 elf32-i386 开头和结尾的行。

42 如果成功则输出"赋值给变量 TOOLPREFIX"。

43~50 否则输出错误提示信息，退出 Shell，if 语句结束（fi）。

51 ifndef 语句结束。

注：

（1）$()输出结果赋值给变量，正则表达式^表示从左边第一个字符匹配，$表示匹配字符串的结束位置。

（2）$对 Makefile 有特殊含义，作为字符使用时需要多加一个$进行转义，即$$。

（3）#对 Makefile 有特殊含义，作为字符使用时需要多加一个/进行转义，即/#。

3. 变量 QEMU

本部分代码定义变量 QEMU，表示 QEMU 模拟器的位置，如引用3.38所示。

引用 3.38　QEMU 变量定义（Makefile）

```
57 ifndef QEMU
58 QEMU = $(shell if which qemu > /dev/null; \
59     then echo qemu; exit; \
60     elif which qemu-system-i386 > /dev/null; \
61     then echo qemu-system-i386; exit; \
62     elif which qemu-system-x86_64 > /dev/null; \
63     then echo qemu-system-x86_64; exit; \
64     else \
65 qemu=/Applications/Q.app/Contents/MacOS/i386-softmmu.app/Contents/MacOS/i386-softmmu;\
66     if test -x $$qemu; then echo $$qemu; exit; fi; fi; \
67     echo "***" 1>&2; \
68     echo "*** Error: Couldn't find a working QEMU executable." 1>&2; \
69     echo "*** Is the directory containing the qemu binary in your PATH" 1>&2; \
70     echo "*** or have you tried setting the QEMU variable in Makefile?" 1>&2; \
71     echo "***" 1>&2; exit 1)
72 endif
73
```

尝试推测正确的 QEMU，其主要过程如下。

57 如果未定义 QEMU。

58 QEMU 赋值，为执行 58~71 行的 Shell 脚本的输出，which 指令会在环境变量$PATH 设置的目录中查找符合条件的文件，输出重定向到/dev/null。

59 若成功则输出 qemu；退出。

60 否则，查找 qemu-system-i386，输出重定向到/dev/null。

61 若成功则输出 qemu-system-i386；退出。

62 否则，查找 qemu-system-x86_64，输出重定向到/dev/null。

63 若成功则输出 qemu-system-x86_64；退出。

64 否则

65 定义 qemu。

66 测试 qemu 是否为可执行文件（-x），若是则输出，否则退出 Shell。

67~71 输出错误提示信息，退出。

72 ifndef 结束。

4. 变量 CC、AS、LD、OBJCOPY 和 OBJDUMP

定义 CC 为 TOOLPREFIX 与 gcc 连接在一起，即编译程序，如引用 3.39 所示。

引用 3.39　CC、AS、LD、OBJCOPY 和 OBJDUMP 变量定义（Makefile）

```
74  CC = $(TOOLPREFIX)gcc
75  AS = $(TOOLPREFIX)gas
76  LD = $(TOOLPREFIX)ld
77  OBJCOPY = $(TOOLPREFIX)objcopy
78  OBJDUMP = $(TOOLPREFIX)objdump
```

本部分代码的意义如下。

74 定义 AS 为 TOOLPREFIX 与 gas 链接在一起，即汇编程序。

75 定义 LD 为 TOOLPREFIX 与 ld 链接在一起，即链接程序。

76 定义 OBJCOPY 为 TOOLPREFIX 与 objcopy 链接在一起，即 objcopy 程序。

77 定义 OBJDUMP 为 TOOLPREFIX 与 objcopy 链接在一起，即 objdump 程序。

5. 变量 CFLAGS、ASFLAGS 和 LDFLAGS

变量 CFLAGS、ASFLAGS 和 LDFLAGS 的定义如引用 3.40 所示，这些选项分别是 cc、as 和 ld 的开关项。

引用 3.40　CFLAGS、ASFLAGS 和 LDFLAGS 变量的定义（Makefile）

```
79  CFLAGS = -fno-pic -static -fno-builtin -fno-strict-aliasing -O2 -Wall -MD -ggdb
-m32 -Werror -fno-omit-frame-pointer 2>&1,
80      CFLAGS += $(shell $(CC) -fno-stack-protector -E -x c /dev/null >/dev/null 2>&1
&& echo -fno-stack-protector)
81  ASFLAGS = -m32 -gdwarf-2 -Wa,-divide
82  # FreeBSD ld wants ``elf_i386_fbsd``
83  LDFLAGS += -m $(shell $(LD) -V | grep elf_i386 2>/dev/null)
84
85  # Disable PIE when possible (for Ubuntu 16.10 toolchain)
86  ifneq ($(shell $(CC) -dumpspecs 2>/dev/null | grep -e '[^f]no-pie'),)
87  CFLAGS += -fno-pie -no-pie
88  endif
```

```
89 ifneq ($(shell $(CC) -dumpspecs 2>/dev/null | grep -e '[^f]nopie'),)
90 CFLAGS += -fno-pie -nopie
91 endif
92
```

79 定义 CFLAGS，gcc 运行时的选项。

80 在 Shell 中测试$(CC) -fno-stack-protector -E -x c /dev/null >/dev/null；若成功则 CFLAGS 加上-fno-stack-protector 选项，关闭-fstack-protector。-fstack-protector 是 gcc 所提供的缓冲区溢出检测机制选项。&&表示左边的命令执行成功才执行右边的命令。

81 定义 ASFLAGS，gas 的开关。-m32 指定字大小为 32 位；-gdwarf-2 附带输出调试信息；-Wa 在 gcc 的 C 语言编译器调用 gas 时，用-Wa 把参数传给 gas；-divide 将/符号作为一个字符。

83 定义 LDFLAGS，ld 的开关。elf_i386 是否在$(LD) –V 命令的结果中存在；若存在，则增加选项 –m elf_i386；–m elf_i386 表示模拟器模式 elf_i386。

86~88 用 grep 匹配 cc 的-dumpspecs 开关描述，如果存在关闭与[^f]no-pie 串匹配的内容则增加关闭 PIE 的选项，即 CFLAGS += -fno-pie -no-pie。

89~91 用 grep 匹配 cc 的-dumpspecs 开关描述，如果存在关闭与[^f]nopie 串匹配的内容则增加关闭 PIE 的选项，即 CFLAGS += -fno-pie -nopie。

xv6 的 Makefile 还定义了一些目标文件如何生成。

6. 目标文件 xv6.img

目标文件 xv6.img 的生成如引用 3.41 所示。

引用 3.41　目标文件 xv6.img 的生成（Makefile）

```
93 xv6.img: bootblock kernel fs.img
94     dd if=/dev/zero of=xv6.img count=10000
95     dd if=bootblock of=xv6.img conv=notrunc
96     dd if=kernel of=xv6.img seek=1 conv=notrunc
97
```

xv6.img 由 bootblock kernel 构成。目标文件 xv6.img 的生成命令如表 3.10 所示。

表 3.10　目标文件 xv6.img 的生成命令

行	命　　令	说　　明
94	dd if=/dev/zero of=xv6.img count=10000	从/dev/zero 输出 10 000 块到 xv6.img，即构造空白文件
95	dd if=bootblock of=xv6.img conv=notrunc	从 bootblock 输出到 xv6.img，放置到第 1 个块，不截短输出文件
96	dd if=kernel of=xv6.img seek=1 conv=notrunc	从 kernel 输出到 xv6.img，从输出文件开头跳过 1 个块后再开始复制，不截短输出文件

7. 目标文件 bootblock

目标文件 bootblock 的生成如引用 3.42 所示。

引用 3.42　目标文件 bootblock 的生成（Makefile）

```
103 bootblock: bootasm.S bootmain.c
104     $(CC) $(CFLAGS) -fno-pic -O -nostdinc -I. -c bootmain.c
105     $(CC) $(CFLAGS) -fno-pic -nostdinc -I. -c bootasm.S
106     $(LD) $(LDFLAGS) -N -e start -Ttext 0x7C00 -o bootblock.o bootasm.o bootmain.o
107     $(OBJDUMP) -S bootblock.o > bootblock.asm
```

```
108    $(OBJCOPY) -S -O binary -j .text bootblock.o bootblock
109    ./sign.pl bootblock
110
```

目标文件 bootblock 依赖于 bootasm.S bootmain.c。目标文件 bootblock 的生成命令如表 3.11 所示。

表 3.11　目标文件 bootblock 的生成命令

行	命　　令	说　　明
104	$(CC) $(CFLAGS) –fno-pic –O –nostdinc –I. –c bootmain.c	用$(CC)以$(CFLAGS)及其后的参数编译 bootmain.c
105	$(CC) $(CFLAGS) –fno-pic –nostdinc –I. –c bootasm.S	用$(CC)以$(CFLAGS)及其后的参数编译 bootasm.S
106	$(LD) $(LDFLAGS) –N –e start –Ttext 0x7C00 –o bootblock.o bootasm.o bootmain.o	用 $(LD) 以 $(LDLAGS) 及 其 后 的 参 数 链 接 生 成 bootblock–e start 指定入口点为 start；–Ttext 0x7C00 指定代码地址从 0x7C00 开始
107	$(OBJDUMP) –S bootblock.o > bootblock.asm	反汇编 bootblock 输出到 bootblock.asm
108	$(OBJCOPY) –S –O binary –j .text bootblock.o bootblock	$(OBJCOPY)将 bootblock.o 的 text 段（–j）复制到 bootblock，移出所有的标志及重定位信息（–S），输出转换为二进制（–O）
109	./sign.pl bootblock	调用当前目录的sign.pl 在 bootblock 扇区的最后两字节打上主引导扇区标记 0x55AA

8. 目标文件 entryother

目标文件 entryother 的生成如引用 3.43 所示。

引用 3.43　目标文件 entryother 的生成

```
111 entryother: entryother.S
112    $(CC) $(CFLAGS) -fno-pic -nostdinc -I. -c entryother.S
113    $(LD) $(LDFLAGS) -N -e start -Ttext 0x7000 -o bootblockother.o entryother.o
114    $(OBJCOPY) -S -O binary -j .text bootblockother.o entryother
115    $(OBJDUMP) -S bootblockother.o > entryother.asm
116
```

目标文件 entryother 依赖于 entryother.S。目标文件 entryother 的生成命令如表 3.12 所示。

表 3.12　目标文件 entryother 的生成命令

行	命　　令	说　　明
112	$(CC) $(CFLAGS) –fno-pic –nostdinc –I. –c entryother.S	用$(CC)以$(CFLAGS)及其后的参数编译 entryother.S
113	$(LD) $(LDFLAGS) –N –e start –Ttext 0x7000 –o bootblockother.o entryother.o	用 $(LD) 以 $(LDLAGS) 及 其 后 的 参 数 链 接 生 成 bootblockother；–e start 指定入口点为 start；–Ttext 0x7000 指定代码地址从 0x7000 开始
114	$(OBJCOPY) –S –O binary –j .text bootblockother.o entryother	$(OBJCOPY)将 bootblockother.o 的 text 段（–j）复制到 entryother，移出所有的标志及重定位信息（–S），输出转换为二进制（–O）
115	$(OBJDUMP) –S bootblockother.o > entryother.asm	反汇编 bootblockother 输出到 entryother.asm

9. 目标文件 initcode

目标文件 initcode 的生成如引用 3.44 所示。

引用 3.44　目标文件 initcode 的生成（Makefile）

```
117 initcode: initcode.S
118    $(CC) $(CFLAGS) -nostdinc -I. -c initcode.S
119    $(LD) $(LDFLAGS) -N -e start -Ttext 0 -o initcode.out initcode.o
120    $(OBJCOPY) -S -O binary initcode.out initcode
121    $(OBJDUMP) -S initcode.o > initcode.asm
122
```

目标文件 initcode 依赖于 initcode.S。目标文件 initcode 的生成命令如表 3.13 所示。

表 3.13　目标文件 initcode 的生成命令

行	命　令	说　明
118	$(CC) $(CFLAGS) -nostdinc -I. -c initcode.S	用$(CC)以$(CFLAGS)及其后的参数编译 initcode.S
119	$(LD) $(LDFLAGS) -N -e start -Ttext 0 -o initcode.out initcode.o	用 $(LD) 以 $(LDLAGS) 及其后的参数链接生成 initcode.out，-e start 指定入口点为 start；-Ttext 0 指定代码地址从 0 开始
120	$(OBJCOPY) -S -O binary initcode.out initcode	$(OBJCOPY)将 initcode.out 复制到 initcode，移出所有的标志及重定位信息（-S），输出转换为二进制（-O）
121	$(OBJDUMP) -S initcode.o > initcode.asm	反汇编 initcode 输出到 initcode.asm

10. 目标文件 kernel

目标文件 kernel 的生成如引用 3.45 所示。

引用 3.45　目标文件 kernel 的生成（Makefile）

```
123 kernel: $(OBJS) entry.o entryother initcode kernel.ld
124    $(LD) $(LDFLAGS) -T kernel.ld -o kernel entry.o $(OBJS) -b binary initcode entryother
125    $(OBJDUMP) -S kernel > kernel.asm
126    $(OBJDUMP) -t kernel | sed '1,/SYMBOL TABLE/d; s/ .* / /; /^$$/d' > kernel.sym
127
```

目标文件 kernel 的生成命令如表 3.14 所示。

表 3.14　目标文件 kernel 的生成命令

行	命　令	说　明
124	$(LD) $(LDFLAGS)…	用链接脚本 kernel.ld 来链接
125	$(OBJDUMP) -S kernel > kernel.asm	反汇编 kernel 到 kernel.asm
126	$(OBJDUMP) -t kernel | sed '1,/SYMBOL TABLE/d; s/ .* / /; /^$$/d' > kernel.sym	显示 kernel 的符号入口表（objdump -t），删除第 1 行到 SYMBOL TABLE s/.*// 　用""替代".*" /^$$/d 删除空行

3.4.4 gdb 命令

gdb 命令是 GNU 的 GCC 开发套件功能强大的程序调试命令。命令格式如下：

```
gdb(选项)(参数)
```

1. 选项与参数

-cd：设置工作目录；

-q：安静模式，不打印介绍信息和版本信息；

-d：添加文件查找路径；

-s：设置读取的符号表文件。

参数：文件名。

2. 命令

gdb 使用各种命令来进行调试，gdb 的命令很多，常用命令如下：

（1）file <文件名>：加载被调试的可执行程序文件。因为一般都在被调试程序所在目录下执行 gdb 命令，因而文件名不需要带路径。例如：

```
(gdb) file hello.out
```

（2）r：run 的简写，运行被调试的程序。如果此前没有设置过断点，则执行完整个程序；如果有断点，则程序暂停在第一个可用断点处。

（3）c：continue 的简写，继续执行被调试程序，直至下一个断点或程序结束。

```
(gdb) c
```

（4）b：breakpoint 的简写，设置断点，可以使用"行号""函数名称""代码地址"等方式指定断点位置。其命令形式为 b <行号>、b <函数名称>、b *<函数名称>、b *<代码地址> 或 d [编号]。其中，在函数名称前面加"*"号表示将断点设置在"由编译器生成的 prolog 代码处"。

d: delete breakpoint 的简写，删除指定编号的某个断点或删除所有断点。断点编号从 1 开始递增。

```
(gdb) b 8
(gdb) b main
(gdb) b *main
(gdb) b *0x804835c
(gdb) d
```

（5）s, n：s，执行一行源程序代码，如果此行代码中有函数调用，则进入该函数；n，执行一行源程序代码，此行代码中的函数调用也一并执行。s 相当于其他调试器中的"Step Into（单步跟踪进入）"；n 相当于其他调试器中的"Step Over（单步跟踪跳过）"。这两个命令必须在有源码调试信息的情况下才可以使用（GCC 编译时使用"-g"参数）。

```
(gdb) s
(gdb) n
```

（6）si, ni：si 命令类似于 s 命令，ni 命令类似于 n 命令。不同的是这两个命令（si/ni）针对的是汇编指令，而 s/n 针对的是源码。

```
(gdb) si
(gdb) ni
```

（7）p：print 的简写，显示指定变量（临时变量或全局变量）的值。

```
p <变量名称>
(gdb) p i
(gdb) p n
```

（8）display/undisplay <编号>：display，设置程序中断后欲显示的数据及其格式。例如，如果希望每次程序中断后可以看到即将被执行的下一条汇编指令，可以使用命令：

```
(gdb) display /i $pc
```

其中，$pc 代表当前汇编指令，/i 表示以十六进制显示。当需要关注汇编代码时，此命令很有用。undispaly，取消先前的 display 设置，编号从 1 开始递增。

```
(gdb) display /i $pc
(gdb) undisplay 1
```

（9）i：info 的简写，用于显示各类信息，详情可查阅 "help i"。

```
(gdb) i r
```

（10）q：quit 的简写，退出 gdb 调试环境。

```
(gdb) q
```

（11）help [命令名称]：gdb 帮助命令，提供对 gdb 各种命令的解释说明。如果指定了 "命令名称" 参数，则显示该命令的详细说明；如果没有指定参数，则分类显示所有 gdb 命令，供用户进一步浏览和查询。

```
(gdb) help
```

（12）list：显示代码。

（13）bt：打印函数调用栈帧跟踪信息。

（14）frame：显示当前运行的栈帧。

3.4.5　ELF 文件结构

xv6 支持 ELF 可执行文件格式，其内核的一部分以 ELF 文件格式存储，启动过程（代码见bootmain.c）中内核从磁盘加载到内存。ELF 可执行文件是 UNIX/Linux 系统 ABI（Application Binary Interface）规范的一部分。UNIX/Linux 下的可执行二进制文件、目标代码文件、共享库文件和内核转储（Core Dump）文件都属于 ELF 文件。

ELF 文件结构如图 3.5 所示。

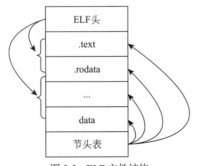

图 3.5　ELF 文件结构

1. ELF 文件头

1）定义

xv6 中，ELF 文件头结构体 elfhdr 的定义如引用 3.46 所示。

引用 3.46 ELF 文件头结构体 elfhdr 的定义（elf.h）

```
0905 struct elfhdr {
0906 uint magic; //must equal ELF_MAGIC
0907 uchar elf[12];
0908 ushort type;
0909 ushort machine;
0910 uint version;
0911 uint entry;
0912 uint phoff;
0913 uint shoff;
0914 uint flags;
0915 ushort ehsize;
0916 ushort phentsize;
0917 ushort phnum;
0918 ushort shentsize;
0919 ushort shnum;
0920 ushort shstrndx;
0921 };
0922
```

ELF 文件头结构体 elfhdr 的成员如表 3.15 所示。

表 3.15 ELF 文件头结构体 elfhdr 的成员

成　员	含　义
magic	必须为 ELF_MAGIC*
elf[]	包含用以表示 ELF 文件的字符，以及其他一些与机器无关的信息
type	ELF 文件类型
machine	ELF 文件的 CPU 平台属性
version	ELF 版本信息
entry	入口地址
phoff	程序头表的文件偏移（以字节为单位）。如果文件没有程序头表，则其值为零
shoff	节头表的文件偏移（以字节为单位）。如果文件没有节头表，则其值为零
flags	与文件关联的特定于处理器的标志，标志名称采用 EF_'machin_flag'形式
ehsize	ELF 头的大小（以字节为单位）
phentsize	文件的程序头表中一项的大小（以字节为单位）
phnum	程序头表中的项数
shentsize	节头的大小（以字节为单位）。节头是节头表中的一项，所有项的大小都相同
shnum	节头表中的项数
shstrndx	与节名称字符串表关联的项的节头表索引

ELF_MAGIC 定义如下：

```
*0902 #define ELF_MAGIC 0x464C457FU // "\x7FELF" in little endian
```

注：小端格式（Little Endian）为低位，在低地址，需要从右边（高地址）的字节向左边的字节（低地址）读，例如，字节串 FC 26 01 00 = 0x 00 01 26 FC。

2）示例

以内核映像文件 kernel 为例，kernel 的 ELF 文件头可以用以下命令提取：

```
readelf -h kernel
```

解析结果：

```
ELF Header:
  Magic:   7f 45 4c 46 01 01 01 00 00 00 00 00 00 00 00 00
  Class:                             ELF32
  Data:                              2's complement, little endian
  Version:                           1 (current)
  OS/ABI:                            UNIX - System V
  ABI Version:                       0
  Type:                              EXEC (Executable file)
  Machine:                           Intel 80386
  Version:                           0x1
  Entry point address:               0x10000c
  Start of program headers:          52 (bytes into file)
  Start of section headers:          128512 (bytes into file)
  Flags:                             0x0
  Size of this header:               52 (bytes)
  Size of program headers:           32 (bytes)
  Number of program headers:         2
  Size of section headers:           40 (bytes)
  Number of section headers:         18
  Section header string table index: 15
```

入口地址为 0x10000c=1MB+0xc，在 kernel.ld 中将符号_start 的值设置成入口地址，_start 由 entry.S 中位置 entry 转换为物理地址（=虚拟地址 entry - KERNBASE）得到。

2. ELF 程序头

1）定义

xv6 中，ELF 程序头结构体 proghdr 定义如引用 3.47 所示。

引用 3.47　ELF 程序头结构体 proghdr 的定义（elf.h）

```
0924 struct proghdr {
0925 uint type;
0926 uint off;
0927 uint vaddr;
0928 uint paddr;
0929 uint filesz;
0930 uint memsz;
0931 uint flags;
0932 uint align;
0933 };
```

ELF 程序头结构体 proghdr 的成员如表 3.16 所示。

表 3.16　ELF 程序头结构体 proghdr 的成员

成　员	含　义
type	当前程序头所描述的段的类型
offset	段的第一字节在文件中的偏移
vaddr	段的一字节在内存中的虚拟地址
paddr	在物理内存定位相关的系统中，此项是为物理地址保留的
filesz	段在文件中的长度
memsz	段在内存中的长度
flags	与段相关的标志
align	根据此项值来确定段在文件及内存中如何对齐

2）示例

ELF 文件 kernel 的程序头可以用以下命令提取：

```
readelf -l kernel
```

解析结果：

```
Elf file type is EXEC (Executable file)
Entry point 0x10000c
There are 2 program headers, starting at offset 52
Program Headers:
  Type    Offset   VirtAddr   PhysAddr   FileSiz MemSiz  Flg Align
  LOAD    0x001000 0x80100000 0x00100000 0x0b596 0x126fc RWE 0x1000
  GNU_STACK 0x000000 0x00000000 0x00000000 0x00000 0x00000 RWE 0x4
```

ELF 文件 kernel 的程序头表 1 如表 3.17 所示。

表 3.17　ELF 文件 kernel 的程序头表 1 各字段的长度、数值和含义

字　段	长　度	数　值	含　义
type	4 字节	01 00 00 00	可载入的段
off	4 字节	00 10 00 00	段在文件中的偏移是 4096 字节
vaddr	4 字节	00 00 10 80	段在内存中的虚拟地址
paddr	4 字节	00 10 00 00	物理地址
filesz	4 字节	96 B5 00 00	段在文件中的大小是 46 486 字节
memsz	4 字节	FC 26 01 00	段在内存中的大小是 75 516 字节
flags	4 字节	07 00 00 00	段的权限是可写、可读、可执行
align	4 字节	00 10 00 00	段的对齐方式是 4096 字节，即 4KB

ELF 文件 kernel 的程序头表 2 如表 3.18 所示。

表 3.18　ELF 文件 kernel 的程序头表 2 各字段的长度、数值和含义

字　　段	长　　度	数　　值	含　　义
type	4 字节	51 E5 74 64	PT_GNU_STACK 段
off	4 字节	00 00 00 00	段在文件中的偏移是 0 字节
vaddr	4 字节	00 00 00 00	段在内存中的虚拟地址
paddr	4 字节	00 00 00 00	物理地址
filesz	4 字节	00 00 00 00	段在文件中的大小是 0 字节
memsz	4 字节	00 00 00 00	段在内存中的大小是 0 字节
flags	4 字节	07 00 00 00	段的权限是可写、可读、可执行
align	4 字节	04 00 00 00	段的对齐方式是 4 字节

注：

fileSiz=0xb596=

0 + .text（0x08111）	对齐（0x4）	得 0x08114
+ .rodata(0x0672)	对齐（0x4）	得 0x8786
+ .stab(0x1)+ .stabstr(0x1)	对齐（0x1000）	得 0x9000
+ .data （0x2596）		

memSiz= 0x126F2=

FileSiz 对齐(0x20)	得 0xb5a0
+ .bss(0x715C)	

.bss：Block Started by Symbol，用于存放程序中未经初始化的全局变量和静态局部变量。在目标文件中，这个段并不占据实际空间，它仅仅只是一个占位符。

3. ELF 文件 kernel 的节头信息

以 ELF 文件 kernel 为例，ELF 文件的节可以用以下命令提取：

```
readelf -S kernel
```

解析结果如下：

```
There are 18 section headers, starting at offset 0x1f600:
Section Headers:
[Nr] Name           Type         Addr     Off    Size   ES Flg Lk Inf Al
[0]                 NULL         00000000 000000 000000 00     0   0  0
[1] .text           PROGBITS     80100000 001000 008111 00  AX 0   0  4
[2] .rodata         PROGBITS     80108114 009114 000672 00  A  0   0  4
[3] .stab           PROGBITS     80108786 009786 000001 0c  WA 4   0  1
[4] .stabstr        STRTAB       80108787 009787 000001 00  WA 0   0  1
[5] .data           PROGBITS     80109000 00a000 002596 00  WA 0   0 4096
[6] .bss            NOBITS       8010b5a0 00c596 00715c 00  WA 0   0 32
[7] .debug_line     PROGBITS     00000000 00c596 001f8c 00     0   0  1
[8] .debug_info     PROGBITS     00000000 00e522 00a965 00     0   0  1
[9] .debug_abbrev   PROGBITS     00000000 018e87 0026ed 00     0   0  1
[10] .debug_aranges PROGBITS     00000000 01b578 0003a0 00     0   0  8
[11] .debug_loc     PROGBITS     00000000 01b918 002f30 00     0   0  1
[12] .debug_str     PROGBITS     00000000 01e848 000cdc 01  MS 0   0  1
```

```
[13] .comment      PROGBITS  00000000 01f524 00001c 01  MS  0   0  1
[14] .debug_ranges PROGBITS  00000000 01f540 000018 00      0   0  1
[15] .shstrtab     STRTAB    00000000 01f558 0000a5 00      0   0  1
[16] .symtab       SYMTAB    00000000 01f8d0 0023d0 10     17 138  4
[17] .strtab       STRTAB    00000000 021ca0 0012d0 00      0   0  1
Key to Flags:
  W (write), A (alloc), X (execute), M (merge), S (strings)
  I (info), L (link order), G (group), T (TLS), E (exclude), x (unknown)
  O (extra OS processing required) o (OS specific), p (processor specific)
```

注意，程序段的地址为 0x80100000，在 kernel.ld 中指定，与 KERNLINK 相同。

4. readelf 命令

readelf 命令用来显示一个或者多个 ELF 格式的可重定位文件、可执行文件和共享目标文件的信息。命令格式如下：

```
readelf <选项> ELF 文件
```

readelf 的常用选项如表 3.19 所示。

表 3.19　readelf 的常用选项

选　　项	简　　写	说　　明
--all	-a	显示全部信息，等于 -h -l -S -s -r -d -V -A -I
--file-header	-h	显示 ELF 文件开始的文件头信息
--program-headers --segments	-l	显示程序头（段头）信息（如果有的话）
--section-headers --sections	-S	显示节头信息（如果有的话）
--section-groups	-g	显示节组信息（如果有的话）
--section-details	-t	显示节的详细信息（-S 的）
--syms　--symbols	-s	显示符号表段中的项（如果有的话）
--headers	-e	显示全部头信息，等价于-h -l -S
--notes	-n	显示 note 段（内核注释）的信息
--relocs	-r	显示可重定位段的信息
--unwind	-u	显示 unwind 段信息，当前只支持 IA64 ELF 的 unwind 段信息
--dynamic	-d	显示动态段的信息
--version-info	-V	显示版本段的信息
--arch-specific	-A	显示 CPU 构架信息
--use-dynamic	-D	使用动态段中的符号表显示符号，而不是使用符号段
--hex-dump= <number or name>	-x	以十六进制方式显示指定段内容。number 指定段表中段的索引，或字符串指定文件中的段名
--debug-dump	-w	显示调试段中指定的内容
--histogram	-I	显示符号时，显示 bucket list 长度的柱状图

续表

选　　项	简　　写	说　　明
--version	-v	显示 readelf 的版本信息
--help	-H	显示 readelf 所支持的命令行选项
--wide	-W	宽行输出

3.4.6　使用 ld 命令链接 xv6

GCC 编译器编译生成的目标文件中，如果需要引用其他目标文件中的符号，例如全局变量或者函数，那么这时在这个文件中该符号的地址是没法确定的，只能等链接器把所有的目标文件链接到一起时才能确定最终的地址。xv6 使用 GNU ld 链接器进行链接，链接的过程需要解决多个文件之间符号解析（Symbol Resolution）的问题。链接器链接把目标文件组装成为 ELF 格式的可执行文件。

ld 命令的格式如下：

```
ld <选项> <objfile…>
```

1. ld 链接命令参数

ld 的常用选项如表 3.20 所示。

表 3.20　ld 的常用选项

选　　项	说　　明
-b <input-format>	指定目标代码输入文件的格式，例如，binary，表示二进制格式
-e <entry>	使用指定的符号 entry 作为程序的初始执行点
-m <emulation>	模拟器指定的链接器
-N	指定读取/写入文本和数据段
-o <output>	指定输出文件的名称为 output
-O <level>	对于非零的优化等级 level，ld 将进行 level 优化
-T <scriptfile>	使用 scriptfile 作为链接器脚本，此脚本将替换 ld 的默认链接器脚本
-v,-V,--version	显示 ld 版本号
-Ttext=<org>	使用指定的地址作为文本段（代码段）的起始点，若不注明此选项，则程序的起始地址为 0

例如，Makefile 的第 106 行：

```
$(LD) $(LDFLAGS) -N -e start -Ttext 0x7C00 -o bootblock.o bootasm.o bootmain.o
```

bootblock.o 在链接时指定-Ttext＝0x7c00，那么这个编译、链接参数的意义是什么？

x86 平台上，BIOS（Basic Input Output System，基本输入输出系统）加载 bootblock 到 0x7c00，然后从 0x7c00 开始执行，因此在编译时指明-Ttext=0x7c00 使得 bootblock 程序在以 0x7c00 为起始的地址空间内，否则程序运行时将因为地址空间紊乱无法正常运行。

2. ld 链接脚本

每一个链接过程都由链接脚本（Linker Script, 一般以.lds 作为文件的扩展名）控制，链接脚本主要用于规定如何把输入 obj 文件内的节（section，也叫作段）放入输出 ELF 文件内，并控制输出文件内各部分在程序地址空间内的布局。

链接器有个默认的内置链接脚本，也可用-T 选项用以指定自己的链接脚本，它将代替默认的链接脚本。

链接器也生成了全局变量_binary_*_start 和_binary_*_size，以便在程序中定位指令的位置和大小。例如系统启动的初始进程就是通过_binary_initcode_start 和_binary_initcode_size 定位 initcode 程序指令的位置、_binary_entryother_start 和_binary_entryother_size 定位 entryother 程序指令的位置。

kernel.ld 为 xv6 的内核链接脚本，链接脚本由一系列命令组成，每一个命令由一个关键字和相应的参数或者一些赋值语句等组成，命令由分号进行分隔，常用命令如下。

（1）OUTPUT_FORMAT：设定 default、big、little 三种输出文件的格式。

（2）OUTPUT_ARCH：指定 ELF 文件头中的机器体系结构（Machine Architecture）项，如 OUTPUT_ARCH(i386)，设定为 Intel 386。

（3）ENTRY：入口地址，ENTRY(_start)指定_start()函数为程序的入口。

（4）".": 当前地址。

（5）PROVIDE：定义符号及其值，这类符号在目标文件内被引用，但没有在任何目标文件内被定义的符号。例如，PROVIDE(etext = .)，定义符号 etext，其值为当前地址。

xv6 中，多处需要使用一个程序的某个位置的地址，这些位置不是函数，也不是一个变量，所以只能用 PROVIDE 来定义。

（6）ALIGN：字节对齐调整，ALIGN(0x1000) 即 4KB 对齐。

（7）SECTIONS：定义段（text、data、bss 等段）的链接分布，各段（或者称为节）的简单语法如下：

```
SECTION-NAME [ADDRESS] [(TYPE)] : [AT(LMA)]
{
OUTPUT-SECTION-COMMAND
OUTPUT-SECTION-COMMAND
...
}
```

[ ]表示可选项。

SECTION-NAME：段名字。段名字左右的空白、圆括号、冒号是必需的，换行符和其他空格是可选的。

输出节地址[ADDRESS]是一个表达式，它的值用于设置虚拟内存地址 VMA (Virtual Memory Address, VMA)。

关键字 AT()指定加载内存地址（Load Memory Address，LMA）输出命令。例如，*(.text .stub .text.* .gnu.linkonce.t.*)将所有输入的.text .stub 和.text.*以及.gnu.linkonce.t.*链接在一起。

加载内存地址是程序被加载的地址，而虚拟内存地址是程序运行的地址，通常情况下这两者是相等的，但是在 xv6 中内核 kernel 的加载内存地址为 1MB 处，bootloader 把内核加载到该地址；而内核运行的虚拟内存地址为 0x80100000，xv6 的 entry 代码启动分页机制后会把 1MB 的加载内存地址转换为虚拟内存地址的 0x80100000。

3. xv6 的链接脚本

xv6 的链接脚本为 kernel.ld，kernel.ld 包括两部分：第一部分指定 ELF 文件头的格式、机器体系结构和入口地址，如引用 3.48 所示；第二部分定义内核 ELF 文件的段，如引用 3.49 所示。

1）ELF 文件头的格式、机器体系结构和入口地址

引用 3.48 ELF 文件头的格式、机器体系结构和入口地址（kernel.ld）

```
9300 /* Simple linker script for the JOS kernel.
9303 OUTPUT_FORMAT("elf32-i386", "elf32-i386", "elf32-i386")
9304 OUTPUT_ARCH(i386)
9305 ENTRY(_start)
```

9303 指定输出 ELF 文件的 BFD 格式。

9304 指定 ELF 文件机器体系结构项。

9305 将符号_start 的值设置为入口地址。

2）定义内核 ELF 文件的段

xv6 内核的 ELF 文件包含了以下几个主要段（节，Section）。

（1）.text：文本段，即代码。

（2）.data 数据段。

（3）.rodata 只读数据段，没有写属性。

（4）.bss：.bss 段，在文件中没有分配空间，会在运行时分配空间。

（5）.stab：该区段用于调试。

xv6 内核 ELF 文件的段如引用 3.49 所示。

引用 3.49 xv6 内核 ELF 文件的段（kernel.ld）

```
9307 SECTIONS
9308 {
9309 /* Link the kernel at this address: "." means the current address */
9310 /* Must be equal to KERNLINK */
9311 . = 0x80100000;
9312
9313 .text : AT(0x100000) {
9314 *(.text .stub .text.* .gnu.linkonce.t.*)
9315 }
9316
9317 PROVIDE(etext = .); /* Define the 'etext' symbol to this value */
9318
9319 .rodata : {
9320 *(.rodata .rodata.* .gnu.linkonce.r.*)
9321 }
9322
9323 /* Include debugging information in kernel memory */
9324 .stab : {
9325 PROVIDE(__STAB_BEGIN__ = .);
9326 *(.stab);
9327 PROVIDE(__STAB_END__ = .);
9328 BYTE(0) /* Force the linker to allocate space
9329 for this section */
9330 }
```

```
9331
9332 .stabstr : {
9333 PROVIDE(__STABSTR_BEGIN__ = .);
9334 *(.stabstr);
9335 PROVIDE(__STABSTR_END__ = .);
9336 BYTE(0) /* Force the linker to allocate space
9337 for this section */
9338 }
9339
9340 /* Adjust the address for the data segment to the next page */
9341 . = ALIGN(0x1000);
9342
9343 /* Conventionally, UNIX linkers provide pseudo-symbols
9344 * etext, edata, and end, at the end of the text, data, and bss
9345 * For the kernel mapping, we need the address at the beginning
9346 * of the data section, but that's not one of the conventional
9347 * symbols, because the convention started before there was a
9348 * read-only rodata section between text and data. */
9349 PROVIDE(data = .);
9350 /* The data segment */
9351 .data : {
9352 *(.data)
9353 }
9354
9355 PROVIDE(edata = .);
9356
9357 .bss : {
9358 *(.bss)
9359 }
9360
9361 PROVIDE(end = .);
9362
9363 /DISCARD/ : {
9364 *(.eh_frame .note.GNU-stack)
9365 }
9366 }
```

注：

9313~9315 定义.text 文本段，即代码。

9319~9321 定义.roddata 只读数据段。

9351~9353 定义.data 数据段。

9357~9359 定义.bss 段。

3）kernel.ld 中的一些符号

此外，xv6 内核链接脚本 kernel.ld 中的以下符号应该特别关注：

（1）入口地址 ENTRY(_start)。

ENTRY(_start) 内核的代码为段执行入口_start。

（2）内核的起始虚拟地址 0x80100000。

内核的起始虚拟地址 0x80100000 应该与 KERNLINK 相同。

（3）内核代码段的加载内存地址。

加载内存地址是加载输出文件到内存时段（节）所在的地址，其中代码段的加载内存地址为.text : AT(0x100000)。

（4）为外部引用提供的地址。

为外部引用提供的地址（PROVIDE 定义）主要如下。

etext：.text 段结束地址；

data：.data 段的起始地址；

edata：.data 段结束地址；

end：内核结束地址。

3.5 Bochs 与 QEMU 模拟器

3.5.1 Bochs 模拟器

1. Bochs 模拟器概述

Bochs 模拟器是用 C++语言开发的开源 IA-32 和 IA-64（Intel Architecture -64bit）PC 模拟器，包括 x86 处理器、硬件和内存。在 Bochs 模拟器中可以运行操作系统和其他软件，所以 Bochs 就像一个计算机中运行的 x86 计算机。

Bochs 模拟器可以运行在 Linux、Windows 等多个操作系统以及 x86、PPC、Alpha、Sun 和 MIPS 等多种处理器架构上；Bochs 模拟器完全是靠软件模拟来实现的，从启动到重启，包括 PC 的外设键盘、鼠标、VGA 卡、磁盘和网卡等全部都是由软件来模拟的；在 Bochs 模拟器中安装操作系统，只需要在宿主机中建立一个磁盘镜像文件，使用 Bochs 模拟器自带的 bximage 工具可以创建软盘和硬盘的镜像文件。Bochs 模拟器使得调试操作系统更容易，很适合开发操作系统，因此可以用 Bochs 模拟器来调试、运行 xv6。

2. 在 Bochs 模拟器中调试 xv6

gdbstub 可以使得 Bochs 程序在本地 1234 网络端口侦听接收 GDB 的命令，并且向 GDB 发送命令执行结果，从而可以利用 GDB 对 xv6 内核进行 C 语言级的调试，调试 xv6 内核需要使用-g 选项编译。Bochs 中调试 xv6 具体过程如下。

（1）从网站下载 Bochs 系统源码，例如 bochs-3.6.11.tar.gz，网址为 https://sourceforge.net/projects/bochs/files/latest/download。

（2）使用 tar 对软件包解压后会在当前目录中生成一个 bochs-2.6.8 子目录。进入该子目录后带选项--enable-gdb-stub 运行配置程序 configure，然后运行 make 和 make install 即可，注意，--enable-gdb-stub 与--enable-debugger 选项互斥，不使用后者。

（3）配置 xv6 的.bochsrc(或 dot-bochsrc)开启 Bochs 的 gdb stub 功能，gdbstbub:enable=1。

（4）编译带调试信息的 xv6 内核，对 xv6 内核源码目录中所有 Makefile 文件进行修改，如果编译标志行上没有-g 标志则添加，如果链接标志行上有-s 选项则去除；然后 make xv6 编译得到带测试信息的 xv6 内核。

（5）打开两个终端，在第一个终端中运行 Bochs：

```
$:bochs -f .bochsrc;
```

在第二个终端中运行 GDB：

```
$:gdb ./src/kernel.elf;
```

其中，$为命令行提示符。

进入 gdb 命令行，在 gdb 命令行中输入命令：

```
(gdb) break bootmain（在 bootmain()函数开始处设置断点）
(gdb) target remote localhost:1234（连接到 Bochs）
(gdb) c（运行到断点处停下）
```

3.5.2　Bochs 模拟器的配置

xv6 中 Bochs 模拟器的配置文件为 dot-bochsrc。　需要对配置文件 dot-bochsrc 做一些修改。xv6 中的 Bochs 参数如表 3.21 所示，xv6 中内核 Bochs 配置文件如引用 3.50 所示。

表 3.21　xv6 中的 Bochs 参数

选　　项	说　　明
romimage	ROM BIOS
megs	内存
vgaromimage	VGA ROM BIOS
vga	VGA 显示配置
floppya	软驱 A
floppyb	软驱 B
ata[0–3]	硬盘或光驱的 ata 控制器
ata[0–3]–master ata[0–3]–slave	ata 设备的类型
boot	启动驱动器
ips	模拟的频率
log	调试用的日志
panic	错误的信息
error	Bochs 遇到不能模拟的情况，如出现非法指令
info	显示一些不常出现的情况
debug	主要用来开发 Bochs 软件时报告情况
parport1	并行端口
vga_update_interval	VGA 卡刷新率
keyboard_serial_delay	键盘串行延时
mouse	鼠标
private_colormap	GUI 色彩映射
keyboard_mapping	键盘映射

引用 3.50　xv6 内核 Bochs 配置文件（.dot-bochsrc）

```
 77 romimage: file=$BXSHARE/BIOS-bochs-latest
110 cpu: count=2, ips=10000000
121 megs: 32
151 vgaromimage: file=$BXSHARE/VGABIOS-lgpl-latest
162 vga: extension=none
186 floppya: 1_44=/dev/fd0, status=inserted
199 floppyb: 1_44=b.img, status=inserted
218 ata0: enabled=1, ioaddr1=0x1f0, ioaddr2=0x3f0, irq=14
219 ata1: enabled=1, ioaddr1=0x170, ioaddr2=0x370, irq=15
220 ata2: enabled=0, ioaddr1=0x1e8, ioaddr2=0x3e0, irq=11
221 ata3: enabled=0, ioaddr1=0x168, ioaddr2=0x360, irq=9
272 ata0-master: type=disk, mode=flat, path="xv6.img", cylinders=100, heads=10, spt=10
273 ata0-slave: type=disk, mode=flat, path="fs.img", cylinders=1024, heads=1, spt=1
293 boot: disk
336 floppy_bootsig_check: disabled=0
350 log: bochsout.txt
390 panic: action=ask
391 error: action=report
392 info: action=report
393 debug: action=ignore
406 debugger_log: -
447 parport1: enabled=1, file="/dev/stdout"
497 vga_update_interval: 300000
509 keyboard_serial_delay: 250
526 keyboard_paste_delay: 100000
549 mouse: enabled=0
562 private_colormap: enabled=0
635 keyboard_mapping: enabled=0, map=
```

由于 xv6 的源码 memlayout.h 中把宏 PHYSTOP 定义为 0xE000000，即 224MB 的物理内存，而从 MIT 网站下载的 dot-bochsrc 文件只设置了 32MB 的物理内存，因此可把 dot-bochsrc 第 121 行的"megs: 32"改为"megs: 256"，比 224MB 大即可。

注：行号为本文件中的行号。

3.5.3　QEMU 模拟器选项及内核调试

1. QEMU 模拟器概述

QEMU（Quick Emulator）模拟器是一个纯软件实现的开源通用模拟器。它可以模拟 x86、MIPS R4000、RISC-V、ARM 和 Power 等架构。

IA-32 平台上的 qemu 的命令行格式如下：

```
qemu-system-i386 [选项] [客户机的磁盘镜像文件]
```

2. -drive 选项

该选项的格式如下：

```
-drive option[,…,option]
```

上述代码详细地配置一个驱动器。它的参数很多，这里只介绍 xv6 中用到的几个参数，具体可参照 https://wiki.qemu.org/Documentation。

（1）file：文件名，指定该 drive 用到的镜像文件。

（2）index：顺序，指定 drive 连接的顺序。

（3）media：媒介，指定媒介，如 cdrom、disk。

（4）format：格式，指定磁盘格式，format=raw 表示保留原始格式。

引用 3.51 给出了一个 qemu 的 drive 选项示例。

引用 3.51　qemu 的 drive 选项示例（Makefile）

```
222 QEMUOPTS = -drive file=fs.img,index=1,media=disk,format=raw -drive file=xv6.img,
index=0,media=disk,format=raw -smp $(CPUS) -m 512 $(QEMUEXTRA)
```

3. -boot 选项

该选项格式如下：

```
-boot [order=drives][,once=drives][,menu=on|off][,splash=sp_name][,splash-time=sp
_time][,reboot-timeout=rb_timeout][,strict=on|off]
```

设置客户机启动时的各种选项（包括启动顺序等），对 x86 PC 有：a，b（软盘 1 和 2），c（第一个磁盘），d（第一个 CD-ROM）和 n~p（从 p 网卡的以太网启动），默认值为 c。例如，-boot order=a -hda xv6.img，让 xv6.img 文件作为软盘 a 启动客户机。

4. -serial　dev 选项

该选项将客户机的串口重定向到宿主机的字符型设备 dev 上，可以重复多次使用-serial 参数，以便为客户机模拟多个串口。在默认情况下，图形模式下串口被重定向到虚拟控制台；非图形模式下（使用-nographics 参数），串口默认被重定向到标准输入输出（stdio）。

设备为下列之一：null、websocket、udp、tcp、telnet、/dev/XXX、vc、ringbuf、file、pipe、console、serial、pty、stdio、braille、mon、tty 等。以下只具体介绍 mon，格式如下：

```
mon:dev_string
```

监视器多路复用连接到另一个串口设备，dev_string 描述以上设备之一，如引用 3.52 所示。

引用 3.52　QEMU －serial 多路复用连接到 mon 和 stio 示例（Makefile）

```
225   $(QEMU) -serial mon:stdio $(QEMUOPTS)
```

例 3.13 为监视器多路复用连接到 Telnet 服务器，监听 1234 端口。

例 3.13　监视器多路复用连接到 Telnet 服务器

```
-serial mon:telnet::1234,server,nowait
```

可以使用 telnet 命令来访问该端口：

```
$ telnet localhost 1234
```

其中，$为命令行提示符。

5. 其他选项

1）-nographic

关闭 QEMU 模拟器的图形界面，让 QEMU 模拟器工作在命令行。模拟串口被重定向到当前的控制台中，因此可以将 xv6 内核关联到 QEMU 模拟器串口，用 QEMU 模拟器来调试 xv6 内核。

2）-m megs

设置客户机内存大小为 megs MB。默认单位为 MB，如"-m 256"表示 256MB 内存。也可以使用 G 来表示以 GB 为单位的内存大小,如 "-m 4G" 表示 4GB 内存大小。

3)-cpu model

指定 CPU 型号,如-cpu SandyBridge 参数指定给客户机模拟 Intel 的代号为 Sandy-Bridge 的 CPU。默认的 CPU 型号为 qemu64,用-cpu help 或者-cpu ?可以查询 QEMU 模拟器支持的 CPU 型号。

4)-smp

格式:

```
-smp n[,cores=cores][,threads=threads][,sockets=sockets]
```

模拟 n 个 CPU 的 SMP 系统。sockets 指定插槽的数量,cores 指定每个 socket 上的核心数,threads 指定每个核心上的线程数量。n=sockets×cores×threads。

5)-gdb tcp:: port

以 TCP 的 port 端口打开一个 GDB 服务器,然后用 GDB 工具连接上去进行调试。

6)-s

-gdb tcp:: port 的简写,在 qemu 命令行中使用 TCP 方式的-gdb 参数。

7)-p

指定端口。

8)-S

挂起 gdbserver,让 GDB 连接它来调试。

6. 内核调试脚本

在启动 QEMU 模拟器时,可以通过脚本来加载 QEMU 子命令,xv6 中 QEMU 模拟器调试、内核加载的脚本为.gdbinit,它是在 Makefile 中 qemu-gdb 目标文件构造中用 sed 命令替代.gdbinit.tmpl 中的 GDBPORT 生成的,如引用 3.52 所示。

引用 3.53 .gdbinit 的构造(Makefile)

```
233    .gdbinit: .gdbinit.tmpl
234    sed "s/localhost:1234/localhost:$(GDBPORT)/" < $^ > $@
```

7. 在 QEMU 模拟器中调试 xv6

在 QEMU 模拟器中调试 xv6,首先构建调试用的镜像文件,进入 xv6 目录,运行:

```
$ make qemu-gdb
```

然后打开另一个终端,进入 xv6 目录,运行:

```
$ gdb kernel
```

在调试器中输入调试命令开始调试。

第4章

x86计算机组成原理

本章简要介绍计算机系统、CPU、内存、中断系统以及 I/O 端口与外设。

4.1 计算机系统

如图 4.1 所示，广义计算机系统由硬件系统、操作系统、系统和应用程序以及用户四部分组成。操作系统软件运行于硬件平台之上并对硬件进行管理，操作系统对硬件进行功能的抽象和封装，提供统一的接口来运行应用程序。xv6 运行在 Intel 的 x86 的 32 位（即 IA-32）多处理器硬件平台之上（其典型代表是 P6 处理器），xv6 对 CPU、内存、外存和输入输出进行管理，xv6 对硬件功能进行抽象，分别形成了进程管理、内存管理、文件系统和 I/O 设备管理这四部分主要功能，这些功能以系统调用的形式提供给系统和应用程序使用，而用户则通过 Shell 使用这些系统和应用程序。

在深入 xv6 操作系统的细节之前，本章对 IA-32 计算机的组成原理进行简要介绍，包括 80386 CPU 及后续的 80486、Pentium 等兼容 32 位 CPU 都属于 IA-32 架构；IA-32 对多处理器的支持开始于 P6，多处理器将在第 14 章介绍。

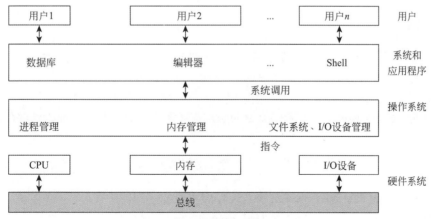

图 4.1　计算机系统

4.2 计算机硬件系统

4.2.1 硬件组成

计算机的硬件系统由 CPU、内存以及 I/O 设备通过总线（Bus）连接构成。

1. CPU

CPU 包括运算器和控制器，也称为中央处理器。运算器是计算机中执行各种算术和逻辑运算操作的部件；控制器由程序计数器（Program Counter，PC）、指令寄存器、指令译码器、时序产生器和操作控制器组成，它是发布命令的协调机构，即完成协调和指挥整个计算机系统的操作。由于内存管理的复杂性，现代计算机如 IA-32 在控制器中引入了专门的内存管理单元（Memory Management Unit，MMU）。

2. 内存

内存也称为主存，是计算机的记忆部件，用于存放计算机运行中的原始数据、中间结果以及指示计算机工作的程序。内存可分为随机访问存储器（Random Access Memory，RAM）和只读存储器（Read Ony Memory，ROM）。RAM 允许数据的读取与写入，磁盘中的程序必须被载入内存后才能运行，内存中的数据可被 CPU 直接寻址，因此可以作为指令的操作数。

3. I/O 设备

I/O 设备是指计算机个位中除 CPU 和内存以外的设备，通常也称为外部设备，简称外设，可分为输入设备和输出设备。

输入设备是向计算机输入数据和信息的设备。xv6 操作系统关注的输入设备主要有键盘和通用异常收发传输器（Universal Asynchronous Receiver/Transmitter，UART）串行口。UART 既是输入设备也是输出设备。

输出设备是计算机硬件系统的终端设备，用于接收计算机数据的输出显示、打印、声音和外围设备控制等。xv6 操作系统关注的输出设备主要是显示器和 UART 串行口。

光盘、硬盘和磁带机等大容量永久存储设备也是 I/O 设备，这些设备也被称为外部存储器或者辅助存储器，简称外存或者辅存。外存中的数据需要先放入内存中才能被 CPU 寻址。xv6只管理 IDE（Integrated Drive Electronics）硬盘。

4.2.2 总线

若干 CPU、内存和输入输出设备通过设备控制器连接到共同的总线。随着计算机系统的发展，设备的传输速度差异越来越大，单一总线结构难以满足需求，因此现代的计算机系统一般采用多级总线结构，例如 Pentium PRO 就采用了多级总线，如图 4.2 所示。

（1）北桥（North Bridge，也称 Host Bridge）主要负责 CPU 和内存、显卡这些部件的数据高速传送。

（2）南桥（South Bridge）主要负责 I/O 设备、外部存储设备以及其他中低速设备之间的通信。

（3）FSB（Front Side Bus，前端总线）是 CPU 和北桥之间的桥梁。

（4）AGP（Accelerated Graphics Port）总线将显示卡与主板的芯片组直接相连，进行点对点传输。

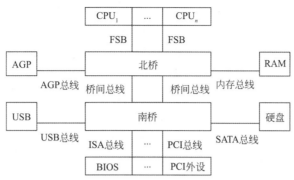

图 4.2　Pentium PRO 多级总线

（5）PCI（Peripheral Component Interconnect）总线是一种高性能局部总线，它构成了 CPU 和外设之间的高速通道；例如显卡一般都采用 PCI 插槽，PCI 总线传输速度快，能够很好地让显卡和 CPU 进行数据交换。目前最新的 PCI 总线是 PCIe 5。

现代的总线已经与图 4.2 有很大差别，图 4.3 是 2021 年发布的 Intel 第 11 代 Core 处理器的总线。

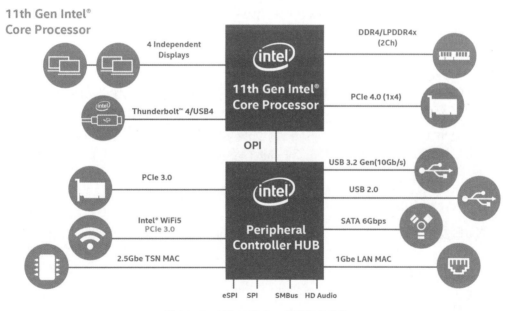

图 4.3　Intel 第 11 代 Core 处理器的总线

4.3　CPU

IA-32 架构 CPU 最早的是 Intel 80386，本书以相对较新的 Pentium 处理器为主介绍 x86 个位 32 位 CPU 体系结构。

Pentium 处理器主要功能结构如图 4.4 所示。它主要由 6 部分组成：数据 Cache、指令 Cache、指令单元（IPU、IDU、EU）；内存管理单元（MMU）、总线接口单元（BIU）和寄存器组，由于分支预测部分与操作系统的关系不大，因此本书忽略该部分。

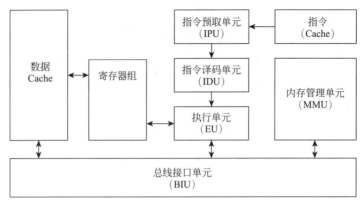

图 4.4　Pentium 处理器主要功能结构

4.3.1　Cache 与指令部件

1. Cache

数据 Cache 存放 CPU 最近使用的数据以提高数据存取速度。数据 Cache 对于操作系统是透明的，也就是说操作系统无须对其进行管理，xv6 中唯一的例外是用户空间大小变化时更新页目录基址寄存器 CR3 来清空页表缓冲（Translation Lookaside Buffer，TLB），以防止地址错误。

代码 Cache 存放 CPU 最近使用的指令，以提高指令存取速度。

2．指令部件

从开机到关机，CPU 持续不断地执行指令，CPU 执行指令前需要从内存取指令，然后进行指令译码，指令预取单元（Instruction Prefetch Unit，IPU）、指令译码单元（Instruction Decode Unit，IDU）和执行单元（Execution Unit，EU）负责完成这些工作。

（1）IPU 将存放在存储器中的指令经总线接口单元（Bus Interface Unit，BIU）取到 16 字节长的预取指令队列中，并向 IDU 输送指令。

（2）IDU 从 IPU 中取出指令进行译码分析，然后将其放入 IDU 中的译码指令队列中，供 EU 使用。

（3）EU 包含指令流水线、浮点运算器（Floating Point Unit，FPU）和控制器、控制 ROM 等。

4.3.2　MMU 与 BIU

1. MMU

MMU 由分段单元和分页机构组成，实现了从逻辑地址到物理地址的转换，Pentium 既支持段式存储管理，也支持段页结合式存储管理。

分段单元（Segmentation Unit，SU）按指令要求，将指令中的逻辑地址转换为线性地址。

分页单元（Paging Unit，PU）将 SU 产生的线性地址转换为物理地址，每页容量为 4KB 或者 4MB。当系统不使用分页功能时，线性地址就是物理地址。

2. BIU

BIU 通过数据总线、地址总线和控制总线来与外部环境联系，包括从存储器中预取指令、读写数据、从 I/O 端口读写数据，以及其他控制功能。80386 数据总线和地址总线外部都是 32 位的，Pentium 的数据总线是 64 位的，而地址总线外部是 32 位的。

4.3.3　寄存器组

IA-32 寄存器可分为 7 类，它们是通用寄存器、段寄存器、指令指针和标志寄存器、系统地址寄存器、控制寄存器、调试和测试寄存器，调试和测试寄存器在此不介绍，以下以 Pentium 为例来介绍寄存器组。

1. 通用寄存器

Pentium 有 8 个 32 位通用寄存器，这 8 个通用寄存器都是由 8088/8086/80286 的相应的 16 位通用寄存器扩展成 32 位而得到的。名字分别是 EAX、EBX、ECX、EDX、ESI、EDI、EBP 和 ESP。其中前 4 个被称为数据寄存器，后 4 个被称为变址和指针寄存器。每个 32 位通用寄存器的低 16 位即 AX、BX、CX、DX、SI、DI、BP 和 SP 都可以单独使用。

EAX、EBX、ECX 和 EDX 的低 16 位 AX、BX、CX 和 DX 还可以继续分为高 8 位、低 8 位寄存器单独使用，例如 AX 可以分为 AH 和 AL 两个 8 位寄存器单独使用。

ESI 和 EDI 分别被称为源变址和目的变址寄存器；ESP 寄存器为栈顶寄存器，并且始终指向栈顶，EBP 寄存器为基址寄存器，寄存器 ESP 和 EBP 对理解函数调用的栈帧非常关键。

2. 段寄存器

Pentium 有 6 个 16 位段寄存器，分别是 CS、DS、SS、ES、FS 和 GS。各寄存器的名称如下。

CS：代码段寄存器（Code Segment Register）；

DS：数据段寄存器（Data Segment Register）；

ES：附加段寄存器（Extra Segment Register）；

SS：堆栈段寄存器（Stack Segment Register）；

FS，GS：通用段寄存器（General Purpose Segment Register）。

3. 指令指针和标志寄存器

指令指针寄存器（EIP）是 32 位寄存器，EIP 低 16 位称为 IP；EIP 的内容是下一条要取入 CPU 的指令在内存中的偏移地址。当程序刚运行时，系统把 EIP 清 0；每取入一条指令，EIP 自动增加相应的字节数，指向下一条指令。

标志寄存器（EFLAGS）用于反映 CPU 的状态或特定的操作，EFLAGS 的低 16 位称为 FLAGS，与 16 位 CPU 的标志寄存器相同。

xv6 定义的唯一标志位为中断允许标志 IF。该位置 1 时允许响应外部可屏蔽中断（INTR），该位复位时禁止响应外部可屏蔽中断。IF 不影响非屏蔽外部中断（Non-Maskable Interrupt，NMI）或内部产生的中断。xv6 的定义如引用 4.1 所示。

引用 4.1　xv6 的中断允许标志 IF

```
0703 // Eflags register
0704 #define FL_IF 0x00000200 // Interrupt Enable
```

4. 系统地址寄存器

Pentium 的系统地址寄存器有 4 个，用来存储操作系统需要的保护信息和地址转换表信息，定义目前正在执行任务的环境、地址空间和中断向量空间。

1）全局描述符表寄存器

全局描述符表寄存器（Global Descriptor Table Register，GDTR）用于保存全局描述符表的 32 位基地址和全局描述符表的 16 位表界限。

全局描述符表（Global Descriptor Table，GDT）里面的每一项都说明一个段的信息或者是一个局部描述符表（Local Descriptor Table，LDT）的相关信息，其实一个 LDT 也是一个段，所以也可以说 GDT 的每一项都描述一个段。

2）中断描述符表寄存器

中断描述符表寄存器（Interrupter Descriptor Table Register，IDTR）用于保存中断描述符表的 32 位基地址和中断描述符表的 16 位界限。

3）16 位局部描述符表寄存器

16 位局部描述符表寄存器（Local Descriptor Table Register，LDTR）用于保存局部描述符表的选择符。

4）16 位任务寄存器

16 位任务寄存器（Task Register，TR）用于保存任务状态段（Task State Segment，TSS）的 16 位选择符。LDTR 和 TR 需要到 GDT 中找到各自的描述符才能定位相应的 LDT 或者 TSS。

具体可参见第 5 章。

5．控制寄存器

控制寄存器（Control Register，CR）控制 CPU 的一些重要特性。Pentium 的控制寄存器 CR0~CR4 有 4 个被定义：

（1）CR0 含有控制处理器操作模式和状态的系统控制标志。

（2）CR1 未定义。

（3）CR2 是页故障线性地址寄存器，保存最后一次出现页故障的 32 位线性地址。

（4）CR3 是页目录基址寄存器，保存页目录的物理地址。

（5）CR4 是从 Pentium 开始出现的，其中 PSE（Page Size Extension）位表示页大小扩展，PSE=1 时页大小可以扩展到 4MB，PSE=0 时页大小只能是 4KB。

CR3 的页目录基地址只有当 CR0 中的 PG=1 时才有效。页目录总是放在以 4KB 为单位的存储器边界上，因此 CR3 的低 12 位总为 0。

xv6 主要涉及了 CR0 和 CR4，相关标志位在 mmu.h 中定义。CR0 和 CR4 主要标志位如表 4.1 所示。

表 4.1　CR0 和 CR4 主要标志位

标　志　名	英　文　名	描　　述
CR0_PE	Protection Enable	保护模式
CR0_MP	Monitor coProcessor	协处理器监控
CR0_EM	Emulation	仿真
CR0_TS	Task Switched	任务已切换
CR0_ET	Extension Type	扩展类型
CR0_NE	Numeric Error	协处理器错误
CR0_WP	Write Protect	写保护
CR0_AM	Alignment Mask	对齐检查掩码
CR0_NW	Not Writethrough	关闭写透方式
CR0_CD	Cache Disable	关闭 Cache
CR0_PG	Paging	分页

续表

标 志 名	英 文 名	描 述
CR4_PSE	Page Size Extension	允许页容量大小扩展位： PSE=1，允许每页容量为 4MB； PSE=0，只允许每页容量为 4KB

4.4　内存

　　寄存器的数量十分有限，无法直接存储 CPU 所需的大量数据和指令。内存是计算机系统 CPU 进行数据和指令存取的中心，与外部存储不同，CPU 能将直接寻址和访问的数据与指令存放在内存中，而外存中的数据与指令需要先读入内存才能被 CPU 寻址和访问。

　　计算机的内存以字节为基本存储单元，内存所包含的字节数 n 称为内存的容量，x86 计算机实际配备的物理内存容量从 16 位 CPU 时代的若干千字节、IA-32 时代的若干兆字节发展到了 IA-64 时代 i7 的若干吉字节不等，CPU 用每个单元唯一的编号来区分它们，编号从 0 开始连续进行，这种编号称为内存的物理地址；物理地址的位数 m 决定了 CPU 能使用的内存最大容量为 $n=2m$。x86 计算机物理地址的位数 m 从 8086 的 16 位，80286 的 20 位，80386、80486 和 Pentium 的 32 位发展到了 Xeon 以后的 64 位。

4.5　中断系统

4.5.1　中断

　　所谓中断（Interrupt）就是 CPU 暂停当前任务转而去执行称为中断处理程序的任务，目的是进行某些特殊处理，如软硬件错误、数据传输、实时控制或者进行系统服务。中断系统是计算机的重要组成部分，计算机各外设可通过中断系统与 CPU 协调进行数据处理、故障处理或者实时控制；同时中断系统也负责处理指令错误；一些计算机系统也通过中断调用的方式提供系统服务。中断也可相应地分为如下三类。

　　（1）硬件中断或外部中断（简称为中断），由 CPU 外部引起，如 I/O 中断、时钟中断和控制台中断等。

　　（2）异常（Exception），由 CPU 的内部事件或程序执行中的事件引起，如由于 CPU 本身故障和程序故障等引起。

　　（3）陷入或陷阱（Trap），由于程序中使用了系统调用而引起。

　　中断系统解除了 CPU 与外设间的耦合，让外设与 CPU 相对独立地工作，只在需要时进行两者间的协调，这大大提高了计算机效率。

　　中断机制需要硬件和软件相配合。负责控制中断的硬件称为中断控制器，它接收 I/O 设备或者其他中断控制器发送的中断信号，按照一定规则转发给处理器或者其他中断控制器。发出中断请求的来源称为中断源。为了进行中断管理，系统通常把硬件中断、异常和陷入三类中断源进行统一的编号，称为中断号。中断号是中断系统硬件和软件相互联系的纽带。对于硬件中断，在中断响应时由中断控制器通过总线将中断号发送给 CPU；对于陷入和异常，CPU 内部可得到中断号。

操作系统通过中断处理程序协调计算机系统各部分硬件的工作；操作系统通过中断系统实现进程的切换等核心功能；同时操作系统通过被称为系统调用的特定中断为其他程序提供服务，可以说现代操作系统是中断驱动的。

4.5.2　中断控制器与中断处理程序

1. 可编程中断控制器

早期单处理器 x86 系统中常将两片 Intel 8259 可编程中断控制器（Programmable Interrupt Controller，PIC）连接作为中断处理系统的硬件，该系统可以管理 15 级中断向量。

IA-32 体系 CPU 在保护模式下占用了 0x00～0x1F 共 32 个中断号，xv6 初始化时重新设定自己的中断向量表以指定各中断源的中断号。与 Linux 类似，xv6 的中断号从 0x20（十进制数 32）开始用于操作系统定义的中断。

2. APIC

随着 x86 多处理器系统的出现，原来的中断处理系统已无法满足需求，因此 Intel 开发了高级可编程中断控制器（Advanced Programmable Interrupt Controller，APIC）。APIC 由 I/O APIC 和 Local APIC（简称为 LAPIC）两部分组成，其中 I/O APIC 通常位于 CPU 的南桥中，用于处理桥上设备所产生的各种中断；LAPIC 则每个 CPU 都有一个。I/O APIC 通过 APIC 总线、FSB 或 QPI（Quick Path Interconnect）将中断信息分派给每个 CPU 的 LAPIC，CPU 上的 LAPIC 能够决定是否接收系统总线（System Bus）上传递过来的中断信息以及 I/O APIC 与 CPU 的交互。

xv6 早期版本既支持 8059 PIC 也支持 APIC，但 rev11 只支持后者，具体可参见第 14 章。

3. 中断处理程序

中断系统的软件部分称为中断处理程序（Interrupt Handler）或中断服务程序（Interrupt Service Routine, ISR）。中断处理程序是操作系统的重要组成部分，它是内核响应一个特定中断时执行的一个函数，每个处理程序的地址称为中断向量。操作系统把系统中所有的中断类型码及其对应的中断向量依次存放在一个区域内，这个存储区域就叫作中断向量表（Interrupt Vector Table，IVT），在 80386 及以后的系统（包括 Pentium）中称为中断描述符表（Interrupt Descriptor Table，IDT）。xv6 的中断处理可参见第 8 章。

4.6　I/O 端口与外设

4.6.1　I/O 端口与端口寻址

1. I/O 端口

输入输出设备、外存都通过外设接口控制器与总线连接，接口控制器通常包含若干寄存器来接收数据和命令、反映外设状态，这些寄存器称为端口；根据端口的功能，可以把端口分为如下三类。

（1）数据端口，发送或者接收数据的端口。

（2）命令端口，接收命令、初始化字等控制外设工作方式、参数的端口。

（3）状态端口，反映外设的工作状态的端口。

x86 系统给其中一些端口编址（称为端口地址）。I/O 端口寻址就是对 I/O 端口进行访问。

x86 系统有独立编址和统一编址两种 I/O 地址空间方式。

2. 独立编址

独立 I/O 编址方式如图 4.5 所示。I/O 端口地址与存储器地址分开编址，称为 I/O 地址空间。每个端口有一个 I/O 地址与之对应，并且使用专门的 I/O 指令来访问端口，x86 系统中通过 in/out 指令访问。x86 的 32 位系统一共有 64K 个 8 位的 I/O 端口，构成独立的 I/O 地址空间，编号从 0 到 0xFFFF。连续两个 8 位的端口可组成一个 16 位的端口，连续 4 个 8 位的端口可组成一个 32 位的端口。关于这些端口的使用和编程方法将在后面具体涉及相关硬件时再详细进行说明。

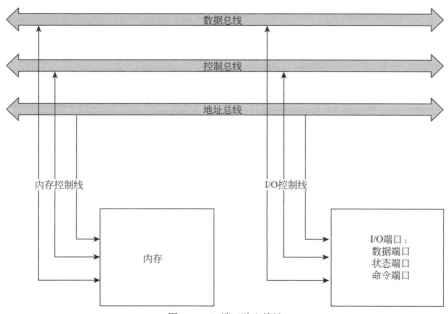

图 4.5　I/O 端口独立编址

x86 系统板保留开头 1KB 的 I/O 地址空间，分配如表 4.2 所示。

表 4.2　x86 系统 I/O 端口地址分配

地 址 范 围	分 配 说 明	地 址 范 围	分 配 说 明
0000~001F	8237A DMA 控制器 1	01F0~01F7	IDE 硬盘控制器 0
0020~003F	8259A 可编程中断控制器 1	0278~027F	并行打印机端口 2
0040~005F	8253/8254A 定时计数器	02F8~02FF	串行控制器 2
0060~006F	8042 键盘控制器	0378~037F	并行打印机端口 1
0070~007F	CMOS RAM/实时时钟 RTC 端口	03B0~03BF	单色 MDA 显示控制器
0080~009F	DMA 页面寄存器访问端口	03C0~03CF	彩色 CGA 显示控制器
00A0~00BF	8259A 可编程中断控制器 2	03D0~03DF	彩色 EGA/VGA 显示控制器
00C0~00DF	8237A DMA 控制器 2	03F0~03F7	软盘控制器
00F0~00FF	协处理器访问端口	03F8~03FF	串行控制器 1
0170~0177	IDE 硬盘控制器 1		

x86 中用 in 和 out 指令来进行输入和输出，如例 4.1 所示。

例 4.1 用 in 和 out 指令来进行输入和输出

```
#从 0x8a00 端口输入一个字到%ax
movw    $0x8a00, %ax
movw    %ax, %dx
inw %dx, %ax
#从%ax输出一个字到 0x8a00 端口
movw    $0x8a00, %ax
movw    %ax, %dx
outw    %ax, %dx
```

3. 统一编址

端口地址与存储器地址统一编址，即把 I/O 控制器中的端口地址归入存储器寻址地址空间范围内，因此这种编址方式也称为内存映射 I/O 方式（Memory Mapped I/O，MMIO）。从处理器的角度看，访问内存映射 I/O 端口如同访问内存一样，这样访问设备端口就可以使用读写内存的指令完成，从而简化了程序设计的难度和接口的复杂性。

xv6 涉及以下三个设备的 MMIO。

（1）xv6 使用的 CGA 显式模式下显示内存的地址就映射到了存储器地址空间 0xB800~0xBC00 范围。因此若要让一个字符显示在屏幕上，可以直接使用内存操作指令往这个内存区域执行写操作。

（2）I/O APIC 的 MMIO 默认基地址为 0xFEC0 0000。

（3）LAPIC 的 MMIO 默认基地址 0xFEE0 0000 也在该空间。

在 Linux 系统下通过查看/proc/ioports 文件可以得到相关控制器或设置使用的 I/O 地址范围。例 4.2 给出了 xv6 中 MMIO 方式输出字符'c'到 CGA 的代码。

例 4.2 MMIO 方式输出字符'c'到 CGA

```
static ushort *crt = (ushort*)P2V(0xb8000); //CGA memory
crt[pos++] = ('c'&0xff) | 0x0700; //black on white
```

4.6.2 控制器与 I/O 设备

xv6 操作系统是一个奉行极简主义的操作系统，xv6 支持的控制器与 I/O 设备可分为三类：可编程中断控制器与定时器；块设备，如硬盘等；字符设备，如键盘、显示器和串口通信。

（1）中断控制器与定时器（Timer）用于计算机系统各部分的协调，具体参考第 14 章。

（2）块设备（Block Device）是一种具有一定结构的随机存取设备，对这种设备的读写是按块进行的，它使用缓冲区来暂时存放数据，然后从缓冲区一次性写入设备或者从设备一次性读到缓冲块。xv6 支持的块设备是 IDE 磁盘，具体参考第 11 章。

（3）字符设备（Character Device）是一个能够像字节流（类似文件）一样顺序访问的设备，字符设备传输过程中以字符为单位进行传输。xv6 中，字符设备可以使用与普通文件相同的文件操作命令对字符设备文件进行操作，例如打开、关闭、读、写等，具体参考第 15 章。

以下对 xv6 中支持的定时器与中断控制器、键盘、串口、显卡和硬盘做简要介绍。

1. 定时器与中断控制器

定时器是计算机系统的基础硬件，操作系统把 CPU 的时间按照时间片分配给多个任务使用，从而实现多任务分时共享 CPU，系统时钟是实现这一机制的硬件基础。

xv6 使用 LAPIC 本地时钟来向本地处理器发送时钟中断请求或更新本地处理器上的相对时

间，CPU 本地定时器也可以单次或者周期性地产生中断信号。

xv6 的 rev11 修订版只支持 APIC 中断控制器。

xv6 对 LAPIC 时钟和 APIC 中断控制器的支持具体参考第 14 章。

2. 键盘

键盘是计算机最常用的输入设备，在通用串行总线（Universal Serial Bus，USB）键盘普及前，广泛使用的是 PS/2 鼠标和键盘接口，IBM 制定了 101 个键的 PS/2 键盘接口标准。

当键盘上有键被按下时，键盘内的控制芯片直接获得键盘硬件产生的扫描码，然后通过 PS/2 口把扫描码发送给主板上的键盘控制器 i8042。CPU 通过 i8042 读写端口可以直接把 i8042 中的数据读入 CPU 的寄存器中，或者把 CPU 寄存器中的键盘命令写入 i8042 中。

xv6 对键盘的支持可参考 15.1 节。

3. 串口

串行通信是在一根传输线上一位一位地传送信息。串行通信所用的传输线少，因此许多外设和计算机按串行方式进行通信。串口终端（Serial Port Terminal）是使用计算机串行接口连接的终端设备，如打印机等都是串口终端。串行接口也简称为串口，如图 4.6 所示。

串口的关键部件是通用异步接收发送器（UART），它负责从计算机总线采集数据，转换传输格式，然后发送到串口；UART

图 4.6　串口

也负责从串口接收数据，检查和删除附加位，并传送结果数据给计算机总线。Intel 8250 是 IBM PC 及兼容机使用的一种串口芯片，8250 有 7 个寄存器，支持的最大波特率为 56kb/s。Pentium 以上的机器中串口一般集成在主板上，多使用兼容 8250 的 16550A 以提供更高的性能。16550A 的最大波特率为 256kb/s，有 16 字节的发送先进先出（First in First out，FIFO）寄存器和 16 字节的接收 FIFO 寄存器，可以 16 字节引发一次中断。

xv6 对串口的支持具体参考 15.4 节。

4. 显卡

显卡（Video Card，Graphics Card）全称为显示接口卡，又称为显示适配器（Video Adapter），是计算机最基本的配件。显卡连接计算机主板与显示器，承担输出显示图形的任务。

显示器可工作在图形模式和文本模式下，早期的计算机显示器只工作在文本模式下，现代的显卡在刚刚初始化时也工作在文本模式。xv6 支持彩色图形适配器（Color Graphics Adapter，CGA），具体参考 15.2 节。

CGA 支持 7 种彩色和图形显示方式，在 80 列×25 行的文本字符显示方式下，CGA 有单色和 16 色两种显示方式。CGA 标配有 16KB 显示内存（占用内存地址范围 0xB8000~0xBC000），因此其中共可存放 4 帧显示信息。每一帧 4KB 显示内存中偶地址字节存放字符代码，奇地址字节存放字符显示属性。xv6 只使用了其中 8KB 显示内存（0xB8000~0xBA000）。CGA 字符显示属性格式定义如图 4.7 所示。

图 4.7　CGA 字符显示属性格式定义

图 4.7 中位 7 置 1 用于让显示字符闪烁；位 3 置 1 让字符高亮度显示；位 4~位 6 和位 0~位 2 可以分别组合出 8 种颜色作为背景色和前景色。这 8 种颜色与高亮位组合可以显示 16 种字符颜色，如表 4.3 所示。

表 4.3　前景色和背景色

IRGB	值	颜色名称	IRGB	值	颜色名称
0000	0x00	黑色（Black）	1000	0x08	深灰（Dark grey）
0001	0x01	蓝色（Blue）	1001	0x09	淡蓝（Light blue）
0010	0x02	绿色（Green）	1010	0x0a	淡绿（Light green）
0011	0x03	青色（Cyan）	1011	0x0b	淡青（Light cyan）
0100	0x04	红色（Red）	1100	0x0c	淡红（Light red）
0101	0x05	品红（Magenta）	1101	0x0d	淡品红（Light magenta）
0110	0x05	棕色（Brown）	1110	0x0e	黄色（Yellow）
0111	0x07	灰白（Light grey）	1111	0x0f	白色（White）

5. 硬盘

硬盘是计算机存储数据的主要媒介，硬盘的存储介质由固定在一个旋转轴的多个盘片构成，盘片的正反面都涂了磁性物质，数据的读写由磁头完成。

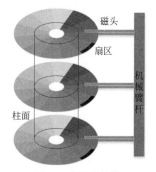

图 4.8　硬盘的结构

1）硬盘的结构

硬盘的结构如图 4.8 所示。

（1）磁头。

硬盘的每一个盘片都有两个盘面，每一个有效盘面都有一个对应的读写磁头（Head），按顺序对每个盘面的磁头依次编号叫作磁头号。

（2）柱面。

盘片一起旋转时，这些磁头在盘面上的轨迹构成了一个圆柱面，按照磁头的位置不同，这些圆柱面的半径也不同；对这些半径不同的柱面（Cynlinder）进行编号，叫作柱面号。

（3）磁道与扇区。

磁头号与柱面号一起确定了某个盘面上的一个圆形轨迹，叫作磁道（Track）。这些同心圆被划分成一段段的圆弧，每段圆弧叫作一个扇区（Sector）。每个扇区中的数据作为一个单元或数据块（Block）一起读出或写入，常用的扇区大小为 512 字节。

硬盘控制器即磁盘驱动器适配器，是计算机与磁盘驱动器的接口设备，它接收并解释 CPU 发来的控制命令，向磁盘驱动器发出各种控制信号，检测磁盘驱动器状态，按照规定的磁盘数据格式，把数据写入磁盘或从磁盘读出数据。当前个人计算机使用的硬盘很多都是 IDE 兼容的硬盘控制器，IDE 磁盘控制器经常制作在主板中。增强型 IDE（Enhanced IDE，EIDE）使用 28 位的逻辑块地址（Logical Block Addressing，LBA）来标明磁盘上的实际柱面、磁头以及数据的扇区。

2）IDE 数据传输模式

IDE 数据传输模式经历过三种不同的方式，由最初的可编程输入输出（Programming Input/Output，PIO）模式到直接内存访问（Direct Memory Access, DMA）模式再到 Ultra DMA 模式。

（1）PIO 模式。

PIO 模式是一种通过 CPU 执行 I/O 端口指令来进行数据读写的数据交换模式，是最早的硬盘数据传输模式，数据传输速率低下，CPU 占有率也很高，传输大量数据时会因为占用过多的 CPU 资源而导致系统停顿，无法进行其他操作。

（2）DMA 模式。

DMA 模式是一种不经过 CPU 而直接从内存存取数据的数据交换模式。DMA 模式下 CPU 只需向 DMA 控制器下达指令，让 DMA 控制器来处理数据的传送，数据传送完毕再把信息反馈给 CPU，这样很大程度上减轻了 CPU 资源占有率并大大节省系统资源。

（3）Ultra DMA 模式。

Ultra DMA 模式为 DMA 的提高型，简称 UDMA。

xv6 只使用了 PIO 模式。

3）硬盘的寻址

硬盘的读写首先要确定数据所在的位置或地址，确定硬盘数据位置的方式称为硬盘寻址模式。常用的硬盘寻址模式有两种：柱面磁头扇区（Cylinder Head Sector，CHS）寻址和逻辑块地址 LBA 寻址。

（1）CHS 寻址。

CHS 寻址方式就是通过硬盘的柱面号、磁头号和扇区号来确定数据位置。CHS 是一个共 24 位的三元组：前 10 位用 C 表示 Cylinder，中间 8 位用 H 表示 Head，后面 6 位用 S 表示 Sector。

（2）LBA 寻址。

LBA 寻址方式对所有的数据块从 0 开始进行统一编号，根据 LBA 的地址位数有 28 位和 48 位 LBA 地址两种模式。28 位 LBA 以每扇区 512 字节来计算容量为 128 GB。48 位 LBA，同样以每扇区 512 字节计算容量上限可达 128 PB。

LBA（逻辑扇区号）= 磁头数 × 每磁道扇区数 × C + 每磁道扇区数 × H + S − 1

xv6 支持的是 28 位的 LBA。

4）IDE 的 I/O 端口

IDE 在主板上的接口可分为 IDE0、IDE1。一般情况下，IDE0 接硬盘，IDE1 接光驱。其端口地址如下。

IDE 通道 0，读写 0x1F0~0x1F7 号端口；控制寄存器 0x3F6 端口。

IDE 通道 1，读写 0x170~0x17F 号端口；控制寄存器 0x376 端口。

xv6 采用 PIO 模式、28 位 LBA 寻址方式即 LBA28 方式。在此方式下与 IDE0 有关的 I/O 端口功能如表 4.4 所示。

表 4.4　LBA28 的寄存器

寄　存　器	端　　口	作　　用
数据寄存器	0x1F0	已经读取或写入的数据，大小为两字节（16 位数据）；每次读取 1 个字（两字节），反复循环，直到读完所有数据

续表

寄 存 器	端　口	作　　用
错误寄存器 特征寄存器	0x1F1	错误寄存器（读时） 0 号硬盘特征寄存器（写时）
扇区数寄存器	0x1F2	指定读取或写入的扇区数
LBA 低 8 位寄存器	0x1F3	LBA 地址的低 8 位
LBA 中 8 位寄存器	0x1F4	LBA 地址的中 8 位
LBA 高 8 位寄存器	0x1F5	LBA 地址的高 8 位
设备寄存器	0x1F6	第 0～3 位，LBA 地址的前 4 位 第 4 位，0 表示主盘，1 表示从盘 第 5 位，值为 1 第 6 位，LBA 模式为 1，CHS 模式为 0 第 7 位，值为 1
状态寄存器 读写命令寄存器	0x1F7	状态寄存器（读时） 第 3 位为 1 表示已经完成数据传输（读时）或者已经准备好接收数据（写时） 第 4 位为 0 表示读写完成，否则要一直循环等待 第 7 位为 1 时表示驱动器忙，在发送命令前先判断该位 命令寄存器（写时） 0x20 为 IDE 读 0x30 为 IDE 写 0xc4 为多次读 0xc5 为多次写
硬盘控制寄存器	0x3F6	见表 4.5

其中硬盘控制寄存器各位的功能如表 4.5 所示。

表 4.5　硬盘控制寄存器各位的功能

位	缩　写	功　　能
0	n/a	恒为 0
1	nIEN	1，停止当前设备发送中断
2	SRST	1，若一个驱动器出错，总线的所有 ATA 驱动器软重启
3	n/a	保留
4	n/a	保留
5	n/a	保留
6	n/a	保留
7	HOB	1，读取最后一次发送到端口的 LBA48 高字节

第5章

x86实模式与保护模式

由于向下兼容等原因，x86 的地址管理方式较为复杂，而理解 x86 的地址管理方式对理解 xv6 非常必要，因此本章对 x86 的地址管理做简要介绍。

本章首先介绍 x86 的地址及工作模式，接着介绍 A20 地址线问题，然后详细介绍 Pentium 保护模式与段寄存器、描述符和描述符表等，最后介绍 xv6 的段管理与保护模式分页机制和 xv6 的地址空间。

本章所涉及的代码主要是 asm.h 和 mmu.h 两个头文件。

5.1　x86 的地址与工作模式

5.1.1　地址的概念

x86 有逻辑地址、线性地址（虚拟地址）和物理地址三种地址。

1. 逻辑地址

逻辑地址（Logical Address）是程序使用的地址，x86 的逻辑地址由段和相对于段起始地址（段基址，Base）的偏移（Offset）构成。例如，C 语言指针的值实际上就是逻辑地址，它不是实际存放数据或者指令的物理地址。逻辑地址可以记为段和偏移两部分：

逻辑地址=段:偏移

逻辑地址的段用于获取段的基址，在不同的 CPU 工作模式中获取段基址的方式也不同。

2. 线性地址

线性地址（Linear Address，LA）是逻辑地址到物理地址转换的中间层。程序代码会产生逻辑地址中的偏移，再加上相应段的基地址就可得到线性地址。

xv6 中没有使用线性地址的概念，而把它称为虚拟地址（Virtual Address，VA），因此本书也使用虚拟地址这一名称，线性地址与虚拟地址在本书中是同一个意思。注意，虚拟地址的概念并不严格，有些书也把逻辑地址或者逻辑地址中的偏移称为虚拟地址。

3. 物理地址与工作模式

物理地址（Physical Address，PA）是实际访问内存单元的地址，它是出现在 CPU 外部地址总线上用来区分物理内存单元的地址。逻辑地址需要变换为物理地址才能够找到对应的内存单元并读写其中的内容。

32 位 x86 系统的通用寄存器和地址都是 32 位的，其工作模式有 16 位实模式（Real Mode）、虚拟 86 模式（Virtual 86 Mode）和 32 位保护模式（Protection Mode）三种。在不同的工作模式下，逻辑地址与物理地址转换的方式也不相同。

16 位实模式可用逻辑地址直接计算得到物理地址；32 位保护模式使用的逻辑地址由分段单元按照分段机制转换为 32 位线性地址，若未启用分页机制则线性地址即为物理地址，否则线性地址经由分页单元转换为物理地址。

虚拟 86 模式是运行在保护模式中的实模式，定义虚拟 86 模式是为了在 32 位保护模式下执行纯 16 位实模式程序。xv6 未使用该模式，因此本书不做介绍，以下介绍 16 位实模式与 32 位保护模式。

5.1.2　16 位实模式

16 位实模式即实模式是 16 位的 8086 处理器管理地址的方式。这种模式是为了兼容 16 位系统而存在的，16 位实模式的寻址方式和 8086 一样。8086 地址线为 20 位而寄存器为 16 位，为了能够通过这些 16 位的寄存器构造 20 位的内存地址，Intel 设计了一种地址构造方式。它首先按照寻址规则确定段寄存器，再结合段内偏移计算得到物理地址。

8086 的逻辑地址由 16 位的段寄存器和 16 位偏移构成，具体如下：

逻辑地址=16 位段寄存器:16 位偏移

将段寄存器的内容乘以 16 或者左移 4 位，即可得到段的基址。

段基址=16 位段寄存器内容*16
=16 位段寄存器内容<<4
=段寄存器*0x10

段基址加上段内的偏移地址形成最终的 20 位物理地址，即

物理地址(20 位)=段基址+偏移

IA-32 处理器实模式由段寄存器的内容乘以 16 当作基地址，加上段内偏移形成最终的物理地址，这时候它的 32 位地址线也只使用了低 20 位。实模式下所有的段都是可以读写和执行的。但是这种方式的地址表示有些情况下会存在得到 21 位地址的问题，例如：

FFFFH:FFFFH=0xFFFF0+0xFFFF=0x10FFEF=1M+64K-1-16

1MB 以上的 64KB 部分被称作高端内存区（High Memory Area，HMA），但 8086/8088 只有 20 位地址线，如果访问 0x100000~0x10FFEF 的内存，则必须有第 21 根地址线。所以当程序员给出超过 1MB（100000H~10FFEFH）的地址时，系统并不认为其访问越界而产生异常，而是自动重新从 0 开始计算，也就是说系统计算实际地址时是按照对 1MB 求模的方式进行的，这称为回卷（Wrap-around），保护模式下对该问题的处理将在 5.2 节中介绍。

xv6 在引导的初始阶段运行在实模式下，然后从实模式进入保护模式。

5.1.3　32 位保护模式

Pentium 保护模式使用 32 位地址线，可寻址 4GB 的地址空间。Pentium 保护模式的内存管

理方式为分段管理方式和可选的分页管理方式。保护模式下，MMU 的分段管理部件 SU 把逻辑地址转换为线性地址；分页管理部件 PU 把线性地址转换为物理地址，如图 5.1 所示。

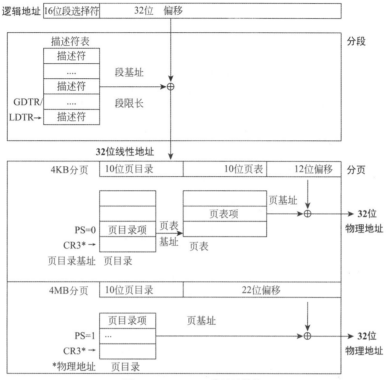

图 5.1　Pentium 32 位地址转换

1. 分段

分段机制将逻辑地址转换为虚拟地址。

x86 的 32 位保护模式逻辑地址由段寄存器 CS、DS、ES、FS、GS 和 SS 中存放的 16 位段选择符（Selector）和 32 位段内偏移构成：

逻辑地址=16 位段选择符:32 段内偏移量

32 位的段基址包含在每个段 8 字节的描述符（Descriptor）中，系统中将相关的描述符以表（数组）的形式存储，称为描述符表（Descriptor Table，DT）。段选择符的最高 13 位表示要使用的段在描述符表中的索引号。分段单元用选择符在描述符表中查到描述符从而得到段基址，然后与段内偏移相加得到 32 位线性地址（xv6 中称为虚拟地址），即

虚拟地址 va（32 位）=基地址（32 位）+段内偏移（32 位）

描述符表中与段选择符 s 相对应的描述符 sd 以及 s 的索引号 i 之间的关系如下：

i= s>>3

sd = DT[i]=DT[s>>3]

逻辑地址转换为虚拟地址 va 与物理地址 pa 的转换由分段管理部件自动完成。若没有启用分页机制，则线性地址就等于物理地址 pa：

pa=va（未分页）

如果启用了分页机制，那么线性地址还需要利用页表进行一次转换才能得到物理地址。分段机制将在 5.4~5.6 节具体介绍。

2. 分页

分页机制将虚拟地址转换为物理地址。

x86 的分页机制为虚拟内存管理提供支持，分页机制将进程**页面**与**物理帧**的对应关系记录到页表中，4KB 分页方式通过页目录（Page Directory，PD）和页表（Page Table，PT）两级索引，32 位虚拟地址 va 被分为页目录索引 **d**、页表索引 **t** 和页内偏移 **o** 三部分，通过索引查到 va 所在物理帧的起始地址 **pb**，从而实现虚拟地址到物理地址的转换。转换过程如下。

（1）通过 d 在 PD 中查到 PT 对应的 pde，进而得到 PT 的物理地址：

$$pde=PD[d]$$

（2）通过 t 在页 PT 中查到页面对应的 pte，进而得到页面的起始地址 pb：

$$pte=PT[t]$$

（3）计算 va 对应的物理地址 pa：

$$pa=pb+o$$

如何由 pde 和 pte 得到 PT 的物理地址以及 pb 将在 5.7 节介绍。虚拟地址 va 与物理地址 pa 的转换由 MMU 的分页部件自动完成，x86 的分页机制也将在 5.7 节具体介绍。

5.2 A20 地址线

1. A20 地址问题

80286 使用了 24 位的地址线，寄存器依然是 16 位，80286 有实模式（兼容 8086）和保护模式两种寻址方式，80286 启动时工作在实模式，而后可以切换到保护模式。

80286 的实模式是为了兼容 8086 的寻址方式而存在的，但由于 80286 有 24 位地址，高端内存是 80286 实模式能访问到而 8086 不能访问到的区域。24 位地址线的 80286 中使用实模式时会出现一个问题，即当地址溢出时由于 80286 确实存在 1MB 以上的存储空间，这使得可寻址高地址的存储空间，而不是像 8086 中一样产生回卷。于是 IBM 设计了一种在总线外部增加逻辑控制的方式（将第 21 根地址线即 A20 与键盘控制器 8042 的一个输出做与操作）使得 A20 地址线恒为 0，这样在 16 位实模式下发生溢出时，由于 A20 被屏蔽，得到的地址便是回卷后的低位地址了。因此 80286 及其后的 IA-32 处理器由实模式切换到保护模式时需要打开 A20 总线，否则高端地址将被回卷。键盘控制器 8042 及其端口可参考 15.1 节。

2. A20 开启流程

开启 A20 地址线的流程如下：

（1）等待，直到 8042 输入缓冲为空为止（9122~9125）；

（2）发送写 8042 输出端口命令 0xd1 到 8042 输入缓冲（端口 0x64）（9127、9128）；

（3）等待，直到 8042 输入缓冲为空为止（9130~9133）；

（4）向输出端口（端口 0x60）写入数据 0xdf，表示将 A20 设置为 1（9135、9136）。

xv6 系统开启 A20 地址线的过程如引用 5.1 所示。

引用 5.1　开启 A20 地址线（bootasm.S）的过程

```
9122    seta20.1:
9123    inb     $0x64,%al    #等待直到键盘不忙，取 0x64 端口状态值
9124    testb   $0x2,%al #测试第 2 位是否为 0
        #测试指令，与运算。判断第二位是否为 0，如为 0，则代表 8042 是空的
9125    jnz     seta20.1
```

```
9126    # 0xd1 -> port 0x64 将 0xd1 放在 al 中
9127    movb    $0xd1,%al    # 0xd1 -> port 0x64
        #将 0xd1 发送到 0x64 端口，D1 指示向 8042 输出端口 (0x60) 写数据
        #这样，下面的命令才能有效
9128    outb    %al,$0x64
9129
        #取 0x64 端口状态值
9130    seta20.2:
9131    inb     $0x64,%al    # Wait for not busy
9132    testb   $0x2,%al     #检查是否输出完成
9133    jnz     seta20.2     #如未完成，则循环
9134
9135    movb    $0xdf,%al    #0xdf -> port 0x60
        #将 0xdf 发送到 0x60 端口，开通 A20 地址线
9136    outb    %al,$0x60
```

5.3　保护模式与段寄存器

以下以 Pentium 处理器为例介绍保护模式的工作原理。

5.3.1　分段机制

32 位保护模式下逻辑地址到线性地址的转换按照分段机制完成，该过程较为复杂，涉及描述符、描述符表、选择符和任务状态段这 4 种数据结构以及段寄存器、任务寄存器和系统地址寄存器、控制寄存器和标志寄存器。分段机制相关寄存器与数据结构如图 5.2 所示，在此先做简要描述，其后再详细描述。

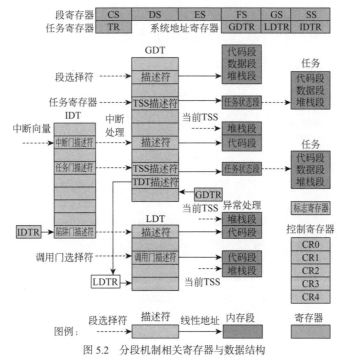

图 5.2　分段机制相关寄存器与数据结构

1. 描述符

一个描述符共 64 位，由 20 位段界限、32 位段基址和 12 位段属性构成，可存放在 3 个描述符表即全局描述符表（GDT）、局部描述符表（LDT）或中断描述符表（IDT）中。

2. 描述符表

描述符表用于存放描述符，可定义为 64 位整数构成的数组。描述符表包括以下 3 种：

（1）GDT，全局描述符表。

（2）IDT，中断描述符表，每个表项称为一个门描述符。

（3）LDT，局部描述符表，每个任务可以有一张。该表被当作一个段来管理，由系统描述符的 LDT 来描述，描述符放在 GDT 中。xv6 中未使用到 LDT。

3. 系统地址寄存器

系统地址寄存器存放描述符表地址，包括：

（1）GDTR，全局描述符表寄存器，48 位：32 位的基地址+16 位的表限长值。

（2）IDTR，中断描述符表寄存器，48 位：32 位的基地址+16 位的表限长值。

（3）LDTR，局部描述符表寄存器，16 位段选择符（可见）+64 位描述符（不可见）。

64 位描述符为 32 位的基地址+20 位的段界限+12 位段属性，自动加载。

4. 段选择符和任务寄存器

16 位段选择符由 13 位描述符表索引、1 位 TI 和 2 位 RPL 构成，用于索引描述符表 LDT 和 GDT，可用 6 个段寄存器 CS、DS、ES、FS、GS 和 SS 之一存放。

任务寄存器（TR）用于存放 GDT 中的一个 16 位 TSS 选择符，该 TSS 被称为当前 TSS。

5. 段寄存器

6 个段寄存器 CS、DS、ES、FS、GS 和 SS 中，每个都包括 16 位可见部分和 64 位不可见部分，可见部分存放段选择符，不可见部分缓存描述符。其中 CS 指向 GDT 或 LDT 的代码描述符，DS、ES、FS、GS 和 SS 指向 GDT 或 LDT 的数据描述符。

6. 任务状态段

任务状态段是由 26 个 32 位整数构成的一个表，主要保存 CPU 的寄存器；该表被当作一个段来管理，由系统描述符中的 TSS 描述符来描述。

分段机制看起来很复杂，但其核心是描述符表，xv6 中 GDT 定义如引用 5.2 所示。

引用 5.2　xv6 的 GDT 定义（proc.h）

```
2305 struct segdesc gdt[NSEGS]; //x86 global descriptor table
```

xv6 未使用 LDT，而 IDT 的定义与 GDT 类似，如引用 5.3 所示。

引用 5.3　xv6 的 IDT 定义（trap.c）

```
3361 struct gatedesc idt[256];
```

不论是 GDT、LDT 还是 IDT，描述符表的每个元素都存放一个 64 位的描述符。为访问描述符表中的描述符，还需要描述符表的地址和索引，GDT、LDT 和 IDT 的地址分别由 GDTR、LDTR 和 IDTR 来指示；IDT 由 8 位的中断向量号来索引，GDT 和 LDT 由 16 位的段选择符的高 13 位来索引，GDT 和 LDT 由段选择符的 TI 位来区分；段选择符用段寄存器或 LDTR 或任务寄存器（TR）的 16 位可见部分来存储；TR 寄存器存放 TSS 的段选择符，TSS 是一种特殊的用于记录任务的寄存器等信息的段。

5.3.2　逻辑地址转换为线性地址

逻辑地址转换为线性地址的过程由 CPU 内存管理单元的分段单元自动完成，过程如下：

（1）段选择符的 TI 位是 0 还是 1，指示了当前要转换的是 GDT（TI=0）还是 LDT（TI=1）中的段，再根据 GDTR 或 LDTR 得到 GDT 或 LDT 表的基地址。

（2）通过段选择符的索引 Index（15 到 3 位）在表中查找到对应的描述符，得到段的基地址。

（3）计算线性地址。

线性地址=基地址+偏移

分段机制线性地址如图 5.3 所示。

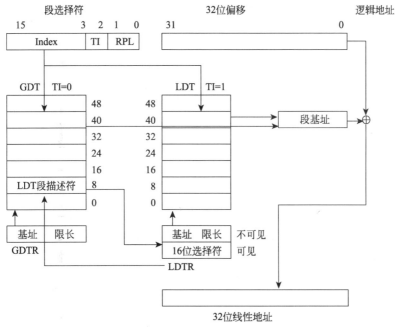

图 5.3　分段机制线性地址

5.3.3　段选择符

段选择符长 16 位，它的高 13 位是描述符索引。所谓描述符索引是指描述符在描述符表中的序号；段选择符的第 2 位是引用描述符表指示位，标记为 TI（Table Indicator），TI=0 指示从 GDT 中读取描述符，TI=1 指示从 LDT 中读取描述符。段选择符的最低两位（位 1 和位 0）是请求特权级（Requested Privilege Level，RPL），RPL 指示以什么样的权限去访问段，用于特权检查。

16 位段选择符=13 位索引+ 1 位 TI + 2 位 RPL

RPL 域的用法如下：每当程序试图访问一个段时，MMU 把当前特权级与所访问段的特权级进行比较，以确定是否允许程序对该段的访问。使用选择符的 RPL 域将改变特权级的测试规则，在这种情况下，与所访问段的特权级比较的特权级不是 CPL，而是 CPL 与 RPL 中更外层的特权级。这样，**高特权级的代码可以用低特权级来访问其他段**。有些情况下高特权级的代码需要访问低特权级的空间，但是不需要以高特权级的身份访问，以保护被访问空间的安全性。RPL 的引入为这种情况提供了可能性。例如，当前 CPL=0 的内核代码要访问一个用户数据段，如果把段选择符中的 RPL 设为 3，这样它对该段仍然只有特权为 3 的访问权限。

调用者设定的 RPL 是不可靠的，为了防止调用者以被调用函数的高特权级来访问其余数据段，操作系统的函数得到调用者的 RPL 后，需要检测其 RPL 并用相关指令进行调整。

选择符中的描述符索引域用 13 位表示，可区分 8192 个描述符，因此描述符表最多包含 8192 个描述符。由于每个描述符长为 8 字节，屏蔽选择符低 3 位后所得的值就是选择符对应描述符在描述符表中的偏移，即

$$偏移 = 索引<<3 = 索引*8$$

例如 xv6 中描述符表偏移计算示例如引用 5.4 所示。

引用 5.4　xv6 中描述符表偏移计算示例

```
9158    movw    $(SEG_KDATA<<3), %ax  # Our data segment selector
```

归纳起来，选择符用途共有如下 3 种。

（1）TR 中的选择符，指向 GDT 中一个 TSS 描述符。

（2）LDTR 中的选择符，指向 GDT 中一个 LDT 段描述符。

（3）段寄存器中的选择符，用户程序中的逻辑地址组成部分。它用来选择程序用到的数据段、代码段等在 GDT 或 LDT 中的描述符。

5.3.4　段寄存器

Pentium 总共有 6 个段寄存器，保护模式下的段寄存器由 16 位的段选择器与 64 位的描述符寄存器（或者叫描述符高速缓存器，Descriptor Cache Registers）构成，64 位的段描述符部分对程序员而言是不可见的，如图 5.4 所示。在不产生混淆的情况下，段选择器也简称为段寄存器。6 个 16 位的段寄存器分别是：

（1）CS（代码段）寄存器。

（2）DS（数据段）寄存器。

（3）SS（堆栈段）寄存器。

（4）ES（附加段）寄存器。

（5）FS、GS（通用段）寄存器。

保护模式下这些段寄存器中存放的不再是某个段的基址，而是某个段的选择符。32 位的段基址存放在描述符中。

15　　　　0	63　　52　51　　　　　　　20	19　　　　0
CS	段属性　　　　段基址	段界限
DS	段属性　　　　段基址	段界限
ES	段属性　　　　段基址	段界限
FS	段属性　　　　段基址	段界限
GS	段属性　　　　段基址	段界限
SS	段属性　　　　段基址	段界限
段选择符	描述符高速缓存	

图 5.4　段寄存器

Intel 微处理器的段机制是从 8086 开始提出的，那时引入的段机制解决了从 CPU 内部 16

位地址到 20 位实地址的转换。为兼容 8086，32 位 x86 系统仍然使用段机制，但比 8086 复杂得多。因此与 Linux 类似，xv6 内核的设计并没有全部采用 Intel 所提供的段方案，仅仅非常有限度地使用了分段机制。

5.3.5　xv6 的段选择符和段寄存器的设定

1. 段选择符定义

xv6 对 mmu.h 定义了用到的 5 个段选择符，xv6 的段选择符的定义如引用 5.5 所示。

引用 5.5　xv6 的段选择符的定义（mmu.h）

```
        //内核代码
0714    #define     SEG_KCODE 1
        //内核数据+堆栈
0715    #define     SEG_KDATA 2
        //内核各处理器数据
0716    #define     SEG_UCODE 3
        //用户数据+堆栈
0717    #define     SEG_UDATA 4
        //任务状态
0718    #define     SEG_TSS  5
0719
```

2. 实模式段寄存器设定

xv6 启动时，引导处理器（Boot strap Processor，BP）实模式下对%ds、%es 和%ss 等段寄存器的设定如引用 5.6 所示，它们被设定为 0。

引用 5.6　BP 实模式下段寄存器的设定（bootasm.S）

```
9109    .code16         #Assemble for 16-bit mode
9110    .globl start
9111    start:
9112    cli             #BIOS enabled interrupts; disable
9113
9114    #Zero data segment registers DS, ES, and SS
9115    xorw    %ax,%ax  #Set %ax to zero
9116    movw    %ax,%ds  #-> Data Segment
9117    movw    %ax,%es  #-> Extra Segment
9118    movw    %ax,%ss  #-> Stack Segment
```

3. 保护模式内核态段寄存器设定

引用 5.7 的跳转完成从实模式到保护模式的切换。

引用 5.7　从实模式到保护模式的切换（bootasm.S）

```
9153    ljmp $(SEG_KCODE<<3), $start32
```

代码段选择符为 SEG_KCODE<<3，因此，TI=0，RPL=0。

9153 长跳转后%cs 寄存器被更新为内核代码段 seg_kcode。

xv6 引导阶段保护模式下的 BP 按照引用 5.8 设定了%ds、%es、%fs 和%gs 段寄存器。

引用 5.8　BP 保护模式下段寄存器的设定（bootasm.h）

```
9155    .code32   #Tell assembler to generate 32-bit code now
9157      #Set up the protected-mode data segment registers
```

```
9158        movw $(SEG_KDATA<<3), %ax  # Our data segment selector
9159        movw %ax, %ds        #-> DS: Data Segment
9160        movw %ax, %es        #-> ES: Extra Segment
9161        movw %ax, %ss        #-> SS: Stack Segment
9162        movw $0, %ax         #Zero segments not ready for use
9163        movw %ax, %fs        #-> FS
9164        movw %ax, %gs        #-> GS
9165
```

数据段选择符为 SEG_KDATA<<3；其 TI=0，RPL=0。

对多处理器系统，非引导处理器（Non-bootstrap Processor，AP）在 entryother.S 中做了与 BP 相同的段寄存器设定。**9158~9161** 设置%ds、%es 和%ss 使用内核数据段 SEG_KDATA。entryother.S 对非引导处理器的段寄存器做了相同的设置（1140~1159）。

因此，%ds、%es、%ss 均设置为 SEG_KDATA<<3；%fs、%gs 均设置为 0。

需要注意的是，进入保护模式后，由于 SEG_KCODE=1，SEG_KDATA=2，在 main.c 中的 main()调用 seginit()初始化内核段之前，BP 都是使用第 9182~9186 行定义的引导段表 GDT，%cs 使用该表的第 1 个选择符，而%ds、%es 和%ss 使用的是该表的第 2 个选择符。从这两个 GDT 的定义可以看出，两个 GDT 中这两个段的描述符是相同的，因此，切换 GDT 后并没有更新%cs、%ds、%es 和%ss。也就是说，保护模式下在引导、内核进入和内核初始化期间%cs、%ds、%es 和%ss 都保持一致，直到转入用户态执行。

4. 用户态段寄存器设定

段寄存器在切换到用户态运行时将发生变化。在首次转入用户态的初始化过程中，用户态的%cs、%ds、%es 和%ss 的选择符将被重新设置，如引用 5.9 所示。这一设置在从内核态"返回"用户态时将被载入相应的段寄存器，而且这一设置也会随着 fork()生成子进程的过程（2600 *np->tf = *curproc->tf;）传播到每个新生成的子进程。

引用 5.9　用户态段寄存器的设定（proc.c, userinit()）

```
2533 p->tf->cs = (SEG_UCODE << 3) | DPL_USER;
2534 p->tf->ds = (SEG_UDATA << 3) | DPL_USER;
2535 p->tf->es = p->tf->ds;
2536 p->tf->ss = p->tf->ds;
```

代码段选择符%cs 为 SEG_UCODE<<3 | DPL_USER，其 TI=0、RPL= DPL_USER=3。

数据段选择符%ds、%es 和%ss 为 SEG_UDATA<<3 | DPL_USER，其 TI=0、RPL = DPL_USER=3。

5. 中断处理程序段寄存器设定

刚进入中断处理程序时，用户态中断点的%cs 和%eip 被 CPU 压栈，过程 alltraps(trapasm.S) 的代码段将用户态的%ds、%es、%fs 和%gs 压栈；中断返回时，trapret(trapasm.S)代码段将%ds、%es、%fs 和%gs 出栈。最后 iret 指令恢复用户态的%cs 和%eip，再回到用户态。中断处理程序寄存器的入栈、出栈如引用 5.10 所示。

引用 5.10　中断处理%ds、%es、%fs 和%gs 的入栈、出栈（trapasm.S）

```
3302 #vectors.S sends all traps here
3303 .globl alltraps
3304 alltraps:
3305 #Build trap frame
3306 pushl %ds
```

```
3307 pushl %es
3308 pushl %fs
3309 pushl %gs
...
3326 popl %gs
3327 popl %fs
3328 popl %es
3329 popl %ds
3330 addl $0x8, %esp #trapno and errcode
3331 iret
```

中断处理程序的代码描述符在中断响应时由处理器自动载入 CS，中断处理程序中使用的堆栈是内核堆栈，它在用户程序陷入内核时由处理器使用 TSS 中的 ss0 和 esp0 设定；trapasm.S 中为中断处理程序设置了数据段，如引用 5.11 所示。

引用 5.11　中断处理程序数据段设置（trapasm.S）

```
3311
3312 #Set up data segments
3313 movw $(SEG_KDATA<<3), %ax
3314 movw %ax, %ds
3315 movw %ax, %es
3316
```

6. 任务寄存器的设置

xv6 的 switchuvm() 函数中还使用了以下段选择符设定任务寄存器（TR），如引用 5.12 所示。

引用 5.12　switchuvm() 函数对任务段寄存器的设定（vm.c）

```
1878 ltr(SEG_TSS << 3);
```

任务段选择符为 SEG_TSS << 3，其 TI=0，RPL=0。

段寄存器装入选择符前必须先设定好选择符所用的描述符和描述符表，下面介绍描述符和描述符表。

5.4　描述符

5.4.1　描述符格式

每个描述符占 8 字节，共 64 位，由 32 位基址、20 位限长和 12 位属性组成，具体如图 5.5 所示。

63～56	55	54	53	52	51~48	47	46~45	44	43~40	39~32	字节
基址	G	D/B	L	AVL	限长(19～16)	P	DPL	S	TYPE	基址	4

31～16		15～0	
基址(15～0)		限长(15～0)	0

图 5.5　描述符格式

12 位属性位如下。

1. S 位（描述符类型）

S 位为系统描述符表描述符。

S=1，非系统描述符：用来描述数据段、代码段和堆栈段的结构，也称为存储段描述符；

S=0，系统描述符：包括系统段描述符和门描述符。

系统段描述符包括局部描述符表（LDT）的描述符和任务状态段（TSS）描述符。

门描述符：门用于任务转换，实现从一个任务进入另一个任务；门描述符则描述了门的属性（如特权级、段内偏移量等）。

2. TYPE 域

S=1，TYPE 域用来说明非系统描述符（代码段和数据段）的类型和具体属性；

S=0，TYPE 域用来说明系统段（LDT、TSS）和门描述符的具体属性。

结合 S 位和 TYPE 域，描述符可按图 5.6 所示分类。

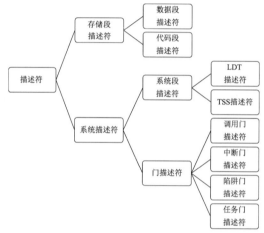

图 5.6　Pentium 描述符分类

3. G 位

G 位即段界限粒度（Granularity）位，G=0 表示界限粒度为 1 字节；G=1 表示界限粒度为 4KB。注意，界限粒度只对段界限有效，对段基地址无效，段基地址总是以字节为单位。

4. D/B 位

D/B 位表示默认操作长度/默认栈大小/上部界限。D/B 位是一个很特殊的位，在描述可执行段、向下扩展数据段或由 SS 寄存器寻址的段（通常是堆栈段）的三种描述符中意义各不相同。在描述代码段的描述符中，D 位决定了指令使用的地址及操作数所默认的大小。

1）代码段中

D=1 表示默认情况下指令使用 32 位地址及 32 位或 8 位操作数，这样的代码段也称为 32 位代码段。

D=0 表示默认情况下使用 16 位地址及 16 位或 8 位操作数，这样的代码段也称为 16 位代码段，它与 80286 兼容，可以使用地址大小前缀和操作数大小前缀分别改变默认的地址或操作数的大小。

2）向下扩展数据段中

在向下扩展数据段的描述符中，D 位决定段的上部界限。

D=1 表示段的上部界限为 4GB。

D=0 表示段的上部界限为 64KB，这是为了与 80286 兼容。

3）堆栈段中

在描述堆栈段寄存器寻址的描述符中，D 位决定隐式的堆栈访问指令（如 push 和 pop 指令）使用何种堆栈指针寄存器。

D=1 表示使用 32 位堆栈指针寄存器 ESP。

D=0 表示使用 16 位堆栈指针寄存器 SP，这与 80286 兼容。

5. AVL 位与 L 位

AVL 位是软件使用的位，供操作系统使用，处理器并不使用它，Linux、Windows 和 xv6 未使用该位；L 位是 64 位代码段标志，保留此位给 64 位处理器使用，将此位置 0 即可。

6. P 位

存在（Present）位即 P 位。P=1 表示描述符对地址转换是有效的，或者说该描述符所描述的段存在，即在内存中；P=0 表示描述符对地址转换无效，即该段不存在。使用该描述符进行内存访问时会引起异常。

7. DPL 域

描述符特权级（Descriptor Privilege Level，DPL）共 2 位，它规定了所描述段的特权级，用于特权检查，以决定对该段能否访问。

5.4.2　非系统描述符

非系统描述符（代码段与数据段描述符，又称为存储段描述符）的 TYPE 域各位的含义总结为表 5.1。

表 5.1　非系统描述符（S=1）TYPE 域各位的含义

	位 3	位 2	位 1	位 0
E	0（数据段）	ED（扩展方向）	W（可写）	A（被访问）
	1（代码段）	C（一致性代码段）	R（可读）	

1. E 位

位 3 为 E 位，指示所描述的段是代码段还是数据段，用符号 E 标记。

（1）E=0 表示数据段，相应的描述符也就是数据段（包括堆栈段）描述符。数据段是不可执行的，但总是可读的。

（2）E=1 表示可执行段，即代码段，相应的描述符就是代码描述符。代码段总是不可写的，若需要对代码段进行写入操作，则必须使用别名技术，即用一个可写的数据描述符来描述该代码段，然后对此数据段进行写入。

E=1 时，TYPE 所对应的数值≥8（1000b），因此 TYPE<8 标识为数据段，TYPE≥8 标识为代码段。

2. 一致性或扩展位

位 2 为一致性或扩展位，该位用 C 或者 ED（Expansion Direction，扩展方向）表示。

（1）在代码段中，TYPE 中的位 2 指示所描述的代码段是不是一致（Conforming）代码段，用 C 标记。C=0 表示对应的代码段不是一致代码段，而是普通代码段；C=1 表示对应的代码段是一致代码段。

（2）在数据段中，TYPE 中的位 2 是 ED 位，指示所描述的数据段的扩展方向。ED=0 表示数据段向高端扩展，即段内偏移必须小于或等于段界限；ED=1 表示数据段向低扩展，段内偏移必须大于段界限。

3. 读写位

位 1 为读写位，该位用 W 或者 R 表示。

（1）在数据描述符中（E=0 的情况），TYPE 中的位 1 指示所描述的数据段是否可写，用 W 标记。W=0 表示对应的数据段不可写；W=1 表示数据段是可写的。注意，数据段总是可读的。

（2）在代码描述符中（E=1 的情况），TYPE 中的位 1 指示所描述的代码段是否可读，用符号 R 标记。R=0 表示对应的代码段不可读，只能执行；R=1 表示对应的代码段可读、可执行。

4. 访问标记位

位 0 为访问标记位，访问标记用 A 表示，指示描述符是否被访问过（Accessed）。A=0 表示尚未被访问；A=1 表示段已被访问。当把描述符的相应选择符装入到段寄存器时，CPU 把该位置为 1，表明描述符已被访问，操作系统可测试访问位，以确定描述符是否被访问过。此位为 1，对应的 TYPE 为奇数，因此 TYPE 对应的数值为奇数时表示该描述符被访问过；否则为偶数，表示未被访问过。

数据段与代码段的 TYPE 域所说明的属性可归纳为表 5.2。

表 5.2 数据段与代码段类型（S=1）

数据段类型（位 3 为 0）		代码段类型（位 3 为 1）	
0EWA	说　明	1CRA	说　明
0=0000	只读	8=1000	只执行
1=0001	只读、已访问	9=1001	只执行、已访问
2=0010	读/写	A=1010	执行/读
3=0011	读/写、已访问	B=1011	执行/读、已访问
4=0100	只读、向下扩展	C=1100	只执行、一致码段
5=0101	只读、向下扩展、已访问	D=1101	只执行、一致码段、已访问
6=0110	读/写、向下扩展	E=1110	执行/读、一致码段
7=0111	读/写、向下扩展、已访问	F=1111	执行/读、一致码段、已访问

5.4.3 系统描述符

系统描述符分为系统段描述符和门描述符。

（1）位 3 用于区分 16 位（值为 1）和 32 位（值为 0）段。

（2）位 2 用于区分门描述符（值为 1）和系统段描述符（值为 0）。

（3）位 1 对于 TSS 描述符代表忙（值为 1），对于门描述符用于区分中断、陷阱门描述符（值为 1）和任务、调用门描述符（值为 0）。

系统描述符 TYPE 域如表 5.3 所示。

表 5.3　系统描述符 TYPE 域

TYPE	说　　明	TYPE	说　　明
0=0000	保留	8=1000	保留
1=0001	16 位 TSS 段（可用）	9=1001	32 位 TSS 段（可用）
2=0010	LDT	A=1010	保留
3=0011	16 位 TSS 段（忙）	B=1011	32 位 TSS 段（忙）
4=0100	16 位调用门	C=1100	32 位调用门
5=0101	任务门	D=1101	保留
6=0110	16 位中断门	E=1110	32 位中断门
7=0111	16 位陷阱门	F=1111	32 位陷阱门

1. 系统段描述符

xv6 中没有用到 LDT 描述符，只用到了 TSS 描述符，格式如图 5.7 所示。TYPE 域的 A=0 代表 16 位段，A=1 代表 32 位段；B 代表忙。

63 ~ 56	55	54	53	52	51~48	47	46~45	44	43~40	39~32	字节
基址	G	0	0	AVL	限长 (19 ~ 16)	P	DPL	S 0	TYPE A0B1	基址	4
31 ~ 16						15 ~ 0					
基址(15 ~ 0)						限长(15 ~ 0)					0

图 5.7　TSS 描述符的格式

调用门描述符在 xv6 中未使用到。调用门用于在不同特权级之间实现受控的程序控制转移，通常仅用于使用特权级保护机制的操作系统中。调用门描述符可以放在 GDT 或者 LGT 中，但是不能放在 IDT（中断描述符表）中。

2. 门描述符

门描述符（Gate Descriptor）并不描述某种内存段，而是描述控制转移的入口点。这种描述符好比一个代码段通向另一代码段的门，通过这种门可实现任务内特权级的变换和任务间的切换，所以这种门描述符也称为控制门。门描述符有中断门描述符（Interrupt-gate Descriptor）、陷阱门描述符（Trap-gate Descriptor）、任务门描述符（Task-gate Descriptor）和调用门描述符（Call-gate Descriptor）。

1）中断门描述符

中断门描述符用于中断处理，其类型码为 110，中断门包含了一个外设中断或故障中断的处理程序所在段的选择符和段内偏移量。当控制权通过中断门进入中断处理程序时，处理器清 IF 标志，即关中断，以避免嵌套中断的发生。中断门中的 DPL 为 0，因此用户态的进程不能访问中断门。所有的中断处理程序都由中断门激活，并全部限制在内核态。

2）陷阱门描述符

陷阱门描述符用于系统调用，其类型码为 111，与中断门类似，其唯一的区别是控制权通过陷阱门进入处理程序时维持 IF 标志位不变，也就是不关中断。

3）任务门描述符和调用门描述符

任务门描述符和调用门描述符主要作为任务切换手段。

调用门、任务门、中断门和陷阱门描述符的格式如图 5.8~图 5.11 所示，TYPE 域的 A=0 代表 16 位段，A=1 代表 32 位段。

63 ~ 48	47	46~45	44	43~40	39~37	36~32	字节
	P	DPL	S0	TYPE A100	000	参数个数	4
31 ~ 16	15 ~ 0						
选择符	offset15 ~ 0						0

图 5.8　调用门描述符的格式

63 ~ 48	47	46~45	44	43~40	39~32	字节
	P	DPL	S0	TYPE A101	保留	4
31 ~ 16	15 ~ 0					
选择符	保留					0

图 5.9　任务门描述符的格式

63 ~ 48	47	46~45	44	43~40	39~37	36~32	字节
	P	DPL	S0	TYPE A110	000	保留	4
31 ~ 16	15 ~ 0						
选择符	offset15 ~ 0						0

图 5.10　中断门描述符的格式

63 ~ 48	47	46~45	44	43~40	39~37	36~32	字节
	P	DPL	S0	TYPE A111	000	保留	4
31 ~ 16	15 ~ 0						
选择符	offset15 ~ 0						0

图 5.11　陷阱门描述符的格式

任务门描述符可以放在 GDT、LDT 和 IDT 中。任务门描述符中的 TSS 段选择符字段指向 GDT 中的 TSS 描述符。在任务切换过程中，任务门描述符中 DPL 域控制访问 TSS 描述符。当程序通过任务门调用和跳转到一个任务时，CPL 和门选择符的 RPL 域必须小于或等于任务门描述符中的 DPL。

任务可以通过任务门描述符或 TSS 描述符被访问，LDT、GDT 和 IDT 中的任务门可指向相同的任务。

5.4.4　xv6 中的描述符

1. 存储段描述符的 TYPE 域

在 xv6 中，存储段（代码段与数据段）描述符的 TYPE 域各个标志位如引用 5.13 所示，应用段描述符的 TYPE 域标志位的定义如引用 5.14 所示，非系统段（代码段与数据段）和应用段描述符的 TYPE 域标志位如表 5.4 所示。

引用 5.13　存储段（代码段与数据段）描述符的 TYPE 域标志位（asm.h）

```
0665 #define STA_X 0x8    //Executable segment
0666 #define STA_W 0x2    //Writeable (non-executable segments)
0667 #define STA_R 0x2    //Readable (executable segments)
```

引用 5.14　应用段描述符的 TYPE 域标志位（mmu.h）

```
0763 //Application segment type bits
0764 #define STA_X 0x8    //Executable segment
0765 #define STA_W 0x2    //Writeable (non-executable segments)
0766 #define STA_R 0x2    //Readable (executable segments)
```

表 5.4　存储段和应用段描述符的 TYPE 域标志位

符　　号	值	意　　义
STA_X	0x8	可执行段
STA_W	0x2	可写（不可执行段）
STA_A	0x2	可读（可执行段）

2. 系统段描述符的 TYPE 域

xv6 的系统段描述符的 TYPE 域各个标志位在 mmu.h 中定义，如引用 5.15 和表 5.5 所示。

引用 5.15　系统段描述符的 TYPE 域标志位（mmu.h）

```
0768 // System segment type bits
0769 #define STS_T32A 0x9 // Available 32-bit TSS
0770 #define STS_IG32 0xE // 32-bit Interrupt Gate
0771 #define STS_TG32 0xF // 32-bit Trap Gate
```

表 5.5　系统段描述符的 TYPE 域标志位

符　　号	值	意　　义
STS_T32A	0x9	32 位 TSS 段（可用）
STS_IG32	0xE	32 位中断门
STS_TG32	0xF	32 位陷阱门

3. xv6 对描述符的定义

在 mmu.h 中定义了段描述的数据结构体 segdesc，定义如引用 5.16 所示，其成员如表 5.6 所示。

引用 5.16　段描述结构体 segdesc 的定义（mmu.h）

```
0724 //Segment Descriptor
0725 struct segdesc {
```

```
0726  uint lim_15_0 : 16;     //Low bits of segment limit
0727  uint base_15_0 : 16;    //Low bits of segment base address
0728  uint base_23_16 : 8;    //Middle bits of segment base address
0729  uint type : 4;          //Segment type (see STS_ constants)
0730  uint s : 1;             //0 = system, 1 = application
0731  uint dpl : 2;           //Descriptor Privilege Level
0732  uint p : 1;             //Present
0733  uint lim_19_16 : 4;     //High bits of segment limit
0734  uint avl : 1;           //Unused (available for software use)
0735  uint rsv1 : 1;          //Reserved
0736  uint db : 1;            //0 = 16-bit segment, 1 = 32-bit segment
0737  uint g : 1;             //Granularity: limit scaled by 4K when set
0738  uint base_31_24 : 8;    //High bits of segment base address
0739  };
0740
```

表 5.6　段描述结构体 segdesc（mmu.h）的成员*

成　员	位　数	说　明
lim_15_0	16	段界限 0~15 位
base_15_0	16	段基址 0~15 位
base_23_16	8	段基址 16~23 位
type	4	段类型，参照 STS_常数
s	1	系统位，0=系统，1=应用
dpl	2	描述符特权级
p	1	1=段在内存中
lim_19_16	4	段界限 16~19 位
avl	1	供软件使用的位
rsv1	1	保留位
db	1	0=16 位段，1=32 位段
g	1	粒度，置 1，界限的单位是 4KB
base_31_24	8	段基址 24~31 位

注：*表格从上到下对应低位到高位。

4. 构造描述符的宏 SEG_ASM、SEG 与 SEG16

1）宏 SEG_ASM

xv6 中，启动阶段 botmain.S 的描述符用 asm.h 中定义的宏 SEG_ASM 来构建，宏 SEG_ASM 的定义如引用 5.17 所示。

引用 5.17　宏 SEG_ASM 的定义（asm.h）

```
0658  //The 0xC0 means the limit is  in 4096-byte units
0659  //and (for executable segments) 32-bit mode
0660  #define     SEG_ASM(type,base,lim)              \
0661    .word   (((lim) >> 12) & 0xffff),((base) & 0xffff); \
0662    .byte   (((base) >> 16) & 0xff), (0x90 | (type)),   \
0663          (0xC0 | (((lim) >> 28) & 0xf)), (((base) >> 24) & 0xff)
```

宏 SEG_ASM 用于构造段，在 SEG_ASM 的定义中，字节(0x90 | (type))位或运算结果的低 4 位为段描述符的 TYPE 域，结果的高 4 位从高位到低位为（p，dpl，s），因为传入的参数 type 的首字节的高 4 为全 0 即 0000b，所以与 9（1001b）做位或运算的结果为（p=1，dpl=00，s=1），因此该段在内存中存在，且 dpl 为 0，是代码段或数据段。

字节的(0xC0 | (((lim) >> 28) & 0xf))的高 4 位从高位到低位为（g, db, rsvl, avl），(((lim) >> 28) & 0xf)运算结果高 4 位为 0000b，与 C（1100b）做位与运算使得（g=1, db =1, rsvl=0, avl=0），所以其段界限的单位是 4KB，它是 32 位段（db=1）。参数如表 5.7 所示；宏 SEG_ASM 构造的段描述符特性如表 5.8 所示；段描述符构造宏 SEG_ASM 的构造方法如表 5.9 所示。

表 5.7　描述符构造宏 SEG_ASM 的参数

成　　员	位　　数	说　　明
type	4	段类型，参照 STS_常数
base	32	段基址
lim	20	段界限的高 4 位

表 5.8　宏 SEG_ASM 构造的描述符的特性

成　　员	取　　值	说　　明
s	1	系统位，0=系统，1=应用
p	1	1=段在内存中
avl	0	供软件使用的位
rsvl	0	保留位
db	1	1=32 位段
g	1	粒度，置 1，界限的单位是 4KB
dpl	0	

表 5.9　描述符构造宏 SEG_ASM 的构造方法

成　　员	位　数	构　造　方　法	说　　明
lim_15_0	16	(lim) >> 12) & 0xffff	SEG 的粒度 g=1，界限的单位是 4KB，所以(lim) >> 12) & 0xffff，提取 lim 的低 16 位
base_15_0	16	(uint)(base) & 0xffff	(uint)(base) & 0xffff，提取 base 的低 16 位
base_23_16	8	((uint)(base) >> 16) & 0xff	((uint)(base) >> 16) & 0xff，提取 base 的 16~23 位
type	4	(0x90	(type))	低 4 位置为参数 type，高 4 位置为 1001=9
s	1		置为 1，表示应用段
dpl	2		置为参数 dpl=0，占 2 位
p	1		置为 1，表示段在内存中
lim_19_16	4	(0xC0	(((lim) >> 28) & 0xf))	((lim) >> 28) & 0xf)，得到 4 位，高 4 位为 1100=C
avl	1		置为 0
rsvl	1		置为 0

成　员	位　数	构 造 方 法	说　明
db	1		置为 1，表示 32 位段
g	1		置为 1，表示粒度为 4KB
base_31_24	8	(((base) >> 24) & 0xff)	(uint)(base) >> 24，右移 24 位，提取 base 的高 8 位

在启动阶段，bootasm.S 和 entryother.S 分别说明了以下描述符，如引用 5.18 和引用 5.19 所示，分别供 BP 和 AP 在启动阶段使用，可以看出其地址均为 0，可以访问的空间均为 4GB。

引用 5.18　BP 的段描述符构造（bootasm.S）

```
9180 #Bootstrap GDT
9181 .p2align 2 #force 4 byte alignment
9182 gdt:
9183 SEG_NULLASM #null seg
9184 SEG_ASM(STA_X|STA_R, 0x0, 0xffffffff) #code seg
9185 SEG_ASM(STA_W, 0x0, 0xffffffff) #data seg
```

引用 5.19　AP 的段描述符构造（entryother.S）

```
1186 .p2align 2
1187 gdt:
1188 SEG_NULLASM
1189 SEG_ASM(STA_X|STA_R, 0, 0xffffffff)
1190 SEG_ASM(STA_W, 0, 0xffffffff)
```

2）宏 SEG

在 mmu.h 中，描述符用宏 SEG 和 SEG16 来生成，SEG 宏的定义如引用 5.20 所示。

引用 5.20　SEG 宏的定义（mmu.h）

```
0750 //Normal segment
0751 #define SEG(type, base, lim, dpl) (struct segdesc) \
0752 { ((lim) >> 12) & 0xffff, (uint)(base) & 0xffff, \
0753 ((uint)(base) >> 16) & 0xff, type, 1, dpl, 1, \
0754 (uint)(lim) >> 28, 0, 0, 1, 1, (uint)(base) >> 24 }
```

在该定义中，s=1、p=1、db=1 而且 g=1。因为 s=1，所以是系统段；因为 db=1，所以是 32 位段；因为 g=1，段界限的单位是 4KB，所以其 0~15 位为 ((lim) >> 12) & 0xffff，16~19 位为 (uint)(lim) >> 28。

宏 SEG、SEG16 的参数如表 5.10 所示。

表 5.10　宏 SEG、SEG16 的参数

成　员	位　数	说　明
type	4	段类型，参照 STS_ 常数
base	32	段基址
lim	20	段界限的高 4 位
dpl	2	描述符特权级

宏 SEG 构造的描述符的特性如表 5.11 所示。

表 5.11　宏 SEG 构造的描述符的特性

成　员	取　值	说　明
s	1	系统位，0=系统，1=应用
p	1	1=段在内存中
avl	0	供软件使用的位
rsv1	0	保留位
db	1	0=16 位段，1=32 位段
g	1	粒度，置 1，界限的单位是 4KB

宏 SEG 的构造方法如表 5.12 所示。

表 5.12　宏 SEG 的构造方法

成　员	位　数	构　造　方　法	说　明
lim_15_0	16	(lim) >> 12) & 0xffff	SEG 的粒度 g=1，界限的单位是 4KB，所以 ((lim) >> 12) & 0xffff，相当于除以 4KB，再提取 lim 的低 16 位
base_15_0	16	(uint)(base) & 0xffff	(uint)(base) & 0xffff，提取 base 的低 16 位
base_23_16	8	((uint)(base) >> 16) & 0xff	((uint)(base) >> 16) & 0xff，提取 base 的 16~23 位
type	4	type	置为参数 type
s	1	1	置为 1，表示应用段
dpl	2	dpl	置为参数 dpl
p	1	1	置为 1，表示段在内存中
lim_19_16	4	(uint)(lim) >> 28	(uint)(lim) >> 28，段界限的高 4 位，以 4KB 为单位，故去掉右边的 12 位，再去掉 16 位，剩下 4 位
avl	1	0	置为 0
rsv1	1	0	置为 0
db	1	1	置为 1，表示 32 位段
g	1	1	置为 1，表示粒度为 4KB
base_31_24	8	(uint)(base) >> 24	(uint)(base) >> 24，右移 24 位，提取 base 的高 8 位

在初始化阶段，main.c 的 main() 函数调用了段初始化 seginit() 函数，该函数使用宏 SEG 定义了描述符，如引用 5.21 所示。

引用 5.21　段初始化 seginit() 函数（vm.c）

```
1712 //Set up CPU's kernel segment descriptors
1713 //Run once on entry on each CPU
1714 void
1715 seginit(void)
1716 {
1717 struct cpu *c;
1718
1719 // Map "logical" addresses to virtual addresses using identity map
```

```
1720 //Cannot share a CODE descriptor for both kernel and user
1721 //because it would have to have DPL_USR, but the CPU forbids
1722 //an interrupt from CPL=0 to DPL=3
1723 c = &cpus[cpuid()];
1724 c->gdt[SEG_KCODE] = SEG(STA_X|STA_R, 0, 0xffffffff, 0);
1725 c->gdt[SEG_KDATA] = SEG(STA_W, 0, 0xffffffff, 0);
1726 c->gdt[SEG_UCODE] = SEG(STA_X|STA_R, 0, 0xffffffff, DPL_USER);
1727 c->gdt[SEG_UDATA] = SEG(STA_W, 0, 0xffffffff, DPL_USER);
1728 lgdt(c->gdt, sizeof(c->gdt));
1729 }
1730
```

函数 seginit()设置的段参数如表 5.13 所示。

（1）段的基地址全部为 0；

（2）段的上限全部为 0xffffffff；

（3）代码段的类型（type）为 STA_X|STA_R，数据段的类型为 STA_W；

（4）内核段的 DPL=0，用户段的 DPL＝3。

表 5.13　函数 seginit()设置的段参数

段	类　　型	基　　址	范　　围	DPL
SEG_KCODE	可执行、可读	0	4GB-1	0
SEG_KDATA	可写	0	4GB-1	0
SEG_UCODE	可执行、可读	0	4GB-1	3
SEG_UDATA	可写	0	4GB-1	3

因为所有段的基址为 0，从某种意义上来说，xv6 巧妙地绕过了逻辑地址到线性地址的映射，相当于取消了段机制。

3）宏 SEG16

宏 SEG16 用于构造系统描述符。宏 SEG16 的定义如引用 5.22 所示。

引用 5.22　宏 SEG16 的定义（mmu.h）

```
0755 #define SEG16(type, base, lim, dpl) (struct segdesc) \
0756 { (lim) & 0xffff, (uint)(base) & 0xffff, \
0757 ((uint)(base) >> 16) & 0xff, type, 1, dpl, 1, \
0758 (uint)(lim) >> 16, 0, 0, 1, 0, (uint)(base) >> 24 }
0759 #endif
0760
```

在该定义中，s=1、p=1、db=1、g=0。因为 s=1，所以是系统段；因为 db=1，所以是 32 位段；因为 g=0，段界限的单位是 1B，所以其 0~15 位为(lim) & 0xffff，16~19 位为(uint)(lim) >> 16。

宏 SEG16 的参数如表 5.10 所示。

宏 SEG16 (type, base, lim, dpl)构造粒度为 1B 描述符，宏 SEG16 构造的普通描述符的特性如表 5.14 所示。

宏 SEG16 的构造方法如表 5.15 所示。

表 5.14　宏 SEG16 构造的普通描述符的特性

成　员	取　值	说　明
s	1	系统位，0=系统，1=应用
p	1	1=段在内存中
avl	0	供软件使用的位
rsv1	0	保留位
db	1	1=32 位段
g	0	粒度，置 0，界限的单位是 1B

表 5.15　宏 SEG16 的构造方法

成　员	位　数	构 造 方 法	说　明
lim_15_0	16	(lim) >> 12) & 0xffff	SEG 的粒度 g=0，界限的单位是 1B，所以(lim) & 0xffff，提取 lim 的低 16 位
base_15_0	16	(uint)(base) & 0xffff	(uint)(base) & 0xffff，提取 base 的低 16 位
base_23_16	8	((uint)(base) >> 16) & 0xff	((uint)(base) >> 16) & 0xff，提取 base 的 16~23 位
type	4	type	置为参数 type
s	1	1	置为 1，表示应用段
dpl	2	dpl	置为参数 dpl
p	1	1	置为 1，表示段在内存中
lim_19_16	4	((uint)(lim) >> 16	(uint)(lim) >> 16，段界限的高 4 位，以 1B 为单位，故右移的去掉 16 位，剩下 4 位
avl	1	0	置为 0
rsv1	1	0	置为 0
db	1	1	置为 1，表示 32 位段
g	1	0	置为 0，表示粒度为 1B
base_31_24	8	(uint)(base) >> 24	(uint)(base) >> 24，右移 24 位，提取 base 的高 8 位

　　vm.c 中的 switchuvm(struct proc *p)函数使用该宏构造了各任务的 TSS 描述符，引用 5.23 给出了一个 TSS 构造示例。

引用 5.23　TSS 构造示例（vm.c，switchuvm()）

```
1870 mycpu()->gdt[SEG_TSS] = SEG16(STS_T32A, &mycpu()->ts,
1871 sizeof(mycpu()->ts)-1, 0);
1872 mycpu()->gdt[SEG_TSS].s = 0;
```

5. xv6 中的门描述符

1）门描述符结构体

　　通常低特权代码必须通过"门"来实现对高特权代码的访问和调用，门描述符结构体 gatedesc 的定义如引用 5.24 所示，其成员如表 5.16 所示。

引用 5.24 门描述符结构体 gatedesc 的定义（mmu.h）

```
0854 //Gate descriptors for interrupts and traps
0855 struct gatedesc {
0856 uint off_15_0 : 16;   //low 16 bits of offset in segment
0857 uint cs : 16;          //code segment selector
0858 uint args : 5;         //# args, 0 for interrupt/trap gates
0859 uint rsv1 : 3;         //reserved(should be zero I guess)
0860 uint type : 4;         //type(STS_{IG32,TG32})
0861 uint s : 1;            //must be 0 (system)
0862 uint dpl : 2;          //descriptor(meaning new) privilege level
0863 uint p : 1;            //Present
0864 uint off_31_16 : 16;   //high bits of offset in segment
0865 };
0866
```

表 5.16　门描述符结构体 gatedesc 的成员

成　　员	位　　数	说　　明
off_15_0	16	偏移的低 16 位
cs	16	代码段选择符
args	5	参数，0 表示中断门和陷阱门
rsv1	3	保留位
type	4	类型，STS_{TG,IG32,TG32}之一
s	1	系统描述符，必须为 0
dpl	2	新描述符特权级
p	1	是否在内存中
off_31_16	16	偏移的高 16 位

2）宏 SETGATE

xv6 定义了宏 SETGATE 来设定门描述符的属性，如引用 5.25 所示。

引用 5.25　生成门描述符的宏 SETGATE（mmu.h）

```
0875 #define SETGATE(gate, istrap, sel, off, d) \
0876 { \
0877 (gate).off_15_0 = (uint)(off) & 0xffff; \
0878 (gate).cs = (sel); \
0879 (gate).args = 0; \
0880 (gate).rsv1 = 0; \
0881 (gate).type = (istrap) ? STS_TG32 : STS_IG32; \
0882 (gate).s = 0; \
0883 (gate).dpl = (d); \
0884 (gate).p = 1; \
0885 (gate).off_31_16 = (uint)(off) >> 16; \
0886 }
0887
```

宏 SETGATE 的参数如表 5.17 所示。

表 5.17　宏 SETGATE 的参数

名　　称	说　　明
istrap	1=陷阱；0=中断。通过中断门调用将清除标志寄存器的 IF 位，陷阱门则不然
sel	中断处理代码段选择符
off	中断处理代码段偏移
d	描述符特权级，用 int 指令调用该门所需的特权级

宏 SEGGATE 的构造方法如表 5.18 所示。

表 5.18　宏 SETGATE 的构造方法

成　　员	位　　数	构 造 方 法	说　　明
off_15_0	16	(uint)(off) & 0xffff	偏移的低 16 位
cs	16	置为参数 sel	代码段选择符
args	5	0	参数，0 表示中断门和陷阱门
rsv1	3	0	保留位，置为 0
type	4	(istrap) ? STS_TG32 : STS_IG32	istrap 为 1 是陷阱门 STS_TG32，为 0 是中断门
s	1	0	系统描述符，必须为 0
dpl	2	置为参数 d	新描述符特权级
p	1	1	是否在内存中
off_31_16	16	(uint)(off) >> 16	偏移的高 16 位

成员 type 表示门的类型，门的类型有 STS_TG32 和 STS_IG32 两种，具体是哪种由参数 istrap 来决定；门的 s 位为 0；门的选择符和偏移由参数 sel 和 off 传入。

trap.c 的 tvinit() 函数调用宏 SETGATE 设定中断门描述符，如引用 5.26 所示。

引用 5.26　设定中断门描述符（trap.c，tvinit()）

```
3366 void
3367 tvinit(void)
3368 {
3369 int i;
3370
3371 for(i = 0; i < 256; i++)
3372   SETGATE(idt[i], 0, SEG_KCODE<<3, vectors[i], 0);
3373   SETGATE(idt[T_SYSCALL], 1, SEG_KCODE<<3, vectors[T_SYSCALL], DPL_USER);
3374
3375 initlock(&tickslock, "time");
3376 }
3377
```

值得注意的是，系统调用的 DPL 为 DPL_USER，它是用户特权级唯一能使用的中断门；系统调用 istrap 为 1，所以 TYPE 被设置为 STS_TG32，即陷阱门。

5.5 描述符表、TSS 与特权等级保护

5.5.1 描述符表

Pentium 把描述符组织成线性表，由描述符组成的线性表称为描述符表，在 Pentium 中有 3 种类型的描述符表：全局描述符表（GDT）、局部描述符表（LDT）和中断描述符表（IDT）。

1. GDT

GDT 存储在内存中，相当于 C 语言中的一个结构体数组，数组的每一项就是一个描述符。GDT 在多任务系统中一般只设置一个，表中可以包含如下 4 种信息的描述符：

（1）全局数据段、代码段和堆栈描述符。这些段一般由操作系统内核使用。

（2）LDT 描述符，这个描述符的基址就是 LDT 在内存中的起始地址。

（3）TSS 描述符，这个描述符的基址是 TSS 所在内存中的起始地址。

（4）一些门描述符（调用门、中断门等）。

其中，全局数据段属于非系统描述符，其余属于系统描述符。描述符的属性值决定了它们具体是哪类描述符。

2. LDT

LDT 与 GDT 的结构类似，区别是 LDT 用来描述每个具体用户任务代码段、堆栈段和数据段信息。LDT 是针对每个用户任务的，类似 TSS 这样的全局信息相关的描述项只存在于 GDT 中。LDT 描述项一般和正在运行的用户任务数相等。每个用户任务都可能有自己的 LDT，保存本任务相关信息。LDT 的基址作为一条记录保存在 GDT 中。xv6 未使用 LDT。

3. IDT

IDT（见图 5.12）中的每一项对应一个中断门、陷阱门或者任务门，每个门描述符由 8 字节组成，最多需要 256×8 字节=2048 字节来存放 IDT。每个描述符包含一个中断处理程序的入口地址信息，在中断系统中用中断号来索引 IDT，得到中断处理程序的段选择符和偏移；段选择符在相应的描述符表中得到中断处理程序的基地址。Pentium 的中断号为 8 位编码，最多有 256 个中断。

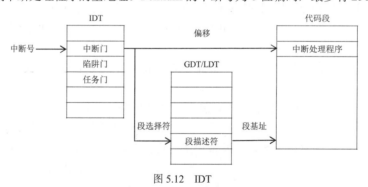

图 5.12　IDT

5.5.2 TSS 与任务切换

1. TSS 定义

TSS（任务状态段）是在 GDT 中描述的，TSS 也是内存中的一种数据结构，这个结构中保存与任务相关的信息。当运行的任务准备切换时，CPU 会把当前任务用到的寄存器内容（CS、

EIP、DS 和 SS 等）和 LDT 的选择符等信息保存在 TSS 中以便任务切换回来时继续使用。TSS 的结构如表 5.19 所示。

表 5.19　TSS 的结构

位 31~16	位 15~1	位 0	偏移
0000000000000000	链接字段 link		0
esp0			4
0000000000000000	ss0		8
esp1			0CH
0000000000000000	ss1		10H
esp2			14H
0000000000000000	ss2		18H
cr3			1CH
eip			20H
eflags			24H
eax			28H
ecx			2CH
edx			30H
ebx			34H
esp			38H
ebp			3CH
esi			40H
edi			44H
0000000000000000	es		48H
0000000000000000	cs		4CH
0000000000000000	ss		50H
0000000000000000	ds		54H
0000000000000000	fs		58H
0000000000000000	gs		5CH
0000000000000000	ldt		60H
I/O 许可位图偏移	000000000000000	t	64H

TSS 主要分为动态字段和静态字段。

1）动态字段

在任务切换过程中当任务挂起时，处理器会更新动态字段，动态字段有如下几种。

（1）通用寄存器字段：任务切换之前 EAX、ECX、EDX、EBX、ESP、EBP、ESI 和 EDI 寄存器的状态。

（2）段选择符字段：任务切换之前 ES、CS、SS、DS、FS 和 GS 寄存器保存的段选择符。

（3）EFLAGS 寄存器字段：任务切换之前 EFAGS 寄存器的状态。

（4）EIP 字段：任务切换之前 EIP 寄存器的状态。

（5）先前任务链接字段：包含先前任务的 TSS 的段选择符。该字段禁止任务通过使用 iret 指令返回先前的任务。

2）静态字段

当任务创建时会创建静态字段，静态字段可读不可写。静态字段有如下几种。

（1）LDT 段选择符字段：包含任务 LDT 的段选择符。

（2）CR3 控制寄存器字段：包含任务使用的页目录的物理基地址。

（3）特权级 0、1、2 栈指针字段：包含栈段（因为任务运行在不同特权级下，需要不同的栈段，故包含相应的 ss0、ss1、ss2）的段选择符的逻辑地址和栈的偏移（不同特权级相应的 esp0、esp1、esp2）。在特定的任务中该字段是静态的，但是如果栈切换发生在单个任务中，SS 和 EIP 的值就会改变。

（4）t 标志（调试陷阱，64H 字节，位 0）：如果设置则当切换任务时会引起调试异常。

（5）I/O 许可位图偏移，指明 I/O 许可位图相对于 TSS 起始处的偏移。

xv6 中任务状态结构体 taskstate 的定义参见 5.6.5 节。

2. TSS 任务切换

对于多任务操作系统来说，TSS 是必不可少的，系统至少需要一个 TSS；但是由于效率低下又极度复杂，现在的操作系统很少使用 TSS 机制来进行任务切换，而仅仅使用 TSS 来提供 0~2 权限级别的堆栈指针，因为当发生堆栈切换时，必须依靠 TSS 提供的相应的堆栈指针。当前进程要切换另一个进程时，可以使用两种选择符进行：使用 TSS 选择符以及任务门选择符（Task Gate Selector）。

1）使用 TSS 选择符

例如：

```
call 0x20:0x00000000                    /*假设 0x20 为 TSS 选择符*/
```

2）使用任务门选择符

例如：

```
call 0x30:0x00000000                    /*0x30 为 任务门选择符*/
```

或

```
int 0x40                                /*假设 0x40 是任务门的向量*/
```

处理器在 GDT 索引查找到的是一个任务门选择符，这个任务门选择符中指出了目标的 TSS 选择符。处理器从任务门选择符中加载 TSS 描述符，剩下的工作和使用 TSS 描述符进行切换进程是一致的。处理器访问任务门选择符仅需对任务门选择符做如下权限检查：CPL≤DPL 并且 RPL≤DPL。在这里不需要对任务门选择符的 DPL 权限进行检查。门描述符机制提供了一个间接访问层，主要用来控制权限的切换。

TSS 提供的硬件级进程切换机制较为复杂，因为执行的效能太差，很多操作系统不使用 TSS 机制，Linux 和 xv6 也是如此。

5.5.3　系统地址寄存器

GDT、LDT 和 IDT 等都是保护模式下非常重要的特殊段，处理器采用寄存器保存这些段的基地址和段界限，这些特殊的寄存器称为系统地址寄存器，其中，GDTR 和 IDTR 称为系统表寄存器，TR 和 LDTR 称为系统段寄存器。系统地址寄存器如图 5.13 所示。

系统表寄存器

	48		16 15	0
GDTR	32 位	线性基址	16 位表界限	
IDTR	32 位	线性基址	16 位表界限	

系统段寄存器　　**段描述符寄存器**　(自动加载)

	15　　　　0			
TR	段选择符	32 位　线性基址	20 位限长	12 位属性
LDTR	段选择符	32 位　线性基址	20 位限长	12 位属性
	可见	不	可	见

图 5.13　系统地址寄存器

1. 全局描述符表寄存器

在整个系统中只有一张 GDT，GDT 可以被放在内存的任何位置，但 CPU 必须知道 GDT 的入口（即基地址）和表的限长，IA-32 处理器使用全局描述符表寄存器（GDTR）来存放 GDT 的入口地址，将 GDT 设定在内存中某个地址之后，可以通过 lgdt 指令将 GDT 的地址装入此寄存器，此后 CPU 就根据 GDTR 寄存器中的内容来访问 GDT 了。

GDTR 是一个 CPU 寄存器，GDTR 共 48 位，包含两部分内容：

（1）开头 32 位用来保存一个内存线性基址，指出 GDT 在内存中的位置（如果没有开启分页，它就是一个 32 位的物理地址）。

（2）随后 16 位为 GDT 的长度信息，对于含有 N 个描述符的描述符表的段界限设为 $8 \times N-1$。

2. 局部描述符表寄存器

局部描述符表寄存器（LDTR）规定当前任务使用的 LDT。

LDTR 类似于段寄存器，由程序员可见的 16 位的**段选择符**寄存器和程序员不可见的高速缓冲寄存器组成。每个任务的 LDT 作为系统的一个特殊段，由一个描述符描述，描述 LDT 段的描述符存放在 GDT 中。

在初始化或任务切换过程中，把描述符对应任务 LDT 的描述符的选择符装入 LDTR，处理器根据 LDTR 可见部分的选择符，从 GDT 中取出对应的描述符并把 LDT 的基地址、界限和属性等信息保存到 LDTR 的不可见的高速缓冲寄存器中，随后对 LDT 的访问就可根据保存在 LDTR 高速缓冲寄存器中的有关信息进行合法性检查。

LDTR 包含当前任务的 LDT 的选择符，所以装入 LDTR 的选择符必须确定一个位于 GDT 中的类型为 LDT 的系统描述符，选择符中的 TI 位必须是 0，而且描述符中的类型字段所表示的类型必须为 LDT。

可以用一个空选择符装入 LDTR 表示当前任务没有 LDT。在这种情况下，所有装入段寄存器的选择符都必须指示 GDT 中的描述符（也即当前任务涉及的段）。这种情况下如果再把一个 TI 位为 1 的选择符装入段寄存器将引起异常。

lldt 指令将源操作数加载到 LDTR 的段选择符字段。源操作数（通用寄存器或内存位置）包含指向 LDT 的段选择符。段选择符加载到 LDTR 之后，处理器使用段选择符在 GDT 中确定 LDT 的描述符的位置，接着它将 LDT 的段限制与基址从描述符加载到 LDTR。

3. 中断描述符表寄存器

中断描述符表寄存器（IDTR）指向 IDT。IDTR 长为 48 位，其中 32 位的基地址规定了 IDT 的基地址，16 位的限长规定了 IDT 的表界限。由于 Pentium 只支持 256 个中断/异常，因此 IDT 最大长度是 2KB，以字节为单位的段为 0x7FF。IDTR 指示 IDT 的方式与 GDTR 指示 GDT 的方式相同。

lgdt 与 lidt 指令分别将源操作数中的值加载到 GDTR 和 IDTR 中。源操作数指定 6 字节内存位置，它包含 GDT 或 IDT 的基址（线性地址）与限长（表格大小，以字节计）。如果操作数大小属性是 32 位，则将 16 位限长（6 字节数据操作数的低位 2 字节）与 32 位基址（6 字节数据操作数的高位 4 字节）加载到寄存器。如果操作数大小属性是 16 位，则加载 16 位限长（2 个低位字节）与 24 位基址（第 2、4、5 字节），不使用操作数的高位字节，GDTR 或 IDTR 中基址的高位字节用 0 填充。

4. 任务状态段寄存器

任务状态段寄存器（TR）包含指向当前任务状态段的**段选择符**，从而规定了当前任务的状态段。TR 也分为可见和不可见两部分，当把任务状态段的选择符装入 TR 可见部分时，处理器自动把与段选择符对应的描述符中的段基地址等信息保存在不可见的高速缓冲寄存器中。装入 TR 的选择符不能为空，必须对应 GDT 中的描述符，描述符类型必须是 TSS。指令 ltr 和 str 用于修改和读取 TR 的段选择符。xv6 加载 TR 的内联函数 ltr() 如引用 5.27 所示；任务切换时需要调用 ltr() 函数加载新任务的 TSS 为当前 TSS，xv6 的任务切换如引用 5.28 所示。

引用 5.27　加载 TR 的内联函数 ltr()（x86.h）

```
0537    static inline void
0538    ltr(ushort sel)
0539    {
0540    asm volatile("ltr %0" : : "r" (sel));
0541    }
```

引用 5.28　xv6 的任务切换（vm.c, switchuvm()）

```
1878    ltr(SEG_TSS << 3);
```

5.5.4　段的特权等级保护

1. CPL、DPL、RPL 与一致代码段

特权等级保护是操作系统安全、稳定的需要，为了操作系统的安全、稳定内核和用户程序应该分开，内核不能被用户程序干涉。xv6 只用了 0 和 3 两种特权级，其中 0 为内核的特权级，3 为用户特权级。x86 通过 CPL/RPL/DPL 以及代码描述符中的一致代码位 C 来管理特权等级。

（1）CPL（当前特权级）。CPL 在寄存器如 CS 中。

（2）RPL（请求特权级）。RPL 在段选择符中的最后两位，代码中根据不同段跳转而确定；以动态刷新 CS 中的 CPL。

（3）DPL（描述符特权级）。DPL 在 GDT/LDT 描述符表中，是静态的。GDT/LDT 中的每个描述符被设置不同的特权级。程序通过选择符/门调用等在段之间来回转移，实现用户级与系统级的调用跳转。

（4）C=1，一致代码段。一致性代码段是可以被低特权级的用户直接调用访问的共享代码。通常这些共享代码是不访问受保护的资源的代码和某些类型的异常处理。例如一些数学计算函

数库为纯粹的数学计算，被作为一致代码段。

　　一致代码段特权级高的程序不允许访问特权级低的数据，核心态不允许访问用户态的数据；特权级低的代码可以访问特权级高的数据，但是特权级不会改变，用户态还是用户态。

　　（5）C=0，非一致代码段。为了避免低特权级的访问而被操作系统保护起来的系统代码，非一致代码只允许同级间访问。

　　x86 的特权级机制过于复杂，xv6 做了简化处理，xv6 中选择符的 RPL 总是等于其索引的描述符的 DPL，内核的代码段为非一致代码段。

2. 程序在代码段间的转移

　　程序控制权从一个代码段转移到另一个代码段，目标代码段的选择符必须加载进代码段寄存器中。加载时处理器会首先检测目标代码段的描述符并执行限长、类型和特权级检查。检查都通过后，目标代码段选择符就会加载进 CS 寄存器，程序的控制权就被转移到新的代码段中，程序将从 EIP 寄存器指向的指令处开始执行。

　　程序的控制转移由指令 jmp、ret、call 和 iret 以及异常和中断机制来实现。不通过门描述符进行段间转移加载新的段选择符，需要进行如下特权级保护检查，如图 5.14 所示。

　　另外一种情况是通过门进行段间转移，如图 5.15 所示，它与通过门调用的区别在于它要区分一致性与非一致性代码段，对非一致性代码段 DPL，要求 DPL=CPL。由于 xv6 未使用该机制，在此不做介绍。

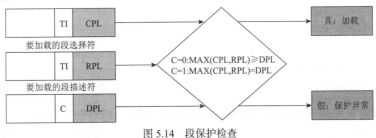

图 5.14　段保护检查

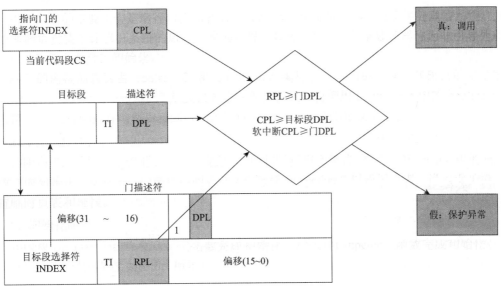

图 5.15　调用门保护检查

对于 xv6，代码段只有内核代码段和用户代码段，代码段间的转移在以下几种情况下发生：

（1）实模式转移到保护模式（1143、9153）；

（2）用户态因为硬件中断、异常和系统调用（8414、8457）转入内核态；

（3）中断处理完成，从内核态返回用户态（3321）。

3. 特权级变化的堆栈切换

调用门用于把程序转移到一个更高级别的非一致性代码段，转移时 CPU 会自动切换到目标代码段特权级堆栈中去，以防止低特权级程序通过共享的堆栈破坏高特权级的程序，也防止高特权级程序由于栈空间无效而引起崩溃。原来的堆栈段指针会被压入新的栈，在调用或者中断返回时恢复原来的堆栈。

一个特权级为 3 的应用程序代码，若需要切换到其他特权级，还需要设置相应的栈，IA-32 有 4 个特权级，因此每个任务最多需要定义 4 个栈。 xv6、Linux 等操作系统只使用了 3 和 0 两个特权级，因此每个任务就只需设置两个栈，每个栈都位于不同的段中，通过段选择符和偏移来设定栈的位置。特权级 0、1 和 2 的堆栈的初始指针值都存放在当前运行任务的 TSS 中。xv6 未使用特权级 1 和 2，所以只需要设置特权级 0 的堆栈，xv6 将其设置为进程的内核堆栈。

TSS 中这些指针在任务运行时处理器并不会修改它们。每次从低特权级进入高特权级切换堆栈时（例如用户代码被中断时），处理器都使用 TSS 中的指针来建立新的堆栈，供该特权级的代码使用，原来特权级的堆栈 SS 和 ESP 被保存到新的堆栈；从高特权级返回低特权级时，低特权级的堆栈 SS 和 ESP 被从高特权级的堆栈中恢复。操作系统需要负责为所有用到的特权级建立堆栈和堆栈描述符，并且在任务的 TSS 中设置栈指针值。

当从特权级为 0 的代码返回特权级 3 的代码执行时（发生在中断返回时），特权级 3 的堆栈的 CS 和 ESP 被从特权级 0 的堆栈分别载入 SS 和 ESP 寄存器中，并且在发生堆栈切换时被保存到被调用过程的堆栈上。

xv6 中，SS0 与内核数据段相同，描述符已经在段初始化时建立（1725），在 switchuvm() 函数切换到用户空间时，将内核的栈记录在处理器结构体的 ts 成员中，如引用 5.29 所示。

引用 5.29　switchuvm() 中内核 ESP 和 SS 的保存（vm.c）

```
1870 mycpu()->gdt[SEG_TSS] = SEG16(STS_T32A, &mycpu()->ts,
1871      sizeof(mycpu()->ts)-1, 0);
1872 mycpu()->gdt[SEG_TSS].s = 0;
1873 mycpu()->ts.ss0 = SEG_KDATA << 3;
1874 mycpu()->ts.esp0 = (uint)p->kstack + KSTACKSIZE;
```

5.6　xv6 的段管理

5.6.1　实模式下的段

1. 实模式 BP 的段设定

负责系统引导的处理器由 BIOS 程序进入启动扇区程序时 %cs=0、%ip=ox7c00，运行 bootasm.S，段的设置如引用 5.30 所示，%ds、%es 和 %ss 被置为 0。

引用 5.30　实模式下的段（bootasm.S）

```
9114  #Zero data segment registers DS, ES, and SS
9115  xorw  %ax,%ax  #Set %ax to zero
```

```
9116    movw    %ax,%ds   #-> Data Segment
9117    movw    %ax,%es   #-> Extra Segment
9118    movw    %ax,%ss   #-> Stack Segment
```

2. 实模式 AP 的段设定

AP 由 BIOS 程序进入启动扇区程序时%cs=0x0700、%ip=0，原因如下：AP 的启动地址为 XY00:0000，XY 为 BP 发送的 Start_up IPI 的 XY 部分，如引用 5.31 所示。

引用 5.31　AP 的启动地址（lapic.c）

```
7515    lapicw(ICRLO, STARTUP | (addr>>12));
```

其中，addr=0x7000，因此 XY=0x07，所以 AP 的启动地址为 0700:0000，物理地址为 0x7000。

AP 的段在 entryother.S 中设置，与 BP 的设置相同，%ds、%es 和%ss 被置为 0，如引用 5.32 所示。

引用 5.32　AP 段的设置（entryother.S）

```
1127    xorw %ax,%ax
1128    movw %ax,%ds
1129    movw %ax,%es
1130    movw %ax,%ss
```

5.6.2　保护模式引导阶段的 GDT

GDT 是保护模式的基础，因此在进入保护模式前要准备好 GDT。xv6 在引导阶段使用引导 GDT，其后使用内核 GDT。

1. BP 的 GDT

引导阶段从实模式转换为保护模式的过程中，BP 使用的 GDT 在 bootasm.S 中的定义如引用 5.33 所示。

引用 5.33　引导阶段 BP 的 GDT 的定义（bootasm.S）

```
9180    #Bootstrap GDT
9181    .p2align 2                #force 4 byte alignment
9182    gdt:
9183      SEG_NULLASM            #null seg
9184      SEG_ASM(STA_X|STA_R, 0x0, 0xffffffff)   #code seg
9185      SEG_ASM(STA_W, 0x0, 0xffffffff)         #data seg
9186
9187    gdtdesc:
9188      .word   (gdtdesc - gdt - 1)             #sizeof(gdt) - 1
9189      .long   gdt             #address gdt
```

lgdt 指令加载 gdt 的地址到 gdtr 中，引导阶段 BP 的 GDT 加载如引用 5.34 所示。

引用 5.34　引导阶段 BP 的 GDT 加载（bootasm.S）

```
9141    lgdt      gdtdesc
```

按 Intel 规定，GDT 中的第 0 项为空段，这是为了防止加电后段寄存器未经初始化就进入保护模式而使用 GDT，空段宏 SEG_NULLASM 如引用 5.35 所示。

引用 5.35　空段宏 SEG_NULLASM（asm.h）

```
0654 #define SEG_NULLASM \
```

```
0655 .word 0, 0; \
0656 .byte 0, 0, 0, 0
0657
```

2. AP 的 GDT

AP 的描述符在 entryoter.S 中做了相同的定义和操作，引导阶段 AP 的 GDT 定义如引用 5.36 所示。

引用 5.36 引导阶段 AP 的 GDT 定义（entryother.S）

```
1186 .p2align 2
1187 gdt:
1188 SEG_NULLASM
1189 SEG_ASM(STA_X|STA_R, 0, 0xffffffff)
1190 SEG_ASM(STA_W, 0, 0xffffffff)
1191
1192
1193 gdtdesc:
1194 .word (gdtdesc - gdt - 1)
1195 .long gdt
```

引用 5.37 和引用 5.38 加载 gdt 的地址到 gdtr 中（1135、9141）。

引用 5.37 引导阶段 AP 的 GDT 加载（entryother.S）

```
1135    lgdt    gdtdesc
```

引用 5.38 引导阶段 BP 的 GDT 加载（bootasm.S）

```
9141 lgdt gdtdesc
```

可见，对所有 BP 和 AP，引导段表包括一个空段、一个代码段和一个数据段，其特性如下。

（1）SEG_NULLASM 段为空段；

（2）代码段为只读和可执行，DPL=0；

（3）数据段为可写，DPL=0；

（4）代码段和数据段的基地址 **base=0**，限长 **limit=0xffffffff**，涵盖整个 4GB 的虚拟空间，因此绕开了 **x86** 的分段机制。

5.6.3 内核的 GDT

1. 内核 GDT 的定义

保存各 CPU 状态的结构体中声明了保存内核 GDT 的数组 gdt，如引用 5.39 所示。

引用 5.39 结构体 gdt 的定义（proc.h）

```
2301 struct cpu{
...
2305 struct segdesc gdt[NSEGS]; //x86 global descriptor table
...
2310 };
```

段表 gdt 还需要填入段描述符。代码段和数据段需要创建不同的段，而且，由于 xv6 内核运行在特权级 0 而用户程序运行在特权级 3，根据 IA-32 的段保护机制的规定，特权级 3 的程序是无法访问特权级为 0 的段的，因此 xv6 必须为内核和用户程序分别创建其代码段、数据段，此外还要为任务切换定义任务状态段，这就意味着 xv6 必须创建 5 个描述符，加上 1 个空段共计 6 个段。xv6 段的定义在 mmu.h 中，xv6 的段如引用 5.40 所示，xv6 的段选择符段数如表 5.20 所示。

引用 5.40　xv6 的段（proc.h）

```
0713 //various segment selectors
0714 #define SEG_KCODE 1 //kernel code
0715 #define SEG_KDATA 2 //kernel data+stack
0716 #define SEG_UCODE 3 //user code
0717 #define SEG_UDATA 4 //user data+stack
0718 #define SEG_TSS 5  //this process's task state
0719
0720 //cpu->gdt[NSEGS] holds the above segments.
0721 #define NSEGS 6
0722
```

表 5.20　xv6 的段选择符与段数

名　称	索　引　值	含　义
SEG_KCODE	1	内核代码段
SEG_KDATA	2	内核数据、堆栈段
SEG_UCODE	3	用户代码段
SEG_UDATA	4	用户数据、堆栈段
SEG_TSS	5	本进程任务状态段索引
NSEGS		段数

2. 内核 GDT 的初始化及特征

在 vm.c 的 seginit() 中加载了 GDT 表到 GDTR，该函数被 main()（main.c）和 mpmain() 调用，如引用 5.41 所示，因此 BP 和 AP 都使用该函数来初始化各自的 GDT，也就是说各处理器的 GDT 定义是相同的。

引用 5.41　内核 GDT 的定义和加载（vm.c, seginit()）

```
1713 //Run once on entry on each CPU
1714 void
1715 seginit(void)
1716 {
...
1724 c->gdt[SEG_KCODE]=SEG(STA_X|STA_R, 0, 0xffffffff, 0);
1725 c->gdt[SEG_KDATA]=SEG(STA_W, 0, 0xffffffff, 0);
1726 c->gdt[SEG_UCODE]=SEG(STA_X|STA_R, 0, 0xffffffff, DPL_USER);
1727 c->gdt[SEG_UDATA] = SEG(STA_W, 0, 0xffffffff, DPL_USER);
1728 lgdt(c->gdt, sizeof(c->gdt));
1729 }
1730
```

内核使用数组 gdt 来存储 GDT 描述符，从 1724~1727 中描述的数值可以得出：

（1）段的基地址全部为 0。

（2）段的上限全部为 0xffffffff =4G−1。

（3）代码段的类型（TYPE）为 STA_X|STA_R；数据段的类型为 STA_W。

（4）内核段的 DPL=0；用户段的 DPL=3。

因为基地址为 0，所以

偏移量=线性地址

以上 4 个段的基地址 **base=0**，限长 limit=0xffffffff，涵盖 4GB 的虚拟空间，**因此绕开了 x86 的分段机制**。所以，xv6 的段机制变得相当简单，它只把段分为用户态（DPL＝3）的段和内核态（DPL=0）的段，描述符寄存器的 DPL 属性只在进程从用户态与内核态切换时才发生变化；而且，不管是内核态还是用户态，堆栈和数据共同使用数据段。

3. 引导 GDT 与内核 GDT 的比较

比较引导 GDT 与内核 GDT 可知，内核 GDT 的前三项（索引值 0、1、2）与引导 GDT 的三项相同：第 0 项为全 0 项（内核 GDT 数组的第 0 项会被初始化为 0），第 1 项为相同定义的内核代码段，第 2 项为相同定义的数据段，保护模式下在引导阶段、初始化期间和引导、初始化完成后的内核态下，CS、DS、ES 和 SS 都保持一致，直到转入用户态执行才会改变。

5.6.4　IDT

trap.c 中定义了 IDT，IDT 的定义如引用 5.42 所示。

引用 5.42　IDT 的定义（trap.c）

```
3360 //Interrupt descriptor table (shared by all CPUs)
3361 struct gatedesc idt[256];
```

各表项的初始化在 trap.c 的 tvinit()函数中完成，如引用 5.43 所示。

引用 5.43　IDT 的初始化（trap.c，tvinit()）

```
3371   for(i = 0; i < 256; i++)
3372     SETGATE(idt[i], 0, SEG_KCODE<<3, vectors[i], 0);
3373     SETGATE(idt[T_SYSCALL], 1, SEG_KCODE<<3, vectors[T_SYSCALL], DPL_USER);
```

IDT 的加载在 trap.c 的 idtinit()函数中完成，如引用 5.44 所示。

引用 5.44　IDT 的加载（trap.c，idtinit()）

```
3378 void
3379 idtinit(void)
3380 {
3381   lidt(idt, sizeof(idt));
3382 }
```

5.6.5　TSS 与 TR

1. 任务状态结构体 taskstate 的定义

mmu.h 中定义任务状态结构体 taskstate 来描述任务状态段（TSS），任务状态结构体 taskstate 的定义如引用 5.45 所示。

引用 5.45　任务状态结构体 taskstate 的定义（mmu.h）

```
0813 //Task state segment format
```

```
0814 struct taskstate {
0815 uint link; //Old ts selector
0816 uint esp0; //Stack pointers and segment selectors
0817 ushort ss0; //after an increase in privilege level
0818 ushort padding1;
0819 uint *esp1;
0820 ushort ss1;
0821 ushort padding2;
0822 uint *esp2;
0823 ushort ss2;
0824 ushort padding3;
0825 void *cr3; //Page directory base
0826 uint *eip; //Saved state from last task switch
0827 uint eflags;
0828 uint eax; //More saved state (registers)
0829 uint ecx;
0830 uint edx;
0831 uint ebx;
0832 uint *esp;
0833 uint *ebp;
0834 uint esi;
0835 uint edi;
0836 ushort es; //Even more saved state (segment selectors)
0837 ushort padding4;
0838 ushort cs;
0839 ushort padding5;
0840 ushort ss;
0841 ushort padding6;
0842 ushort ds;
0843 ushort padding7;
0844 ushort fs;
0845 ushort padding8;
0846 ushort gs;
0847 ushort padding9;
0848 ushort ldt;
0849 ushort padding10;
0850 ushort t;    //Trap on task switch
0851 ushort iomb; //I/O map base address
0852 };
0853
```

结构体 taskstate 各个成员的意义参见 5.5.2 节。

2. 设置加载 TSS

按 Intel 的规定，每个进程有一个 TSS 和 LDT，但 xv6 并没有完全遵循 Intel 的设计思路。xv6 主要使用 TSS 来保存不同特权级别下任务所使用的 SS 和 ESP 寄存器，xv6 用户程序被中断时涉及特权级切换，因此要把堆栈切换为内核栈，这需要从 TSS 段中得到 ss0 和 esp0，这样后续的执行才有堆栈可用（IA-32 平台函数调用是通过堆栈实现的）。

xv6 继承了 UNIX 的 KISS（Keep It Simple, Stupid!）原则，对 TSS 的使用做了最简化。xv6 设定 TSS 并加载至 TR 寄存器如引用 5.46 所示。

（1）每个 CPU 仅使用一个 TSS（1870、1871），指向 cpu 结构体的 ts 成员，并将该 TSS 设

置为系统段（1872）。

（2）进程切换时，设置 iomb 并更新 TSS 段中的 esp0 和 ss0 字段到新进程的内核栈（1873~1877）。

（3）进程切换时，加载 TR 指向该处理器的 TSS，因为多处理器环境下进程切换时可能换到新的处理器运行（1878）。

引用 5.46　xv6 设定 TSS 并加载至 TR 寄存器（vm.c, switchuvm()）

```
1869 pushcli();
1870 mycpu()->gdt[SEG_TSS] = SEG16(STS_T32A, &mycpu()->ts,
1871 sizeof(mycpu()->ts)-1, 0);
1872 mycpu()->gdt[SEG_TSS].s = 0;
1873 mycpu()->ts.ss0 = SEG_KDATA << 3;
1874 mycpu()->ts.esp0 = (uint)p->kstack + KSTACKSIZE;
1875 //setting IOPL=0 in eflags *and* iomb beyond the tss segment limit
1876 //forbids I/O instructions (e.g., inb and outb) from user space
1877 mycpu()->ts.iomb = (ushort) 0xFFFF;//I/O许可位图偏移
1878 ltr(SEG_TSS << 3);
1879 lcr3(V2P(p->pgdir)); //switch to process's address space
1880 popcli();
```

5.7　保护模式分页机制

5.7.1　控制寄存器

Pentium 的段机制把逻辑地址转换为线性地址，如果启用 Pentium 的分页机制则线性地址转换为物理地址的过程需要控制寄存器 CR0、CR2、CR3、CR4、页目录和页表的参与。

1. CR0

CR0 的位 0 是启用保护模式使能 PE（Protection Enable）标志，当设置该位时即开启保护模式；当复位时即进入实地址模式。这个标志仅开启分段，而并没有启用分页机制，若要启用分页机制则 PE 和 PG 标志都要置位。CR0 的位 31 是分页 PG（Paging）标志。当设置该位时即开启了分页机制；当复位时则禁止分页机制，此时所有线性地址等同于物理地址。在开启这个标志之前必须已经或者同时开启 PE 标志。因此若要启用分页机制则 PE 和 PG 标志都要置位。

2. CR2

使用分页管理机制时，控制寄存器 CR2 包含一个 32 位的线性地址，指向发生最后一次页故障的地址，当页故障处理程序被激活时，压入页故障处理程序堆栈中的错误码提供页故障的状态信息。xv6 陷入处理函数 trap() 中调用 rcr2() 读取了 CR2，用于输出故障地址信息，如引用 5.47 所示；函数 rcr2() 的实现如引用 5.48 所示，其值被置为 0。

引用 5.47　trap() 调用 rcr2() 读取 CR2（trap.c, trap()）

```
3450 default:
3451 if(myproc() == 0 || (tf->cs&3) == 0){
3452 //In kernel, it must be our mistake
3453   cprintf("unexpected trap %d from cpu %d eip %x (cr2=0x%x)\n",
3454   tf->trapno, cpuid(), tf->eip, rcr2());
3455   panic("trap");
```

```
3456  }
3457 //In user space, assume process misbehaved
3458 cprintf("pid %d %s: trap %d err %d on cpu %d "
3459         "eip 0x%x addr 0x%x--kill proc\n",
3460         myproc()->pid, myproc()->name, tf->trapno,
3461         tf->err, cpuid(), tf->eip, rcr2());
3462 myproc()->killed = 1;
3463 }
```

引用 5.48　函数 rcr2() 的实现（x86.h）

```
0581 static inline uint
0582 rcr2(void)
0583 {
0584 uint val;
0585 asm volatile("movl %%cr2,%0" : "=r" (val));
0586 return val;
0587 }
```

3. CR3

使用分页管理机制时，CR3 寄存器存储了页目录的基地址，因此被称为页目录基址寄存器（Page Directory Base Register，PDBR）。由于目录是页对齐的，因此仅高 20 位有效，给 CR3 中装入一个新值时，低 12 位必须为 0；从 CR3 中取值时，低 12 位被忽略。

用 mov 指令重置 CR3 会导致分页机制高速缓冲区的内容无效，用此方法可以在启用分页机制之前，即把 PG 位置 1 之前预先刷新分页机制的高速缓存。CR3 寄存器即使在 CR0 寄存器的 PG 位或 PE 位为 0 时也可装入，如在实模式下也可设置 CR3 以便进行分页机制的初始化。在任务切换时 CR3 要被改变，但是如果新任务中 CR3 的值与原任务中 CR3 的值相同，那么处理器不刷新分页高速缓存，以便当任务共享页表时有较快的执行速度。

4. CR4

Pentium 增加了一个控制寄存器 CR4，其中，其 PSE 位允许页容量大小扩展位。PSE=1，允许每页容量为 4MB；PSE=0，只允许每页容量为 4KB。xv6 的 mmu.h 中 CR4_PSE 即为该标志。

5. xv6 控制寄存器中的标志位

xv6 使用了分页机制。分页控制寄存器 CR0 的 PG 位为 1 时分页管理机制开启；分页的大小由寄存器 CR4 的 PSE 位控制。xv6 控制寄存器标志位如引用 5.49 所示。

引用 5.49　xv6 控制寄存器标志位（mmu.h）

```
0706 //Control Register flags
0707 #define CR0_PE 0x00000001 //Protection Enable
0708 #define CR0_WP 0x00010000 //Write Protect
0709 #define CR0_PG 0x80000000 //Paging
0710
0711 #define CR4_PSE 0x00000010 //Page size extension
0712
```

xv6 控制寄存器标志位如表 5.21 所示。

表 5.21　xv6 控制寄存器标志位

名　称	含　义
CR0_PE	保护模式
CR0_WP	写保护
CR0_PG	分页
CR4_PSE	允许页容量大小扩展位

5.7.2　分页机制

1. 分页

虚拟地址空间（线性地址空间）的大小往往远远大于实际的物理空间，例如 32 位 Pentium 计算机的虚拟地址空间为 4GB，而实际的内存往往只有若干兆字节。为了方便程序员编制程序而不用考虑实际的程序的实际存储位置，甚至编写并运行比实际系统拥有的内存大得多的程序，现代计算机往往使用虚拟内存将程序使用的虚拟地址空间映射到物理内存，其主要是想是将程序的每个段进一步分作若干页，当需要时再把大容量外存中的页面读入内存中，有时候也把内存中的页面换出到外存中。

在分页机制下，对进程的虚拟空间和物理内存都按照一定的页面大小划分成大小固定的若干单元，每个单元称为一页（Page）；通过记录每一个用到的虚拟空间页面与物理内存页面的对应关系来管理存储空间，这样的记录项称为页表项（Page Table Entry，PTE）。

Pentium 分页机制如图 5.1 所示，页面大小有 4MB 和 4KB 两种，每个页目录项和页表项占 4 字节，4 字节中高 20 位为页面物理页号（Physical Page Number，PPN），低 12 位用于记录页面的属性。

物理内存从 0 地址开始分页，并且从 0 开始给内存的物理页编号，就得到了物理页号，也称为页框号或者帧号。一个存储单元相对于页面起始地址的偏移称为页内偏移（Page Offset）。页面在物理内存中的起始地址称为页基地址（Page Base，PB）。

Pentium 的物理地址也是 32 位的，4KB 页面的 PPN 就是该页面所包含的任意一个存储单元地址物理地址 pa 的高 20 位，也就是

$$PPN=pa>>12$$

而该页面的基地址 pb 为

$$pb=PPN*4K=PPN<<12$$

2. 页表与页目录

页表项被放在表中，这种表称为页表（Page Tabe，PT）。为了便于管理页表的大小，往往刚好用一个页面来存储；一个进程往往需要多个页表，因此有时需要用多级页表进一步把这些页表按照层级结构组织起来，这样每个页表在上一级页表中记录一项信息来查找页表，称为页目录项（Page Directory Entry，PDE）。这些信息主要包括存储页表的物理页号等。

4KB 分页方式下 Pentium 采用的是二级页表，二级页表由页目录和页表共同组成。页表对应的页目录项被放在一个专门的表中，该表称为页目录（Page Directory，PD），页目录的基地址用 CR3 来存储。页目录项的大小和页表项一样，都是 4 字节。

页目录存储在一个 4KB 的页面中，每个页目录项为 4 字节，则一个页面最多可包含 1K 个

页目录项，则一个页目录管理的空间为 1K*1K*4KB=4GB，刚好为 Pentium 线性地址空间的大小。

　　xv6 每个进程都有一个自己的页表。开启了页机制之后，CPU 在内存寻址时通过段表得到线性地址（虚拟地址），然后便可以通过页表获取虚拟内存所对应的物理内存地址。

5.7.3　CR3、页目录项与页表项的格式

　　每个页目录项和页表项的 32 位中，其高 20 位（4KB 分页）或者高 10 位（4MB 分页）表示基地址的高 20 位或高 10 位，也即 PPN，而低 12 位为页的属性。CR3、PDE 与 PTE 格式如图 5.16 所示。

31 30 29 28 27 26 25 24 23 22 21 20 19 18 17 16 15 14 13 12	11 10 9 8 7 6 5	PCD	PWT	忽略 2 1	P 0	
页目录地址1	忽略	PCD	PWT	忽略		CR3
4MB页框地址31~22位 保留（必须为0） PAT	忽略　G 1 D A	PCD	PWT	U/S R/W	P 1	PDE：4MB页
页表地址	忽略　Q 忽略 A	PCD	PWT	U/S R/W	P 1	PDE：4MB页
忽略					P 0	PDE：不在内存中
4KB页框地址	忽略　G PAT D A	PCD	PWT	U/S R/W	P 0	PTE：4KB页
忽略					P 0	PTE：不在内存中

注：页目录地址是 4KB 对齐的，这里是页目录地址的高 20 位。

图 5.16　CR3、PDE 与 PTE 格式

　　每个页目录项和页表项各位意义如下。

　　第 0 位是存在位（P），P=1 表示该页存在（Present）内存中，P=0 表示不在内存中。

　　第 1 位是读/写位（R/W），第 2 位是用户/系统位（U/S），这两位为页目录项提供硬件保护。当特权级为 3 的进程要想访问页面时，需要通过页保护检查，而特权级为 0 的进程就可以绕过页保护。

　　第 3 位是 PWT（Page Write-Through）位，表示是否采用页写透方式。页写透方式就是既写内存也写高速缓存，该位为 1 表示采用页写透方式。

　　第 4 位是 PCD（Page Cache Disable）位，表示是否启用高速缓存。该位为 1 表示启用高速缓存。

　　第 5 位是 A（Accessed，访问）位，该位由处理器硬件设置，用来指示此表项所指向的页是否已被访问（读或写）。

　　第 6 位是 D（Dirty，脏）位，该位由处理器硬件设置，用来指示此表项所指向的页是否写过数据。

　　第 7 位是页面大小（Page Size）标志，只适用于项目录项。如果置为 1，项目录项指的是 4MB 的页面，即扩展分页。页表项中该位置 0。

　　第 8 位是 G 位标志，全局位。如果页是全局的，那么它将在高速缓存中一直保存。当 CR4.PGE=1 时，可以设置此位为 1，指示页面是全局页面，在 CR3 被更新时，TLB 内的全局页

面不会被刷新。

第 9~11 位为 AVL（Available）位，被处理器忽略，软件可以使用。

第 12 位为 PAT（Page Attribute Table，页面属性表）位。支持 PAT 模式则为 1，否则为 0。xv6 中为 0。

第 31~12 位：页基地址地址的高 20 位，由于页基址的低 12 位为 0，也就是说，页是 4KB 对齐的，所以用高 20 位指出 32 位页表地址即可。

xv6 中，一些标志位在 mmu.h 文件中定义，如引用 5.50 和表 5.22 所示。

引用 5.50 xv6 页表/页目录项标志位（mmu.h）

```
0800 //Page table/directory entry flags
0801 #define PTE_P 0x001 //Present
0802 #define PTE_W 0x002 //Writeable
0803 #define PTE_U 0x004 //User
0804 #define PTE_PS 0x080 //Page Size
```

表 5.22 PDE 或页表项 PTE 标志位

标 识 符	取　　值	说　　明
PTE_P	0x001	指定了虚拟内存页是否存在于内存中，因为页不一定总在内存中
PTE_W	0x002	指定了普通用户进程是否可写
PTE_U	0x004	如果设置了这个值，则允许用户空间代码访问该页
PTE_PS	0x080	0 表示 4K 页面；1 表示 4M 页面

5.7.4 虚拟地址与物理地址的转换

1. 32 位虚拟地址的构成

分页机制下，如果页面的大小为 4KB，那么一个 32 位的线性地址由三部分组成：最高 10（31~22）位为页目录索引；用于在页目录中查找页目录项，从而得到页表的地址；中间 10（21~12）位为页表索引；用于在页表中查找页表项，从而得到页的基址。最低 12 位为页表中的偏移量。由线性地址，可以用以下宏得到页目录索引和页表索引。

1）页目录索引宏 PDX

页目录索引由 32 位 va 右移 22 位再和 0x3FF 做位与运算提取低 10 位得到。

2）页表索引宏 PTX

页目表索引由 32 位 va 右移 12 位再和 0x3FF 做位与运算提取低 10 位得到。xv6 页面索引宏 PDX 与页表索引宏 PTX 如引用 5.51 所示。

引用 5.51 xv6 页目录索引宏 PDX 与页表索引宏 PTX（mmu.h）

```
0781 //page directory index
0782 #define PDX(va) (((uint)(va) >> PDXSHIFT) & 0x3FF)
0783
0784 //page table index
0785 #define PTX(va) (((uint)(va) >> PTXSHIFT) & 0x3FF)
```

反之，用页目录索引 d、页表索引 t 和页内偏移 o 可以构造 32 位虚拟地址，宏 PGADDR 把 d 左移 22 位、t 左移 12 位再和 o 做位或运算得到虚拟地址。xv6 虚拟地址构建宏 PGADDR

如引用 5.52。

引用 5.52　xv6 虚拟地址构建宏 PGADDR（mmu.h）

```
0795  #define    PTXSHIFT 12   //offset of PTX in a linear address
0796  #define    PDXSHIFT 22   //offset of PDX in a linear address
0797
0798  #define    PGADDR(d, t, o)  ((uint)((d) << PDXSHIFT | (t) << PTXSHIFT | (o)))
```

如果页面的大小为 4MB，一个 32 位的线性地址由两部分组成，只需要一级页表：最高 10（31~22）位为页目录索引，用于在页目录中查找页的基地址；最低 22 位为页表中的偏移量。

2. 地址转换

Pentium 的 4KB 分页方式下，32 位虚拟地址（虚拟地址）va，其中低 12 位（4K=2^12）作为页面 P 的页内偏移 o；中间 10 位作为页表 PT 的索引 t；高 10 位作为页目录 PD 的索引 d，页表 PT 对应的页目录项记为 pde，页 P 对应的项目录项记为 pte。

通过 d，可在页目录 PD 中查到页表 PT 对应的 pde：

$$pde=PD[d]$$

pde 的低 12 位清 0，就可以得到存储页表 PT 的页的物理地址：

页表 PT 的物理地址= pde & ~0xFFF

其代码由宏 PTE_ADDR 定义，如引用 5.53 所示。

通过 t，可在页目录表 PT 中查到页 P 对应的 pte：

$$pte=PT[t]$$

pte 的低 12 位清 0，就可以得到页 P 的起始地址，即页基址 pb：

pb= pte & ~0xFFF

其代码由宏 PTE_ADDR 定义，如引用 5.53 所示。

引用 5.53　提取 PTE 或 PDE 中地址的宏 PTE_ADDR（mmv.h）

```
0806 //Address in page table or page directory entry
0807 #define PTE_ADDR(pte) ((uint)(pte) & ~0xFFF)
```

由 pb 和 o 可得 va 对应的物理地址 pa 为

pa=pb+o=pb|o

因此，在分页机制下只要知道了页目录的地址，便可通过虚拟地址 va 的页目录索引 d、页表索引 t 和页内偏移 o，在页目录和页表的辅助下就可以转换得到物理地址 pa。虚拟地址 va 与物理地址 pa 的转换由 MMU 的分页部件自动完成。Pentium 中页目录的地址用 CR3 来存储。

为方便地址转换，xv6 定义了页表的一些相关常量及宏，如引用 5.54 和表 5.23 所示。

引用 5.54　提取 PTE 或 PDE 中地址的宏 PTE_ADDR（mmv.h）

```
0790 //Page directory and page table constants
0791 #define NPDENTRIES 1024 //#directory entries per page directory
0792 #define NPTENTRIES 1024 //#PTEs per page table
0793 #define PGSIZE 4096 //bytes mapped by a page
0794
0795 #define PTXSHIFT 12 //offset of PTX in a linear address
0796 #define PDXSHIFT 22 //offset of PDX in a linear address
0797
0798 #define PGROUNDUP(sz) (((sz)+PGSIZE-1) & ~(PGSIZE-1))
0799 #define PGROUNDDOWN(a) (((a)) & ~(PGSIZE-1))
```

表 5.23　页表的一些常量及宏

标　识　符	取　　值	说　　明
NPDENTRIES	1024	每个页目录包含的目录项
NPTENTRIES	1024	每个页表包含的页表项
PGSIZE	4096	页面字节数
PTXSHIFT	12	线性地址中页表索引的起始位数（偏移位数）
PDXSHIFT	22	线性地址中页目录索引的起始位数（偏移位数）
PGROUNDUP(sz)		sz 按照页面大小上对齐
PGROUNDDOWN(a)		a 按照页面大小下对齐

5.8　xv6 的地址空间

xv6 在引导 GDT 和内核 GDT 中的描述符均把基地址置 0 来"绕过" x86 的分段机制的，因此

虚拟地址=段内偏移

xv6 在不同的阶段，使用了 5 种不同的地址空间，总结如下。

（1）实模式地址空间。

工作在 16 位实模式下，特征：

逻辑地址=16 位段寄存器 ：16 位偏移

（2）引导地址空间。

工作在 32 位保护模式下，未分页，使用引导 GDT，未开启分页，而且基地址置 0，所以：

虚拟地址=物理地址

（3）入口地址空间。

工作在 32 位保护模式下，4MB 分页，使用引导 GDT，使用入口页表 entrypgdir，在此页表映射下：

虚拟地址[0，4MB) 映射到物理地址[0，4MB)，虚拟地址=物理地址；

虚拟地址[KERNBASE，KERNBASE+4MB) 映射到物理地址[0，4MB)，**虚拟地址=物理地址+KERNBASE**。

（4）内核虚拟地址空间。

工作在 32 位保护模式下，4KB 分页，使用内核 GDT 的内核段，使用内核页表 kpgdir，映射方式由数组 kmap[]定义。

（5）用户虚拟地址空间

工作在 32 位保护模式下，4KB 分页，使用内核 GDT 的用户段，使用 userinit()或 fork()调用 copyuvm()创建的进程页表 pgdir。

xv6 在启动的不同阶段分别使用了上述 5 种地址空间，总结如表 5.24 所示，表中的 LA 表示线性地址，PA 表示物理地址。

表 5.24　内核的地址空间

程序及处理器	地 址 空 间
1.bootasm/BP (bootasm.asm)	（1）BP 首先运行在实模式地址空间。 　%cs=0 %ip=7c00 （启动时） 　DS、ES、SS=0 　　9141　lgdt　gdtdesc 　　… 切换点： 9153　ljmp　$(SEG_KCODE<<3), $start32 #进入 32 位保护模式 （2）BP 转入引导地址空间。 BP 进入 32 位保护模式： 　CS= SEG_KCODE<<3、 　DS、ES、SS= SEG_KDATA<<3 　FS、GS=0 　base=0　未分页 　段偏移=LA=PA 进入 bootmain
2.bootmain/BP (bootmain.c)	（1）BP 运行在 32 位保护模式。 　base=0　未分页 　段偏移=LA=PA 进入 entry
3.entry/BP (entry.S)	（1）BP 运行在 32 位保护模式。 切换点： 　1051　movl %eax, %cr0 #开启 4MB 页表 （2）BP 转到入口地址空间。 使用 4MB 分页的入口页表 entrypgdir： 　VA[0，4MB)映射到>PA[0，4MB) 　　段偏移=LA=PA 　　PA%=cs*0x10H+%ip 　VA[KERNBASE，KERNBASE+4MB) →PA[0，4MB) 　　段偏移=LA 　　PA=LA- KERNBASE （3）建立堆栈。 　1058 movl $(stack + KSTACKSIZE), %esp 进入 main()
4.entryother/AP (entryother.S)	（1）AP 首先运行在实模式地址空间。 　%cs=0700 %ip=0000 　DS、ES、SS=0 　1135　lgdt　gdtdesc 　　… 切换点： 　1143 ljmpl (SEG_KCODE<<3), $(start32) #进入 32 位保护模式 （2）　AP 转到引导地址空间。

续表

程序及处理器	地 址 空 间
4.entryother/AP (entryother.S)	AP 进入 32 位保护模式: 　CS= SEG_KCODE<<3、 　DS、ES、SS= SEG_KDATA<<3 　FS、GS=0 　base=0　未分页 　段偏移=LA=PA 切换点: 　1170 movl　　%eax, %cr0 #开启 4MB 页表 （3）AP 转到入口地址空间。 使用 4MB 入口页表 entrypgdir: 　VA[0, 4MB)映射到 PA[0, 4MB) 　　　　段偏移=LA=PA 　VA[KERNBASE, KERNBASE+4MB) -->PA[0, 4MB) 　　　　段偏移=LA 　PA=LA- KERNBASE （4）AP 切换到 startothers()中建立的堆栈。 　1174　　movl　　(start-4), %esp 进入 mpenter()

5.main()/BP
(main.c)
	（1）kinit1()，BP 运行在入口地址空间。
	切换点:
	　1220 kvmalloc(); // kernel page table
	（2）BP 转到内核虚拟地址空间。
	　　…
	（3）　startothers()，启动非引导处理器。
	　　…
	（4）mpenter()被 AP 在 enterothers 中调用。
	建立每个 CPU 的 GDT 相同的 SEG_KCODE、SEG_KDATA、SEG_UCODE、SEG_UDATA 段。
	切换点:
	　1243 switchkvm();
	AP 转入内核虚拟地址空间。
	　　…

6.init/BP (init.c、initcode.S)	（1）userinit()被内核 main()调用，初始进程 p 的陷入返回地址被置 0: 　2539 p->tf->eip = 0; （2）userinit()调用 inituvm()初始化用户空间，初始化代码被复制到虚拟地址 0。 （3）当初始进程被调度执行 scheduler()时调用 switchuvm()切换到用户虚拟地址空间，并从虚拟地址 0 运行。 切换点: 　2778 switchuvm(p);

第6章

xv6的启动

本章介绍 xv6 的启动过程，包括引导、内核进入与内核初始化过程，引导主要包括 BP 运行 bootasm.S 从实模式转入保护模式，运行 bootmain.c 加载内核 ELF 文件；内核进入包括 BP 运行 entry.S 进入内核以及 AP 运行 entryother.S 进入内核；内核初始化包括 BP 运行 main.c 的 main()函数完成初始化以及 AP 运行 mkenter()函数完成初始化。

本章涉及的源码主要有 bootasm.S、bootmain.c、entry.S、entryother.S 和 main.c。

6.1 概述

xv6 启动过程可分为三个阶段：引导（Bootload）阶段、内核进入阶段与初始化阶段。

1. 引导阶段

引导阶段的主要工作是运行内核加载器（Bootloader）加载内核。对于多处理器系统，由一个处理器负责整个计算机系统的启动，称为引导处理器（BP）；其余处理器称为非引导处理器（AP），AP 负责自身的初始化。

xv6 的内核加载器由 bootasm.S 和 bootmain.c 编译、链接而成，存放在磁盘的引导扇区（bootblock）；BP 运行 bootasm.S 从实模式进入保护模式，再调用 bootmain.c 中的 bootmain()加载内核 ELF 文件到内存，然后转到内核入口点_start（entry.S 中定义）运行。

2. 内核进入阶段

该阶段 BP 运行 entry.S 进入内核、设置 BP 的临时页表和堆栈，然后运行 main.c 中的 main() 函数完成初始化；运行 main()函数期间启动 AP 运行 entryother.S 以设置段表、进入保护模式并设置临时页表和堆栈。

3. 初始化阶段

该阶段 BP 运行 main.c 的 main()函数完成初始化，AP 运行 mpenter()函数完成初始化。

xv6 启动过程可概括如图 6.1 所示。

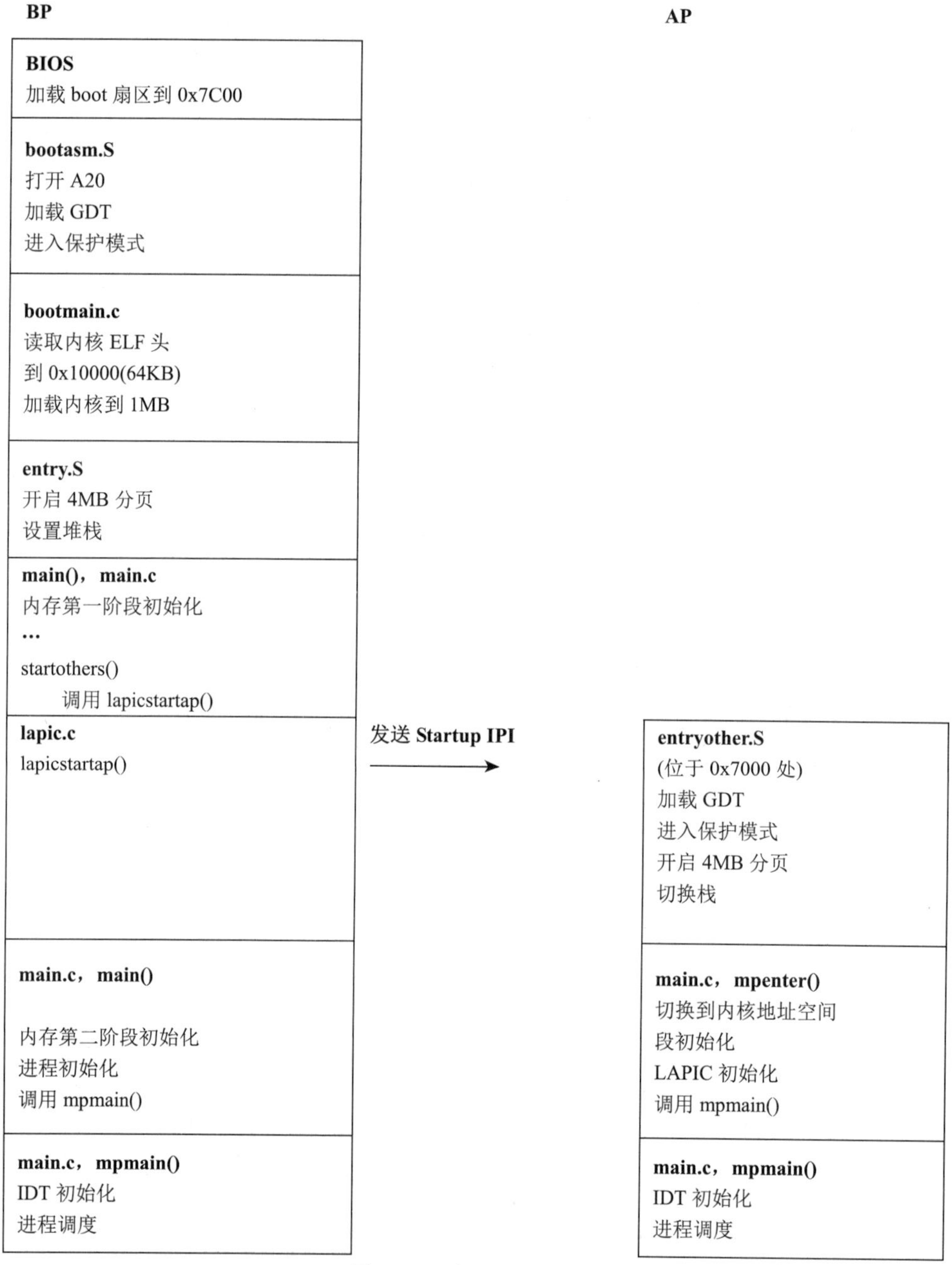

BP

AP

BIOS
加载 boot 扇区到 0x7C00

bootasm.S
打开 A20
加载 GDT
进入保护模式

bootmain.c
读取内核 ELF 头
到 0x10000(64KB)
加载内核到 1MB

entry.S
开启 4MB 分页
设置堆栈

main()，main.c
内存第一阶段初始化
…
startothers()
　　调用 lapicstartap()

lapic.c
lapicstartap()

发送 Startup IPI →

entryother.S
(位于 0x7000 处)
加载 GDT
进入保护模式
开启 4MB 分页
切换栈

main.c，main()

内存第二阶段初始化
进程初始化
调用 mpmain()

main.c，mpenter()
切换到内核地址空间
段初始化
LAPIC 初始化
调用 mpmain()

main.c，mpmain()
IDT 初始化
进程调度

main.c，mpmain()
IDT 初始化
进程调度

图 6.1　BP 与 AP 启动过程

6.1.1　引导扇区与启动流程

1. 引导扇区

32 位 x86 计算机系统加电或复位后，BP 会把 CS 对应的描述符高速缓冲寄存器中的段基址初始化为 0xFFFF0000，并且段限长初始化为 0xFFFF（64KB），段长度设置为 64KB，该段为 ROM BIOS；CS 被设置为 0xFFFF，IP 被设置为 0xFFF0，机器执行的第一条指令安排在

0xFFFFFFF0，该处放一条转移指令 jmp，跳转到这段 ROM 的某个位置，BIOS 首先使用 32 位访问。

此后进行硬件检测和初始化，最后 BIOS 会把操作系统引导程序从引导扇区（0 扇区，512 字节）加载到内存的 0x7C00 处并跳转到该地址在实模式下执行，操作系统的启动从该处开始。

xv6 引导扇区的程序 bootblock 由 bootasm.S 和 bootmain.c 编译、链接而成，引导扇区的容量只有 512 字节，其中一部分程序 bootasm.S 用汇编语言写成，完成从实模式到保护模式的切换并调用主引导程序 bootmain.c，然后进行下一步的内核进入和初始化工作。

2. BP 的启动流程

BP 的启动流程如下。

（1）运行 BIOS 程序将引导扇区 bootblock 加载到 0x7c00 处。

（2）运行汇编引导程序 bootasm.S，从实模式切换到保护模式。

（3）运行主引导程序 bootmain.c，加载内核。

①主引导程序从磁盘第一个扇区开始加载内核的 ELF 文件的头部。

②加载每个程序段。

③转入内核入口点_start 运行。

（4）运行 entry.S 进入内核。

①设置使用入口页表 entrypgdir。

②建立临时堆栈。

（5）运行内核主程序 main.c 的 main()函数进行初始化。

```
...
startothers();      //开启 AP
userinit();         //建立初始进程
mpmain();           //完成本处理器设置
```

3. AP 的启动流程

AP 的启动流程如下。

（1）运行 entryother.S 从实模式切换到保护模式，设置使用入口页表 entrypgdir：完成类似 bootasm.S 和 entry.S 中的工作，除了开启 A20。

（2）运行 main.c 的 mpenter()进行初始化，过程如下。

```
switchkvm();        //切换到内核空间
seginit();          //段初始化
lapicinit();        //LAPIC 初始化
mpmain();           //完成本处理器设置
```

6.1.2　启动过程的地址空间设置

本节对 BP 和 AP 启动过程中对地址空间的设置做一个简要的归纳，以便本章后边的部分进行具体论述。

1. BP 引导阶段和进入阶段

以下是 BP 在引导阶段、内核进入阶段对地址空间的设置。

1）bootasm.asm

BP 运行 bootasm.asm 过程和所用地址空间如下：

（1）BIOS 加载扇区 0⇒0x7c00，512 字节；

（2）BP 首先运行在实模式地址空间，初始地址为%cs=0:%ip=0x7c00；

（3）BP 进入 32 位保护模式，转到引导地址空间；

（4）建立栈，栈顶地址为 0x7c00；

（5）转到 bootmain.c 的 bootmain()函数处运行。

2）bootmain.c

BP 运行 bootmain()函数对地址空间的设置如下：

（1）加载内核 ELF 文件首页，扇区 1 ⇒0x10000，4KB；

（2）加载程序段，ph->paddr ⇒0x100000，ph->filesz 字节；

（3）空间[1MB+ph->filesz，1MB+ph->memsz)清 0；

（4）转到 entry 的入口地址 0x10000c 运行。

3）entry.S

BP 运行 entry.S 过程及对地址空间的设置如下：

（1）设置使用 4MB 的入口页表 entrypgdir，BP 转而使用入口地址空间；

（2）转到 main.c 中 main()函数的高地址空间运行。

2. BP 初始化阶段

BP 初始化到一定阶段会启动 AP，BP 初始化与 AP 启动流程及对地址空间的设置如表 6.1 所示。

表 6.1　BP 初始化与 AP 启动过程对地址空间的设置

BP 初始化	AP 启动	对地址空间的设置
main() (main.c)		
{　…		
kinit1 ();(kalloc.c)		初始化 [end, P2V(4*1024*1024))
kvmalloc();(vm.c)		建立内核页表，BP 转到内核地址空间
…		
seginit();(vm.c)		段初始化
…		
startothers() (main.c)		把 code 即 entryother 代码移到 0x7000
{　…		
对每个 AP: lapicstartap (id,code) (lapic.c)		
{　…		
发 Start-up IPI	收到 Start-up IPI	
}		

续表

BP 初始化	AP 启动	对地址空间的设置
	entryother(entryother.S) { …　# Call mpenter() 　call *(start-8)　… }	参见本小节"3.AP 对地址空间的设置"
… … …	mpenter() (main.c)	AP： 转到 mpmain() 高地址空间，进入内核地址空间
	{ switchkvm();	切换到内核页表
	seginit();	段初始化
	lapicinit();	LAPIC 初始化
}		
kinit2 (kalloc.c)		初始化[P2V(4*1024*1024)，P2V(PHYSTOP))
userinit() (proc.c)		用户空间初始化
mpmain() (main.c)	mpmain() (main.c)	
{ 　…	{ 　…	
scheduler() (proc.c)	scheduler() (proc.c)	完成本处理器设置
}	}	
}	}	

3. AP 对地址空间的设置

AP 进入阶段运行 entryother.S，过程及地址空间如下：

（1）从 code(start) 的 0x7000 处开始运行，首先运行在实模式地址空间，初始地址为 %cs=0x7000:%ip=0；

（2）进入 32 位保护模式，转到引导地址空间；

（3）设置使用 entrypgdir 入口页表，AP 转到入口地址空间；

（4）转到 mpenter()。

6.1.3　启动过程的堆栈

1. 实模式堆栈的设定

引导过程中实模式下设定了堆栈段，但是未设定堆栈指针。

2. 保护模式引导阶段的临时堆栈

bootasm.S 没有定义堆栈段，实际上 xv6 内核不区分数据段和堆栈段。引导阶段实模式下设定了堆栈段 %ss，但没有设定 %esp。

BP 转入保护模式后，设定堆栈段 %ss 为内核数据段，而栈指针指向 $start=0x7c0，将 [0,0x7c0) 的空间作为临时堆栈，如引用 6.1 所示。

引用 6.1　保护模式 BP 的临时堆栈（bootasm.S）

```
9156 start32:
9157 #Set up the protected-mode data segment registers
```

```
9158 movw $(SEG_KDATA<<3), %ax # Our data segment selector
9159 movw %ax, %ds #-> DS: Data Segment
9160 movw %ax, %es #-> ES: Extra Segment
9161 movw %ax, %ss #-> SS: Stack Segment
9162 movw $0, %ax #Zero segments not ready for use
9163 movw %ax, %fs #-> FS
9164 movw %ax, %gs #-> GS
9165
9166 #Set up the stack pointer and call into C
9167 movl $start, %esp
```

3. 内核进入与初始化阶段的堆栈

1）内核进入与初始化阶段 BP 堆栈

在内核进入与初始化阶段，BP 的堆栈在 entry.S 数据段中定义，如引用 6.2 所示。

引用 6.2　初始化阶段 BP 的堆栈（entry.S）

```
1057 #Set up the stack pointer
1058 movl $(stack + KSTACKSIZE), %esp
1059
1060 #Jump to main(), and switch to executing at
1061 #high addresses. The indirect call is needed because
1062 #the assembler produces a PC-relative instruction
1063 #for a direct jump.
1064 mov $main, %eax
1065 jmp *%eax
1066
# .comm 指示分配名为 stack、大小为 KSTACKSIZE 的存储空间
1067 .comm stack, KSTACKSIZE
```

2）内核进入与初始化阶段 AP 堆栈

对每个 AP，由于 BP 已经建立引导阶段的页表并初始化了部分内存空间（从内核结束处 end 至 4MB 的空间），因此 xv6 先分配 4KB 的内核堆栈空间，再把堆栈指针%esp 初始地址存在 code-4 处供 entryother.S 等在引导及初始化过程中使用。

各个 AP 的堆栈在 main.c 的 startothers()函数中设置，初始化阶段 AP 的堆栈切换与开辟如引用 6.3 所示。

引用 6.3　初始化阶段 AP 的堆栈切换与开辟

```
#初始化阶段 AP 的堆栈切换(entryother.S)
1173 # Switch to the stack allocated by startothers()
1174 movl (start-4), %esp
    //初始化阶段 AP 的堆栈开辟(main.c, startothers())
1284 stack = kalloc();
1285 *(void**)(code-4) = stack + KSTACKSIZE;
```

6.2　BP 的引导

6.2.1　BP 从实模式进入保护模式

BP 从实模式进入保护模式在 bootasm.S 中完成。

要进入 32 位保护模式，必须要把 A20 打开，具体过程参考 5.2 节。进入保护模式时首先需要创建 GDT，它的第一个表项必须是空的，这是 Intel 的规定，作为一个临时的 GDT，只为代码段和数据段创建两个段即可，如引用 6.4 所示。

引用 6.4 定义保护模式 GDT（bootasm.S）

```
9180 #Bootstrap GDT
9181 .p2align 2 #force 4 byte alignment
9182 gdt:
9183 SEG_NULLASM #null seg
9184 SEG_ASM(STA_X|STA_R, 0x0, 0xffffffff) #code seg
9185 SEG_ASM(STA_W, 0x0, 0xffffffff) #data seg
9186
9187 gdtdesc:
9188 .word (gdtdesc - gdt - 1) #sizeof(gdt) - 1
9189 .long gdt #address gdt
9190
```

其中：

9182 设置 null 段。

9183 设置代码段。

9184 设置数据段。

9187~9189 设置 GDT 的特性，9188 行给出 GDT 的大小，9189 行给出 GDT 的地址。

然后就可以加载 GDT 并启动保护模式了。启动方式也很简单，只需把%cr0 寄存器中的 PE 位置 1 即可，如引用 6.5 所示。

引用 6.5 加载 GDT（bootasm.S）

```
9141 lgdt gdtdesc
9142 movl %cr0, %eax
9143 orl $CR0_PE, %eax
9144 movl %eax, %cr0
```

其中：

9141 加载 GDT 描述符表。

9143、9144 置 CR0 的 PE 位为 1，打开保护模式。

6.2.2 进入 32 位模式

加载 GDT 后，9153 行进行长跳转进入 32 位模式，如引用 6.6 所示。

引用 6.6 进入 32 位模式（bootasm.S）

```
9153 ljmp $(SEG_KCODE<<3), $start32
```

进入 32 位模式之后，设置各个段寄存器，数据段存储在 GDT 第三个表项，%es、%ss 和%ds 相同，其他不用的段置零，如引用 6.7 所示。

引用 6.7 保护模式段寄存器设置（bootasm.S）

```
9155 .code32 #Tell assembler to generate 32-bit code now
9156 start32:
9157 #Set up the protected-mode data segment registers
9158 movw $(SEG_KDATA<<3), %ax #Our data segment selector
```

```
9159 movw %ax, %ds #-> DS: Data Segment
9160 movw %ax, %es #-> ES: Extra Segment
9161 movw %ax, %ss #-> SS: Stack Segment
9162 movw $0, %ax  #Zero segments not ready for use
9163 movw %ax, %fs #-> FS
9164 movw %ax, %gs #-> GS
9165
```

其中：

9159~9161 设置%es、%ss 与%ds 段选择符为 SEG_KDATA<<3。

9163、9164 设置%fs 与%gs 描述符为 0。

6.2.3　调用 bootmain()函数

调用 C 语言函数 bootmain()前需要设置调用堆栈，如引用 6.8 所示。

引用 6.8　调用 bootmain()（bootasm.S）

```
9166 #Set up the stack pointer and call into C
9167 movl $start, %esp
9168 call bootmain
9169
```

$start 是代码的开始位置，代码段和数据段是向高内存地址增长的，而堆栈段是向低地址增长的，所以这样设置之后，代码和栈向相反方向扩张，两者互不重叠。此外当调用 bootmain()时，bootmain()首先会保存%esp 到%bp，这样堆栈底部开始于$start 处。

特别需要注意的是，调用设置栈顶%esp 为$start=0x7c00，而堆栈往低地址方向增长，实际上就是使用了 0x7c00 到 0x0000 的空间作为临时堆栈。

6.2.4　BP 加载内核映像文件

BP 加载 ELF 内核映像文件的工作在 bootmain.c 中完成。

bootmain.c 的 bootmain()把内核映像 ELF 文件加载到内存，然后由入口地址 entry 转入 entry.S 程序执行，如引用 6.9 所示。

引用 6.9　bootmain()加载内核映像 ELF 文件（bootmain.c）

```
9216 void
9217 bootmain(void)
9218 {
     //定义指向 ELF 头的指针，参考 elf.h 0955
9219 struct elfhdr *elf;
     //ph、eph，程序段头部（Program section header）
     //的起始地址和结束地址
     //参考 elf.h0973
9220 struct proghdr *ph, *eph;
     //entry 是内核的入口指针，参考 entry.S 1040
9221 void (*entry)(void);
9222 uchar* pa;
9223
// (1) 从扇区 1 读取 ELF 文件的头 4KB
```

```
9224 elf = (struct elfhdr*)0x10000; // scratch space
9225
9226 //Read 1st page off disk
9227 readseg((uchar*)elf, 4096, 0);
9228
     //（2）验证 elf 文件
     //这是 ELF 格式的可执行文件吗
9229 //Is this an ELF executable?
     //比较标识字
9230 if(elf->magic != ELF_MAGIC)
9231   return;  //let bootasm.S handle error
9232
     //（3）加载每个程序段
9233 //Load each program segment (ignores ph flags)
     //elf->phoff, 内核 ELF 头部的长度
9234 ph = (struct proghdr*)((uchar*)elf + elf->phoff);
     //elf->phnum, 程序段头部的长度
9235 eph = ph + elf->phnum;
     //读入每个程序段, ph++, 指向下一个程序段头部
9236 for(; ph < eph; ph++){
9237   pa = (uchar*)ph->paddr;
9238   readseg(pa, ph->filesz, ph->off);
       //占用内存的程序段以外地址空间用 0 填充
9239   if(ph->memsz > ph->filesz)
         //x86.h 0492 stosb(void *addr, int data, int cnt)
         //写 cnt 个 data 到 addr
9240     stosb(pa + ph->filesz, 0, ph->memsz - ph->filesz);
9241   }
9242 //（4）进入 entry
9243 //Call the entry point from the ELF header
9244 //Does not return
9245 entry = (void(*)(void))(elf->entry);
9246 entry();
9247 }
```

具体过程如下：

9227 从扇区 1 开始读取内核映像 ELF 文件的头 4KB 到物理地址 elf = 0x10000=64KB，即内核 ELF 文件的[0，4KB)读取到[elf，elf+4KB)。

9230、9231 验证 ELF 文件的合法性。

9236 读取 ELF 文件的每一程序段到程序段头指定的物理地址 ph->paddr，由 kernel.ld 的 9313 行（.text : AT(0x100000)）语句可知，程序段装载内存地址 LMA 开始于 1MB 处。对于每一段：

9238 调用 readseg()读取程序段的头；

9239~9241 再把[ph->off, ph->off+ ph->filesz)读取到[ph->paddr, ph->paddr+ph->filesz)。其余部分[ph->paddr+ph->filesz, ph->paddr+ph->memsz)置 0，即.bss 段初始化为 0。

9245、9246 从内核入口点_start 进入内核不再返回。

bootmain()运行后的内存布局如图 6.2 所示。

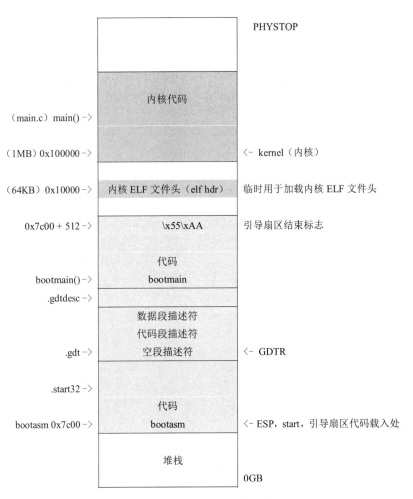

图 6.2　bootmain()运行后的内存布局

图 6.2 中，0x10000（64KB）暂时存放内核映像文件的 ELF 头部，根据 ELF 头部内容进一步读取 ELF 文件的内容到 1MB 地址处，即在 kernel.ld 中定义的 AT(0x100000)，也即 memlayout.h 定义的扩展内存 EXTMEM 处。

6.3　BP 进入内核

BP 进入内核的程序为 entry.S，主要为内核完成页表设置和堆栈设置等工作。

6.3.1　内核入口地址

内核入口点_start 保存在 ELF 文件头结构体的 entry 成员中，这是由 kernel.ld 中的 ENTRY(_start)语句指定的，而_start 的具体值在 entry.S 中设定为 **entry** 对应的物理地址，这样在建立页表前可以直接调用_start，如引用 6.10 所示。

引用 6.10　设定内核入口地址_start 的设定（entry.S）

```
1039  .globl _start
```

```
1040   _start = V2P_WO(entry)
1041
1042   #Entering xv6 on boot processor, with paging off
1043   .globl entry
1044   entry:
```

1039 .globl 指示汇编器_start 这个符号要被链接器用到。

1040 将虚拟地址 **entry** 转换为物理地址_start，它将作为内核入口开启分页前的虚拟地址（即物理地址）。**特别需要注意的是**，kernel.ld 中语句 ENTRY(_start)将_start 设置为程序的入口地址。在 bootmain 中，有如下语句：

```
9245 entry = (void(*)(void))(elf->entry);
```

elf->entry 即为_start，由于当时未建立页表，根据当时的描述符可知，实际上调用时使用的线性地址（虚拟地址）就是物理地址。因此 bootmain()中的指针 entry= elf->entry =_start = V2P_WO(**entry**)，黑体的 **entry** 是 entry.S 中的 entry 地址。bootmain()中的指针 entry 与 entry.S 中的 **entry** 不同，前者是物理地址，后者是虚拟地址。

6.3.2　内核的进入

在内核建立正式页表kpgdir前，xv6 使用了页面大小为4MB的超大页面入口页表entrypgdir，以便初始化内核。

1. 入口页表 entrypgdir 的定义

入口页表 entrypgdir 的定义如引用 6.11 所示。

引用 6.11　入口页表 entrypgdir 的定义（entry.S）

```
1305 __attribute__((__aligned__(PGSIZE)))
1306 pde_t entrypgdir[NPDENTRIES] = {
1307 //Map VA's [0, 4MB) to PA's [0, 4MB)
1308 [0] = (0) | PTE_P | PTE_W | PTE_PS,
1309 //Map VA's [KERNBASE, KERNBASE+4MB) to PA's [0, 4MB)
1310 [KERNBASE>>PDXSHIFT] = (0) | PTE_P | PTE_W | PTE_PS,
1311 };
```

1308 表项 0 将[0，4MB)物理空间映射到虚拟地址[0，4MB)。entry 和 entryother 的代码运行在内存的低地址处，因此必须这样设置。

1310 表项 KERNBASE>>PDXSHIFT 将[0，4M)物理空间映射到虚拟地址[KERNBASE，KERNBASE + 4MB)。

entry 和 entryother 的代码结束后将使用入口页表 entrypgdir 直到 kvmalloc()调用 setupkvm()建立新的页表，入口页表 entrypgdir 将内核链接时指定的虚拟地址(kernel.ld= 0x80100000)处映射到了的低物理地址 1MB 处（kernel.ld 指定 text:AT(0x100000)），bootmain()中将内核载入该地址。这个映射也限制内核的指令+代码必须在 4MB 以内。

[0~4MB) 物理空间在 setupkvm()建立的 kpgdir 页表中重新映射到 [KERNBASE，KERNBASE+4MB)，其中内核结束后的部分(end，4MB)在 kinit1()函数中被初始化（即释放）。

[4MB, PHYSTOP)在 kinit2()函数中被初始化（即释放）。

入口页表 entrypgdir 的映射如下：

```
VA[0, 4MB) ↔ PA[0, 4MB)：段偏移=LA=PA
```

```
VA[KERNBASE, KERNBASE+4MB) ↔ PA[0, 4MB):段偏移=LA, PA=LA- KERNBASE
```

该页目录把虚拟地址的[KERNBASE, KERNBASE+4MB)映射到物理地址[0, 4MB)，即把虚拟地址的[0, 4MB)映射到物理地址[0, 4MB)。

2. BP 开启 4MB 页面

BP 开启 4MB 页面，如引用 6.12 所示。

引用 6.12　BP 开启 4MB 页面（entry.S）

```
1045    #Turn on page size extension for 4Mbyte pages
1046    movl %cr4, %eax
1047    orl  $(CR4_PSE), %eax
1048    movl %eax, %cr4
```

1047 置位 CR4 的 PSE 位，开启 4MB 页表。

3. BP 加载入口页表

BP 加载入口页表 entrypgdir，如引用 6.13 所示。

引用 6.13　BP 加载入口页表 entrypgdir（entry.S）

```
1049    #Set page directory
1050    movl $(V2P_WO(entrypgdir)), %eax
1051    movl %eax, %cr3
1052    #Turn on paging
1053    movl %cr0, %eax
1054    orl  $(CR0_PG|CR0_WP), %eax
1055    movl %eax, %cr0
1056
```

1050、1051 将页表的物理地址载入 CR3。

1054、1055 开启分页(CR0_PG)和写保护(CR0_WP)。

注：entrypgdir 在 main.c 中 1260 行定义，被保存在数据段中。

4. 设置 AP 入口页表

在初始化其他 AP 时，main.c 的 startothers()函数中，将入口页表 entrypgdir 的地址存放在 code-12 处传给 entryother.S 使用（1287），这样 entryother.S 中也可使用该入口页表。AP 入口页表的设置如引用 6.14 所示。

引用 6.14　AP 入口页表的设置（entryother.S）

```
1165   #Use entrypgdir as our initial page table
1166   movl (start-12), %eax
1167   movl %eax, %cr3
```

5. 设置 BP 内核进入阶段的堆栈

内核进入阶段的堆栈设置如引用 6.15 所示。

引用 6.15　内核进入阶段的堆栈设置（entry.S）

```
1058    movl $(stack + KSTACKSIZE), %esp
```

堆栈 stack 的定义如引用 6.16 所示。

引用 6.16　内核进入阶段堆栈 stack 的定义（entry.S）

```
1067 .comm stack, KSTACKSIZE
```

6. BP 进入函数 main()

间接转移到 main.c 的 main()函数，此后运行在高地址空间，如引用 6.17 所示。

引用 6.17　跳转到内核 main()函数（entry.S）

```
1064 mov $main, %eax
1065 jmp *%eax
```

1064 将 main()函数的地址装入%eax。

1065 间接转移到 main()函数，开始 BP 的初始化。

6.4　BP 的初始化

BP 运行 main.c 中的 main()函数完成 BP 的初始化。

6.4.1　运行主函数

main.c 文件实现 BP 和 AP 初始化相关函数，还定义了 entry.S 和 entryother.S 中使用的入口页表 entrypgdir。

BP 初始化 main()函数如引用 6.18 所示。

引用 6.18　BP 初始化 main()函数（main.c）

```
1216 int
1217 main(void)
1218 {
     //初始化 end 到 4MB 的存储空间
1219 kinit1(end, P2V(4*1024*1024));      //phys page allocator
     //为该处理器的 scheduler 进程分配内核地址空间的页表，并切换到该页表
1220 kvmalloc();                         // kernel page table
     //收集运行本程序的处理器的信息
1221 mpinit();                           //collect info about this machine
     //本处理器 pic 的 lapic（local pic）控制器初始化
1222 lapicinit();
     //初始化运行本程序的处理器的全局描述符表
1223 seginit();                          //set up segments
1224 picinit();                          //interrupt controller
     //ioapic 控制器中断控制器初始化
1225 ioapicinit();                       //another interrupt controller
     //标准输入输出设备（通常是键盘和显示器）初始化
1226 consoleinit();                      //I/O devices & their interrupts
     //Intel 8250 串口初始化
1227 uartinit();                         //serial port
     //进程表初始化
1228 pinit();                            //process table
     //中断描述符表初始化
1229 tvinit();                           //trap vectors
     //缓冲区初始化
1230 binit();                            //buffer cache
     //文件表初始化
```

```
1231 fileinit();                          //file table
     //IDE 磁盘初始化
1232 ideinit();                           //disk
1233  startothers();                      //start other processors
     //初始化 4MB 以上的存储空间，只能在 startothers() 函数后调用
1234 kinit2(P2V(4*1024*1024), P2V(PHYSTOP));
     //must come after startothers()
     //设置初始进程
1235 userinit();                          //first user process
     //完成本处理器设置
1236 mpmain();                            //finish this processor's setup
1237 }
1238
```

1233 BP 通过调用 startothers() 函数来启动 AP。

6.4.2 启动 AP

1. startothers() 函数与 AP 启动

startothers() 函数是联系 BP 和 AP 的纽带，它调用 lapicstartap() 函数向 AP 发出 Start-up IPI 消息启动 AP，如图 6.3 所示。

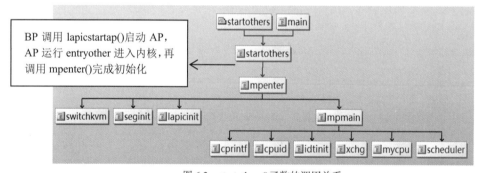

图 6.3　startothers() 函数的调用关系

startothers() 函数为 entryother 代码的运行准备环境：函数 startothers() 将 entryother 代码从内核复制到物理地址 0x700；建立 entryother 用的各个 AP 的堆栈，设置使用入口页表 entrypgdir；发出 Start-up IPI 消息启动 AP（见 1299 lapicstartap(c->id, v2p(code)，参见第 14 章），AP 执行 entryother、S 的代码。

2. startothers() 函数

startothers() 函数启动 AP 如引用 6.19 所示，主要过程如下。

（1）code = p2v(0x7000)，标记 entryother 代码的起始地址（1274）。

（2）将 entryother 代码从_binary_entryother_start 处复制到内存物理地址 code 处（1275）。

（3）对每个未启动的处理器（1277）：

①分配堆栈（1284）；

②把堆栈地址放在 code-4，即 entryother.S 中的 start-4（1285）；

③地址 mpenter() 放在 code-8，即 entryother.S 中的 start-8（1286）；

④entrypgdir 的物理地址放在 code-12，即 entryother.S 中的 start-12（1287）；

⑤调用 lapicstartap()发送 Start-up IPI 消息启动 AP，让其从 code 处开始执行（1289）；

⑥等待 AP 启动完成（1291、1292）。

引用 6.19 startothers()函数启动 AP（main.c）

```
1263 static void
1264 startothers(void)
1265 {
1266 extern uchar _binary_entryother_start[], _binary_entryother_size[];
1267 uchar *code;
1268 struct cpu *c;
1269 char *stack;
1270
     //把内存中 entryother.S 入口代码复制到链接时指定的位置到 0x7000
     //链接器把该段代码放在内核的_binary_entryother_start 位置
1271 //Write entry code to unused memory at 0x7000.
1272 //The linker has placed the image of entryother.S in
1273 //_binary_entryother_start
1274 code = p2v(0x7000);
1275 memmove(code, _binary_entryother_start,
(uint)_binary_entryother_size);
1276
     //循环逐个开启每个 AP
     //让每个 AP 从 entryother 中 start 标号开始运行
1277 for(c = cpus; c < cpus+ncpu; c++){
1278   if(c == cpus+cpunum())   //We've started already
1279   continue;
1280
     //设置 entryother.S 用到的堆栈和调用的函数
1281 //Tell entryother.S what stack to use, where to enter, and what
1282 //pgdir to use. We cannot use kpgdir yet, because the AP processor
1283 //is running in low memory, so we use entrypgdir for the APs Too
1284   stack = kalloc();    //AP 的堆栈
1285   *(void**)(code-4) = stack + KSTACKSIZE;
1286   *(void**)(code-8) = mpenter;
1287   *(int**)(code-12) = (void *) v2p(entrypgdir);
1288
     //lapic.c 6740,向编号 c->id 的处理器发出热启动中断
     //并从 code 开始执行
1289   lapicstartap(c->id, v2p(code));
1290
1291   //wait for cpu to finish mpmain()
1292   while(c->started == 0)
1293     ;
1294   }
1295 }
1296
```

startothers()函数中的_binary_entryother_start 和_binary_entryother_size 是内核映像 ELF 文件符号表中的两个符号，_binary_entryother_start 表示 entryother 被链接器放在虚拟地址_binary_entryother_start 处，_binary_entryother_size 表示 entryother 在文件中所占的空间大小，可以通过命令 nm kernel | grep _start 在内核映像文件中找到。

3. startothers()函数运行后的内存布局

startothers()函数运行后的内存布局如图 6.4 所示。

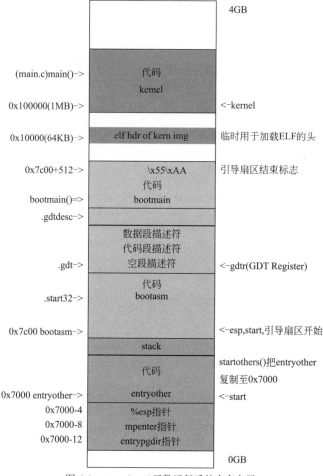

图 6.4　startothers()函数运行后的内存布局

6.5　AP 的进入与初始化

6.5.1　AP 的进入

AP 进入内核的代码为汇编代码 entryother.S。

1. entryother 的入口地址

entryother.S 被编译为独立的二进制文件 entryoher.o，然后在链接时与其他二进制文件一起组成整体的内核 ELF 文件，如引用 6.20 所示。行号为文件内的编号。

引用 6.20　entryother 的链接地址（xv6 Makefile）

```
111 entryother: entryother.S
112    $(CC) $(CFLAGS) -fno-pic -nostdinc -I. -c entryother.S
113    $(LD) $(LDFLAGS) -N -e start -Ttext 0x7000 -o bootblockother.o entryother.o
```

112 用 gcc 把 entryother.S 编译成目标文件 entryother.o。

113 -e 设定其起始入口点为 start，start 是 entryother.S 中 1123 行定义的指令开始处。

113 -Ttext 0x7000　指定链接时将 entryother 代码初始地址重定向为 0x7000（若不设置则程序的起始地址为 0）；main.c 中的 startothers() 函数会把 entryother 复制到内存的 0x7000 地址。

BP 在运行 startothers() 函数时调用 lapicstartap() 指定 AP 从起始地址 0x7000 运行，即 entryoher 运行时的地址；-o 指定把 entryother.o 链接为文件 bootblockother.o 输出。

AP 运行 entryother 时相当于处理器刚上电的情形，因为这是 AP 最初运行的内核代码，所以没有开启保护模式和分页机制，entryother 将页表设置为 entrypgdir，在启用该页表前虚拟地址等于物理地址。

2. entryother 的代码

entyother 由 entryother.S 编译生成，主要过程如下。

（1）从实模式保护模式进入保护模式，加载 1188 行处定义的全局描述符表 gdt。

（2）设置 BP 的页表为 entrypgdir（该页表的构建参照 entry.S），切换堆栈。

（3）进入主程序 main.c 的 mpenter()，不再返回。

3. AP 从实模式进入保护模式

AP 首先从实模式进入保护模式，如引用 6.21 所示。其主要过程如下。

引用 6.21　AP 从实模式进入保护模式（entryother.S）

```
1121  .code16
1122  .globl start
1123  start:
1124    cli
1125

        #数据段寄存器 DS, ES, SS 置零
1126  #Zero data segment registers DS, ES, and SS
1127    xorw %ax,%ax
1128    movw %ax,%ds
1129    movw %ax,%es
1130    movw %ax,%ss
1131
1132  #Switch from real to protected mode. Use a bootstrap GDT that makes
1133  #virtual addresses map directly to physical addresses so that the
1134  #effective memory map doesn't change during the transition
        #从实模式切换到保护模式
        #使用启动期间的 GDT，直接把虚拟地址映射到物理地址
        #因此在切换期间有效地址映射没有变化
1135    lgdt gdtdesc
1136    movl %cr0, %eax
1137    orl $CR0_PE, %eax
1138    movl %eax, %cr0
1139
1140  #Complete the transition to 32-bit protected mode by using a long jmp
1141  #to reload %cs and %eip. The segment descriptors are set up with no
1142  #translation, so that the mapping is still the identity mapping
        #使用长跳转从实模式切换到 32 位保护模式
        #以重新加载%cs 和%eip。描述符已经建立，没有变化
        #因此在切换期间有效地址映射没有变化
```

```
1143   ljmpl $(SEG_KCODE<<3), $(start32)
1144
...
1152 .code32
1153 start32:
1154   movw    $(SEG_KDATA<<3), %ax
1155   movw    %ax, %ds
1156   movw    %ax, %es
1157   movw    %ax, %ss
1158   movw    $0, %ax
1159   movw    %ax, %fs
1160   movw    %ax, %gs
1161
```

1126 关中断；

1128~1131 段寄存器 DS、ES 和 SS 赋值为 0；

1133 加载 gdt；

1134~1136 开启保护模式 gdt；

1150 长跳转到保护模式代码，逻辑地址的选择符为$(SEG_KCODE<<3)，偏移为 $(start32)；

1154~1157 设置保护模式段寄存器 DS、ES 和 SS 为 SEG_KCODE<<3；

1158~1160 ES 和 SS 赋值为 0。

注：进入保护模式后由于 SEG_KCODE=1、SEG_UDATA=2，在调用 main.c 中的 main()函数调用 seginit()初始化内核段之前，AP 都是使用 1187~1192 行定义的引导段表 gdt，CS 使用该表的第 1 个选择符，而 DS、ES 和 SS 使用该表的第 2 个选择符。

4. AP 设置入口页表、切换堆栈

开启 4MB 页面，加载页表并切换堆栈，如引用 6.22 所示。其主要过程如下。

（1）开启 4MB 页面，将%cr4 读入%eax（1163），设置 4MB 页面位 CR4_PSE（1164），再存入%cr4（1165）。

（2）加载存储在(start-12)的入口页表 entrypgdir 物理地址至 CR3（1168）。

（3）开启保护模式、分页和写保护（1170-1173）。

（4）切换到 startothers()中分配的初始化堆栈，堆栈指针存于(start-4)处（1175）。

引用 6.22 AP 设置入口页表和堆栈（entryother.S）

```
1161 #Turn on page size extension for 4Mbyte pages
     #开启 4MB 页面
1162 movl %cr4, %eax
1163 orl $(CR4_PSE), %eax
1164 movl %eax, %cr4
1165 #Use entrypgdir as our initial page table
     #使用 main.c 中定义的 entrypgdir 入口页表
1166 movl (start-12), %eax
1167 movl %eax, %cr3
1168 #Turn on paging.
     #开启分页
1169 movl %cr0, %eax
1170 orl $(CR0_PE|CR0_PG|CR0_WP), %eax
1171 movl %eax, %cr0
1172
```

```
1173 #Switch to the stack allocated by startothers()
     #切换到 startothers()中分配的初始化堆栈
1174 movl (start-4), %esp
```

5. AP 调用 mpenter()函数

AP 调用 mpenter()函数，正常情况下不再返回，如引用 6.23 所示。

引用 6.23　AP 调用 mpenter()函数（entryother.S）

```
1176  call    *(start-8)
1177
1178  movw    $0x8a00, %ax
1179  movw    %ax, %dx
1180  outw    %ax, %dx
1181  movw    $0x8ae0, %ax
1182  outw    %ax, %dx
1183  spin:
1184  jmp     spin
1185
```

6.5.2　AP 的初始化

1. AP 启动阶段的 GDT 定义

AP 启动阶段的 GDT 定义如引用 6.24 所示。定义如下。

（1）告诉汇编强制 4 字节对齐（1187）；

（2）宏 SEG_NULLASM 定义空段（1189）；

（3）宏 SEG_ASM 定义代码段（1190）；

（4）宏 SEG_ASM 定义数据段（1191）；

（5）定义加载 GDT 需要的数据 gdtdesc（1194-1196）。

引用 6.24　AP 启动阶段的 GDT 定义（entryother.S）

```
1186 .p2align 2
1187 gdt:
1188   SEG_NULLASM
1189   SEG_ASM(STA_X|STA_R, 0, 0xffffffff)
1190   SEG_ASM(STA_W, 0, 0xffffffff)
1191
1192
1193 gdtdesc:
1194   .word  (gdtdesc - gdt - 1)
1195   .long  gdt
1196
```

2. AP 运行 mpenter()函数进行初始化

在代码 entryother 的最后部分（1176）调用 mpenter()函数，完成 AP 的初始化，如引用 6.25 所示。

引用 6.25　mpenter()函数完成 AP 的初始化（main.c）

```
1240 static void
1241 mpenter(void)
1242 {
1243 switchkvm();        //调用 lcr3 让该处理器切换到内核页表
```

```
1244 seginit();          //初始化运行本程序的处理器的全局描述符表
1245 lapicinit();        //本处理器的 lapic（local pic）控制器初始化
1246 mpmain();           //完成本处理器设置
1247 }
```

在 mpenter()函数的最后调用 mpmain()函数，完成 AP 与 BP 共同的初始化部分，如引用 6.26 所示。

引用 6.26　mpmain()函数完成 BP 与共同的 AP 初始化（main.c）

```
1251 static void
1252 mpmain(void)
1253 {
1254 cprintf("cpu%d: starting\n", cpu->id);
          //调用 lidt 加载中断描述符表寄存器
1255 idtinit();                        //load idt register
          //设置本处理器的 CPU 结构体 started 成员为 1，表示已经启动
1256 xchg(&cpu->started, 1);           //tell startothers() we're up
          //本处理器开始运行进程调度
1257 scheduler();                      //start running processes
1258 }
```

第7章

虚拟空间管理

本章介绍 xv6 的虚拟地址空间布局与映射，空间初始化、分配与释放，内核虚拟空间管理以及用户空间管理。本章涉及的源码主要为 memlayout.h、vm.c 和 kalloc.c。

7.1 虚拟地址空间布局与映射

7.1.1 虚拟地址空间及布局

1. 虚拟地址空间

xv6 每个进程都有一个从 0 开始的连续虚拟地址空间，虚拟地址空间为应用程序提供了必要的抽象，程序使用虚拟地址空间无须考虑程序中的代码和数据具体存放在内存中的位置；但 CPU 运行进程时需要通过物理地址访问内存中进程的指令或数据，xv6 的内存管理模块和 IA-32 的内存管理机制协同实现虚拟地址到物理地址的映射，每个进程通过段表将虚拟地址映射为线性地址，xv6 中虚拟地址就等于线性地址，因为进程使用的每个段基址均为 0；再通过页表将线性地址映射为物理地址，进程切换时段表和页表也要相应地切换。xv6 进程切换无须切换段表，因为所有进程的段表都相同。

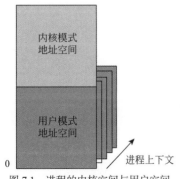

图 7.1　进程的内核空间与用户空间

2. 内核空间与用户空间

每个进程的虚拟空间被划分为内核空间和用户空间，物理空间是系统实际可用的内存单元，每个进程的页表同时包括用户空间和系统的内核空间到物理空间的映射，这样当用户进程通过中断或者系统调用从进程的用户空间转入内核空间时就不需要进行页表的转换了。

xv6 每个进程的内核空间虚拟地址到物理地址的映射相同，不同进程的页表将该进程的用户空间映射到不同的物理内存中，每个进程都拥有私有的用户空间。因此每个进程使用相同的内核空间和不同的用户空间，如图 7.1 所示。

xv6 的物理地址从 0 开始，xv6 的最大物理地址定义为 PHYSTOP，其值为 0xE000000。由于 x86 历史的缘故，将 1MB 以上的地址空间称为扩展内存，因此扩展内存的起始地址为

0x100000，记为 EXTMEM。

xv6 每个进程的虚拟地址空间从 0x0 到 0xFFFF FFFF，其中 0x0 到 0x7FFF FFFF 划为用户空间，用户（态）代码在用户空间运行；剩余的 0x8000 0000 到 0xFFFF FFFF 划为内核空间，因此内核空间的起始地址 KERNBASE 为 0x8000 0000，内核（态）代码在内核空间运行。这样安排的缺点是 xv6 无法使用超过 2GB 的物理内存。

3. 虚拟空间布局

xv6 将物理空间 0~PHYSTOP 映射到内核空间的虚拟地址 KERNBASE ~ KERNBASE + PHYSTOP。在此映射方式下，物理地址与内核空间虚拟地址间转换的宏如表 7.1 所示。

这些宏在 memlayout.h 中定义，如引用 7.1 所示。

引用 7.1 物理地址与内核空间虚拟地址转换的宏（memlayout.h）

```
0202 #define EXTMEM 0x100000            // Start of extended memory
0203 #define PHYSTOP 0xE000000          // Top physical memory
0204 #define DEVSPACE 0xFE000000        // Other devices are at high addresses
0205
0206 // Key addresses for address space layout (see kmap in vm.c for layout)
0207 #define KERNBASE 0x80000000        // First kernel virtual address
0208 #define KERNLINK (KERNBASE+EXTMEM) // Address where kernel is linked
0209
0210 #define V2P(a) (((uint) (a)) - KERNBASE)
0211 #define P2V(a) ((void *)(((char *) (a)) + KERNBASE))
0212
0213 #define V2P_WO(x) ((x) - KERNBASE) //same as V2P, but without casts
                                       //与 V2P 相同，但未类型转换
0214 #define P2V_WO(x) ((x) + KERNBASE) //same as P2V, but without casts
```

表 7.1 物理地址与内核空间虚拟地址间转换的宏

宏	定 义	说 明
V2P(a)	((uint) (a)) – KERNBASE)	虚拟地址转换为物理地址
P2V(a)	((void *)(((char *) (a)) + KERNBASE))	物理地址转换为虚拟地址
V2P_WO(x)	((x) – KERNBASE)	虚拟地址转换为物理地址，但未类型转换
P2V_WO(x)	((x) + KERNBASE)	物理地址转换为虚拟地址，但未类型转换

xv6 虚拟空间布局如图 7.2 所示。

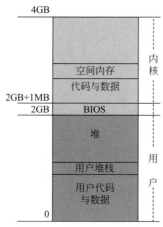

图 7.2 xv6 虚拟空间布局

7.1.2　内核空间映射

1. 内核映射数组 kmap[]的定义

xv6 每个进程都有自己的页表，每个进程的页表都由相关页表项实现了内核运行所需要的虚拟空间到物理空间的映射，该映射关系在 kmap[]数组中描述，称为内核映射数组，内核映射数值 kmap[]的定义，如引用 7.2 所示。内核空间地址范围为 KERNBASE~4GB-1。

引用 7.2　内核映射数组 kmap[]的定义（vm.c）

```
1802 //This table defines the kernel's mappings, which are present in
1803 //every process's page table
1804 static struct kmap {
1805 void *virt;
1806 uint phys_start;
1807 uint phys_end;
1808 int perm;
1809 } kmap[] = {
1810 { (void*)KERNBASE, 0, EXTMEM, PTE_W}, //I/O space
1811 { (void*)KERNLINK, V2P(KERNLINK), V2P(data), 0}, //kern text+rodata
1812{ (void*)data, V2P(data), PHYSTOP, PTE_W}, //kern data+memory
1813 { (void*)DEVSPACE, DEVSPACE, 0, PTE_W}, //more devices
1814 };
1815
```

2. 数组 kmap[]的内核空间映射

数组 kmap[]的每一项都映射到 KERNBASE 之上 [KERNBASE,4GB)的内核虚拟空间，映射如表 7.2 所示。

表 7.2　kmap[]的内核空间映射

虚 拟 地 址	物 理 地 址	读　写	说　明
[KERNBASE, P2V(EXTMEM))	[0, 1MB)	可读写	包括 640KB 基本内存（Base Memory）+ I/O 空间
[KERNLINK, data)	[1MB, V2P(data))	只读	包括内核代码+只读数据；KERNLINK 是 kernel.ld 指定的内核虚拟地址起点；1MB 是 kernel.ld 指定的内核链接物理地址；data 是内核数据段的起点，在 kernel.ld 中定义
[data, P2V(PHYSTOP))	[V2P(data), PHYSTOP)	可读写	包括内核数据段[data,end)和空闲空间 [end, P2V(PHYSTOP)，end 为内核结束的地址，PHYSTOP=0x0E00 0000
[DEVSPACE, 0)	[DEVSPACE, 0)	可读写	一些设备的 I/O 内存映射，DEVSPACE =0xFE00 0000，4GB 在 32 位系统中回卷即为 0

可见，xv6 将虚拟地址 KERNBASE~KERNBASE+PHYSTOP 映射到 0~PHYSTOP。这样映射的原因之一是内核可以使用自己的指令和数据；原因之二是内核有时需要对物理页进行写操作（譬如在创建页表页时），该项映射使得每一个物理地址都有对应的虚拟地址，这让对物理页的读写操作变得很方便。

有一些使用 MMIO 方式的 I/O 设备物理内存在 0xFE00 0000 之上，对于这些设备 xv6 页表采用了直接映射，即 VA=PA。KERNBASE 之上的页对应的页表项中，页表项的 PTE_U 位均被置 0，因而只有内核能够使用这些页。

3. 数组 kmap[]描述的内核空间布局

数组 kmap[]描述的内核空间布局如图 7.3 所示。

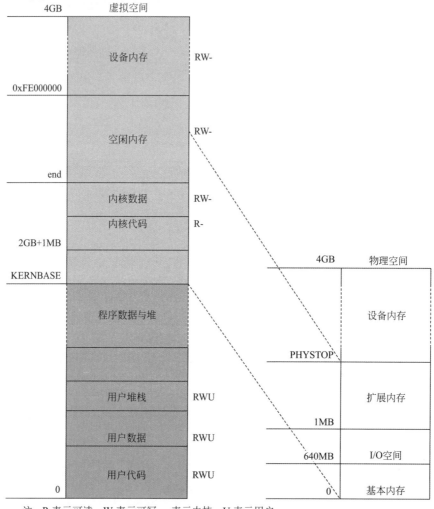

注：R 表示可读，W 表示可写，-表示内核，U 表示用户。

图 7.3　数组 kmap[]描述的内核空间布局

7.1.3　内核的几个特殊地址

xv6 中以下地址需要特别关注。

1. 代码 bootblock 的虚拟地址 0x7c00

引导代码 bootblock 放在第 0 扇区链接到地址 0x7c00，如引用 7.3 所示。

引用 7.3　内核链接地址的定义（xv6 Markfile）

```
bootblock: bootasm.S bootmain.c
```

```
$(LD) $(LDFLAGS) -N -e start -Ttext 0x7c00 -o bootblock.o
bootasm.o bootmain.o
```

BIOS 自检后 BP 会跳转到这个地址执行，并将控制权交给操作系统。

2. 代码 entryother 的虚拟地址 0x7000

AP 的启动代码 entryother 链接到地址 0x7000，如引用 7.4 所示。

引用 7.4　代码 entryother 的虚拟地址（xv6 Makefile）

```
entryother: entryother.S
    $(CC) $(CFLAGS) -fno-pic -nostdinc -I. -c entryother.S
    $(LD) $(LDFLAGS) -N -e start -Ttext 0x7000 -o bootblockother.o
```

该部分代码在 startothers()函数中被从内核 ELF 文件的空间复制到地址 **0x7000** 处。

3. 内核 ELF 文件头的载入地址 0x10000

0x10000 是内核 ELF 文件头的载入地址，如引用 7.5 所示。

引用 7.5　内核 ELF 文件头的载入地址（bootmain.C）

```
9224 elf = (struct elfhdr*)0x10000; // scratch space
```

因为未启用页表而且段基址为 0，所以以上 1～3 三个地址的**物理地址=虚拟地址**。

4. 代码 initcode 的虚拟地址 0

用户初始代码 initcode 的虚拟地址为 0，如引用 7.6 所示。

引用 7.6　用户初始代码 initcode 的虚拟地址（xv6 Makefile）

```
initcode: initcode.S
$(LD) $(LDFLAGS) -N -e start -Ttext 0 -o initcode.out initcode.o
```

BP 引导及初始化完成后会回到用户态，开始执行这个用户进程。该部分代码会在 main.c 的 main 函数调用 userinit()函数，userinit()函数调用 inituvm()分配第一个用户空间页面并映射到起始虚拟地址 0，然后将 init 复制到虚拟地址为 0 的空间。因此，**0 为虚拟地址**，位于用户空间。

以上四个地址中 1、2 和 4 是在 xv6 的 Makefile 中由参数-Ttext 指定的，以下是 kernel.ld 中定义的地址。

5. 内核链接地址 0x8010 0000

内核的链接脚本 kernel.ld 中的以下脚本指定了内核链接的虚拟地址 KERNLINK 为 0x80100000，如引用 7.7 所示。

引用 7.7　内核链接的虚拟地址 KERNLINK（kernel.ld）

```
9309 /* Link the kernel at this address: "." means the current address */
9310 /* Must be equal to KERNLINK */
9311 . = 0x80100000;
9312
```

即 KERNLINK = (KERNBASE + EXTMEM)

6. 内核加载地址 0x10 0000

内核的链接脚本 kernel.ld 中的以下脚本指定了内核 ELF 文件首段程序加载地址 LMA 为 0x100000= EXTMEM，如引用 7.8 所示。

引用 7.8　内核加载地址（kernel.ld）

```
9313 .text : AT(0x100000) {
9314 *(.text .stub .text.* .gnu.linkonce.t.*)
```

内核由 bootmain()函数加载，而在 bootmain()执行的过程中，BP 还没有开启分页，由 bootasm.S 的代码段定义，bootmain()函数使用的代码段如引用 7.9 所示。

引用 7.9　bootmain()函数使用的代码段（bootasm.S）

```
9184 SEG_ASM(STA_X|STA_R, 0x0, 0xffffffff) # code seg
```

可知该地址的**虚拟地址=物理地址**。

bootmain()执行以下代码，内核 ELF 文件头部被加载到物理地址 1MB 处，如引用 7.10 所示。

引用 7.10　内核 ELF 文件的加载（bootmain.c）

```
9233 //Load each program segment (ignores ph flags)
9234 ph = (struct proghdr*)((uchar*)elf + elf->phoff);
9235 eph = ph + elf->phnum;
9236 for(; ph < eph; ph++){
9237   pa = (uchar*)ph->paddr;
9238   readseg(pa, ph->filesz, ph->off);
9239   if(ph->memsz > ph->filesz)
9240     stosb(pa + ph->filesz, 0, ph->memsz - ph->filesz);
9241   }
```

7.2　空间初始化、分配与释放

7.2.1　空闲帧管理

xv6 用链表来管理空闲帧，称为空闲帧链表。既然帧是空闲的，用来存放下一个空闲帧的地址就不会有问题，直接把空闲帧连接起来，就形成了空闲帧链表，这一设计既节约了存储空间也便于管理。当需要分配一个空闲帧时，就从链表的头部获取一个空闲帧进行分配，释放页面时把页面占用的帧添加到空闲帧的头部。

空闲帧的定义如引用 7.11 所示。

引用 7.11　空闲帧链表结构体 run（kalloc.c）

```
3115 struct run {
3116 struct run *next;
3117 };
3118
```

为了运行在多任务环境，xv6 定义了内核内存结构体 kmem 来进行空闲空间的管理，它给空闲链表加上自旋锁，其定义如引用 7.12 所示，其成员如表 7.3 所示。

引用 7.12　内核内存结构体 kmem（kalloc.c）

```
3119 struct {
3120 struct spinlock lock;
3121 int use_lock;
3122 struct run *freelist;
3123 } kmem;
3124
```

表 7.3　内核内存结构体 kmem 的成员

成　员	含　义
lock	自旋锁
use_lock	1 表示使用锁；0 表示不使用锁
freelist	空闲帧链表
perm	访问许可

7.2.2　内核页面分配

1. 内核分配函数 kalloc()

xv6 中内存页分配由内核配函数 kalloc() 来实现，以下情况下 xv6 需要分配页面：

（1）分配二级页表，如引用 7.13 所示。

引用 7.13　分配二级页表（walkpgdir()，vm.c）

```
1744 if(!alloc || (pgtab = (pte_t*)kalloc()) == 0)
```

（2）分配 AP 的堆栈，如引用 7.14 所示。

引用 7.14　分配 AP 的堆栈（main.c）

```
1284 stack = kalloc();
```

（3）分配页表，如引用 7.15 所示。

引用 7.15　分配页表（setupkvm()，vm.c）

```
1823 if((pgdir = (pde_t*)kalloc()) == 0)
```

（4）分配初始进程用户空间，如引用 7.16 所示。

引用 7.16　分配初始进程用户空间（inituvm()，vm.c）

```
1892 mem = kalloc();
```

（5）分配用户空间，如引用 7.17 所示。

引用 7.17　分配用户空间（allocuvm()，vm.c）

```
1939 mem = kalloc();
```

（6）分配复制用户空间所需页，如引用 7.18 所示。

引用 7.18　分配复制用户空间所需页（copyuvm()，vm.c）

```
2051 mem = kalloc();
```

（7）分配进程内核堆栈，如引用 7.19 所示。

引用 7.19　分配进程内核堆栈（allocproc()，proc.c）

```
2494 if((p->kstack = kalloc()) == 0){
```

（8）分配管道，如引用 7.20 所示。

引用 7.20　分配管道（allocpipe()，pipe.c）

```
6780 if((p = (struct pipe*)kalloc()) == 0
```

2. kalloc()函数的实现

要分配一页空间时，分配空闲页链表头部的页即可，如引用 7.21 所示。其主要操作是在锁的保护下（3191、3192、3196、3197）从单链表 freelist 的头部取出一个页（3193~3195）。

引用 7.21　内核分配函数 kalloc()（kalloc.c）

```
3186 char*
3187 kalloc(void)
3188 {
3189 struct run *r;
3190
3191 if(kmem.use_lock)
3192   acquire(&kmem.lock);
3193 r = kmem.freelist;
3194 if(r)
3195   kmem.freelist = r->next;
3196 if(kmem.use_lock)
3197   release(&kmem.lock);
3198 return (char*)r;
3199 }
```

7.2.3　内存初始化

在进入内核的 main()后，首要任务是初始化空闲帧链表和建立页表管理内存来管理存储空间，这样才能够分配存储空间。要建立页表必须首先为页表分配存储空间，因此建立页表和分配空间互为前提。xv6 通过把内存的初始化分为 kinit1(end, P2V(4*1024*1024)) 和 kinit2(P2V(4*1024*1024), P2V(PHYSTOP)) 两个阶段来解决这一问题。

1. 第一阶段内存初始化 kinit1()函数

entry.S 的末尾将跳转到 main.c 的 main()函数，该函数中首先调用 kalloc.c 中的 kinit1()函数，如引用 7.22 所示。

引用 7.22　调用 knitit1()函数初始化内核空间[end,P2V(4M))（main.c）

```
1219  kinit1(end, P2V(4*1024*1024)); //phys page allocator
```

kinit1()函数先初始化[0,4MB)页面内核末尾 end 到 4MB 的空闲空间，它调用 freerange()函数把内存 end 到 4MB 之间的空间释放；freerange()函数调用 kfree()函数把空闲帧释放，空闲帧被加到空闲帧链表，如引用 7.24 所示。

由于在最开始时 AP 还未启动，因此 kinit1()函数进行了不需要锁的内存分配。

引用 7.23　第一阶段内存初始化 kinit1()函数（kalloc.c）

```
3130 void
3131 kinit1(void *vstart, void *vend)
3132 {
3133 initlock(&kmem.lock, "kmem");
3134 kmem.use_lock = 0;
3135 freerange(vstart, vend);
3136 }
3137
```

这样就可以分配内存来建立页表了，因此 main()函数紧接着在 1220 行调用 kvmalloc()函数建立内核空间，实际上 kvmalloc()函数调用 setupkvm()函数来创建内核页表 kpgdir，然后调用 switchkvm()函数切换到该页表空间。

2. 第二阶段内存初始化 kinit2()函数

main()函数中，在执行 startothers()函数启动了其他 AP 后，调用 kinit2()函数对内存进行第二阶段的初始化，如引用 7.24 所示。

引用 7.24　调用 knitit2()函数初始化内核空间[P2V(4M), P2V(PHYSTOP))的初始化(main(), main.c)

```
1233 startothers(); //start other processors
1234 kinit2(P2V(4*1024*1024), P2V(PHYSTOP)); //must come after startothers()
```

kinit2()函数释放内核空间[P2V(4*1024*1024), P2V(PHYSTOP))并加入到空闲帧链表中；kinit2()函数允许锁的使用，如引用 7.25 所示。

引用 7.25　第二阶段内存初始化 kinit2()函数（kalloc.c）

```
3138 void
3139 kinit2(void *vstart, void *vend)
3140 {
3141 freerange(vstart, vend);
3142 kmem.use_lock = 1;
3143 }
3144
```

kinit2()函数初始化所有剩余的物理内存，然后内核能够管理内存的所有帧并使用锁机制保护空闲帧链表。内存的两个阶段初始化完成后，空闲帧包含了从内核结尾 end 到 PHYSTOP 之间的物理内存，以下两段虚拟空间不在空闲空间的范围，因此不会被分配。

（1）虚拟空间[KERNBASE,end)，即物理空间[0, V2P(end))。

（2）虚拟空间[DEVSPACE, 0)，即设备内存空间。

7.2.4　空间释放

kfree()函数释放虚拟地址 v 所在页的地址空间。

要释放某一页空间时，把该页的帧加入空闲页链表头部即可，空间释放函数 kfree()如引用 7.27 所示。

引用 7.26　空间释放函数 kfree()（kalloc.c）

```
3163 void
3164 kfree(char *v)
3165 {
3166 struct run *r;
3167
3168 if((uint)v % PGSIZE || v < end || V2P(v) >= PHYSTOP)
3169   panic("kfree");
3170
3171 //Fill with junk to catch dangling refs
3172 memset(v, 1, PGSIZE);
3173
3174 if(kmem.use_lock)
3175   acquire(&kmem.lock);
```

```
3176 r = (struct run*)v;
3177 r->next = kmem.freelist;
3178 kmem.freelist = r;
3179 if(kmem.use_lock)
3180   release(&kmem.lock);
3181 }
3182
```

7.3   内核虚拟空间管理

xv6 中虚拟空间管理在 vm.c 中实现，vm.c 主要包含以下函数和变量。

（1）seginit()函数实现了段初始化，参见引用 5.21。

（2）vm.c 文件定义了引用内核可读写位置的外部变量 data、内核页表变量 kpgdir、全局描述符表 gdt 以及内核映射数组 kmap[]。

（3）内核空间构建函数 setupkvm()、切换到内核空间函数 switchkvm()以及将这两个功能整合在一起的分配内核虚拟空间函数 kvmalloc()、实现内核空间释放函数 freevm()。

（4）用户虚拟地址的加载函数 loaduvm()、分配函数 allocuvm()、部分释放函数 dealloc()、全部释放函数 freevm()、复制函数 copyuvm()以及初始化函数 inituvm()。

（5）映射页面函数 mappages()、查找页表函数 walkpgdir()、清除页表项的用户标记函数 clearpteu()、用户空间地址到内核空间地址的转换函数 uva2ka()以及外部空间复制函数 copyout()。

以下对其中较为重要的函数做详细介绍。

7.3.1   内核虚拟空间分配、构建与切换

1. 内核空间分配函数 kvmalloc()

kvmalloc()函数为进程调度器分配内核页表，并切换到该页表。此外，main.c 的 main()函数在调用 kinit1()函数完成内存初始化的第一阶段后紧接着调用 kvmalloc()函数建立内核页表，如引用 7.27 所示。

引用 7.27   main()中建立内核页表（vm.c）

```
1220   kvmalloc(); // kernel page table
```

kvmalloc()函数首先调用 vm.c 中的 setupkvm()函数建立内核页表 kpgdir，再调用 vm.c 中的 switchkvm()函数切换到内核页表，如引用 7.28 所示。

引用 7.28   kvmalloc()函数（vm.c）

```
1839 void
1840 kvmalloc(void)
1841 {
1842 kpgdir = setupkvm();
1843 switchkvm();
1844 }
1845
```

2. 内核空间构建函数 setupkvm()

内核空间建立函数 setupkvm()首先分配一页来存储页目录，再调用 mappages()函数完成数组 kmap[]描述的内核空间映射，setupkvm()函数如引用 7.29 所示。

引用 7.29 setupkvm()函数（vm.c）

```
1816 //Set up kernel part of a page table
1817 pde_t*
1818 setupkvm(void)
1819 {
1820 pde_t *pgdir;
1821 struct kmap *k;
1822
1823 if((pgdir = (pde_t*)kalloc()) == 0)
1824   return 0;
1825   memset(pgdir, 0, PGSIZE);
1826 if (P2V(PHYSTOP) > (void*)DEVSPACE)
1827   panic("PHYSTOP too high");
1828 for(k = kmap; k < &kmap[NELEM(kmap)]; k++)
1829   if(mappages(pgdir, k->virt, k->phys_end - k->phys_start,
1830   (uint)k->phys_start, k->perm) < 0) {
1831     freevm(pgdir);
1832     return 0;
1833   }
1834 return pgdir;
1835 }
1836
1837 //Allocate one page table for the machine
for the kernel address
```

3. 切换到内核空间函数 switchkvm()

切换到内核空间函数 switchkvm()切换页目录地址 CR3 到新的页表 kpgdir，如引用 7.30 所示。

引用 7.30 switchkvm()函数（vm.c）

```
1852 void
1853 switchkvm(void)
1854 {
1855 lcr3(V2P(kpgdir)); // switch to the kernel page table
1856 }
1857
```

AP 执行完 entryother.S 后，跳入 vm.c 的 mpenter()函数，调用 switchkvm()函数更新页目录基址寄存器 CR3 为新页表 kpgdir 的基址，如引用 7.31 所示。

引用 7.31 mpenter()函数（main.c）

```
1250   //Other CPUs jump here from entryother.S
1251   static void
1252   mpenter(void)
1253   {
1254   switchkvm();
1255   seginit();
1256   lapicinit();
1257   mpmain();
1258   }
```

至此，所有处理器的内核页表均建立。

7.3.2　页面映射与页表查找

1. 映射页面函数 mappages()

mappages()函数将从 va 开始大小为 size 的页表 pgdir 的虚拟空间映射到从 pa 开始的物理空间。mappages()函数的实现如引用 7.32 所示，其主要过程如下：对每个页面，调用 walkpgdir(pgdir, a, 1)在页表 pgdir 中查找页面开始处虚拟地址 a 的页表项 pte，若存储页表项 pte 的二级页表页面尚未分配物理帧则分配之（1768）；然后设置页表项的及地址和属性（1772）。

引用 7.32　mappages()映射页面（vm.c）

```
1759 static int
1760 mappages(pde_t *pgdir, void *va, uint size, uint pa, int perm)
1761 {
1762 char *a, *last;
1763 pte_t *pte;
1764
1765 a = (char*)PGROUNDDOWN((uint)va);
1766 last = (char*)PGROUNDDOWN(((uint)va) + size − 1);
1767 for(;;){
1768   if((pte = walkpgdir(pgdir, a, 1)) == 0)
1769     return −1;
1770   if(*pte & PTE_P)
1771     panic("remap");
1772   *pte = pa | perm | PTE_P;
1773   if(a == last)
1774     break;
1775   a += PGSIZE;
1776   pa += PGSIZE;
1777   }
1778 return 0;
1779 }
1780
```

2. 查找页表函数 walkpgdir()

walkpgdir()函数在页表 pgdir 中查找页面开始处虚拟地址 a 的页表项 pte，若 alloc 参数为真且存储页表项信息的页面尚未分配物理帧则分配之，其主要过程如下。

（1）在页目录 pgdir 中查找页目录项 pde（1740）；若存在 pde 的物理帧则取得二级页表的地址 pgtab，否则若无须分配存储页表项信息 pte 的页面或者分配物理帧（地址记录到 pgtab）失败则返回 0（1744、1745），分配成功则清空该物理帧（1747）并设置页目录项 pde 的物理地址和属性（1751）。

（2）返回二级页表中页目录项 pte 的地址（1753）。

walkpgdir()函数的实现如引用 7.33 所示。

引用 7.33　walkpgdir()函数的实现（vm.c）

```
1734 static pte_t *
1735 walkpgdir(pde_t *pgdir, const void *va, int alloc)
1736 {
1737 pde_t *pde;
1738 pte_t *pgtab;
1739
```

```
1740  pde = &pgdir[PDX(va)];
1741  if(*pde & PTE_P){
1742    pgtab = (pte_t*)P2V(PTE_ADDR(*pde));
1743    } else {
1744      if(!alloc || (pgtab = (pte_t*)kalloc()) == 0)
1745          return 0;
1746      //Make sure all those PTE_P bits are zero
1747      memset(pgtab, 0, PGSIZE);
1748      //The permissions here are overly generous, but they can
1749      //be further restricted by the permissions in the page table
1750      //entries, if necessary
1751      *pde = V2P(pgtab) | PTE_P | PTE_W | PTE_U;
1752    }
1753  return &pgtab[PTX(va)];
1754  }
```

7.4　用户空间管理

用户空间管理在 vm.c 中实现，主要包括以下用户空间管理函数。

（1）用户空间分配函数 allocuvm()，用于分配用户空间，被 exec()函数调用来分配用户空间以加载用户代码，也被 proc.c 的 growproc()函数调用来扩展用户空间。与之相反，deallocuvm()函数用于释放用户空间。

（2）用户空间加载函数 loaduvm()，用于将程序段从文件系统的某个 i 节点加载到用户空间，被函数 exec()调用来加载用户代码。

（3）用户空间复制函数 copyuvm()，用于为子进程复制父进程的用户空间，被 fork()函数调用，为子进程复制父进程的用户空间。

（4）切换到用户空间函数 switchuvm()，用于设置进程的任务状态段和切换页表，被 exec()、growproc()和 scheduler()函数调用。

（5）用户空间初始化函数 inituvm()，用于将 initcode 代码复制到进程的虚拟地址为 0 的空间，被 userinit()函数调用来初始化首个用户进程。

以下具体介绍用户空间管理的主要功能及其实现。

7.4.1　初始进程的用户空间

与 UNIX 和 Linux 一样，xv6 除了初始进程以外的其他进程的用户空间都是在 fork()函数生成该进程时调用 copyuvm()函数复制父进程的用户空间生成的，进程建立后可调用 exec()函数载入一个程序执行。因此先分析初始进程的空间及堆栈建立。

main.c 的 main()中调用 userinit()函数（proc.c）生成并构建初始进程（1235）。userinit()函数调用 allocproc()函数分配一个进程，allocproc()函数建立新分配进程的内核堆栈；然后 userinit()函数调用 setupkvm()函数建立内核页表（2528），该页表当前只映射了内核区；再调用 inituvm()函数初始化用户空间（2530）。userinit()函数在 10.7.1 节详细介绍。

inituvm()函数初始化初始进程的用户空间，inituvm()函数分配 4KB 页面并清 0，将其映射到虚拟地址 0~4KB，再将 initcode 代码复制到虚拟地址 0 处。

用户空间初始化函数 inituvm()如引用 7.34 所示，其主要过程如下。

（1）分配一个物理页面（1892）；

（2）初始化为 0（1892）；

（3）把该物理页面映射到虚拟地址为 0 的页（1894）；

（4）把 initcode 从地址 init 复制到页表 pgdir 的虚拟地址 0（1895）。

引用 7.34　用户空间初始化函数 inituvm()（vm.c）

```
1885 void
1886 inituvm(pde_t *pgdir, char *init, uint sz)
1887 {
1888 char *mem;
1889
1890 if(sz >= PGSIZE)
1891   panic("inituvm: more than a page");
1892 mem = kalloc();
1893 memset(mem, 0, PGSIZE);
1894 mappages(pgdir, 0, PGSIZE, V2P(mem), PTE_W|PTE_U);
1895 memmove(mem, init, sz);
1896 }
```

userinit()函数在 2530 行调用 inituvm()函数时传递的参数 init 为_binary_initcode_start、sz 为_binary_initcode_size，所以实际上就是把 initcode 从_binary_initcode_start 复制到虚拟空间 0。

7.4.2　用户空间加载

loaduvm()函数负责加载用户空间，从 IP 指向的文件节点偏移处 offset 加载 sz 字节的程序段到页表 pgdir 空间的 addr 地址。地址必须页对齐，从 addr 到 addr+sz 地址的页面必须已经映射。

用户空间加载函数 loaduvm()如引用 7.35 所示，其主要过程如下。

（1）对每一查找页表项（1911~1912）得到页的基址 pa（1913）；

（2）计算要读入的字节数 n（1914~1917）；

（3）从 i 节点偏移 offset+i 起读入 n 字节到物理地址 pa（1918~1919）。

引用 7.35　用户空间加载函数 loaduvm()（vm.c）

```
1902 int
1903 loaduvm(pde_t *pgdir, char *addr, struct inode *ip, uint offset, uint sz)
1904 {
1905 uint i, pa, n;
1906 pte_t *pte;
1907
1908 if((uint) addr % PGSIZE != 0)
1909 panic("loaduvm: addr must be page aligned");
1910 for(i = 0; i < sz; i += PGSIZE){
1911   if((pte = walkpgdir(pgdir, addr+i, 0)) == 0)
1912     panic("loaduvm: address should exist");
1913 pa = PTE_ADDR(*pte);
1914 if(sz - i < PGSIZE)
1915     n = sz - i;
1916 else
1917     n = PGSIZE;
```

```
1918    if(readi(ip, P2V(pa), offset+i, n) != n)
1919      return -1;
1920    }
1921  return 0;
1922  }
1923
```

7.4.3　用户空间复制

xv6 中除了初始进程以外都是通过 fork()函数生成的。当父进程 fork()函数生成子进程时，fork()函数将调用 copyuvm()函数复制父进程的空间（2592），生成自己的页表。如果 fork()函数后要运行其他程序，则可以通过 exec()函数调入其他程序来执行，用户空间的内容也随之改变。

用户空间复制函数 copyuvm()如引用 7.36 所示。

copyuvm()函数从内核页表 pdir 定义的虚拟空间复制虚拟地址 0~sz 的用户空间页面到新的页表，copyuvm()函数返回新页表的页表项。

copyuvm()函数首先调用 setupkvm()函数（2042）创建页表并映射内核空间，然后对页表 pgdir 的每一页分配新页面（2051）并复制数据（2053），再将新页面加入到新页表 d 中（2054）。

引用 7.36　用户空间复制 copyuvm()函数（vm.c）

```
2034 pde_t*
2035 copyuvm(pde_t *pgdir, uint sz)
2036 {
2037 pde_t *d;
2038 pte_t *pte;
2039 uint pa, i, flags;
2040 char *mem;
2041
2042 if((d = setupkvm()) == 0)
2043   return 0;
2044 for(i = 0; i < sz; i += PGSIZE){
2045   if((pte = walkpgdir(pgdir, (void *) i, 0)) == 0)
2046     panic("copyuvm: pte should exist");
2047   if(!(*pte & PTE_P))
2048     panic("copyuvm: page not present");
2049   pa = PTE_ADDR(*pte);
2050   flags = PTE_FLAGS(*pte);
2051   if((mem = kalloc()) == 0)
2052     goto bad;
2053   memmove(mem, (char*)P2V(pa), PGSIZE);
2054   if(mappages(d, (void*)i, PGSIZE, V2P(mem), flags) < 0) {
2055     kfree(mem);
2056     goto bad;
2057     }
2058   }
2059 return d;
2060
2061 bad:
2062 freevm(d);
```

```
2063 return 0;
2064 }
2065
```

7.4.4 用户空间切换

1. 用户空间切换函数 switchuvm()

以下三种情况需要调用 switchuvm()函数切换用户空间。

（1）growproc()函数改变用户空间大小，需要调用 switchuvm()函数会使得联想寄存器 TLB 更新，否则可能导致页面 TLB 与页表不一致（2572）。

（2）进程 p 被 scheduler()函数调度运行，需要调用 switchuvm()函数切换到 p 的页表定义的用户空间（2778）。

（3）exec()函数装入新的程序到新的页表用户空间后，需要调用 switchuvm()函数切换到 p 的页表定义的用户空间（6701）。

函数 switchuvm()的具体过程如下：switchuvm()函数设置当前 CPU 的 GDT 的 TSS 为当前 CPU 对应 cpu 结构体的 TSS（即 mycpu()->ts）（1870）并将其置为系统段（1871）；更新&mycpu()->ts 结构体的特权级 0 堆栈段（1872、1873），禁止从用户空间访问 I/O 设备地址空间（1878），最后加载当前 TSS（1878）并加载新的进程页表空间（1879）。

用户切换空间函数 switchuvm()如引用 7.33 所示。

引用 7.37 用户切换空间函数 switchuvm ()（vm.c）

```
1858 //switch TSS and h/w page table to correspond to process p
1859 void
1860 switchuvm(struct proc *p)
1861 {
1862 if(p == 0)
1863 panic("switchuvm: no process");
1864 if(p->kstack == 0)
1865 panic("switchuvm: no kstack");
1866 if(p->pgdir == 0)
1867 panic("switchuvm: no pgdir");
1868
1869 pushcli();
1870 mycpu()->gdt[SEG_TSS] = SEG16(STS_T32A, &mycpu()->ts,
1871 sizeof(mycpu()->ts)-1, 0);
1872 mycpu()->gdt[SEG_TSS].s = 0;
1873 mycpu()->ts.ss0 = SEG_KDATA << 3;
1874 mycpu()->ts.esp0 = (uint)p->kstack + KSTACKSIZE;
1875 //setting IOPL=0 in eflags *and* iomb beyond the tss segment limit
1876 //forbids I/O instructions (e.g., inb and outb) from user space
1877 mycpu()->ts.iomb = (ushort) 0xFFFF;
1878 ltr(SEG_TSS << 3);
1879 lcr3(V2P(p->pgdir)); //switch to process's address space
1880 popcli();
1881 }
1882
```

2. 用户空间切换后的运行地址

在 exec() 函数中，由于调用 switchuvm() 函数前将当前进程陷阱帧（Trap Frame）的 eip 项设置为 curproc->tf->eip = elf.entry（6699），返回用户态运行时将运行内核 ELF 文件 entry 指向的指令。

类似的情况还有 userinit() 函数中通过设置 p->tf->eip = 0（2539）；在返回用户空间后，将运行位于虚拟地址 0 处的 initcode。

3. growproc() 函数为什么要切换用户空间

表面上看 growproc() 函数值改变了用户空间的大小但没有切换用户空间，似乎不需要进行切换用户空间，实际上这涉及 MMU 的 TLB 机制，TLB 是 MMU 中的一块高速缓存，它缓存了最近查找过的虚拟地址 va 对应的页表项，因此如果 va 对应的页表项在 TLB 中存在，就不必访问物理内存查找，这极大地提升了地址转换的效率。但是当用户空间的大小发生变化时 TLB 一无所知，如果不清空 TLB，由于 TLB 和 growproc() 函数后的页表空间不一致，就可能出现地址转换错误，因此调用 switchuvm() 函数来清空 TLB。

4. exec()、fork() 函数与用户空间管理

exec() 函数与用户空间密切相关，它调用 setupkvm() 函数来建立新的页表（6637），再调用 allocuvm() 函数分配用户空间（6651、6665），又调用 loaduvm() 函数载入要执行的程序（6655），最后更新当前进程的页表为新的页表（6697: curproc->pgdir = pgdir）、调用 switchuvm() 函数切换到新的用户空间并且调用 freevm() 函数释放老的页表空间。exec() 函数具体参照 13.1 节。

fork() 函数生成子进程，调用 copyuvm() 函数复制了父进程的地址空间。fork() 函数生成子进程后往往在子进程中调用 exec() 函数来加载新的程序运行。fork() 函数具体参照 10.4 节。

7.4.5　用户空间分配与释放

1. 用户空间分配函数 allocuvm()

allocuvm() 函数分配新的用户空间以改变空间大小。

allocuvm() 函数对每一地址为 a 的页（1938）分配物理页 mem（1939）并把物理页 mem 清 0（1945）；然后映射物理页（1946~1951）。

用户分配空间函数 allocuvm ()如引用 7.38 所示。

引用 7.38　用户分配空间函数 allocuvm()（vm.c）

```
1926 int
1927 allocuvm(pde_t *pgdir, uint oldsz, uint newsz)
1928 {
1929 char *mem;
1930 uint a;
1931
1932 if(newsz >= KERNBASE)
1933   return 0;
1934 if(newsz < oldsz)
1935   return oldsz;
1936
1937 a = PGROUNDUP(oldsz);
1938 for(; a < newsz; a += PGSIZE){
1939   mem = kalloc();
1940   if(mem == 0){
```

```
1941        cprintf("allocuvm out of memory\n");
1942        deallocuvm(pgdir, newsz, oldsz);
1943        return 0;
1944      }
1945    memset(mem, 0, PGSIZE);
1946    if(mappages(pgdir, (char*)a, PGSIZE, V2P(mem), PTE_W|PTE_U) < 0){
1947        cprintf("allocuvm out of memory (2)\n");
1948        deallocuvm(pgdir, newsz, oldsz);
1949        kfree(mem);
1950        return 0;
1951      }
1952    }
1953 return newsz;
1954 }
1955
```

2. 用户空间释放函数 deallocuvm()

deallocuvm()函数释放用户空间以改变空间大小，使得进程的用户空间从 oldsz 缩小到 newsz，oldsz 和 newsz 无须页对齐，返回新空间大小。

deallocuvm()函数对需释放的每一页查找要释放页的 pte（1971），得到虚拟地址 v 再调用 free(v)函数释放页面（1972~1981）。

用户空间释放函数 deallocuvm()如引用 7.39 所示。

引用 7.39 用户空间释放函数 deallocuvm()（vm.c）

```
1960 int
1961 deallocuvm(pde_t *pgdir, uint oldsz, uint newsz)
1962 {
1963 pte_t *pte;
1964 uint a, pa;
1965
1966 if(newsz >= oldsz)
1967   return oldsz;
1968
1969 a = PGROUNDUP(newsz);
1970 for(; a < oldsz; a += PGSIZE){
1971   pte = walkpgdir(pgdir, (char*)a, 0);
1972   if(!pte)
1973     a = PGADDR(PDX(a) + 1, 0, 0) - PGSIZE;
1974   else if((*pte & PTE_P) != 0){
1975     pa = PTE_ADDR(*pte);
1976     if(pa == 0)
1977         panic("kfree");
1978     char *v = P2V(pa);
1979     kfree(v);
1980     *pte = 0;
1981     }
1982   }
1983 return newsz;
1984 }
1985
```

第8章

中断与系统调用

本章首先介绍 xv6 中断处理、系统调用和驱动程序，然后分析中断与系统调用过程中内核堆栈的变化。本章涉及的源码主要有 traps.h、vectors.pl、trapasm.S、traps.c、syscall.h 和 syscall.c。

8.1 xv6 中断处理

8.1.1 IDT 初始化

xv6 运行用户进程时系统处于用户态，使用的地址空间为用户空间，特权级为 3；在以下几种情况时才陷入内核：

（1）用户代码由于某种原因引发异常或指令执行产生错误；

（2）硬件产生中断并且没有屏蔽中断；

（3）用户代码调用相关指令（例如 x86 体系下的系统调用）主动陷入内核。

中断响应时 CPU 首先要用中断号从 IDT 中查询到中断处理程序的门描述符，每个门描述符对应一个中断处理程序入口点。

1. IDT 的定义

在系统初始化阶段必须设置 IDT，xv6 在 trap.c 中用数组 idt[] 来存储 IDT，使用 vectors[] 数组来存储中断处理程序的入口指针，idt[] 数组的定义与 vectors[] 数组的声明如引用 8.1 所示。

引用 8.1 idt[] 数组的定义与 vectors[] 数组的声明（trap.c）

```
3360 //Interrupt descriptor table (shared by all CPUs)
3361 struct gatedesc idt[256];
3362 extern uint vectors[]; //in vectors.S: array of 256 entry pointers
```

vectors[] 数组及入口地址 vector0~vector255 在汇编代码 vectors.S 中被定义，如引用 8.2 所示。

引用 8.2 vectors[] 数组的定义（vectors.S）

```
#handlers
.globl alltraps
.globl vector0
```

```
vector0:
 pushl $0
 pushl $0
 jmp alltraps
 ...
vectors:
 .long vector0
 .long vector1
 .long vector2
 ...
```

但在 xv6 的源码中是找不到 vectors.S 这一文件的，因为它是 make 命令构建内核时运行 Perl 脚本 vectors.pl 生成的。

2. 中断向量初始化函数 tvinit()

trap.c 的 tvinit()函数完成中断向量的初始化，tvinit ()函数（3367）在 main() 函数中被调用，它使用 SETGATE 宏设置了 idt[]数组中的 256 项。宏 SETGATE 将调用门的 DPL 置为 0，参数 istrap 被置为 0，从而门的类型被设置为 STS_IG32（3372），中断向量初始化函数 tvinit()如引用 8.3 所示。

引用 8.3　中断向量初始化函数 tvinit()（trap.c）

```
3366 void
3367 tvinit(void)
3368 {
3369 int i;
3370
3371 for(i = 0; i < 256; i++)
3372     SETGATE(idt[i], 0, SEG_KCODE<<3, vectors[i], 0);
3373     SETGATE(idt[T_SYSCALL], 1, SEG_KCODE<<3,
         vectors[T_SYSCALL], DPL_USER);
3374
3375 initlock(&tickslock, "time");
3376 }
3377
```

可见，中断处理程序目标段的段选择符为 SEG_KCODE<<3，所以，其 RPL=0，TI=0，也即使用 GDT。

对于**非系统调用，其门描述符的 DPL 为 0**。

由内核代码段 SEG_KCODE 的描述符定义可知，内核代码段的类型为 STA_X|STA_R=0xA，为非一致代码段，内核代码段的 DPL=0。

由于 CPU 要求中断时 CPL<=DPL，因此用户代码无法通过 int 指令通过 DPL 为 0 的门调用中断处理程序，所以，在用户态除了使用 int 指令来进行系统调用外，不能使用 int n 形式的指令来调用其他中断处理程序，n 为中断号。

3. 宏 SETGATE 设置中断门描述符

对系统调用项，宏 SETGATE 将参数 istrap 设置为 1，从而把门的类型设置为 STS_IG32，指定这是一个陷阱门，陷阱门不会清除 FL 位，使得可以在处理系统调用时接受其他中断；陷阱门的 DPL 为 3，这样可用 int 指令产生一个陷入（3373）。同时也设置系统调用门的权限为 DPL_USER，这使得用户程序可以通过 int 指令产生一个陷入。xv6 不允许进程用 int 来产生其他中断（例如设备中断）；否则就会抛出通用保护异常，也就是发生 13 号中断。中断门描述符结构体 gatedesc 与宏 SETGATE 如引用 5.24 和引用 5.25 所示。

4. IDT 初始化函数 idtinit()

IDT 初始化完成后，mpmain()函数调用初始化函数 idtinit()加载 IDT 到 IDTR（1255），IDT 初始化函数 idtinit()如引用 8.4 所示。

引用 8.4　IDT 初始化函数 idtinit()（trap.c）

```
3378 void
3379 idtinit(void)
3380 {
3381 lidt(idt, sizeof(idt));
3382 }
3383
```

8.1.2　xv6 中断号

1. xv6 中断号的定义

traps.h 定义了 xv6 的如下中断号：

（1）0~19 为处理器预定义的中断号；

（2）64 为系统调用中断号 T_SYSCALL；

（3）500 为默认中断号 T_DEFAULT；

（4）32、33、36、46 分别为时钟、键盘串口 1 和 IDE 中断号（T_IRQ0+X）。

xv6 中断符号定义如引用 8.5 所示。

引用 8.5　xv6 中断符号定义（traps.h）

```
3200 //x86 trap and interrupt constants
3201
3202 //Processor-defined:
3203 #define T_DIVIDE 0        //divide error
3204 #define T_DEBUG 1         //debug exception
3205 #define T_NMI 2           //non-maskable interrupt
3206 #define T_BRKPT 3         //breakpoint
3207 #define T_OFLOW 4         //overflow
3208 #define T_BOUND 5         //bounds check
3209 #define T_ILLOP 6         //illegal opcode
3210 #define T_DEVICE 7        //device not available
3211 #define T_DBLFLT 8        //double fault
3212 // #define T_COPROC 9     //reserved (not used since 486)
3213 #define T_TSS 10          //invalid task switch segment
3214 #define T_SEGNP 11        //segment not present
3215 #define T_STACK 12        //stack exception
3216 #define T_GPFLT 13        //general protection fault
3217 #define T_PGFLT 14        //page fault
3218 // #define T_RES 15       //reserved
3219 #define T_FPERR 16        //floating point error
3220 #define T_ALIGN 17        //aligment check
3221 #define T_MCHK 18         //machine check
3222 #define T_SIMDERR 19      //SIMD floating point error
```

```
3223
3224 // These are arbitrarily chosen, but with care not to overlap
3225 // processor defined exceptions or interrupt vectors.
3226 #define T_SYSCALL 64        //system call
3227 #define T_DEFAULT 500       //catchall
3228
3229 #define T_IRQ0 32           //IRQ 0 corresponds to int T_IRQ
3230
3231 #define IRQ_TIMER 0
3232 #define IRQ_KBD 1
3233 #define IRQ_COM1 4
3234 #define IRQ_IDE 14
3235 #define IRQ_ERROR 19
3236 #define IRQ_SPURIOUS 31
3237
```

除默认中断和系统调用以外，引用 8.5 定义的中断符号按照来源可分为硬件中断和异常。

2. 硬件中断

xv6 处理的硬件中断如表 8.1 所示。

表 8.1　xv6 处理的硬件中断

名　　称	值	出　错　码	说　　明
IRQ_TIMER	0	无	定时器
IRQ_KBD	1	无	键盘
IRQ_COM1	4	无	串口 COM1
IRQ_IDE	14	无	IDE 硬盘

3. 异常

x86 处理器预定义的异常如表 8.2 所示。

表 8.2　x86 处理器预定义的异常

名　　称	值	出　错　码	英 文 说 明	说　　明
T_DIVIDE	0	无	Divide Error	除法错误
T_DEBUG	1	无	Debug Exception	调试异常
T_NMI	2	无	Non-Maskable Interrupt	非可屏蔽中断
T_BRKPT	3	无	Breakpoint	断点
T_OFLOW	4	无	Overflow	溢出
T_BOUND	5	无	Bounds Check	界限检查
T_ILLOP	6	无	Illegal Opcode	不合法操作符
T_DEVICE	7	无	Device Not Available	设备不可用
T_DBLFLT	8	有	Double Fault	双重错误
T_COPROC	9	无	Reserved (Not Used Since 486)	协处理器段越界
T_TSS	10	有	Invalid Task Switch Segment	无效的 TSS

名　　称	值	出　错　码	英 文 说 明	说　　　明
T_SEGNP	11	有	Segment Not Present	段不存在
T_STACK	12	有	Stack Exception	栈异常
T_GPFLT	13	有	General Protection Fault	通用保护异常
T_PGFLT	14	有	Page Fault	页异常
T_RES	15	无	Reserved	保留
T_FPERR	16	无	Floating Point Error	浮点错误
T_ALIGN	17	有	Aligment Check	对齐检查
T_MCHK	18	无	Machine Check	机器检查
T_SIMDERR	19	无	SIMD Floating Point Error	SIMD 浮点错误

8.1.3　中断向量数组与中断向量

1. 中断向量数组 vectors[]

中断 i 的中断处理程序入口点的偏移保存在数组中断向量数组 vectors[] 的第 i 项 vectors[i] 中，其段选择符为内核代码段对应的选择符 SEG_KCODE<<3。IDT 的地址需要加载到每个 CPU 的 IDTR，xv6 中，trap.c 的 lidt() 函数实现这一功能，lidt() 函数被 main.c 中的 mpmain() 函数调用完成 IDTR 的设置。

数组 vectors[] 的值为中断处理程序入口，中断处理程序入口在 Perl 脚本 vectors.pl 生成的汇编 vectors.S 中定义。vectors.pl 的 3272 行的输出定义了数组 vectors[]，存储了每个中断处理程序入口的偏移。

2. vectors.S 样例

vectors.pl 生成的 vectors.S 样例，如引用 8.6 所示。

引用 8.6　vectors.pl 生成的 vectors.S 样例（vectors.S）

```
#generated by vectors.pl - do not edit
#handlers
.globl alltraps
.globl vector0
vector0:
  pushl $0
  pushl $0
  jmp alltraps
.globl vector1
vector1:
  pushl $0
  pushl $1
  jmp alltraps
.globl vector2
vector2:
  pushl $0
  pushl $2
  jmp alltraps
.globl vector3
```

```
vector3:
  pushl $0
  pushl $3
  jmp alltraps
.globl vector4
vector4:
  pushl $0
  pushl $4
  jmp alltraps
.globl vector5
vector5:
  pushl $0
  pushl $5
  jmp alltraps
...
# vector table
.data
.globl vectors
vectors:
  .long vector0
  .long vector1
...
```

3. 中断向量 vectori 的定义

vectors.S 用于给出每个中断号对应入口地址和中断处理的汇编代码，其汇编代码有两种格式，一种要把错误码 0 推入堆栈（**8、10~14、17 号中断除外**）中断，如例 8.1 所示。

例 8.1　错误码 0 入栈的中断处理程序入口代码示例

```
vector1:
  pushl $0
  pushl $1
  jmp alltraps
```

另一种中断处理程序不推入错误码，包括 **8、10~14、17 号**中断，如例 8.2 所示。

例 8.2　无错误码入栈的中断处理程序入口代码示例

```
vector8:
  pushl $8
  jmp alltraps
```

8.1.4　中断响应与中断返回

1. 中断响应

中断可能由外部事件触发，也可能由 CPU 内部的一些异常触发，还可以用指令 int n 或者 into 触发，其中 n 是中断号，指令 into 的中断号是 4。如果是硬件触发，中断号 n 由 CPU 从总线读入；如果是异常，中断号由 CPU 自己产生。不管是哪种情况，处理器响应中断都涉及比较复杂的堆栈操作，过程如下。

（1）从 IDT 中获得第 n 个描述符，对于软件中断，n 就是指令 int 的参数。

（2）如果中断由 int n 或者 into 触发，检查 CS 段寄存器的域 CPL <= DPL，DPL 是第 i 个描述符中记录的特权级。

（3）如果目标段选择符 DPL < CPL，就在 CPU 内部的寄存器中保存原 ESP 和 SS 的值。

（4）从任务描述符中加载新的 SS 和 ESP。

（5）将原 SS 压栈。

（6）将原 ESP 压栈。

（7）将 EFLAGS 压栈。

（8）将原 CS 压栈。

（9）将原 EIP 压栈。

（10）如果有错误码，则错误码压栈。

（11）清除 EFLAGS 的一些位。

（12）设置 CS 和 EIP 为描述符中的值，转入中断处理程序。

说明：

第（2）步中，如果是由 int n 指令或 into 指令出发中断，要检查中断门、陷阱门或任务门描述符中的 DPL 是否满足 CPL<=DPL（对于其他的异常或中断，门的 DPL 被忽略）。xv6 通过中断门或陷阱门转移，比较的是 CS 的 CPL 和门描述符的 DPL。

这种检查可以避免应用程序执行 int n 指令时，使用分配给各种设备用的中断向量号。如果检查不通过，就引起通用保护故障。门描述符中的 P 位必须是 1，表示门描述符是一个有效项，否则就引起段不存在故障。检查通过，根据门描述符类型，分情况转入中断或异常处理程序。

第（3）步中，xv6 通过中断门或陷阱门的转移，而且中断向量号所指示的门描述符是 386 中断门或 386 陷阱门，所以控制转移到当前任务的一个处理程序过程，并且可以变换特权级。为了系统的安全和稳定，内核不能使用用户的栈，因为用户栈可能无效，其栈指针可能指向错误的位置。x86 特权级变化时进行栈切换，栈切换的方法是让硬件从一个任务描述符中读出新的栈选择符和一个新的 ESP 值。因此每个新建的用户进程都构建了一个内核栈 kstack，函数 switchuvm()中（1870~1874）把用户进程的内核栈顶地址 ESP 和堆栈段寄存器 SS 存入 TSS 的 SS0 和 esp0 字段中。xv6 中，字段 ss0 与内核数据段相同，描述符已经在段初始化时建立（1725），而 SEG_TSS 描述符在 switchuvm()函数中建立（1870），如引用 8.7 所示。

引用 8.7　switchuvm()函数中内核 ESP 和 SS 的保存（vm.c）

```
1870 mycpu()->gdt[SEG_TSS] = SEG16(STS_T32A, &mycpu()->ts,
1871 sizeof(mycpu()->ts)-1, 0);
1872 mycpu()->gdt[SEG_TSS].s = 0;
1873 mycpu()->ts.ss0 = SEG_KDATA << 3;
1874 mycpu()->ts.esp0 = (uint)p->kstack + KSTACKSIZE;
```

第（12）步中，与其他调用门的 call 指令一样，从中断门和陷阱门中获取指向处理程序的选择符和偏移。xv6 中，该选择符是指示 GDT 的内核代码描述符，偏移指示处理程序入口点在内核代码段内的偏移量。

图 8.1 展示了执行 int 指令后的内核栈内容。

2. 中断返回

中断返回指令 iret 用于从中断或异常处理程序的返回。xv6 通过中断门或陷阱门转入的中断或异常处理程序返回时，具体进行的操作包括：

（1）从堆栈顶弹出返回指针 EIP 及 CS，然后弹出 EFLAGS 值。

（2）根据弹出的 CS 选择符的 RPL 域，确定返回后的特权级。

（3）若需要改变特权级，从内层堆栈中弹出外层堆栈的指针 ESP 及 SS 的值。这些做法与 ret 指令相似。

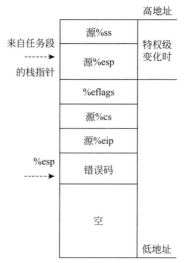

图 8.1　执行 int 指令后的内核堆栈

8.1.5　中断处理程序

xv6 中断处理过程如图 8.2 所示。

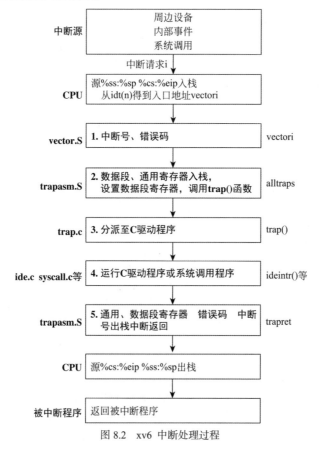

图 8.2　xv6 中断处理过程

1. vectori 过程

过程 vectori 进行错误码处理。

处理器响应中断时如果有错误码，则会在转入中断处理程序前被处理器压栈，为了统一陷阱帧的格式以方便对中断进行一些统一处理。对于没有错误码的中断，xv6 会在中断处理程序的最开始压入一个特殊的错误码 0。对于提供出错代码的异常处理程序，中断返回时**必须先人为地从堆栈中弹出错误码**，然后再执行 iret 指令，错误码不会自动被处理器弹出或取消。

xv6 的 8、10~14 和 17 号中断有错误码，其余无错误码。二者的处理过程分别如下。

1）CPU 压入错误码的中断入口

从 vectors.S 的代码可知，对于 8、10~14 和 17 号中断，它们有错误码，错误码会被 CPU 自动压入堆栈，xv6 中断处理程序第一步把中断号压入堆栈，然后按照需要把错误码压入堆栈，跳转到过程 alltraps，其形式如引用 8.8 所示。

引用 8.8　CPU 压入错码误的中断入口形式（vectors.S）

```
.globl vectori
vectori:
  pushl $i
  jmp alltraps
```

以 vector8 为例，其引用如 8.2 所示。

2）CPU 不压入错误码的中断入口

除 8、10~14、17 号中断外，均无错误码，因此，把 0 入栈，作为错误码，以统一陷阱帧格式，其形式如引用 8.9 所示。

引用 8.9　CPU 不压入错误码的中断入口（vectors.S）

```
.globl vectori
vectori:
pushl $0
pushl $i
jmp alltraps
```

例如，CPU 不压入错误码的 vector3 如引用 8.10 所示。

引用 8.10　CPU 不压入错误码的 vector3（vcectors.S）

```
.globl vector3
Vector3:
pushl $0
pushl $3
jmp alltraps
```

从以上代码可见，所有中断处理程序保存了中断号和错误号，在进入内核之前都必须先保存现场，然后回到用户环境时恢复现场。xv6 采用相同的处理方式陷入内核，都进入 trapasm.S 的过程 alltraps 进行处理。

2. 过程 alltraps

trapasm.S 中的过程 alltraps 主要进行如下处理：

（1）构建堆栈的陷阱帧，保护现场，陷阱帧的指针为%esp；

（2）设置内核的%ds、%es、%fs 和%gs；

（3）调用 trap.c 的 trap(%esp)；

（4）从 trap()函数返回后进入过程 trapret 进行中断返回，恢复现场。

陷阱帧是 trapasm、trap()函数、syscall()函数间调用时保存寄存器和传递参数的纽带。

陷阱帧结构体 trapframe 的定义如引用 8.11 所示。

引用 8.11　陷阱帧结构体 trapframe 的定义（x86.h）

```
0600  //Layout of the trap frame built on the stack by the
0601  //hardware and by trapasm.S, and passed to trap().
0602  struct trapframe {
      //pusha 压入的寄存器
0603  registers as pushed by pusha
0604  uint   edi;
0605  uint   esi;
0606  uint   ebp;
0607  uint   oesp;     useless & ignored
0608  uint   ebx;
0609  uint   edx;
0610  uint   ecx;
0611  uint   eax;
0612  //段寄存器
0613  rest of trap frame
0614  ushort gs;
0615  ushort padding1;
0616  ushort fs;
0617  ushort padding2;
0618  ushort es;
0619  ushort padding3;
0620  ushort ds;
0621  ushort padding4;
0622  uint   trapno;        //陷阱（中断）编号
0623  //x86 硬件定义
0624  below here defined by x86 hardware
0625  uint   err;
0626  uint   eip;
0627  ushort cs;
0628  ushort padding5;
0629  uint   eflags;
0630  //跨特权级时保存的信息
0631  below here only when crossing rings, s
uch as from user to kernel
0632  uint   esp;
0633  ushort ss;
0634  ushort padding6;
0635  };
0636
```

trapasm 调用 trap()函数时传入陷阱帧 tf，并根据 tf->trapno 对不同中断进行不同处理；trap() 函数将当前进程的栈帧设为 "myproc()->tf = tf;"（3406）；syscall()函数通过当前进程的栈帧获取 系统调用功能号 "num = curproc->tf->eax;"（3706）。过程 alltraps 如引用 8.12 所示。

引用 8.12　过程 alltraps（trapasm.S）

```
3302 #vectors.S sends all traps here
3303 .globl alltraps
```

```
3304 alltraps:
3305 #Build trap frame
3306 pushl %ds
3307 pushl %es
3308 pushl %fs
3309 pushl %gs
3310 pushal
3311
3312 #Set up data segments
3313 movw $(SEG_KDATA<<3), %ax
3314 movw %ax, %ds
3315 movw %ax, %es
3316
3317 #Call trap(tf), where tf=%esp
3318 pushl %esp
3319 call trap
3320 addl $4, %esp
3321
3322 #Return falls through to trapret
3323 .globl trapret
3324 trapret:
3325 popal
3326 popl %gs
3327 popl %fs
3328 popl %es
3329 popl %ds
3330 addl $0x8, %esp # trapno and errcode
3331 iret
3332
```

陷阱帧结构体 trapframe 的成员如表 8.3 所示。它由硬件和 trapasm.S 在堆栈构建，3319 行 call trap 语句调用 trap(tf)前，3318 行 pushl %esp 将构造的陷阱帧 tf=%esp 传递给 trap()函数作为参数。

表 8.3　陷阱帧结构体 trapframe 的成员

	成　　员	类　　型	说　　明
低地址 esp*	pusha 压入的寄存器		
alltraps 中 pushal 压入 trapret 中 popal 弹出	edi	4 字节	
	esi	4 字节	
	ebp	4 字节	栈基址
	oesp	4 字节	旧的 esp
	ebx	4 字节	
	edx	4 字节	
	ecx	4 字节	
	eax	4 字节	
段寄存器			

成　员		类　型	说　明
alltraps 压入 trapret 弹出	gs	2 字节	
	padding1	2 字节	填充
	fs	2 字节	
	padding2	2 字节	填充
	es	2 字节	
	padding3	2 字节	填充
	ds	2 字节	
	padding4	2 字节	填充
vectors.S 压入 trapret 弹出	trapno	4 字节	陷入号
x86 硬件定义的信息			
trapret 弹出	err	4 字节	错误号,对于 int 指令未压入错误号的,vectors.S 压入
int 指令压入 iret 指令弹出	eip	4 字节	被中断进程的下一个指令指针
	cs	2 字节	被中断进程的下一个指令段选择符
	padding5	2 字节	填充
	eflags	4 字节	标志寄存器
	只有跨特权级时才保存的信息		
	esp	4 字节	跨特权时,旧的栈指针
	ss	2 字节	跨特权时,旧的栈段
高地址	padding6	2 字节	填充
cpu->ts.esp0			

3. trap()函数

trap.c 中的 trap()函数将中断反派至各中断处理函数,如引用 8.13 所示。trap()函数如表 8.4 所示。

表 8.4　trap()函数对各中断的主要处理

中　断　号	描　　述	主　要　处　理
T_SYSCALL	系统调用	syscall();

T_IRQ0 + IRQ_TIMER	时钟中断	if(cpu->id == 0){
		acquire(&tickslock);
		ticks++;
		wakeup(&ticks);
		release(&tickslock);
		}

续表

中　断　号	描　　述	主　要　处　理
T_IRQ0 + IRQ_IDE	IDE 中断	ideintr();
T_IRQ0 + IRQ_KBD	键盘中断	kbdintr();
T_IRQ0 + IRQ_COM1	串口 1 中断	uartintr();

表 8.4 中 T_SYSCALL 称为系统调用，其余称为驱动程序。稍后对系统调用和驱动程序分别进行描述。

引用 8.13　trap()（trap.c）

```
3400 void
3401 trap(struct trapframe *tf)
3402 {
3403 if(tf->trapno == T_SYSCALL){
3404 if(myproc()->killed)
3405 exit();
3406 myproc()->tf = tf;
3407 syscall();
3408 if(myproc()->killed)
3409 exit();
3410 return;
3411 }
3412
3413 switch(tf->trapno){
3414 case T_IRQ0 + IRQ_TIMER:
3415   if(cpuid() == 0){
3416     acquire(&tickslock);
3417     ticks++;
3418     wakeup(&ticks);
3419     release(&tickslock);
3420   }
3421   lapiceoi();
3422   break;
3423 case T_IRQ0 + IRQ_IDE:
3424   ideintr();
3425   lapiceoi();
3426   break;
3427 case T_IRQ0 + IRQ_IDE+1:
3428   //Bochs generates spurious IDE1 interrupts
3429   break;
3430 case T_IRQ0 + IRQ_KBD:
3431   kbdintr();
3432   lapiceoi();
3433   break;
3434 case T_IRQ0 + IRQ_COM1:
3435   uartintr();
3436   lapiceoi();
3437   break;
...
3463 }
3464
...
3481
```

4. 中断处理函数

根据中断号的不同，以下中断处理函数之一可能被执行：

```
syscall.c    syscall();
ide.c        ideintr();
kbd.c        kbdintr();
uart.c       uartintr();
```

5. 从 trap()函数返回过程 trapret

函数 trap()返回后将继续执行 trapasm.S 的 3320 行代码，用 addl 清除调用 trap()函数前压入的参数，执行 trapret 过程，恢复堆栈，如引用 8.14 所示。

引用 8.14　trapret（trapasm.S）

```
3320 addl $4, %esp
3321
3322 #Return falls through to trapret
3323 .globl trapret
3324 trapret:
3325 popal
3326 popl %gs
3327 popl %fs
3328 popl %es
3329 popl %ds
3330 addl $0x8, %esp # trapno and errcode
3331 iret
```

8.2　系统调用

系统调用过程如图 8.3 所示。

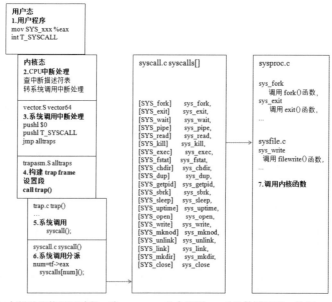

注：返回过程与中断处理的返回过程一致，trapasm.S 中调用 trap()函数返回后，执行 trapret 完成出栈，执行 iret 指令返回。

图 8.3　系统调用过程

8.2.1　系统调用函数

xv6 在 user.h 中为每个系统调用功能定义了一个函数以方便用户程序进行调用,称为系统调用函数,因此一些函数如 fork()（2580）等就有两种模式,一种是用户态的系统调用函数,一种是内核函数负责功能的具体实现。系统调用函数的定义如引用 8.15 所示。此外还有一个内核态的系统函数 sys_fork()把内核函数封装为相应功能号 SYS_fork 的系统调用。

引用 8.15　系统调用函数的定义（user.h）

```
struct stat;
struct rtcdate;
//system calls
int fork(void);
int exit(void) __attribute__((noreturn));
int wait(void);
int pipe(int*);
int write(int, const void*, int);
int read(int, void*, int);
int close(int);
int kill(int);
int exec(char*, char**);
int open(const char*, int);
int mknod(const char*, short, short);
int unlink(const char*);
int fstat(int fd, struct stat*);
int link(const char*, const char*);
int mkdir(const char*);
int chdir(const char*);
int dup(int);
int getpid(void);
char* sbrk(int);
int sleep(int);
int uptime(void);
```

8.2.2　系统调用函数的实现

名为 name 的系统调用是在 usys.S 中通过展开宏 SYSCALL(name)汇编实现的,这样每个系统调用函数都被简化为一个宏展开。宏 SYSCALL(name)的定义如引用 8.16 所示。

引用 8.16　宏 SYSCALL(name)的定义（usys.S）

```
8453 #define SYSCALL(name) \
8454 .globl name; \
8455 name: \
8456 movl $SYS_ ## name, %eax; \
8457 int $T_SYSCALL; \
8458 ret
8459
```

定义各个系统调用函数的宏如引用 8.17 所示。

引用 8.17　定义各个系统调用函数的宏（usys.S）

```
8460 SYSCALL(fork)
```

```
8461 SYSCALL(exit)
8462 SYSCALL(wait)
8463 SYSCALL(pipe)
8464 SYSCALL(read)
8465 SYSCALL(write)
8466 SYSCALL(close)
8467 SYSCALL(kill)
8468 SYSCALL(exec)
8469 SYSCALL(open)
8470 SYSCALL(mknod)
8471 SYSCALL(unlink)
8472 SYSCALL(fstat)
8473 SYSCALL(link)
8474 SYSCALL(mkdir)
8475 SYSCALL(chdir)
8476 SYSCALL(dup)
8477 SYSCALL(getpid)
8478 SYSCALL(sbrk)
8479 SYSCALL(sleep)
8480 SYSCALL(uptime)
8481
```

以 SYSCALL(write)为例，宏 SYSCALL(write)展开后如例 8.3 所示。

例 8.3　宏 SYSCALL(write)展开

```
 globl write;
write:
   movl $SYS_ write, %eax;
   int $T_SYSCALL;
   ret
```

SYSCALL(write)实质是把系统调用的功能号放入%eax 中，使用 int T_SYSCALL 中断，%eax 用于区分调用的功能。

int 指令执行后将转入中断处理程序。

8.2.3　系统调用分派

1. 从 trap()函数进入系统调用

按照上一部分的描述，中断发生后 trap()函数中当中断是 T_SYSCALL 时调用系统调用中断处理函数 syscall()（3407），syscall()函数的参数功能号通过%eax 传入以执行相应函数，执行结果放入%eax 中（3708）。函数 trap()中通过调用 sysycall()函数如引用 8.18 所示。

引用 8.18　函数 trap()中通过调用 sysycall()函数（trap.c）

```
3400 void
3401 trap(struct trapframe *tf)
3402 {
3403 if(tf->trapno == T_SYSCALL){
3404   if(myproc()->killed)
3405     exit();
3406   myproc()->tf = tf;
3407   syscall();
```

```
3408    if(myproc()->killed)
3409      exit();
3410    return;
3411  }
3412
...
3480  }
```

2. 系统调用中断处理函数 syscall()

系统调用中断处理函数 syscall()如引用 8.19 所示,它根据系统调用号调用相应的内核函数 (3708),系统调用号就是当前进程陷阱帧中保存的 tf->eax 的值(3706),系统调用的返回值也保存到当前进程陷阱帧中的 tf->eax,中断返回后传递给用户程序(3708)。

引用 8.19 系统调用中断处理函数 syscall()(syscall.c)

```
3700 void
3701 syscall(void)
3702 {
3703 int num;
3704 struct proc *curproc = myproc();
3705
3706 num = curproc->tf->eax;
3707 if(num > 0 && num < NELEM(syscalls) && syscalls[num]) {
3708   curproc->tf->eax = syscalls[num]();
3709 } else {
3710   cprintf("%d %s: unknown sys call %d\n",
3711   curproc->pid, curproc->name, num);
3712   curproc->tf->eax = -1;
3713 }
3714 }
3715
```

8.2.4 函数指针数组与系统函数

1. 函数指针数组 syscalls[]的定义

syscall()函数根据%eax 的值 num 查找函数指针数组 syscalls[],通过函数指针 syscalls[num]() 调用相应的系统功能。

形如 sy_xxx 的函数称为系统函数,它是功能号 SYS_xxx 的系统功能在内核中的实现,功能号 SYS_xxx 在 syscall.h 中定义,系统函数 sys_fork()、sys_exit()、sys_wait()、sys_kill()、sys_exec() 和 sys_getpid()在 sysproc.c 中实现,其余系统函数在 sysfile.c 中实现,函数指针数组 syscalls[]的定义如引用 8.20 所示。

引用 8.20 函数指针数组 syscalls[]的定义(syscall.c)

```
3672 static int (*syscalls[])(void) = {
3673 [SYS_fork] sys_fork,
3674 [SYS_exit] sys_exit,
3675 [SYS_wait] sys_wait,
3676 [SYS_pipe] sys_pipe,
3677 [SYS_read] sys_read,
3678 [SYS_kill] sys_kill,
```

```
3679 [SYS_exec] sys_exec,
3680 [SYS_fstat] sys_fstat,
3681 [SYS_chdir] sys_chdir,
3682 [SYS_dup] sys_dup,
3683 [SYS_getpid] sys_getpid,
3684 [SYS_sbrk] sys_sbrk,
3685 [SYS_sleep] sys_sleep,
3686 [SYS_uptime] sys_uptime,
3687 [SYS_open] sys_open,
3688 [SYS_write] sys_write,
3689 [SYS_mknod] sys_mknod,
3690 [SYS_unlink] sys_unlink,
3691 [SYS_link] sys_link,
3692 [SYS_mkdir] sys_mkdir,
3693 [SYS_close] sys_close,
3694 };
3695
```

2. 系统函数 sys_xxx()的实现

系统函数 sys_xxx()调用相应的内核函数实现其功能，例如 sys_write()函数调用 filewrite()函数实现其功能，如引用 8.21 所示。

引用 8.21　系统函数 sys_write()的实现（sysfile.c）

```
6150 int
6151 sys_write(void)
6152 {
6153 struct file *f;
6154 int n;
6155 char *p;
6156
6157 if(argfd(0, 0, &f) < 0 || argint(2, &n) < 0 || argptr(1, &p, n) < 0)
6158   return -1;
6159 return filewrite(f, p, n);
6160 }
6161
```

8.2.5　提取调用参数

引用 8.21 中 filewrite()函数的参数 f、p、n 是从哪里来的呢？这得从系统调用 int write(int, void*, int)函数说起。

从 3.3 节函数调用与堆栈部分可知，从当调用用户态函数 write(int, void*, int)时，这三个参数将按从左到右的顺序存入用户堆栈，那么如何获得系统调用的参数呢？

中断响应时，处理器将用户堆栈的 ss 和 esp 压栈，trap()函数设置当前进程的陷阱帧 myproc()->tf 后（3406 myproc()->tf = tf;），tf->ss 和 tf->esp 指向了被中断的**用户程序的栈帧**，对于系统调用而言，它保存了中断指令 int 执行前的**用户堆栈**的指针，因此可以通过 tf->ss 和 tf->esp 获得存储在栈帧的调用参数。tf->esp 指向了系统调用的返回地址（可参考 0 中的函数调用与堆栈部分），返回地址占 4 字节，tf->esp+4 开始存放了第 0 个参数，第 n 个参数位于 tf->esp+4+4*n。

xv6 实现了 argint()、argptr()和 argstr()三个函数，用于以整数、指针或字符串地址的形式获取系统调用的参数。

1. 整数参数函数 argint()

整数参数函数 argint ()调用 fetchint()函数从用户内存地址提取值到 *ip，如引用 8.22 所示。

引用 8.22 整数参数函数 argint()提取整型参数（syscall.c）

```
3600 //Fetch the nth 32-bit system call argument
3601 int
3602 argint(int n, int *ip)
3603 {
3604 return fetchint((myproc()->tf->esp) + 4 + 4*n, ip);
3605 }
3606
```

需要注意的是，**(myproc()->tf->esp)**是用户栈的指针。

因为用户空间和内核空间在同一个页表，fetchint()函数可以简单地将这个地址直接转换成一个指针，但是内核必须检验这个指针的确指向的是用户内存空间的一部分。内核已经设置好了页表来保证本进程无法访问它的私有地址以外的内存：如果一个用户尝试读或者写高于（包含）p->sz 的地址，处理器会产生一个段中断使得系统崩溃。因此，必须要检查用户提供的地址是在 p->sz 之下的。提取整数函数 fetchint()如引用 8.23 所示。

引用 8.23 提取整数函数 fetchint()（syscall.c）

```
3565 //Fetch the int at addr from the current process
3566 int
3567 fetchint(uint addr, int *ip)
3568 {
3569 struct proc *curproc = myproc();
3570
3571 if(addr >= curproc->sz || addr+4 > curproc->sz)
3572   return -1;
3573 *ip = *(int*)(addr);
3574 return 0;
3575 }
3576
```

2. 指针参数函数 argptr()

指针参数函数 argptr()调用 argint()函数把第 n 个参数当作整数来获取，然后把这个整数转换为指针，检查以确保它在用户空间的范围内。指针参数函数如引用 8.24 所示。

引用 8.24 argptr()函数提取指针参数（syscall.c）

```
3610 int
3611 argptr(int n, char **pp, int size)
3612 {
3613 int i;
3614 struct proc *curproc = myproc();
3615
3616 if(argint(n, &i) < 0)
3617   return -1;
3618 if(size < 0 || (uint)i >= curproc->sz || (uint)i+size > curproc->sz)
3619   return -1;
3620 *pp = (char*)i;
```

```
3621 return 0;
3622 }
3623
```

3. 字符串参数函数 argstr()

字符串参数函数 argstr()将第 n 个系统调用参数解析为指针。它调用 argint()函数来把第 n 个参数当作整数来获取，然后调用 fetchstr()函数提取字符串，fetchstr()函数确保这个指针是一个以 NUL 结尾的字符串并且整个完整的字符串都在用户地址空间中，字符串参数函数 argint()如引用 8.25 所示。

引用 8.25　字符串参数函数 argstr()（syscall.c）

```
3628 int
3629 argstr(int n, char **pp)
3630 {
3631 int addr;
3632 if(argint(n, &addr) < 0)
3633   return -1;
3634 return fetchstr(addr, pp);
3635 }
```

8.2.6　系统调用示例

用户函数 cat()调用了系统调用函数 write()，用户函数 cat()如引用 8.26 所示。

引用 8.26　用户函数 cat()（cat.c）

```
void
cat(int fd)
{
  int n;
  while((n = read(fd, buf, sizeof(buf))) > 0)
    write(1, buf, n);   //系统调用
  if(n < 0){
    printf(1, "cat: read error\n");
    exit();
  }
}
```

1. write()调用函数

引用 8.26 中调用的 write()函数在 usys.S 中实现，如引用 8.27 所示。

引用 8.27　usys.S 中实现的 write()函数（usys.S）

```
 .globl write;
 write:
   movl $SYS_ write, %eax;
   int $T_SYSCALL;
   ret
```

2. 进入 vectors.S 的系统调用入口

功能号放入 EAX，使用中断号$T_SYSCALL 进行系统调用，CPU 根据 idt[]数组中的入口地址调用 vectors.S 中的 vector64 中断处理程序入口代码，其定义如引用 8.28 所示。

引用 8.28　中断处理程序入口代码 vector64 的定义（vectors.S）

```
vector64:
  pushl $0
  pushl $64
  jmp alltraps
```

3. 进入 trapasm.S 中断处理程序中的汇编代码

错误码 0 和中断号 64 进入堆栈，转入 trapasm.S 的过程 alltraps，过程 alltraps 调用函数 trap()，如引用 8.29 所示。

引用 8.29　过程 alltraps 调用函数 trap()（trapasm.S）

```
3303  .globl alltraps
3304  alltraps:
3305  #Build trap frame
...
3319  call     trap
...
```

4. 调用 trap()函数

调用 trap.c 的 trap()函数，其定义如引用 8.30 所示。

引用 8.30　trap()函数的定义（trap.c）

```
3400  void
3401  trap(struct trapframe *tf)
3402  {
3403  if(tf->trapno == T_SYSCALL){
3404    if(proc->killed)
3405       exit();
3406    proc->tf = tf;
3407    syscall();
...
3480  }
```

5. 调用 syscall.c 的 syscall()函数

调用 syscall.c 的 syscall()函数，syscall()函数的定义如引用 8.19 所示。

6. 调用 sysfile.c 的 sys_write()函数

根据系统调用的功能号，sysfile.c 的 sys_write()函数被调用，其定义如引用 8.31 所示。

引用 8.31　sys_write()函数的定义（sysfile.c）

```
6150 int
6151 sys_write(void)
6152 {
6153 struct file *f;
6154 int n;
6155 char *p;
6156
6157 if(argfd(0, 0, &f) < 0 || argint(2, &n) < 0 || argptr(1, &p, n) < 0)
6158   return -1;
6159 return filewrite(f, p, n);
6160 }
6161
```

第 6159 行中，内核函数 filewrite()被调用；经过层层深入最终从系统调用 write()函数进入内核函数，也从用户态进入内核态。filewrite()函数的三个参数分别由 argfd(0, 0, &f)、argptr(1, &p, n)和 argint(2, &n)从用户堆栈 ESP+4、ESP+8 和 ESP+12 处获得。

8.3　驱动程序

xv6 主要实现了可编程计时器（Programming Interval Timer，PIT）即时钟的驱动程序、硬盘 IDE 的驱动程序、键盘 KBD 的驱动程序和串口 UART 的驱动程序，分别对应时钟中断、IDE 中断、KBD 中断和 UART1 中断。每个硬件中断处理的最后都调用 lapiceoi()函数；它通知硬件结束中断处理（End-Of-Interrupt，EOI），否则系统将不会再触发相同中断号的中断。

1. 时钟中断

trap.c 的 trap()函数对时钟中断做如下处理，如引用 8.32 所示。

引用 8.32　时钟中断的处理（trap.c）

```
3414 case T IRQo+IRQ TIMER:
3415  if(cpu->id == 0){
3416    acquire(&tickslock);
3417    ticks++;
3418    wakeup(&ticks);
3419    release(&tickslock);
3420 }
3421 lapiceoi();
```

它指定由 0 号 CPU 来处理时钟中断，对时钟的嘀嗒数 ticks 做更新（加 1），调用 wakeup()函数唤醒在该事件上睡眠的进程。wakeup()函数在 proc.c 中实现。

2. IDE 中断

trap.c 的 trap()函数对 IDE 中断做如下处理，如引用 8.33 所示。

引用 8.33　IDE 中断的处理（trap.c）

```
3423  case T IRQo+IRQ IDE:
3424  ideintr();
3425  lapiceoi();
```

它调用 ideintr()函数来处理，该函数在驱动程序 ide.c 中实现。

3. KBD 中断

trap.c 的 trap()函数对 KBD 中断做如下处理，如引用 8.34 所示。

引用 8.34　KBD 中断的处理（trap.c）

```
3430  case T IRQo+KBD:
3431  kbdintr();
3432  lapiceoi();
```

它调用 kbdintr()函数来处理，该函数在驱动程序 kbd.c 中实现。

4. UART 中断

trap.c 的 trap()函数对 UART 中断做如下处理，如引用 8.35 所示。

引用 8.35　UART 中断的处理（trap.c）

```
3433 case T_IRQ0+IRQ_COM1:
3435   uartintr();
3436   lapiceoi();
```

它调用 uartintr() 函数来处理，该函数在驱动程序 uart.c 中实现。
各硬件的驱动程序细节将在各硬件相关章节中介绍。

8.4　中断与系统调用及内核堆栈

8.4.1　中断与系统调用处理过程

综合 8.1~8.3 节，整个中断与系统调用处理过程可总结如表 8.5 所示。

表 8.5　中断与系统调用处理过程

文　件	函数、过程	代码或注释	代码或注释
1 vectors.S	vectori	CPU 压入错误码	CPU 不压入错误码
		.globl vectori	.globl vectori
		vectori:	vectori:
			pushl $0 #错误码
		pushl $i	pushl $i #中断号
		jmp alltraps	转入过程 alltraps
2 trapasm.S	alltraps	3303 .globl alltraps	
		3304 alltraps:	
		3305 # Build trap frame.	
		3306 pushl %ds	
		3307 pushl %es	
		3308 pushl %fs	
		3309 pushl %gs	
		3310 pushal	通用寄存器入栈
		3312 # Set up data segments.	
		3313　movw　$(SEG_KDATA<<3), %ax	设置数据段
		3314 movw %ax, %ds	
		3315 movw %ax, %es	
		3318 pushl %esp	trap()函数的参数&tf 入栈
		3319 call trap	调用 trap()函数

文　件	函数、过程	代码或注释	代码或注释
trap()			
3 trap.c	trap()	分配至各中断处理程序	
	中断号	主要处理	描述
	T_IRQ0 + IRQ_TIMER	…	时钟中断
	T_IRQ0 + IRQ_IDE	ideintr();	IDE 中断
	T_IRQ0 + IRQ_KBD	kbdintr();	键盘中断
	T_IRQ0 + IRQ_COM1	uartintr();	串口 1 中断
	T_SYSCALL	3406 myproc()->tf = tf; 3407 syscall();	系统调用
4.ide.c 等	ideintr()等	C 驱动程序	
或分配至系统调用			
5.syscall.c	syscall()	3706 num = curproc->tf->eax;	取得 num
		3708 curproc->tf->eax = syscalls[num]();	分派系统调用至函数 sys_ ×××()

6.sysproc.c	sys_fork,sys_exit,sys_wait,
	sys_kill,sys_exec,sys_getpid,
		int
		sys_×××(void)
		{
		　return ×××();
		}
			调用 proc.c 中名为×××的函数

7.sysfile.c	其余 sys_×××	…	调用 file.c 中名为×××的函数
trapret			
8.trapasm.S	trapret	3320 addl $4, %esp	pushl %esp 压入的内容出栈
		3323 .globl trapret	
		3324 trapret:	
		3325 popal	通用寄存器出栈
		3326 popl %gs	
		3327 popl %fs	
		3328 popl %es	
		3329 popl %ds	
		3330 addl $0x8, %esp	trapno errcode 出栈
9.中断返回		3331 iret	

8.4.2 中断的内核堆栈

中断处理过程各个阶段内核栈的变化如图 8.4 所示。图中存寄器 edi 起始处的堆栈指针被作为 3319 行调用 trap()函数时的参数 tf。

高地址　cpu->ts.esp0

特权级改变时压入，旧的栈段	填充字 6、ss	中断时 CPU 压入
特权级改变时压入，旧的栈指针	esp	
	eflags	
	填充字 5、cs	
iret 指令弹出	eip	
trapret 弹出	错误码	vectori 或 CPU 压入
trapret 弹出	中断号	vectori 压入
	填充字 4、ds	alltraps 压入
	填充字 3、es	
	填充字 2、fs	
trapret 弹出	填充字 1、gs	
	eax	alltraps：pushal 压入
	ecx	
	edx	
	ebx	
	oesp	
	ebp	
	esi	
trapret：popal 弹出	edi	<-esp 作为 trap()的参数 tf
	空	
	…	
低地址　p->kstack	空	

图 8.4　中断处理过程的内核堆栈的变化

第9章

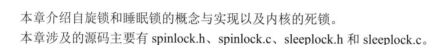

锁

本章介绍自旋锁和睡眠锁的概念与实现以及内核的死锁。

本章涉及的源码主要有 spinlock.h、spinlock.c、sleeplock.h 和 sleeplock.c。

9.1 自旋锁

9.1.1 自旋锁的概念

1. 竞争问题

xv6 是多任务系统，当多个任务并发访问共享内存等资源时，可能会造成相互干扰，使得数据处于不一致状态，这一问题称为竞争问题。例如，进程 p0 和 p1 对共享的值为 5 的变量 i 分别进行 i++ 和 i-- 操作，由于编译时一个 C 语句被编译做几个指令，i++ 被编译为以下三个伪汇编语句：

```
a. mov i,r0
b. inc r0
c. mov r0,i
```

i-- 被编译为以下三个伪汇编语句：

```
d. mov i,r0
e. dec r0
f. mov r0,i
```

由于并发时 a、b、c 与 d、e、f 可能出现交叉执行的情况，例如执行顺序为 a、b、d、e、f、c，则结果 i 的终值为 4，显然这是错误的。因此协作的进程需要一定的互斥机制，保证共享资源只能被一个进程访问，这些资源称为临界资源，涉及临界资源修改的代码区域称为临界区。

2. 自旋锁

自旋锁是实现互斥的重要机制，xv6 实现了自旋锁 spinlock，自旋锁结构体 spinlock 的定义如引用 9.1 所示。

引用 9.1　自旋锁结构体 spinlock 的定义（x86.h）

```
1500 //Mutual exclusion lock
1501 struct spinlock {
1502 uint locked;          //Is the lock held
1503
1504 //For debugging
1505 char *name;           //Name of lock
1506 struct cpu *cpu;      //The cpu holding the lock
1507 uint pcs[10];         //The call stack (an array of program counters)
1508 //that locked the lock
1509 };
1510
```

自旋锁结构体 spinlock 的成员如表 9.1 所示。它用 locked 来表示锁的状态，locked 为 1 时表示被占用，为 0 时锁表示空闲。

表 9.1　自旋锁结构体 spinlock 的成员

成　员	含　义
locked	锁的状态
name	锁的名称
cpu	持有所得 CPU
pcs	加锁者的调用栈（程序计数器数组）

xv6 中使用的锁如表 9.2 所示。

表 9.2　xv6 中使用的锁

锁	描　述
bcache.lock	保护块缓冲 bcache(buffer cache)
cons.lock	序列化访问控制台硬件，以防止多个输出的交叉
ftable.lock	序列化文件表 file table 中的文件分配
icache.lock	保护文件 inode cache 项目的分配
idelock	序列化访问磁盘硬件和磁盘队列
kmem.lock	序列化内存分配
log.lock	序列化事务日志的操作
pipe's p->lock	序列化每个管道的操作
ptable.lock	序列化上下文切换、进程状态与进程表的操作
ticks lock	序列化 ticks 计数器的操作
inode's ip->lock	序列化每个 inode 及内容的操作
buf's b->lock	序列化每个缓冲块的操作

9.1.2 自旋锁的实现

1. 原子交换函数

自旋锁实现的核心原理是通过原子操作 xchg() 函数来测试状态变量 locked 并设置其值为 1，xchg() 函数返回 locked 原来的值。当返回值为 1 时，说明其他线程占用了该锁，继续循环等待；当返回值为 0 时，说明其他地方没有占用该锁，同时 locked 被设置成 1，所以该锁被此调用者占用，原子交换函数如引用 9.2 所示。

引用 9.2 原子交换函数 xchg()（x86.h）

```
0568 static inline uint
0569 xchg(volatile uint *addr, uint newval)
0570 {
0571 uint result;
0572
     //0 addr,1 result
     //输出 result 限定为 eax,*addr 进行了读、改、写
     //newval 匹配操作数 1
     //"cc" 条件寄存器改变
0573 //The + in "+m" denotes a read-modify-write operand
0574 asm volatile("lock; xchgl %0, %1" :
0575 "+m" (*addr), "=a" (result) :
0576 "1" (newval) :
0577 "cc");
0578 return result;
0579 }
```

spinlock.c 中 acquire() 函数和 release() 函数分别调用 xchg() 函数来实现锁的获取和释放。

2. 获取锁函数 acquire()

函数 acquire() 的功能是获取锁 lk，获取锁函数 acquire() 如引用 9.3 所示，其主要过程如下。

（1）调用 pushcli() 函数带计数地关中断，以防死锁（1576）。

（2）检查确保该 CPU 不持有该锁（1577、1578）。

（3）循环执行原子操作 xchg(&lk->locked, 1) 直到获取锁（1581、1582）。

（4）设置临界区配置（1587）。

（5）记录持有锁的 CPU、记录加锁者的调用栈（1590、1591）。

引用 9.3 获取锁函数 acquire()（spinlock.c）

```
1573 void
1574 acquire(struct spinlock *lk)
1575 {
1576 pushcli();          //带计数地关中断以避免死锁
1577 if(holding(lk))
1578   panic("acquire");
1579
1580 //The xchg is atomic
1581 while(xchg(&lk->locked, 1) != 0)
1582   ;
     //__sync_synchronize()是临界区屏障,它告诉编译器和处理器
     //对数据存取指令的优化不能超过这一屏障
     //确保锁释放前临界区能被所有的 CPU 都能看
```

```
1587 __sync_synchronize();
1588
1589 //Record info about lock acquisition for debugging
1590 lk->cpu = mycpu();
1591 getcallerpcs(&lk, lk->pcs);
1592 }
1593
```

3. 释放锁函数 release()

release()函数的作用是释放锁。

release()函数如引用 9.4 所示，其主要过程如下。

（1）检查确保该 CPU 持有该锁（1604、1605）。

（2）修改记录加锁者的调用栈为 0（1607）。

（3）修改持有锁的 CPU 为 0（1608）。

（4）设置临界区屏障（1615）。

（5）执行 lk->locked=0 的指令，保证赋值操作的原子性，打开锁（1620）。

（6）带计数地开中断（1621）。

引用 9.4　释放锁函数 release()（spinlock.c）

```
1601 void
1602 release(struct spinlock *lk)
1603 {
1604 if(!holding(lk))
1605   panic("release");
1606
1607 lk->pcs[0] = 0;
1608 lk->cpu = 0;
1609
    //__sync_synchronize()是临界区屏障,它告诉编译器和处理器
    //对数据存取指令的优化不能超过这一屏障
    //确保锁释放前临界区能被所有的CPU都能看
1615 __sync_synchronize();
1616
    //释放锁，等价于 lk->locked = 0
    //没有用 C 语言的赋值操作是因为 C 语言的赋值操作无法保证其原子性
1620 asm volatile("movl $0, %0" : "+m" (lk->locked) : );
1621
1622 popcli();    //带计数地开中断
1623 }
1624
```

4. 带计数关中断函数 pushcli()

pushcli()函数是带计数关中断函数。

pushcli()函数如引用 9.5 所示。每执行一次，该 CPU 的 ncli 计数加 1，若加 1 之前 ncli 为 0，则记录中断使能标志位的初始状态到 cpu->intena 中。

引用 9.5　带计数关中断函数 pushcli()（spinlock.c）

```
1666 void
1667 pushcli(void)
1668 {
```

```
1669 int eflags;
1670
1671 eflags = readeflags();
1672 cli();
1673 if(mycpu()->ncli == 0)
1674   mycpu()->intena = eflags & FL_IF;
1675 mycpu()->ncli += 1;
1676 }
1677
```

5. 带计数开中断函数 popcli()

popcli()函数是带计数开中断函数。

popcli()函数如引用 9.6 所示，每执行一次，该 CPU 的 ncli 计数减 1，若 ncli 为 0，则恢复中断使能标志位的初始状态。

引用 9.6　带计数开中断函数 popcli()（spinlock.c）

```
1678 void
1679 popcli(void)
1680 {
1681 if(readeflags()&FL_IF)
1682   panic("popcli - interruptible");
1683 if(--mycpu()->ncli < 0)
1684   panic("popcli");
1685 if(mycpu()->ncli == 0 && mycpu()->intena)
1686   sti();
1687 }
1688
```

6. 调用栈追踪函数 getcallerpcs()

getcallerpcs()函数记录 acquire()函数的调用栈，方法是追踪 EBP 链，找到 EBP 和 EIP，将 EIP 记录到 pcs 中。传入的参数指针 v 是 acquire()函数的调用者栈帧中传入调用参数 lk 的位置，则 ebp = (uint*)v-2 得到了 acquire()的栈帧 EBP，根据栈帧结构，ebp[0]存放了上一个栈帧 EBP，这样就可以通过而 EBP 追踪栈帧，形成了一个栈帧链表；ebp[1]的位置则存放了调用的返回地址。

getcallerpcs()函数如引用 9.7 所示，其主要过程如下。

（1）从参数 v 取得当前栈帧的%ebp（1631）。

（2）循环最多 10 次（1633）。

（3）确保 ebp 在内核空间（1634、1635）。

（4）记录栈帧中的 eip 到 pcs[i]（1636）。

（5）取得下一个栈帧的 edp（1637）。

（6）不足 10 个栈帧的，将剩余的 pcs[]元素清 0（1639、1640）。

引用 9.7　调用栈追踪函数 getcallerpcs()（spinlock.c）

```
1627 getcallerpcs(void *v, uint pcs[])
1628 {
1629 uint *ebp;
1630 int i;
1631
1632 ebp = (uint*)v - 2;
```

```
1633 for(i = 0; i < 10; i++){
1634 if(ebp == 0 || ebp < (uint*)KERNBASE || ebp == (uint*)0xffffffff)
1635   break;
1636 pcs[i] = ebp[1]; //saved %eip
1637 ebp = (uint*)ebp[0]; //saved %ebp
1638 }
1639 for(; i < 10; i++)
1640   pcs[i] = 0;
1641 }
1642
```

7. 持有锁函数 holding()

holding()函数检查当前 CPU 是否已经持有该锁。

holding()函数如引用 9.8 所示，其主要过程如下。

（1）关中断（1655）。

（2）检查是否已上锁而且锁的所有者为当前 CPU（1656）。

（3）关中断（1657）。

引用 9.8　持有锁函数 holding()（spinlock.c）

```
1651 int
1652 holding(struct spinlock *lock)
1653 {
1654 int r;
1655 pushcli();   //关中断以免锁的状态改变
1656 r = lock->locked && lock->cpu == mycpu();
1657 popcli();    //开中断
1658 return r;
1659 }
1660
```

8. 自旋锁初始化函数 initlock()

initlock()函数初始化自旋锁。

initlock()函数的如引用 9.9 所示，其主要过程如下。

（1）设置 lk 的名字为 name（1564）。

（2）设置 llk->ocked=0（未占用）（1565）。

（3）设置 lk->cpu=0（无 CPU 使用）（1566）。

引用 9.9　自旋锁初始化函数 initlock()（spinlock.c）

```
1561 void
1562 initlock(struct spinlock *lk, char *name)
1563 {
1564 lk->name = name;
1565 lk->locked = 0;
1566 lk->cpu = 0;
1567 }
1568
```

9.2 睡眠锁

9.2.1 睡眠锁的概念

1. 空转问题

想获取自旋锁的进程需要不断测试其是否空闲，如果一个自旋锁被长期占用，那么将浪费大量 CPU 时间，这一问题称为空转问题。为避免空转，可让需要获得锁的进程进入睡眠状态，当锁被释放时再唤醒它。

xv6 单独设计睡眠锁（Sleep Lock）来实现这一思想。由于获取睡眠锁的过程中可能会放弃对 CPU 的占用，**睡眠锁不能像自旋锁一样获取锁时关闭中断**，否则可能会产生死锁。例如，如果线程 T1 持有锁不能主动放弃该锁，第二个线程 T2 尝试获取该锁时则可能会产生死锁。

绝大部分情况下自旋锁能够满足需求，睡眠锁只在文件系统中用来协调长时间的磁盘处理。

2. 睡眠锁

睡眠锁结构体 sleeplock 的定义及成员分别如引用 9.10 和表 9.3 所示。

引用 9.10　睡眠锁结构体 sleeplock 的定义（sleeplock.h）

```
3901 struct sleeplock {
3902 uint locked;              //Is the lock held
3903 struct spinlock lk;       //spinlock protecting this sleep lock
3904
3905 //For debugging
3906 char *name;               //Name of lock.
3907 int pid;                  //Process holding lock
3908 };
3909
```

表 9.3　睡眠锁结构体 spinlock 的成员

成　员	含　义
locked	锁的状态
lk	自旋锁
name	锁的名称
cpu	持有锁的 CPU
pcs	加锁者的调用栈（程序计数器数组）

9.2.2 睡眠锁的实现

睡眠锁的核心原理是用状态变量 locked 来表示睡眠锁的状态，然后定义一个自旋锁来保护对睡眠锁状态的修改，保证取得睡眠锁与转入睡眠时以及释放睡眠锁唤醒时睡眠锁状态修改的原子性。如果睡眠锁被占用，它的自旋锁&lk->lk 在 sleep()函数中会被释放（2892），其他要检查 locked 状态的线程就可以进行。

1. 获取睡眠锁函数 acquiresleep()

获取睡眠锁函数 acquiresleep()如引用 9.11 所示，其主要过程如下。

（1）获取睡眠锁的自旋锁&lk->lk（4624）。

（2）循环检查睡眠锁的状态 lk->locked，如果被持有则在睡眠锁 lk 上带着自旋锁&lk->lk 进入睡眠（4625~4627）。

（3）如果睡眠锁没有被占用则改变睡眠锁的状态 lk->locked 为 1 表示加锁状态，从而取得锁的使用权（4628）。

（4）记录睡眠锁的持有者的 pid 为当前进程的 pid（4629）。

（5）释放睡眠锁的自旋锁&lk->lk（4630）。

引用 9.11　获取睡眠锁函数 acquiresleep()（sleeplock.c）

```
4621 void
4622 acquiresleep(struct sleeplock *lk)
4623 {
4624 acquire(&lk->lk);
4625 while (lk->locked) {
4626    sleep(lk, &lk->lk);
4627    }
4628 lk->locked = 1;
4629 lk->pid = myproc()->pid;
4630 release(&lk->lk);
4631 }
4632
```

2. 释放睡眠锁函数 releasesleep()

释放睡眠锁函数 releasesleep()如引用 9.12 所示，其主要过程如下。

（1）获取睡眠锁的自旋锁&lk->lk（4636）。

（2）睡眠锁的状态 lk->locked 置 0（4637）。

（3）记录睡眠锁的持有者的 pid 置 0（4638）。

（4）唤醒在睡眠锁 lk 上睡眠的进程（4639）。

（5）释放睡眠锁的自旋锁&lk->lk（4640）。

引用 9.12　释放睡眠锁函数 releasesleep()（sleeplock.c）

```
4633 void
4634 releasesleep(struct sleeplock *lk)
4635 {
4636 acquire(&lk->lk);
4637 lk->locked = 0;
4638 lk->pid = 0;
4639 wakeup(lk);
4640 release(&lk->lk);
4641 }
4642
```

3. 持有睡眠锁函数 holdingsleep()

holdingsleep()函数检查睡眠锁是否被当前进程持有。

holdingsleep()函数如引用 9.13 所示，其主要过程如下。

（1）获取睡眠锁的自旋锁&lk->lk（4655）。

（2）检查睡眠锁是否被当前进程持有（4656）。

（3）释放睡眠锁的自旋锁&lk->lk（4657）。

引用 9.13　持有睡眠锁函数 holdingsleep()（sleeplock.c）

```
4650 int
4651 holdingsleep(struct sleeplock *lk)
4652 {
4653 int r;
4654
4655 acquire(&lk->lk);
4656 r = lk->locked && (lk->pid == myproc()->pid);
4657 release(&lk->lk);
4658 return r;
4659 }
4660
```

4. 初始化睡眠锁函数 initsleeplock()

初始化睡眠锁函数 initsleeplock()如引用 9.14 所示，其主要过程如下。

（1）初始化睡眠锁 lk 的自旋锁 lk->lk（4615）。

（2）设置其名称（4617）。

（3）locked 置为 0（4618）。

（4）pid 置为 0（4619）。

引用 9.14　初始化睡眠锁函数 initsleeplock()（sleeplock.c）

```
4612 void
4613 initsleeplock(struct sleeplock *lk, char *name)
4614 {
4615 initlock(&lk->lk, "sleep lock");
4616 lk->name = name;
4617 lk->locked = 0;
4618 lk->pid = 0;
4619 }
4620
```

9.3　内核的死锁

在抢占式进程调度方式下，当内核占用一个锁时发生中断，中断处理程序中又需要获得该锁，这样就会造成死锁。*xv6 Book* 中给出了以下具体例子。

假设 iderw()函数持有 idelock，然后中断发生，开始运行 ideintr()函数。ideintr()函数会试图获得 idelock，但却发现 idelock 已经被占用了，于是就等着它被释放。这样，锁 idelock 就永远不会被释放了，因为只有 iderw()函数能释放它，但又只有 ideintr()函数返回 iderw()函数才能继续运行，这样就会造成处理器和整个系统死锁。

因此，如果中断处理程序使用了某个自旋锁，处理器就不能在允许中断的情况下持有该锁。xv6 设计了一种简单粗暴的机制：当处理器进入一个自旋锁的临界区时，总是关闭该处理器的中断。xv6 通过 pushcli()和 popcli()这两个函数来完成中断的开和关。

为了处理临界区嵌套的情况，pushcli()函数（1555）和 popcli()函数（1566）除了进行 cli 和 sti 操作外，还使用 cpu 结构体的 ncli 成员做了计数工作，以防止错误打开中断。这与多个法院查封同一资产类似，每个法院进行查封时加一个封条，解除查封时撕去一个封条，当所有的封条都撕去时，该资产回到原来的状态。这样就需要调用 n 次 popcli()函数来抵消 n 次 pushcli()

函数操作；这样，如果一个处理器运行中获得了 n 个锁，那么只有当 n 个锁都被释放后该处理器的中断才会被允许。

acquire()函数在尝试获得锁的 xchg()函数之前调用了 pushcli()函数（1576）来屏蔽中断。release()函数则在释放锁的 xchg()函数后调用了 popcli()（1622）。acquire()函数中 pushcli()和 xchg()这两个函数操作的顺序不能颠倒，否则，如果 xchg()和 pushcli()这两个函数操作中间又发生了中断，则中断仍然会被允许，仍然会造成死锁。显然，release()函数中也必须执行先释放锁的 xchg()函数，然后再执行 popcli()函数。

pushcli()函数（1655）和 popcli()函数（1666）不仅包装了 cli()和 sti()函数，它们还使用结构体的 cpu 做了计数工作，另外中断处理程序和非中断代码对彼此的影响也展现了递归锁的缺陷。如果 xv6 使用了递归锁（即如果 CPU 获得了某个锁，那么同一 CPU 上可以再次获得该锁），那么中断处理程序就可能在非中断代码正运行到临界区时运行，这样就非常混乱了。当中断处理程序运行时，它所依赖的不变量可能暂时被破坏了。例如， ideintr ()函数（4303）会假设未处理请求链表是完好的。若 xv6 使用了递归锁，ideintr()函数就可能在 iderw()函数正在修改链表时运行，链表最终将陷入不正常的状态。

第10章

进程管理

本章结合 xv6 的源码介绍进程的基本概念、进程的切换、进程的调度等，并详细分析 xv6 进程相关函数 fork()、exit()、wait()、sleep()、wakeup()、yield() 与 kill() 的实现，然后分析 xv6 初始进程的建立。

本章主要涉及源码 proc.h、proc.c、swtch.S 和 sysproc.c。

10.1 进程的基本概念

10.1.1 进程的概念

1. 进程与进程控制块

程序只有加载到内存中才能被 CPU 运行，加载到内存空间的程序称为进程。操作系统以进程为单位组织和管理程序运行所需资源；一个 xv6 进程由两部分组成，其中一部分是用户内存空间（包括指令、数据和栈），另一部分是内核的进程控制块（Process Control Block，PCB）。进程控制块是操作系统为了对进程进行管理而定义的记录进程状态等信息的数据结构，它包括每个进程的唯一标识 pid、名称 name、内存空间大小 sz 和上下文等信息。

xv6 支持多任务特性，一个进程让出 CPU 时 xv6 保存必要的 CPU 寄存器与堆栈中的内容，当它们再次被执行时恢复这些内容，这些信息被称为进程的上下文。

xv6 定义结构体 proc 作为进程控制块，其定义和成员分别如引用 10.1 和表 10.1 所示。

引用 10.1　进程结构体 proc 的定义（proc.h）

```
2336 //Per-process state
2337 struct proc {
2338 uint sz; //Size of process memory (bytes)
2339 pde_t* pgdir; //Page table
2340 char *kstack; //Bottom of kernel stack for this process
2341 enum procstate state; //Process state
2342 int pid; //Process ID
2343 struct proc *parent; //Parent process
```

```
2344 struct trapframe *tf; //Trap frame for current syscall
2345 struct context *context; //swtch() here to run process
2346 void *chan; //If non-zero, sleeping on chan
2347 int killed; //If non-zero, have been killed
2348 struct file *ofile[NOFILE]; //Open files
2349 struct inode *cwd; //Current directory
2350 char name[16]; //Process name (debugging)
2351 };
2352
```

表 10.1　进程结构体 proc 的成员

成　　员	含　　义
sz	内存大小
pgdir	页表
kstack	内核堆栈的栈底指针
state	进程状态
pid	进程 ID
parent	父进程指针
tf	当前系统调用的陷阱帧（Trap Frame）的指针
context	上下文指针
chan	若非 0，则进入睡眠状态
killed	若非 0，则进程已经被杀死
ofile	打开的文件
inode	当前目录

2. 子进程

与 Linux、UNIX 等操作系统类似，xv6 除初始进程 initproc（2414）以外的进程都是调用 fork() 函数生成的，fork() 函数生成的进程称为子进程，调用 fork() 函数的进程称为父进程，子进程的 PCB 记录父进程的 pid 和父进程的指针 parent。进程的这种父子关系构成了进程树。父进程和子进程可通过 wait() 函数来同步。

3. 进程的堆栈和地址空间

每个进程都有独立的内核堆栈，该堆栈在 fork() 函数生成子进程时调用进程分配函数 allocproc() 生成（2587）。

每个进程都有独立的地址空间，地址空间由页表 pgdir 来定义。与 Linux 类似，xv6 中每个进程的地址空间分为内核空间和用户空间两部分，xv6 每个进程的内核空间映射方式相同。用户态的代码需要通过系统调用进入内核空间；当发生硬件或软件或异常引起的中断时，运行中的用户态（用户空间）进程也陷入内核空间，陷入时相关寄存器的值保存到进程的内核堆栈从而构成陷阱帧，进程结构体 proc 的成员 tf 指针指向陷阱帧。

4. 系统进程表

操作系统中以数组、链表等数据结构来管理进程。xv6 中定义了一个进程数组来管理系统的进程，多处理器环境下对进程的修改需要加锁。xv6 中定义了包含进程数组和一个自旋锁的进程表结构体 ptable，进程表结构体 proc 的定义如引用 10.2 所示。

引用 10.2　进程表结构体 ptable 的定义（proc.c）

```
2409 struct {
2410 struct spinlock lock;
2411 struct proc proc[NPROC];
2412 } ptable;
```

10.1.2　进程的状态与生命周期

1. 进程的状态

xv6 中进程的状态有 6 种，进程状态的定义和进程的状态分别如引用 10.3 和表 10.2 所示。

引用 10.3　进程状态的定义（proc.h）

```
2334 enum procstate { UNUSED, EMBRYO, SLEEPING, RUNNABLE, RUNNING, ZOMBIE };
```

表 10.2　进程的状态

成　员	含　义
UNUSED	未使用
EMBRYO	孵化
SLEEPING	睡眠
RUNNABLE	可执行
RUNNING	运行
ZOMBIE	僵尸

2. 进程的生命周期

进程典型的生命周期包括如下状态。

（1）未使用状态 UNUSED：进程数组 proc[]中的 PCB 未被使用。

（2）孵化状态 EMBRYO：fork()函数生成子进程时调用 allocproc()函数从 UNUSED 状态的进程中选择一个进行初始化，初始化过程中状态为 EMBRYO，初始化完成后将变为可执行状态 RUNNABLE。

（3）可执行状态 RUNNABLE：进程已经准备就绪，等待调度器给它分配 CPU 即可运行。

（4）运行状态 RUNNING：进程被调度器的 scheduler()函数按照调度算法选中后，正在某个 CPU 上运行。

（5）睡眠状态 SLEEPING：进程因为等待输入输出完成、子进程完成或者外部中断的发生等原因暂停执行。它一般是由于调用了 sleep()函数而进入的，可由 wakeup()函数唤醒转入可执行状态 RUNNABLE。

（6）僵尸状态 ZOMBIE：进程已经退出但还未被清理出内存。

3. 进程的状态转换

xv6 的进程状态转换如表 10.3 所示。

xv6 函数调用与状态转换的关系可以用图 10.1 来表示。

表 10.3　进程的状态转换

原 状 态	函 数	新 状 态	备 注
UNUSED	allocproc()	EMBRYO	fork()函数、userinit()函数调用 allocproc()函数分配进程设置 *(uint*)sp = (uint)trapret; p->context->eip = (uint)forkret;
EMBRYO	userinit()、fork()	RUNNABLE	userinit()函数设置 p->tf->eip = 0; fork()函数设置*np->tf = *proc->tf;
RUNNABLE	scheduler()	RUNNING	fork()、userinit()函数生成的子进程被调度后,swtch()函数返回到 forkret 执行,非新生成的子进程则是由 sched()函数调用进入 scheduler()函数的,因此 schedule()函数调用 swtch()函数返回到 sched()函数的 cpu->intena = intena 语句处执行
RUNNING	yield()	RUNNABLE	仅在 trap()函数中被调用,sched()函数调用 swtch()函数从用户进程切换到 scheduler()函数,swtch()函数返回后执行 scheduler 的 switchkvm()语句
RUNNING	sleep()	SLEEPING	等待资源或时间 chan 时被调用,要求在进入睡眠状态前持有资源锁;进入睡眠状态后释放资源锁,调用 wakeup()函数唤醒继续执行后,再次获得资源锁
RUNNING	exit()	ZOMBIE	退出程序,不再返回,也不再被调度; 退出的程序一直保持僵尸状态,直到父进程调用 wait()函数清理该进程
SLEEPING	wakeup1()	RUNNABLE	唤醒等待条件变量 chan 的进程
SLEEPING	kill()	RUNNABLE killed=1	杀死进程 pid,将其标记为 killed,进入用户空间后,在 trap()中被清除,如果处于睡眠状态,则改为可执行状态让其有机会返回进入用户空间
ZOMBIE	wait()	UNUSED	等待子进程退出,清理僵尸状态的子进程

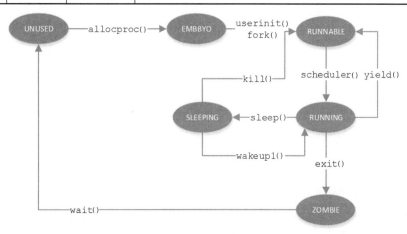

图 10.1　函数调用与状态转换的关系

10.1.3　进程的上下文

进程从运行状态转换到可执行状态需要保存运行环境的寄存器到内核堆栈。按照 x86 惯例,%ebp、%ebx、%esi、%edi 和%esp 由被调用的函数保存。因此 xv6 中定义结构体 context 来保存上下文，其定义和成员分别如引用 10.4 和表 10.4 所示。

引用 10.4　上下文结构体 context 的定义（proc.h）

```
2326 struct context {
2327 uint edi;
2328 uint esi;
2329 uint ebx;
2330 uint ebp;
2331 uint eip;
2332 };
//%eip 不会被显性地设置，它在 swtch() 函数的调用和返回时被设置
```

表 10.4　上下文结构体 context 的成员

成　　员	含　　义
edi	EDI 寄存器
esi	ESI 寄存器
ebx	EBX 寄存器
ebp	EBP 寄存器
eip	EIP 寄存器

上下文结构体 context 记录进程切换需保存的寄存器%edi、%esi、%ebx、%ebp 和%eip；%cs 等无须保存，因为内核的%cs 不会变化；%eax、%ecx、%edx 无须保存到上下文，因为按照 x86 惯例由调用者保存；%eip 没有显式的保存，因为调用 swtch() 函数切换进程时 call 指令会把%eip 隐性保存到堆栈。

%esp 没有必要保存，因为函数调用返回时堆栈的指针函数占用的栈将清除，%esp 将恢复为调用时的值。

10.1.4　处理器结构体、当前处理器与当前进程

1. 处理器结构体

xv6 将与每个处理器相关的信息放在结构体 cpu 中，其定义和成员分别如引用 10.5 和表 10.5 所示。

引用 10.5　处理器结构体 cpu 的定义（proc.h）

```
2300 //Per-CPU state
2301 struct cpu {
2302 uchar apicid; //Local APIC ID
2303 struct context *scheduler; //swtch() here to enter scheduler
2304 struct taskstate ts; //Used by x86 to find stack for interrupt
2305 struct segdesc gdt[NSEGS]; //x86 global descriptor table
2306 volatile uint started; //Has the CPU started
2307 int ncli; //Depth of pushcli nesting
2308 int intena; //Were interrupts enabled before pushcli
2309 struct proc *proc; //The process running on this cpu or null
2310 };
2311
```

表 10.5　处理器结构体 cpu 的成员

成　　员	含　　义
id	作为数组 cpus[]的索引号，local APIC ID
scheduler	调度器的上下文，swtch()函数用它来进入调度程序
ts	任务状态结构体
gdt[NSEGS]	x86 的全局描述符表
started	该处理器是否已经启动
ncli	pushcli()函数的嵌套深度
intena	首次 pushcli()函数前中断是否已经打开
proc	当前进程

处理器结构体成员 proc 指针指向本处理器当前正在运行的进程 proc 结构体，成员 scheduler 记录了调度器上下文在堆栈中的地址。

2. 当前处理器函数 mycpu()

当前处理器函数 mycpu()返回当前处理器的处理器结构体，如引用 10.6 所示。它使用本处理器的 apicid 查询 cpus[]数值，得到相应的处理器结构体。为了避免因为中断导致运行该代码的 CPU 发生变化，要求先关闭中断再调用 mycpu()函数，mycpu()函数返回后再打开中断。

引用 10.6　当前处理器函数 mycpu()（proc.c）

```
2436 struct cpu*
2437 mycpu(void)
2438 {
2439 int apicid, i;
2440
2441 if(readeflags()&FL_IF)
2442   panic("mycpu called with interrupts enabled\n");
2443
2444 apicid = lapicid();
2445 //APIC IDs are not guaranteed to be contiguous. Maybe we should have
2446 //a reverse map, or reserve a register to store &cpus[i]
2447 for (i = 0; i < ncpu; ++i) {
2448   if (cpus[i].apicid == apicid)
2449   return &cpus[i];
2450   }
2451 panic("unknown apicid\n");
2452 }
2453
```

3. 当前进程函数 myproc()

当前进程 myproc()函数如引用 10.7 所示，它返回当前处理器正在运行的进程，如果当前处理器在运行调度器则返回 0。myproc()函数先关闭中断，再调用 mycpu()函数得到当前处理器对应的结构体 c 并通过该结构体得到在运行的进程 p，然后打开中断，返回 p 值。

引用 10.7　当前进程函数 myproc()（proc.c）

```
2454 // Disable interrupts so that we are not rescheduled
```

```
2455 // while reading proc from the cpu structure
2456 struct proc*
2457 myproc(void) {
2458 struct cpu *c;
2459 struct proc *p;
2460 pushcli();
2461 c = mycpu();
2462 p = c->proc;
2463 popcli();
2464 return p;
2465 }
2466
```

10.2 进程的切换

10.2.1 上下文切换原理

1. 函数调用再回顾

对于段内调用，call 指令把函数返回后继续执行的指令地址%eip（也就是 call 指令的下一条指令的地址）自动保存到堆栈，被调用函数负责保存%ebp、%ebx、%esi 和%edi，加上 call 指令压入的%eip 就构成了函数调用的上下文。

在函数使用 ret 指令返回前，被调函数应该把所有临时变量从堆栈中弹出，然后弹出此前由被调函数保存的%ebp、%ebx、%esi 和%edi，这样栈顶的值就会是此前调用函数时 call 指令保存的%eip，ret 指令弹出%eip，堆栈指针%esp 也恢复到了调用前的值，堆栈和寄存器也就恢复到调用前的状态。如果在函数返回前%eip 被修改指向其他地方，函数将返回到新指定的地方继续执行。xv6 多次使用这一技巧让程序"返回"到和调用前不同的地方，如引用 10.8~引用 10.10 所示。

引用 10.8　userinit()函数设置 eip 为 0（proc.c）

```
2539 p->tf->eip = 0; // beginning of initcode.S
```

初始进程被调度运行时将执行 0 地址的代码。

引用 10.9　allocproc ()函数设置 eip 为 forkret 地址（proc.c）

```
2512 p->context->eip = (uint)forkret;
```

forkret()函数返回后则继续执行 trapret，因为 allocproc ()函数在 context 之上存放过程 trapret 的地址，如引用 10.10 所示。

引用 10.10　allocproc ()函数在 context 之上存放过程 trapret 的地址（proc.c）

```
2507 *(uint*)sp = (uint)trapret;
```

2. 上下文切换原理

利用上述技巧可以实现函数执行过程中的动态切换。函数 f1()执行过程中要切换到另外一个函数 f2()的切换点，只需要从堆栈加载函数 f2()切换点的新上下文 newcontext 到 CPU。

如果以后可能返回继续执行函数 f1()，则需要保存函数 f1()切换点的旧上下文 oldcontext 到堆栈，可设计一个专门的函数 swtch()（称为上下文切换函数，简称切换函数）来完成上述上下文切换的工作，如图 10.2 所示。为简化起见，假定函数 f1()、f2()和 swtch()的堆栈都使用同一个段。swtch()函数被调用时，调用者 f1()函数的切换点%eip 会被压入堆栈，再将%ebp、%ebx、%esi、%edi 压栈就构成了旧上下文 oldcontext，则堆栈指针%esp 也就是 oldcontext 的地址。将该地址保存到双重指针**old，则 swtch()返回后就可以通过*old 得到旧上下文的地址了。

保存旧上下文后，要切换到函数 f2()运行只需要把%esp 设置为新上下文 newcontext 的地址 new，将%ebp、%ebx、%esi、%edi 逆序弹出堆栈，则 swtch()函数返回后将从新上下文%eip 指示的地址继续执行。

这一机制可以进行很复杂的切换，例如 f1()->f2()->…->f1()这一过程中 f1()函数经过若干次切换才继续执行。

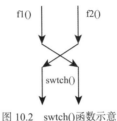

图 10.2　swtch()函数示意

10.2.2　切换函数的定义

xv6 中由于不同进程用户空间的隔离性导致无法直接传递 swtch()函数所需的上下文信息，上下文切换只发生在内核态，这也有利于系统的稳定性和简单性。

为了让调度相对独立，xv6 让每个 CPU 都有一个单独的调度器，专门负责调度工作。调度器主要包括调度器的上下文指针 scheduler 和调度函数 scheduler()。xv6 中，每个 CPU 都在初始化阶段分配了一个堆栈，调度器使用该堆栈工作，而上下文指针也就是上下文在堆栈上的地址。

xv6 进程的切换是由汇编代码 swtch.S 完成的，其原型在 defs.h 中定义，如引用 10.11 所示。

引用 10.11　swtch()函数的定义（defs.h）

```
0377 void swtch(struct context **old, struct context *new);
```

swtch()函数的主要功能如下。

（1）按照 x86 的函数调用堆栈使用惯例，保存寄存器%ebp、%ebx、%esi、%edi 到堆栈，从而与调用 swtch()函数时压入的%eip 在堆栈顶构成了旧上下文，保存旧上下文的地址%esp 到 *old，这样*old 就指向当前进程的上下文。

（2）将%esp 切换到 new 所指的新上下文。

（3）加载新上下文的寄存器%ebp、%ebx、%esi、%edi。

（4）swtch()函数执行 ret 指令返回新上下文的%eip 所指处继续执行。

10.2.3　切换函数的实现

xv6 中函数 swtch()的实现如引用 10.12 所示，其主要过程如下。

（1）参数 old 保存到%eax（3060）。

（2）参数 new 保存到%edx（3061）。

（3）按照 x86 的函数调用堆栈使用惯例，保存寄存器%ebp、%ebx、%esi 和%edi 到堆栈，从而与调用 swtch() 函数时压入的%eip 在堆栈顶构成了一个上下文 context（3064~3067）。

（4）切换堆栈。

①保存其栈顶指针%esp 到*old（3070），将%esp 切换到*new 所指的上下文（3071）。

②恢复 new 上下文的寄存器%ebp、%ebx、%esi 和%edi（3074~3077）。

③指行 ret 指令返回*new 上下文的成员%eip 所指处继续执行（3078）。

引用 10.12　xv6 中函数 swtch() 的实现（swtch.S）

```
3050 #Context switch
3051 #
3052 #void swtch(struct context **old, struct context *new);
3053 #
3054 #Save the current registers on the stack, creating
3055 #a struct context, and save its address in *old.
3056 #Switch stacks to new and pop previously-saved registers.
3057
3058 .globl swtch
3059 swtch:
3060 movl 4(%esp), %eax
3061 movl 8(%esp), %edx
3062
3063 #Save old callee-saved registers
3064 pushl %ebp
3065 pushl %ebx
3066 pushl %esi
3067 pushl %edi
3068
3069 #Switch stacks
3070 movl %esp, (%eax)
3071 movl %edx, %esp
3072
3073 #Load new callee-saved registers
3074 popl %edi
3075 popl %esi
3076 popl %ebx
3077 popl %ebp
3078 ret
3079
```

10.2.4　切换函数的详细解释

swtch() 函数的详细解释如表 10.6 所示。

表 10.6　swtch() 函数的详细解释

函数定义与指令	堆 栈 情 况	说　　明
函数定义 swtch(struct context **old, struct context *new)	使用 **old** 对应堆栈， 栈顶内容： 参数 **new** 参数 **old** ↓**%eip**	调用函数 swtch() 时压入，返回后由调用者弹出 调用函数 swtch() 时压入，返回后由调用者弹出 %eip 指向函数 swtch() 返回地址

函数定义与指令	堆 栈 情 况	说　　明
3060 movl 4(%esp), %eax	不变	参数 old⇒ %eax
3061 movl 8(%esp), %edx	不变	参数 new⇒%edx
3064 pushl %ebp	**↓%ebp**	入栈
3065 pushl %ebx	**↓%ebx**	入栈
3066 pushl %esi	**↓%esi**	入栈
3067 pushl %edi	**↓%edi**	入栈，被保存的**%esp** 指示的位置
3070 movl %esp, (%eax)		保存%esp 到*old
3071 movl %edx, %esp	切换到上下文 *new*	*new=⇒%esp*
3074 popl %edi	*↑%edi*	出栈
3075 popl %esi	*↑%esi*	出栈
3076 popl %ebx	*↑%ebx*	出栈
3077 popl %ebp	*↑%ebp*	出栈
3078 ret	*↑%eip*	出栈，接着执行*%eip* 指向的指令

注：黑体为 **old** 对应的堆栈，斜体为 *new* 对应的堆栈，↓代表入栈，↑代表出栈。

表 10.7 给出 scheduler()函数 2781 行调用函数 swtch(&(c->scheduler), p->context)从 c->scheduler 切换到 p->context 的例子。

表 10.7　swtch()函数使用示例

函　　数	语句或指令	堆　　栈	说　　明
scheduler()	swtch(&c->scheduler, p->context);	各 CPU 的初始栈，栈顶内容： **↓p->context** **↓&c->scheduler** **↓%eip**	BP 的栈在 entry.S 建立 AP 的栈在 startothers()函数中建立 调用 swtch()函数时压入，返回后由调用者弹出 调用 swtch()函数时压入，返回后由调用者弹出 调用 swtch()函数时压入，函数返回地址，指示 swtch()函数调用返回后执行的下一条指令
swtch()	movl 4(%esp), %eax	不变	**old=&c->scheduler ⇒%eax**
	movl 8(%esp), %edx	不变	*new=p->context* ⇒%edx
	pushl %ebp	**↓%ebp**	入栈
	pushl %ebx	**↓%ebx**	入栈
	pushl %esi	**↓%esi**	入栈
	pushl %edi	**↓%edi**	入栈，被保存的 **esp** 指示的位置
	movl %esp, (%eax)		**esp ⇒ c->scheduler** 保存 **old** 上下文
	movl %edx, %esp	*%esp* 切换到参数 2 对应的堆栈	*%edx= new*=(p->context)⇒*%esp* *%esp* 指向 p->context
	popl %edi	*↑%edi*	出栈

续表

函　　数	语句或指令	堆　　栈	说　　明
	popl %esi	↑%esi	出栈
	popl %ebx	↑%ebx	出栈
	popl %ebp	↑%ebp	出栈
	ret	↑%eip	出栈，接着执行%eip 指向的 proc 的指令

注：黑体为 **old** 对应的堆栈，斜体为 *new* 对应的堆栈，↓代表入栈，↑代表出栈。

10.2.5　上下文切换与陷阱帧

进程创建时内核 fork()函数调用 allocproc()函数分配进程，allocproc()函数中构建的子进程内核堆栈内容主要如下：

（1）陷阱帧 trapframe，其内容复制了父进程的陷阱帧（2502），父进程陷阱帧的内容在进行 fork()函数（2580）系统调用过程中由 CPU、过程 vectors[i]和 alltraps（3304）压入堆栈构成。

（2）trap()函数的返回地址 trapret，记录调用 trap()函数后的返回地址。

（3）上下文 context，其中 context 的成员 eip 被置为 forkret()函数地址。

xv6 中上下文切换限定在内核态，那怎样才能从一个进程的用户态切换到另外一个进程的用户态呢？

中断响应让用户态运行的进程陷入内核态运行，中断返回时则从内核态返回用户态继续运行，所以中断实现了进程的垂直方向切换；而 swtch()函数可以实现两个进程内核态的水平方向切换，将二者结合起来即可实现进程的切换。

进程 proc1 因为硬件中断（如时钟中断等）或者系统调用（如睡眠、等待子进程返回等）转入内核态，在内核态切换到调度器 scheduler，调度器调度进程 proc2 运行，这样就实现了到进程 proc2 的切换。从堆栈的角度来看，中断响应的过程建立了陷阱帧，为了进行上下文切换建立了上下文，为了切换完成后运行过程 trapret 返回，在二者之间存放了中断或系统调用的返回地址 trapret。陷阱帧与上下文的配合，为进程的垂直和水平切换提供了所需要的环境。

图 10.3 展示了如何从名为 shell 的用户空间切换到名为 cat 的用户空间。

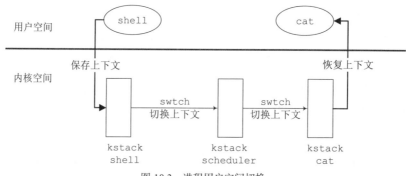

图 10.3　进程用户空间切换

xv6 中每个进程都有自己的内核栈以及寄存器上下文，每个 CPU 有一个自己的内核堆栈，进程的调度专门由调度器负责，调度器运行时使用该 CPU 的内核堆栈，从而可以认为每个 CPU "拥有"一个自己的调度器。

图 10.3 中，当 shell 进程从用户态进入内核态时环境信息保存在陷阱帧中，再从进程 shell 的内核态切换到调度器时，shell 进程的寄存器信息保存到进程的上下文，调度器的上下文将被加载使用，堆栈也切换到调度器的堆栈，xv6 中这一切换过程由 sched() 函数调用 swtch() 函数完成。

切换到调度器后调度器选择一个进程运行，如果进程 cat 被调度器选择运行，则进程 cat 之前保存的寄存器被从它的上下文恢复，其中 %esp 的变换意味着 CPU 会切换运行栈到进程 cat 的内核堆栈，%eip 的变换意味着 CPU 会运行%eip 指向的进程 cat 的指令，然后按照进程 cat 的陷阱帧指示的路径 "返回" 到进程 cat 的用户空间，xv6 中这一过程是由 scheduler() 函数完成的。

10.3　进程调度与进程表

10.3.1　进程的调度

1. 进程调度相关函数

scheduler() 和 sched() 函数是 xv6 中一对进行进程调度与切换的函数，上下文切换函数 swtch() 分别被 scheduler() 和 sched() 函数调用。

scheduler() 函数无休止地遍历所有进程，按照调度算法选择一个可执行的进程 p，scheduler() 函数调用 swtch() 函数，从调度器函数 scheduler() 切换至调度器所选择的进程运行函数，即 2781 行 **swtch(&(c->scheduler), p->context)**。

进程运行过程中，由于时钟中断或系统调用等原因调用 sleep()、exit() 或 yield() 函数，这些函数都将导致 sched() 函数被调用，使得当前的进程进入睡眠状态、退出或者让出 CPU，从而切换回调度器 scheduler() 函数中 swtch() 函数的下一个语句继续运行。sched() 函数调用 swtch() 函数时，从当前进程切换到进程调度器函数 scheduler() 运行，即 2822 行 **swtch(&p-> context, mycpu()->scheduler**。因此 CPU 运行期间调度器与进程往复切换，如图 10.4 所示。进程与调度器切换的代码如图 10.5 所示

图 10.4　调度器与进程往复切换

2. 进程调度过程

xv6 启动时，BP 运行 main.c 的 main() 函数调用 userinit() 函数建立初始进程，其后调用 mpmain() 函数，mpmain() 函数进而调用调度器函数 scheduler() 开始无休止的运行进程；AP 则经由 mpenter() 函数调用 mpmain() 函数从而开始调度器的运行。此后各处理器无休止地进行以下进程调度过程，如图 10.6 所示。

（1）运行 scheduler() 函数，遍历所有就绪进程，调用 swtch() 函数切换到可运行的进程 p。

（2）在用户态运行进程 p。

（3）进程 p 由于中断进入内核态，调用 exit()、yield() 或 sleep() 函数导致 sched() 函数被调用，sched() 函数将调用 swtch() 函数切换到 scheduler() 函数运行。

然后运行的进程根据不同情况转移到不同状态。

（1）若调用了 exit() 函数则进程退出，sched() 函数将被调用以切换到调度器运行。

（2）若调用了 sleep() 函数则进入睡眠状态，sched() 函数将被调用以切换到调度器运行；其后在某个 wakeup() 函数中被唤醒，进入运行状态。

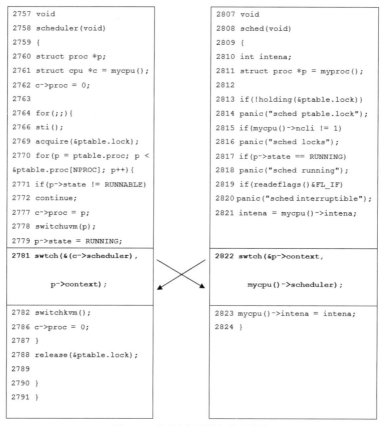

图 10.5　进程与调度器切换的代码

（3）若调用了 yiedl() 函数则进程进入运行状态，sched() 函数将被调用以切换到调度器运行。

（4）若调用了 fork() 函数生成一个新的子进程，父进程如果调用了 wait() 函数，则 sched() 函数被调用以切换到调度器运行，父进程进入睡眠状态等待子进程退出时后被唤醒。

（5）若等待中断，中断发生后被唤醒。

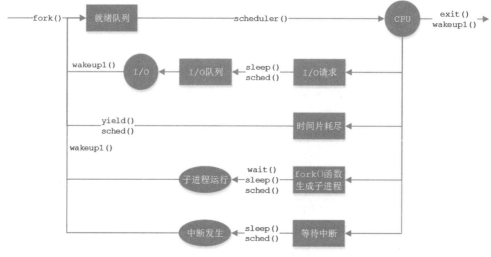

图 10.6　进程调度过程

10.3.2　进程表

为了管理系统中的进程，xv6 定义了进程表结构体 ptable，其定义和成员分别如引用 10.13 和表 10.8 所示。

引用 10.13　进程表结构体 ptable 的定义

```
2159 struct {
2160 struct spinlock lock;     //锁
2161 struct proc proc[NPROC];  //存放进程的数组
2162 } ptable;
2163
```

表 10.8　进程表结构体 ptable 的成员

成　　员	含　　义
lock	进程表的锁
proc[NPROC]	存放进程的数组

xv6 支持多 CPU，当进程状态转换时可能出现多个 CPU 同时修改进程表 ptable 的情况，因此要修改进程表 ptable 需要获得进程表的锁（acquire(&ptable.lock)），修改完成后需要及时释放锁（release(&ptable.lock)），这样其他 CPU 才能进行进程调度。不涉及进程切换时这一过程相对简单，如在以下函数中都是在同一进程中先获取锁再释放锁：

（1）allocproc()；

（2）wait()（子进程已经退出时）；

（3）kill()；

（4）procdump()。

但是在 yield()、sleep()和 exit()函数中发生了进程的切换，所以在旧进程中获取锁、在新进程中释放锁。

1. yield()与 sleep()函数中的锁释放

yield()函数或者 sleep()函数调用 sched()函数，旧进程让出 CPU 从而切换进入调度器 scheduler()的 switchkvm()函数继续执行，此时进程表 ptable 的锁仍然未释放，ptable 锁的最终释放有如下两种情况。

1）某个进程 newp 被调度器 scheduler()函数调度运行

如果 newp 是 fork()调度器创建的子进程首次被调度运行，则在 forkret()函数中会释放 ptable 的锁；否则 newp 是因为 sleep()或者 yield()进入可运行状态 RUNNABLE 的，那么进程 newp 被调度运行时将切换到 yield()或 sleep()中的 sched()函数调用 swtch()函数的下一个语句"2823 mycpu()->intena = intena;"处运行，然后 sched()函数返回，yield()函数（2783）或 sleep()函数（2904~2907）中会在 sched()函数返回后紧接着调用 release()函数释放锁。

2）没有进程被调度运行

没有进程被选中则在 scheduler()函数中释放锁（2788 release(&ptable.lock);）。

2. exit()函数与锁释放

exit()函数末尾没有调用 release()函数释放锁，这是因为 exit()函数中进程状态改为 ZOMBIE 后，sched()函数进入 scheduler，ZOMBIE 状态的进程将不会再有机会被调度运行，因此 sched()

函数不会返回，其获得的锁将在切换到新进程后释放或者因为没有可调度的进程释放锁，因而无须调用 release()函数释放锁。

10.4　进程的生成、退出与等待

10.4.1　进程的生成、退出与等待示例

引用 10.14 给出了一个进程的生成、退出与等待示例。它是 init.c 程序的主函数，它调用 fork()函数生成子进程（8523），子进程中调用 exec()函数来载入程序 sh 执行（8529），父进程中调用 wait()函数等待子进程返回（8533）。

引用 10.14　进程的生成、退出与等待示例（init.c）

```
8509 int
8510 main(void)
8511 {
8512 int pid, wpid;
8513
8514 if(open("console", O_RDWR) < 0){
8515   mknod("console", 1, 1);
8516   open("console", O_RDWR);
8517   }
8518 dup(0); //stdout
8519 dup(0); //stderr
8520
8521 for(;;){
8522   printf(1, "init: starting sh\n");
8523   pid = fork();
8524   if(pid < 0){
8525     printf(1, "init: fork failed\n");
8526     exit();
8527     }
8528   if(pid == 0){
8529     exec("sh", argv);
8530     printf(1, "init: exec sh failed\n");
8531     exit();
8532     }
8533   while((wpid=wait()) >= 0 && wpid != pid)
8534     printf(1, "zombie!\n");
8535     }
8536 }
8729
```

注意，init.c 是用户态的程序，回顾一下前边系统调用的相关内容可知，init.c 的 main()函数调用的 fork()、exec()、wait()和 exit()函数都是系统调用函数而不是内核函数，它们是在 usys.S 中由宏 SYSCALL(fork)（8460）使用软件中断指令 int $T_SYSCALL 实现的系统调用。以 fork()函数为例，在 syscall.c 的系统调用数组 systemcalls[]中把 sys_fork()函数作为系统调用的一个功

能，其功能号由宏 SYS_fork 定义，内核函数 fork()被封装为 sys_fork()，最终内核函数 fork()被调用。sys_fork()函数如引用 10.15 所示。

引用 10.15　sys_fork()函数（sysproc.c）

```
3759 int
3760 sys_fork(void)
3761 {
3762 return fork();
3763 }
3764
```

10.4.2　创建子进程

1．创建子进程函数 fork()

xv6 中，初始进程的进程号 pid 为 0，进程名称为"initcode"，它是初始化时调用 userinit()函数创建的，除初始进程以外的进程都是通过由父进程直接或间接调用内核函数 fork()来创建子进程生成的。

fork()函数主要进行了如下处理。

（1）调用 allocproc()函数分配进程（2587、2589）。

（2）调用 copyuvm()函数将父进程的用户空间复制给子进程（2592~2596）。

（3）设定子进程的 sz、parent（2598、2599）。

（4）复制父进程的 trapframe 给子进程，即*np->tf = *proc->tf（2600）。

（5）设置 np->tf->eax = 0；该项将作为系统调用的返回值，子进程将返回 0（2603）。

（6）复制打开的文件 ofile 给子进程（2605~2607）。

（7）父进程的名称当前工作目录 curproc->cwd（2608）。

（8）设定子进程的 pid、进程状态 state（2611、2612）。

（9）设定子进程的 pid、进程状态 state（2605~2610）。

（10）子进程没有复制父进程的上下文，而是在 allocproc()函数中设置上下文 context->eip=(unit)forker 中，子进程上下文其余成员被清 0，因为父进程在运行状态，此时子进程上下文除 eip 以外的成员内容没有意义。

内核函数 fork()成员如引用 10.16 所示。

引用 10.16　内核函数 fork()（proc.c）

```
2579 int
2580 fork(void)
2581 {
2582 int i, pid;
2583 struct proc *np;
2584 struct proc *curproc = myproc();
2585
2586 //Allocate process
2587 if((np = allocproc()) == 0){
2588   return -1;
2589 }
2590
```

```
2591 //Copy process state from proc
2592 if((np->pgdir = copyuvm(curproc->pgdir, curproc->sz)) == 0){
2593   kfree(np->kstack);
2594   np->kstack = 0;
2595   np->state = UNUSED;
2596   return -1;
2597   }
2598 np->sz = curproc->sz;
2599 np->parent = curproc;
2600 *np->tf = *curproc->tf;
2601
2602 //Clear %eax so that fork returns 0 in the child
2603 np->tf->eax = 0;
2604
2605 for(i = 0; i < NOFILE; i++)
2606   if(curproc->ofile[i])
2607     np->ofile[i] = filedup(curproc->ofile[i]);
2608 np->cwd = idup(curproc->cwd);
2609
2610 safestrcpy(np->name, curproc->name, sizeof(curproc->name));
2611
2612 pid = np->pid;
2613
2614 acquire(&ptable.lock);
2615
2616 np->state = RUNNABLE;
2617
2618 release(&ptable.lock);
2619
2620 return pid;
2621 }
2622
```

2. 进程分配函数 allocproc()

生成子进程时首先调用 allocproc()函数来分配一个 UNUSED 的进程并对其进行初始化。

（1）取得进程表的锁（2478）。

（2）在进程表中找到第一个 UNUSED 状态的进程（2480~2482）。

（3）如果找不到则释放锁返回（2484、2485）。

（4）将该进程的状态改为 EMBRYO，设置 pid，释放锁（2487~2491）。

（5）分配内核堆栈（2494~2498）。

（6）在内核堆栈中构造一个陷阱帧 trapframe（2501、2502）。

（7）在内核堆栈中放返回地址 trapret（2506、2507）。

（8）在内核堆栈中将 context 清 0、新进程首次被调度后的执行地址 context->eip 设置为 (uint)forkret（2506、2507）。

可见，新建进程首次被调度将从 forkret()函数执行，forkret()函数是由于栈顶的%eip 被置为中断点的过程 trapret 地址，过程 trapret 将被执行，从而返回到陷阱帧的成员 eip 指示的用户程序中的指令地址继续执行。

进程分配函数 allocproc()如引用 10.17 所示。

引用 10.17　进程分配函数 allocproc()（proc.c）

```
2472 static struct proc*
2473 allocproc(void)
2474 {
2475 struct proc *p;
2476 char *sp;
2477
2478 acquire(&ptable.lock);
2479
2480 for(p = ptable.proc; p < &ptable.proc[NPROC]; p++)
2481   if(p->state == UNUSED)
2482     goto found;
2483
2484 release(&ptable.lock);
2485 return 0;
2486
2487 found:
2488 p->state = EMBRYO;
2489 p->pid = nextpid++;
2490
2491 release(&ptable.lock);
2492
2493 //Allocate kernel stack
2494 if((p->kstack = kalloc()) == 0){
2495   p->state = UNUSED;
2496   return 0;
2497   }
2498 sp = p->kstack + KSTACKSIZE;
2499
2500 //Leave room for trap frame
2501 sp -= sizeof *p->tf;
2502 p->tf = (struct trapframe*)sp;
2503
2504 // Set up new context to start executing at forkret,
2505 // which returns to trapret.
2506 sp -= 4;
2507 *(uint*)sp = (uint)trapret;
2508
2509 sp -= sizeof *p->context;
2510 p->context = (struct context*)sp;
2511 memset(p->context, 0, sizeof *p->context);
2512 p->context->eip = (uint)forkret;
2513
2514 return p;
2515 }
2516
```

allocproc()函数完成后的进程内核堆栈如图 10.7 所示。

内容	高地址
填充字 6、ss	
esp	
eflags	
填充字 5、cs	
eip	中断点
错误码	
中断号	
填充字 4、ds	
填充字 3、es	
填充字 2、fs	
填充字 1、gs	
eax	
ecx	
edx	
原 esp	
ebp	
esi	
edi	＜—tf，函数 trap()的参数
trapret	过程 trapret 的地址
eip= forkret	内核函数 forkret()的地址
ebp	
ebx	
esi	
edi	＜--context
空	
……	
空	P->kstack 低地址

图 10.7　allocproc()函数完成后的进程内核堆栈

3. fork()函数的返回与堆栈

　　成功执行 fork()函数将有两次返回：在子进程中返回 0 和在父进程中返回子进程的 pid。这一过程颇让人费解，以下分析父进程调用 fork()函数创建子进程的过程以及子进程第一次被调度执行的过程。

1）子进程堆栈的构建

父进程调用 fork()函数中，子进程的堆栈被构建如表 10.9 所示。

表 10.9 子进程堆栈的构建

文　　件	代　　码	堆　　栈	说　　明
proc.c allocproc	2494 p->kstack = kalloc(); 2498 sp = p->kstack + KSTACKSIZE;	分配堆栈空间	
proc.c allocproc	2501 sp-= sizeof *p->tf; 2502 p->tf = (struct trapframe*)sp;	构建子进程堆栈中的 trapframe	
proc.c allocproc	2506 sp -= 4; 2507 *(uint*)sp = (uint)trapret;	子进程的 trapret	

proc.c allocproc	2509 sp-=sizeof*p->context;
	2510 p->context = (struct context*)sp;
	2511 memset(p->context, 0,
	sizeof *p->context);
	2512 p->context->eip = (uint)forkret;
		子进程的 context:
		eip=forkret;
		ebp=0;
		ebx=0;
		esi=0;
		edi=0
			子进程 context 清 0，
			子进程 context->eip
			= (uint)forkret

proc.c fork	2600 *np->tf = *proc->tf; 2603 np->tf->eax = 0;	子设置进程堆栈的 trapframe； 其中 eax 被清 0	复制父进程的整个 trapframe，其中 eax 被清 0，即子进程的返回值为 0

2）fork()函数的返回

在程序段中调用 fork()函数成功之后程序将分叉，父进程克隆出了一个子进程，这样就有两个进程。具体哪个先运行取决于哪个进程被先调度到，所以有不确定性。如果需要父子进程协同，则可通过父进程调用 wait()函数阻塞以等待子进程退出的办法解决。

父进程与子进程的主要差别有以下几点。

（1）p->context->eip。

父进程的 context->eip 指向 fork()函数调用指令的下一个指令；子进程的 eip 指向 forkret 的地址。

（2）tf->eax 的值。

首先必须有一点要清楚，C 语言中函数的返回值是存储在 tf->eax 中的。父进程的返回值 pid 赋值为 np->pid，即 eax 中存放的返回值为子进程的 pid；子进程的 np->tf->eax 赋值为 0，返回值为 0。

可见，父子进程的返回路径不同，返回值也不同。

（3）子进程首次调度。

如果是新建立的子进程，当该子进程首次被调度运行时，调度函数 scheduler()调用 swtch()函数将其 context 加载到寄存器，swtch()函数返回前内核栈顶的内容是 forkret，因此将返回 forkret()函数的地址运行；此时 ptable.lock 仍然被 scheduler 持有，因此首先释放 ptable.lock（2587）。如果是整个系统首次调度 forkret()函数，则还要对文件系统的 inode 和 log 进行了初始化。

forkret()函数子进程返回如引用 10.18 所示。

引用 10.18　forkret()函数子进程返回（proc.c）

```
2850 //A fork child's very first scheduling by scheduler()
2851 //will swtch here. "Return" to user space
2852 void
2853 forkret(void)
2854 {
2855 static int first = 1;
2856 //Still holding ptable.lock from scheduler
2857 release(&ptable.lock);
2858
2859 if (first) {
2860 //Some initialization functions must be run in the context
2861 //of a regular process (e.g., they call sleep), and thus cannot
2862 //be run from main()
2863 first = 0;
2864 iinit(ROOTDEV);
2865 initlog(ROOTDEV);
2866 }
2867
2868 //Return to "caller", actually trapret (see allocproc)
2869 }
2870
```

forkret()函数返回前，内核栈顶的内容为过程 trapret 的地址，因此将返回 trapasm.S 的 trapret 位置继续执行，过程 trapret 执行 iret 指令前，栈顶的内容是%eip，程序将返回到中断之前的地址，也就是用户程序调用 fork()函数处紧邻其后的第一条指令地址。

fork()函数的域子进程首次被调度执行，其主要过程和堆栈如表 10.10 所示。

表 10.10　子进程的首次调度与堆栈

代　　码	过　　程	堆　　栈	说　　明
proc.c scheduler()	swtch(&cpu->scheduler, proc->context);	使用各 CPU 的初始栈： 栈顶内容： ↓**proc->context** ↓**&cpu->scheduler** ↓**eip**	BP 的栈在 entry.S 中建立 AP 的栈在 startothers()中建立 调用 swtch()压入，返回后调用者弹出 调用 swtch()压入，返回后调用者弹出 调用 swtch()压入，返回地址
swtch.S	movl 4(%esp), %eax	不变	cpu->scheduler⇒%eax，即调度器的上下文地址保存到%eax
	movl 8(%esp), %edx	不变	proc->context ⇒%edx
	pushl %ebp	↓**%ebp**	
	pushl %ebx	↓**%ebx**	
	pushl %esi	↓**%esi**	
	pushl %edi	↓**%edi**　　　<--%esp	
	movl %esp, (%eax)	**%esp** ⇒ **cpu->scheduler**	保存 esp 到 cpu->scheduler

代　码	过　程	堆　栈	说　明
	movl %edx, %esp	*%esp* 切换到 proc 的堆栈帧	*%esp= proc->context* *%esp* 指向 proc->context
	popl %edi	↑*%edi*	
	popl %esi	↑*%esi*	
	popl %ebx	↑*%ebx*	
	popl %ebp	↑*%ebp*	
	ret	↑*%eip*	接着执行%eip 指向的指令，在 allocproc 中设置 *p->context->eip = (uint)forkret;*
forkret	ret	↑*trapret*	接着执行%eip 指向的指令 *trapret*
trapret	trapret: 　　popal 　　popl %gs 　　popl %fs 　　popl %es 　　popl %ds 　　addl $0x8, %esp 　　iret	↑*trapframe*	接着执行 *trapframe->eip* 指向的指令，回到用户程序 fork()函数调用的下一个指令

注：↓代表入栈，↑代表出栈，斜体为子进程的堆栈，黑体为 scheduler 的堆栈。

10.4.3　进程退出与等待

1. 进程退出函数 exit()

用户进程结束时，调用 exit()函数退出当前进程，正常情况不返回。退出的进程变为僵尸 zombie 状态，等待父进程调用 wait()函数来发现它已经退出。当父进程没有用 wait()函数等待已终止的子进程时，子进程就会进入一种无父进程的状态，此时子进程就是僵尸进程。

退出进程函数 exit()如引用 10.19 所示，其主要过程如下。

（1）关闭所有打开的文件（2637~2642）。

（2）调用 iput()函数放弃对进程当前工作目录 proc->cwd 的引用（2644~2646）。

（3）获取进程表（2649）。

（4）调用 wake1()函数唤醒可能在对待该进程退出的父进程（2651）。

（5）对当前进程的所有子进程 p（2654）。

①将其父进程改为 initproc，若 p 已经变为 ZOMBIE 状态，调用 wakeup1()函数唤醒 initproc。

②把进程状态改为僵尸状态（2655~2660）。

（6）调用 sched()函数返回 scheduler，不再返回（2663、2664）。

引用 10.19　退出进程函数 exit()（proc.c）

```
2626 void
2627 exit(void)
2628 {
```

```
2629 struct proc *curproc = myproc();    //获取当前进程
2630 struct proc *p;
2631 int fd;
2632
2633 if(curproc == initproc)              //initproc 是进程树的根，不应该退出
2634 panic("init exiting");
2635    //关闭所有打开的文件
2636 //Close all open files
2637 for(fd = 0; fd < NOFILE; fd++){
2638   if(curproc->ofile[fd]){
2639     fileclose(curproc->ofile[fd]);
2640     curproc->ofile[fd] = 0;
2641   }
2642  }
2643
2644 begin_op();
2645 iput(curproc->cwd);                   //放弃对 curproc->cwd 节点的引用
2646 end_op();
2647 curproc->cwd = 0;
2648
2649 acquire(&ptable.lock);
        //父进程可能因为调用 wait()函数等待子进程返回而处于睡眠状态
2650 //Parent might be sleeping in wait()
2651 wakeup1(curproc->parent);            //唤醒父进程
2652    // 把当前进程的子进程转为 init 的子进程
2653 //Pass abandoned children to init
2654 for(p = ptable.proc; p < &ptable.proc[NPROC]; p++){
2655   if(p->parent == curproc){
2656     p->parent = initproc;
2657     if(p->state == ZOMBIE)
2658         wakeup1(initproc);           //唤醒父进程
2659     }
2660   }
2661    //转入调度器 scheduler 运行，不再返回
2662 //Jump into the scheduler, never to return
2663 curproc->state = ZOMBIE;
2664 sched();
2665 panic("zombie exit");                //ZOMBIE 状态的进程不应该再返回
2666 }
2667
```

2. 进程等待函数 wait()

父进程调用 wait()函数阻塞父进程以等待子进程退出，返回子进程的 pid，如果没有子进程，则返回 -1。该函数可以用于父进程与子进程的协调。

进程等待函数 wait()如引用 10.20 所示，其主要过程如下：

无限循环以下过程（2678）。

对每个进程（2681）：

（1）如果是当前进程的子进程，记录 havekids = 1；否则扫描下一个进程（2682~2684）。

（2）对僵尸子进程，释放堆栈、虚拟空间，清除其特征（2685~2695）。

（3）没有子进程或者当前进程已经被杀死，则不再等待（2701~2704）。

（4）等待子进程退出（2707）。

引用 10.20　进程等待函数 wait()（proc.c）

```
2670 int
2671 wait(void)
2672 {
2673 struct proc *p;
2674 int havekids, pid;
2675 struct proc *curproc = myproc();    //获取当前进程
2676
2677 acquire(&ptable.lock);
2678 for(;;){
        //扫描进程表寻找退出的子进程
2679    //Scan through table looking for exited children
2680    havekids = 0;
2681    for(p = ptable.proc; p < &ptable.proc[NPROC]; p++){
2682      if(p->parent != curproc)
2683          continue;
2684      havekids = 1;
2685      if(p->state == ZOMBIE){
              //找到一个退出的子进程
2686          //Found one
2687          pid = p->pid;
2688          kfree(p->kstack);          //释放子进程的堆栈
2689          p->kstack = 0;
2690          freevm(p->pgdir);          //释放子进程的空间
2691          p->pid = 0;
2692          p->parent = 0;
2693          p->name[0] = 0;
2694          p->killed = 0;
2695          p->state = UNUSED;       //转换为 UNUSED 状态
2696          release(&ptable.lock);
2697          return pid;
2698          }
2699      }    //end for(p...)
        //没有子进程或者当前进程已经被杀死，则不再等待
2700    //No point waiting if we don't have any children
2701    if(!havekids || curproc->killed){
2702      release(&ptable.lock);
2703      return -1;
2704      }
2705    //等待子进程退出（参照 exit()函数中对 wakeup1()函数的调用）
2706    //Wait for children to exit(See wakeup1 call in proc_exit)
2707    sleep(curproc, &ptable.lock);
2708    } //循环 for(;;)结束
2709 }
2710
```

10.5 进程的睡眠与唤醒

10.5.1 条件同步

进程睡眠函数 sleep()与进程唤醒函数 wakeup()用于进程之间的同步和协调，如图 10.8 所示。当一个进程 A 需要一定的资源或等待事件发生时，可调用 sleep()函数，进入睡眠状态，让出 CPU；另一个进程 B 中当需要的资源可用或者等待的事件发生时，可调用 wakeup()函数唤醒睡眠的进程 A，转入可运行状态。sleep()和 wakeup()函数提供的这种进程间协调机制称为顺序合作（Sequence Coordination）或者有条件同步（Conditional Synchronization）机制。进程中需要的资源称为条件变量（Conditional Variables）。

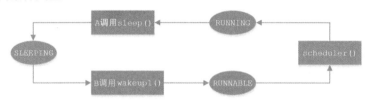

图 10.8   sleep()函数、wakeup()函数与进程状态转换

内核函数 sleep()一般在下述情况下被调用：

（1）用户程序访问了系统调用 wait()函数，调用 sleep()函数等待子进程执行完毕。

（2）等待设备处理完毕，如 iderw()函数中调用 sleep()函数等待硬盘读写处理完毕。

（3）等待资源的产生，如 piperead()函数中调用 sleep()函数等待管道中可读取的内容。

（4）等待中断的发生，如 sys_sleep()函数中调用 sleep()函数等待时间到。

10.5.2 空等问题

条件变量在多线程中很常用，例如生产者和消费者问题。在生产者和消费者问题中，消费者通过 while 循环不停地判断是否有可消费的产品，而生产者通过 while 循环不停地判断是否有空位可以存放生产出的产品。为了便于读者理解，直接使用 *xv6 Book* 中的代码，行号为书中所用的编号。考虑一种最简单的情况，如引用 10.21 的生产与消费模型所示，该模型中生产者和消费者共享的缓冲区队列 q 只能存放一个产品。

引用 10.21   生产与消费模型 1

```
100 struct q {
101 void *ptr;
102 };
103
104 void*
105 produce(struct q *q, void *p)
106 {
107 while(q->ptr != 0)
108 ;
109 q->ptr = p;
110 }
111
112 void*
```

```
113 consume(struct q *q)
114 {
115 void *p;
116
117 while((p = q->ptr) == 0)
118 ;
119 q->ptr = 0;
120 return p;
121 }
```

while 循环的过程中循环的空等对 CPU 来说是一种浪费，所以需要使用条件变量来阻塞等待的线程并让出 CPU 以提高 CPU 的使用率，如引用 10.22 的生产与消费模型 2 所示。

引用 10.22　生产与消费模型 2

```
201 void*
202 produce(struct q *q, void *p)
203 {
204 while(q->ptr != 0)
205 ;
206 q->ptr = p;
207 wakeup(q); /*唤醒 consume*/
208 }
209
210 void*
211 consume(struct q *q)
212 {
213 void *p;
214
215 while((p = q->ptr) == 0)
216 sleep(q);
217 q->ptr = 0;
218 return p;
219 }
```

10.5.3　唤醒丢失问题

如果线程未持有与条件相关联的互斥锁，则调用 wakeup()函数会产生唤醒丢失错误。满足以下所有条件时，wakeup()函数不起作用，从而出现唤醒丢失问题：

（1）一个线程调用 wakeup()函数。

（2）另一个线程已经测试了该条件，但是尚未调用 sleep()函数。

（3）没有正在等待的线程。

例如，在多 CPU 环境下，消费者在 215 行测试了队列为空，但是还未执行 216 行，接着 206、207 行被执行，此时由于消费者还没有进入在队列 q 上的睡眠状态，它将永远不会被唤醒，因为队列已经满了，生产者只能等待队列被消费者清空，而消费者因为错失了刚才的 wakeup()函数处于睡眠状态，不可能清空队列，因此出现了死锁。在本例中条件变量就是队列 q。

从上例可以看到，仅当修改条件变量时没有排斥其他线程读取该条件变量会导致条件变量的不一致性，这才会出现唤醒丢失问题。因此，只要在修改锁的条件变量时持有关联的互斥锁即可调用 sleep()函数，而无论这些函数是否持有关联的互斥锁。

要解决这一问题,首先需要给条件变量q增加一个锁,并且为了要求调用sleep()函数时sleep()函数持有该锁,只有在进入睡眠状态后才释放该锁,这样就避免了从测试条件变量 q 到修改进程状态进入睡眠的期间条件变量 q 被其他进程改变导致的不一致性,如引用 10.23 所示。

引用 10.23　生产与消费模型 3

```
400 struct q {
401 struct spinlock lock;
402 void *ptr;
403 };
404
405 void*
406 produce(struct q *q, void *p)
407 {
408 acquire(&q->lock);
409 while(q->ptr != 0)
410 ;
411 q->ptr = p;
412 wakeup(q);
413 release(&q->lock);
414 }
415
416 void*
417 consume(struct q *q)
418 {
419 void *p;
420
421 acquire(&q->lock);
422 while((p = q->ptr) == 0)
423    sleep(q, &q->lock);
424 q->ptr = 0;
425 release(&q->lock);
426 return p;
427 }
```

这样当 422 行测试队列 q 是否有产品时要先在 421 行取得 q 的锁,锁被消费者占用则其他进程就不可能修改队列 q。这就避免出现丢失唤醒的问题。

但是这还不够,如果 sleep()函数中一直不释放 q 的锁则其他进程无法使用 q,q 的状态也就不可能改变,那么本进程也就无法被唤醒,这就形成了新的死锁。因此,在 sleep()函数中调用 sched()函数放弃 CPU 的使用权之前必须释放持有的锁,让其他进程有机会获得该锁以避免因为锁被睡眠的进程持有而形成的死锁。

10.5.4　睡眠与唤醒函数的实现

1. 睡眠函数 sleep()的实现

为了简化,xv6 中当一个进程因为等待某个事件、进程或者资源 chan 进入睡眠时,直接在该进程结构体的 chan 成员中记录进入睡眠的原因,成员 chan 即为条件变量,调用 wakeup()函数时在所有进程中查找在条件变量 chan 上睡眠的进程逐一唤醒;而 Linux 等系统中是在条件变量 chan 的队列中记录睡眠的进程,调用 wakeup()函数时唤醒该队列上的进程。

内核函数 sleep()如引用 10.24 所示,它的功能就是将当前进程在条件变量 chan 上转入
SLEEPING 状态:

(1)为了避免丢失唤醒,要求持有条件变量 chan 的锁 lk;

(2)为了避免因为带着锁 lk 进入睡眠造成的死锁,sleep()函数要调用 sched()函数将 CPU
转移给调度器之前释放锁 lk;

(3)为了修改进程的状态,要获得进程表的锁然后修改进程的状态。

如果 lk 和 ptable.lock 不是同一个锁,则在 sleep()函数持有 ptable.lock 后,由于 wakeup()函
数改变进程的状态也需要首先持有 ptable.lock,它只有在 sleep()函数释放 ptable.lock 后才能继
续运行,那么进程的状态就不会被 wakeup()函数改变,此时释放锁 lk 就是安全的(2890~2893);
在 sched()函数返回后,也就是本进程被其他进程调用 wakeup()函数到可执行状态,然后被
scheduler()调度转入运行状态后,则应该恢复锁 lk(2904~2907)。

如果 lk 和 ptable.lock 是同一个锁,这种情况会在 wait()函数调用"sleep(curproc, &ptable.
lock);"(2707)等待子进程运行完成时发生,由于 sleep()函数持有 ptable.lock,可直接修改进程
的状态并放弃 CPU(2895~2899)。子进程首次被调度执行时会在 forkret 中释放 ptable.lock,这
样当子进程调用 exit()函数退出时,子进程的状态将变为僵尸状态,父进程被 wakeup1()函数唤
醒,父进程再次被运行时切换到 sched()函数中的 swtch 语句后的 2823 mycpu()->intena = intena
语句继续执行,接着 sched()函数返回,在 sleep()函数中恢复锁 lk(2901~2907),显然由于 lk
和 ptable.lock 是同一个锁,释放 ptable.lock 再获取 lk 的过程被跳过(2905、2906)。

引用 10.24　睡眠函数 sleep()(proc.c)

```
2873 void
2874 sleep(void *chan, struct spinlock *lk)
2875 {
2876 struct proc *p = myproc();
2877
2878 if(p == 0)
2879   panic("sleep");
2880
2881 if(lk == 0)
2882   panic("sleep without lk");
2883
2884 //Must acquire ptable.lock in order to
2885 //change p->state and then call sched
2886 //Once we hold ptable.lock, we can be
2887 //guaranteed that we won't miss any wakeup
2888 //(wakeup runs with ptable.lock locked),
2889 //so it's okay to release lk
2890 if(lk != &ptable.lock){
2891   acquire(&ptable.lock);
2892   release(lk);
2893   }
2894 //Go to sleep
2895 p->chan = chan;
2896 p->state = SLEEPING;
2897
2898 sched();
```

```
2899
2900 //Tidy up
2901 p->chan = 0;
2902
2903 //Reacquire original lock
2904 if(lk != &ptable.lock){
2905   release(&ptable.lock);
2906   acquire(lk);
2907   }
2908 }
2909
```

2. 唤醒函数 wakeup()与 wakeup1()的实现

wakeup1()函数如引用 10.25 所示，wakeup1()函数供持有锁 ptable.lock 的函数调用。

wakeup1()函数唤醒所有在条件变量 chan 上进入睡眠的进程。wakeup1()函数遍历每一个进程 p，如果进程处于 SLEEPING 状态而且是在 chan 上进入睡眠的（也即 p->chan == chan）则将其状态改为 RUNNABLE。由于 wakeup()函数改变进程的状态而没有获取锁，因此调用 wakeup1()函数必须持有锁 ptable.lock。

之所以要单独实现一个 wakeup1()函数，是因为有时调度器会在持有锁 ptable.lock 的情况下唤醒进程。

引用 10.25　wakeup1()函数（proc.c）

```
2952 static void
2953 wakeup1(void *chan)
2954 {
2955 struct proc *p;
2956 //扫描进程
2957 for(p = ptable.proc; p < &ptable.proc[NPROC]; p++)
//查找在 chan 上睡眠的进程
2958 if(p->state == SLEEPING && p->chan == chan)
2959   p->state = RUNNABLE;     //唤醒,状态转换为 RUNNABLE
2960 }
2961
```

wakeup()函数如引用 10.26 所示，wakeup()函数唤醒所有因为条件变量 chan 进入睡眠的进程。wakeup()函数则首先获取锁 ptable.lock 再调用 wakeup1()函数来唤醒，之后再释放锁 ptable.lock。

引用 10.26　wakeup()函数（proc.c）

```
2963 void
2964 wakeup(void *chan)
2965 {
2966 acquire(&ptable.lock);
2967 wakeup1(chan);
2968 release(&ptable.lock);
2969 }
2970
```

3. sleep()函数的使用

在以下两种情况下，可能出现从 sleep()函数返回但是其等待的状态为假：

（1）子进程退出时唤醒睡眠状态的父进程。

（2）睡眠中的进程被杀死，导致 wakeup() 函数被调用。

因此 xv6 调用内核函数 sleep() 的安全做法是将其放在 while 循环或 for(::)循环中，前者例如 piperead()、pipewrite()（如引用 10.27 所示）和 iderw() 函数中，后者例如 wait() 函数，循环中检查退出 sleep() 函数的条件是否满足，并根据需要检查如果 p->killed 被设置则返回到调用者。以此类推，更高一层的调用者也必须检查如果 p->killed 被设置则返回到更高层调用者，直到检查到 trap() 函数为止，若 p->killed 为真则调用 exit() 函数退出进程，如引用 10.28 所示。

引用 10.27　piperead() 函数在 while 循环中调用 sleep() 函数（proc.c）

```
6850 int
6851 piperead(struct pipe *p, char *addr, int n)
6852 {
6853 int i;
6854
6855 acquire(&p->lock);
6856 while(p->nread == p->nwrite && p->writeopen){
6857   if(myproc()->killed){
6858     release(&p->lock);
6859     return -1;
6860     }
6861   sleep(&p->nread, &p->lock);
6862   } //end while
6863 for(i = 0; i < n; i++){
6864   if(p->nread == p->nwrite)
6865     break;
6866     addr[i] = p->data[p->nread++ % PIPESIZE];
6867     }
6868 wakeup(&p->nwrite);
6869 release(&p->lock);
6870 return i;
6871 }
```

引用 10.28　trap() 函数中检查 killed

```
3400 void
3401 trap(struct trapframe *tf)
3402 {
3403 if(tf->trapno == T_SYSCALL){
3404   if(myproc()->killed)
3405     exit();
3406   myproc()->tf = tf;
3407   syscall();
3408   if(myproc()->killed)
3409     exit();
3410   return;
3411   }
...
3468 if(myproc() && myproc()->killed && (tf->cs&3) == DPL_USER)
3469   exit();
3470
3471 //Force process to give up CPU on clock tick
3472 //If interrupts were on while locks held, would need to check nlock
```

```
3473 if(myproc() && myproc()->state == RUNNING &&
3474    tf->trapno == T_IRQ0+IRQ_TIMER)
3475   yield();
3476
3477 //Check if the process has been killed since we yielded
3478 if(myproc() && myproc()->killed && (tf->cs&3) == DPL_USER)
3479   exit();
3480 }
3481
```

10.6　进程让出与杀死进程

1. 让出函数 yield()

yield()函数只被 trap.c 的 trap()函数调用,用于进程中让出 CPU 的控制权(3475)。调用发生在时钟中断中,调用的条件是进程有效且处于运行状态。

yield()函数的实现很简单,它将当前进程的状态改为 RUNNABLE,然后调用 sched()函数切换到调度器,如引用 10.29 所示。

引用 10.29　让出函数 yield()函数(proc.c)

```
2827 void
2828 yield(void)
2829 {
2830 acquire(&ptable.lock);
2831 myproc()->state = RUNNABLE;
2832 sched();
2833 release(&ptable.lock);
2834 }
```

2. 杀死进程函数 kill()

kill()函数查找到要杀死的进程 p,标记其 killed=1,若该进程处于睡眠状态,设置为可执行状态,但是进程返回用户空间后才退出。在 trap.c 的 trap()函数尾部,做了如引用 10.30 所示的调用。

引用 10.30　trap()函数中查找 killed 的进程并退出 (proc.c)

```
3468 if(myproc() && myproc()->killed && (tf->cs&3) == DPL_USER)
3469 exit();
3470
```

kill()函数如引用 10.31 所示,其主要过程如下。

(1)获取进程表的锁(2979)。

(2)遍历进程表,对 pid=参数 pid 的进程 p(2980、2981),标记其 killed=1(2982)。

(3)若该进程处于睡眠状态,则将其设置为可执行状态,释放进程表的锁,返回 0(2984~2988)。

(4)释放进程表的锁,返回-1(2990、2991)。

引用 10.31　kill()函数(proc.c)

```
2974 int
2975 kill(int pid)
2976 {
```

```
2977 struct proc *p;
2978
2979 acquire(&ptable.lock);
2980 for(p = ptable.proc; p < &ptable.proc[NPROC]; p++){
2981   if(p->pid == pid){
2982     p->killed = 1;
2983     //Wake process from sleep if necessary
2984     if(p->state == SLEEPING)
2985         p->state = RUNNABLE;
2986     release(&ptable.lock);
2987     return 0;
2988     }
2989   }
2990 release(&ptable.lock);
2991 return -1;
2992 }
2993
```

10.7 系统的初始进程

10.7.1 初始进程的建立

1. allocproc()函数对初始进程的设定

在 main.c 的 main()函数完成内存的第二阶段初始化 kinit2()函数后,main()函数调用 userinit()函数(1235)来建立初始进程,userinit()首先调用 allocproc()函数(2473~2515)分配初始进程。

allocproc()函数主要完成进程堆栈的构建,具体参考引用 10.17,它首先在堆栈中留下一个陷阱帧的空间,然后存入过程 trapret 的地址,其后留下进程上下文 context 的空间。allocproc()函数对进程的上下文清 0,然后设定 "p->context->eip = (uint)forkret;"。

2. userinit()函数对初始进程的设定

分配初始进程后,userinit()函数通过 p->pgdir = setupkvm()设定内核页表,再通过调用函数 inituvm(p->pgdir, _binary_initcode_start, (int)_binary_initcode_size)初始化进程页表的用户空间部分,inituvm()函数分配一个页面并映射其虚拟地址为 0,再把代码 initcode 复制到虚拟地址 0 处。

userinit()函数如引用 10.32 所示,userinit()函数对进程的 trapframe 做了初始化。userinit()函数的主要过程如下。

(1)调用 allocproc()函数分配进程(2525)。

(2)调用 setupkvm()函数构建页表(2528、2529)。

(3)调用 inituvm()函数将 initcode 的代码复制到用户空间虚拟地址 0(2530、2531)。

(4)进程 trapframe 清 0,设定陷阱帧的 cs、ds、es、ss、eflags 和 esp 成员,并设定陷阱帧 p->tf->eip=0,指向 initcode 代码(2532~2539)。

(5)设定进程的 cwd、name,设定 state=RUNNABLE(2541~2552)。

userinit()函数主要调用关系如图 10.9 所示。

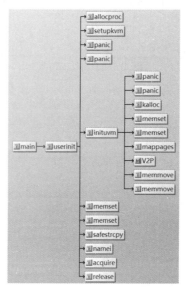

图 10.9　userinit()函数主要调用关系

注：此图为界面图，图中的函数均未加()，余同。

引用 10.32　userinit()（proc.c）

```
2518 //Set up first user process
2519 void
2520 userinit(void)
2521 {
2522 struct proc *p;
2523 extern char _binary_initcode_start[], _binary_initcode_size[];
2524
2525 p = allocproc();
2526
2527 initproc = p;
2528 if((p->pgdir = setupkvm()) == 0)
2529 panic("userinit: out of memory?");
2530 inituvm(p->pgdir, _binary_initcode_start, (int)_binary_initcode_size);
2531 p->sz = PGSIZE;
2532 memset(p->tf, 0, sizeof(*p->tf));
2533 p->tf->cs = (SEG_UCODE << 3) | DPL_USER;
2534 p->tf->ds = (SEG_UDATA << 3) | DPL_USER;
2535 p->tf->es = p->tf->ds;
2536 p->tf->ss = p->tf->ds;
2537 p->tf->eflags = FL_IF;
2538 p->tf->esp = PGSIZE;
2539 p->tf->eip = 0; //beginning of initcode.S
2540
2541 safestrcpy(p->name, "initcode", sizeof(p->name));
2542 p->cwd = namei("/");
2543
2544 //this assignment to p->state lets other cores
2545 //run this process. the acquire forces the above
2546 //writes to be visible, and the lock is also needed
2547 //because the assignment might not be atomic
2548 acquire(&ptable.lock);
```

```
2549
2550 p->state = RUNNABLE;
2551
2552 release(&ptable.lock);
2553 }
2554
```

其中，**2523** 行的两个符号**_binary_initcode_start** 和**_binary_initcode_size** 由链接器链接时产生，表示 init 代码的起始地址和所占空间大小，用 readelf –s kernel 命令查看目标文件 kernel 的符号表时可看到这两个符号。

3. 初始进程内核堆栈

userinit()函数完成后的初始进程内核堆栈如图 10.10 所示。

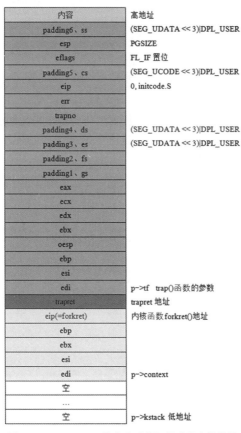

图 10.10　userinit()函数完成后的初始进程内核堆栈

10.7.2　切换入初始进程

1. 调度

userinit()函数最后通过 p->state = RUNNABLE 语句把初始进程设置为可执行状态等待调度。完成 userinit()函数后，main()函数调用 mpmain()函数，mpmain()函数调用 scheduler()函数开始运行进程调度，显然此时只有初始进程处于可执行状态。scheduler()函数调用 switchuvm()函数加载 GDT、TSS 和页表、打开中断并将初始进程的状态改为可执行状态，调用 swtch()函数把上下文从 cpu->scheduler 切换到进程的上下文。

2. forkret()函数

swtch()函数执行 ret 指令返回初始进程 p->context->eip 所指之处 forkret()函数的入口地址，因为 allocproc()函数中把 p->context->eip 设置为 forkret()函数的地址。

这是初始进程，forkret()函数将调用 iinit(ROOTDEV)和 initlog(ROOTDEV)完成 i 节点和日志的初始化。

3. 过程 trapret

forkret()函数结束后返回到调用者，也即此时堆栈的栈顶所指向的过程 trapret 地址。trapret 从堆栈弹出陷阱帧从 edi 到错误码部分的内容，然后堆栈的栈顶元素为 0，也即 initcode 的代码，过程 trapret 完成后，进程从陷入的内核空间返回用户空间，然后运行 initcode 代码。

4. initcode 代码

Initcolde 代码将运行在用户虚拟空间，因为 inituvm()函数初始化了用户空间，所以现在虚拟地址 0 能被 MMU 转换为该进程分配的物理地址处。

initcuvm()函数还设置用户空间页的标志位 PTE_W|PTE_U，而且 userinit()函数设置了进程陷阱帧的代码段 p->tf->cs 为 (SEG_UCODE << 3) | DPL_USER，陷入返回后 CS 的 CPL 为特权等级 3，所以用户代码只能访问带有 PTE_U 设置的页，而且无法修改像 CR3 这样的系统硬件寄存器，这就保证了内核空间的安全性。

第11章

文件系统

本章先介绍文件系统的磁盘层、块缓存层和日志层的实现，然后分析磁盘块的分配、i节点和目录层的实现。

本章涉及的源码主要有 buf.h、sleeplock.h、fs.h、fcntl.h、stat.h、ide.c、bio.c、log.c 和 fs.c。

11.1 概述

11.1.1 文件系统的功能

操作系统用文件来组织和存储数据，并进一步用目录管理文件，用目录对文件的名称、位置、大小、访问权限和访问情况等进行记录。进程可以在操作系统的支持下进行创建文件、打开文件和进行文件读写等操作。文件和目录被存放在磁盘等块设备上，操作系统需要对文件、目录以及存储设备进行管理，操作系统的这部分功能称为文件系统。

文件系统需要解决以下核心问题。

1. 数据结构化

与 UNIX 和 Linux 类似，xv6 文件系统将磁盘等设备的存储空间划分为大小相等的块，文件系统记录每个块的使用状况，并以块为基本单位读写磁盘；物理上文件的内容被存储到若干个块中，文件系统记录每个文件与块的对应关系；文件被进一步组织为目录树，逻辑上文件位于目录树的某个目录中；目录是一种特殊的文件，它记录了所包含的文件和子目录的相关信息。

2. 访问并发性

在进程并发的环境下，文件系统的操作也需要支持对文件的并发访问。

3. 访问高效性

相对内存而言，磁盘等设备的读写速度较慢；为了提高访问的效率，可行的做法是在内存中为打开的文件建立一个缓存，对文件数据的操作尽量在缓存中进行，只有在必要的情况下才将缓存的内容更新到块设备。

4. 数据一致性

系统实际运行当中会发生系统掉电、系统崩溃等问题，若文件系统正好在更新数据则可能导致数据的局部更新。对于有些数据的更新必须保证其原子性，也就是要么都完成要么都不完成，否则可能导致磁盘数据结构的不一致性。文件系统需要提供崩溃恢复支持以保证磁盘数据结果的一致性。

11.1.2　文件系统的分层

xv6 将文件系统抽象为 8 层，下面的每一层都向上开放接口供上层调用，如表 11.1 所示。

表 11.1　xv6 的文件系统的分层

名　　称	功　　能	主要接口与数据结构名称
系统调用层 （System Calls，sysfile.c）	将文件系统的功能封装为系统调用	sys_chdir; sys_close; sys_dup; sys_exec; sys_fstat; sys_link; sys_mkdir; sys_mknod; sys_open; sys_pipe; sys_read; sys_unlink; sys_write
文件描述符层 （File Descriptors，file.c）	将资源（如管道、设备、文件等）抽象为文件	filestat; fileinit; filedup; filewrite; fileclose; filealloc; fileread 数据结构：文件描述符（int 型）；file; devsw
路径名层 （Pathnames，fs.c）	递归查询路径对应的文件	namecmp; namei; nameiparent
目录层 （Directories，fs.c）	将目录实现为一种特殊的 i 节点，它的内容是一连串的目录项，每个目录项包含一个文件名和对应的 i 节点	dirlink; dirlookup 数据结构：dirent
无名文件层 （Inodes，fs.c）	提供无名文件，每一个无名文件由一个 i 节点和一连串的数据块组成	ialloc; idup; iinit; ilock; iput; iunlock; iunlockput; iupdate; readi; readsb; stati; writei 数据结构：inode; dinode
日志层 （Logging，log.c）	将对若干磁盘块的更新按事务打包，以确保系统崩溃时对这些块更新操作的原子性。 通过会话的方式来保证这些操作是原子操作	initlog; begin_op; end_op; log_write 数据结构：log; logheader; superblock
块缓存层 （Buffer Cache，bio.c）	通过缓冲块读写 IDE 硬盘，它同步了对磁盘的访问，保证同时只有一个内核进程可以修改磁盘块	bread; bget; bwrite; brelse; binit 数据结构：buf
磁盘层 （Disk，ide.c）	从 IDE 硬盘驱动器读写块	idestart; idewait; ideinit; iderw; ideintr

文件描述层和系统调用层将在第 12 章介绍。

各层主要函数之间的调用关系如图 11.1 所示。

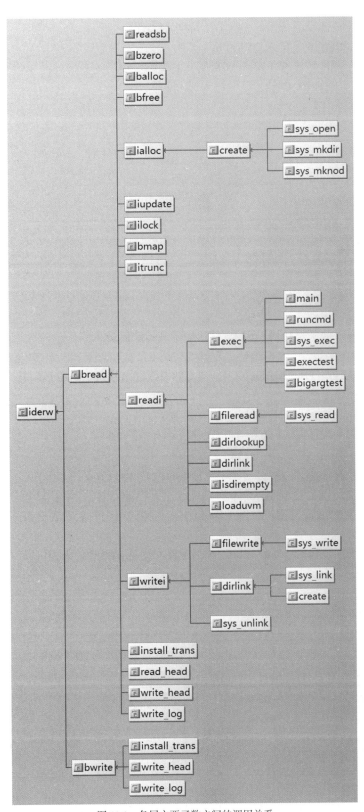

图 11.1　各层主要函数之间的调用关系

本章中的几个概念容易混淆，先做如下说明：

（1）缓冲块（Buffer），常常简记为 b；

（2）块缓存，缓冲块缓存（Buffer Cache）的简称，简记为 bcache；

（3）i 节点缓存（Inode Cache），简记为 icache。

11.1.3 磁盘布局

1. 布局

文件系统既要存储文件所包含的数据，又要管理存储文件系统本身所需要的信息，因此必须约定好各个逻辑块哪些用于存放文件的数据，哪些用于存放文件系统本身的信息。xv6 把磁盘划分为几个区块，xv6 磁盘布局如图 11.2 所示。磁盘块的类型如表 11.2 所示。

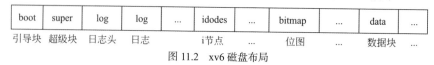

图 11.2　xv6 磁盘布局

1）引导块

文件系统的第 0 块是引导块，用于存储 xv6 的 bootblock。

2）超级块

第一块叫作超级块（Super Block），包含文件系统的总块数、数据块块数、i 节点数以及日志的块数等文件系统元信息。

3）日志

从第 2 块开始存放日志（Log），日志的第一块存放日志头。

4）i 节点

日志接下来存放 i 节点（Inode），每块能够存放多个 i 节点。

5）位图

i 节点接下来的块存放空闲块位图（Bitmap），位图的每一位表示磁盘每一块的空闲情况。

6）数据块

剩下的部分块是数据块（Data Block），用于保存文件和目录的内容。

表 11.2　xv6 磁盘块的类型

类　　型	起	止	含　　义
boot	0	0	引导块，系统启动时使用，往往放加载器 bootloader
super	1	1	超级块，存放结构体 superblock，包含该设备的基本信息
log	logstart=2	nlog+1	日志，起始块存放日志头，其余块存放日志
inodes	inodestart	inodestart+nnodes-1	存放每个文件的 dinode 结构体，记录文件的基本信息
bitmap	bmapstart	size-nblocks-1	顺序存放设备的位图，每一位代表一个块的使用情况
data	size- nblocks	size-1	存放文件的数据

2. 结构体 superblock

超级块结构体 superblock 用于记录磁盘布局的相关信息，其定义和成员分别如引用 11.1 和表 11.3 所示。

引用 11.1　超级块结构体 superblock 的定义（fs.h）

```
4063 struct superblock {
4064 uint size; //Size of file system image (blocks)
4065 uint nblocks; //Number of data blocks
4066 uint ninodes; //Number of inodes
4067 uint nlog; //Number of log blocks
4068 uint logstart; //Block number of first log block
4069 uint inodestart; //Block number of first inode block
4070 uint bmapstart; //Block number of first free map block
4071 };
4072
```

表 11.3　超级块结构体 superblock 的成员

成　　员	含　　义
size	文件系统的块数
nblocks	数据块数
ninodes	i 节点的块数
nlog	日志块数
nlogstart	日志的起始块号
inodestart	节点的起始块号
bmapstart	（空闲）位图起始块号

3. 读取超级块函数 readsb()

readsb()函数从设备 dev 中读取超级块到结构体 sb 中。读取超级块函数 readsb()如引用 11.2 所示。

引用 11.2　读取超级块函数 readsb()（fs.c）

```
4980 void
4981 readsb(int dev, struct superblock *sb)
4982 {
4983 struct buf *bp;
4984
4985 bp = bread(dev, 1);                    //超级块编号为 1，读入到缓冲块
4986 memmove(sb, bp->data, sizeof(*sb)); //复制到 sb
4987 brelse(bp);
4988 }
4989
```

11.2　磁盘层

磁盘层从 IDE 硬盘驱动器读写块，磁盘层的功能在 ide.c 中实现。

11.2.1 磁盘初始化

磁盘读写之前需要对磁盘进行必要的初始化工作，磁盘初始化函数 ideinit()在 main()中被调用。ideinit()函数通过调用 ioapicenable(IRQ_IDE, ncpu - 1)将 IDE 中断分配给最后一个 CPU 处理，然后检查是否保存在磁盘 1。ideinit()函数如引用 11.3 所示。

ideinit()函数的主要处理过程如下：

（1）初始化 ide 锁（4255）；

（2）打开处理器中断，让最后一个 CPU 负责处理 ide 中断（4256）；

（3）等待 ide 驱动器就绪（4257）；

（4）检查是否存在 ide1（4260~4265）；

（5）切换回磁盘 0（4269）。

引用 11.3　ideinit()函数（ide.c）

```
4250 void
4251 ideinit(void)
4252 {
4253 int i;
4254
4255 initlock(&idelock, "ide");
4256 ioapicenable(IRQ_IDE, ncpu - 1);
4257 idewait(0);
4258 //检查是否存在 disk1
4259 //Check if disk 1 is present
     //通过写 I/O 端口 0x1f6 来选择磁盘 1
4260 outb(0x1f6, 0xe0 | (1<<4));
     //等待一段时间（循环 1000 次）
     //获取状态位来查看磁盘是否就绪
     //如果不就绪，ideinit 认为磁盘不存在
4261 for(i=0; i<1000; i++){
4262   if(inb(0x1f7) != 0){
4263     havedisk1 = 1;
4264     break;
4265     }
4266   }
4267 //切换回磁盘 0
4268 //Switch back to disk 0
4269 outb(0x1f6, 0xe0 | (0<<4));
4270 }
4271
```

11.2.2 磁盘中断处理

1. 磁盘中断处理函数 ideintr()

磁盘中断处理函数是 ideintr()，磁盘完成操作后触发一个 IRQ_IDE 中断，该中断由 trap.c 的 trap()函数调用 ideintr()函数来处理。中断处理程序查询队列中的第一个缓冲块（Buffer）b 查看正在发生什么操作，如果该缓冲块 b 正在被读入并且磁盘控制器有数据在等待，就会调用 insl() 函数将数据读入缓冲块；然后唤醒在缓冲块 b 上睡眠的进程，调用 idestart()函数启动磁盘队列

的下一个块操作。

ideintr() 函数如引用 11.4 所示，其主要过程如下：

（1）获取 ide 锁（4309）；

（2）确保缓冲块 b 有效（4310~4314）；

（3）移除队列的头元素（4315）；

（4）如果该缓冲块正在被读入并且磁盘控制器有数据在等待，就会调用 insl() 函数将数据读入缓冲块（4317~4320）；

（5）缓冲块已经就绪后，设置 B_VALID，清除 B_DIRTY，唤醒这个缓冲块上的睡眠进程（4322~4324）；

（6）将下一个等待中的缓冲块传递给磁盘，释放 ide 锁（4327~4330）。

引用 11.4　ideintr() 函数（ide.c）

```
4303 void
4304 ideintr(void)
4305 {
4306 struct buf *b;
4307 //ide 队列的第一个元素是需要处理的缓冲块
4308 //First queued buffer is the active request
4309 acquire(&idelock);              //先获取 ide 锁
4310 if((b = idequeue) == 0){       //确保 b 有效
4311   release(&idelock);
4312   //cprintf("spurious IDE interrupt\n");
4313   return;
4314 }
4315 idequeue = b->qnext;           //移除队列的头元素
4316 //该缓冲块正在被读入并且磁盘控制器有数据在等待
4317 //Read data if needed
4318 if(!(b->flags & B_DIRTY) && idewait(1) >= 0)
4319   insl(0x1f0, b->data, 512/4);  //将数据读入缓冲块
4320
4321 //Wake process waiting for this buf
4322 b->flags |= B_VALID;           //设置 B_VALID
4323 b->flags &= ~B_DIRTY;          //清除 B_DIRTY
4324 wakeup(b);                     //唤醒在这个缓冲块上的睡眠进程
4325
4326 //Start disk on next buf in queue
4327 if(idequeue != 0)
4328   idestart(idequeue);          //将下一个等待中的缓冲块传递给磁盘
4329
4330 release(&idelock);
4331 }
4332
```

2. 启动磁盘处理函数 idestart()

idestart() 函数如引用 11.5 所示，idestart() 函数启动对缓冲块 b 的磁盘读写，调用者需持有锁 idelock。

引用 11.5　idestart() 函数（ide.c）

```
4273 static void
4274 idestart(struct buf *b)
```

```
4275 {
4276 if(b == 0)
4277   panic("idestart");
4278
4279 idewait(0);                                           //等待 ide 完成当前处理
4280 outb(0x3f6, 0);                                       //写控制字，开启中断
4281 outb(0x1f2, 1);                                       //要读写的扇区数
4282 outb(0x1f3, b->sector & 0xff);                        //LBA 参数的 0~7 位
4283 outb(0x1f4, (b->sector >> 8) & 0xff);                 //LBA 参数的 8~15 位
4284 outb(0x1f5, (b->sector >> 16) & 0xff);               //LBA 参数的 8~15 位
4285 outb(0x1f6, 0xe0 | ((b->dev&1)<<4) | ((b->sector>>24)&0x0f));
4286 if(b->flags & B_DIRTY){                               //写操作
4287   outb(0x1f7, IDE_CMD_WRITE);
4288   outsl(0x1f0, b->data, 512/4);
4289   } else {                                            //读操作
4290   outb(0x1f7, IDE_CMD_READ);
4291   }
4292 }
4293
```

3. 等待磁盘就绪函数 idewait()

idewait()函数等待磁盘就绪。idewait()函数如引用 11.6 所示，其主要过程如下。

（1）从状态寄存器（0x1f7）读取状态，直到 ide 控制器准备就绪（4242、4243）。

（2）如果设置了 checkerr 则检查是否为 IDE_DF|IDE_ERR（4244、4245）。

引用 11.6   ideinit()函数（ide.c）

```
4237 static int
4238 idewait(int checkerr)
4239 {
4240 int r;
4241
4242 while(((r = inb(0x1f7)) & (IDE_BSY|IDE_DRDY)) != IDE_DRDY)
4243 ; //等待 IDE_BSY|IDE_DRDY 被清除
        //检查状态是否返回错误信息
4244 if(checkerr && (r & (IDE_DF|IDE_ERR)) != 0)
4245 return -1;
4246   return 0;
4247 }
4248
```

11.2.3   磁盘读写

磁盘层读写块这一核心功能由函数 iderw()完成，iderw()函数将缓冲块 b 与磁盘同步。

iderw()函数将要处理的缓冲块 b 加到 idequeue 队列的最后，如果队列中只有缓冲块 b 存在，则启动对缓冲块 b 的处理。然后在缓冲块 b 上转入睡眠状态，等待处理完成。iderw()函数被块缓存（Buffer Cache，缓冲块缓存，简称块缓存）层的 bread()函数和 bwrite()函数调用来完成块的读写。

iderw()函数如引用 11.7 所示，其主要过程如下。

（1）获取磁盘锁 idelock（4365）。

（2）标记 b 的下一个缓冲块为空（4368）。

（3）循环找到队列的末尾缓冲块（4369、4370）。

（4）将缓冲块 b 插入 ide 队列的末尾（4371）。

（5）如果缓冲块 b 在队首，则调用 idestart()函数启动对 b 的读写（4374、4375）。

（6）在 b 上进入睡眠，等待处理完成（4378~4380）。

引用 11.7　ideinit()函数（ide.c）

```
4353 void
4354 iderw(struct buf *b)
4355 {
4356 struct buf **pp;
4357
4358 if(!(b->flags & B_BUSY))
4359   panic("iderw: buf not busy");
4360 if((b->flags & (B_VALID|B_DIRTY)) == B_VALID)
4361   panic("iderw: nothing to do");
4362 if(b->dev != 0 && !havedisk1)
4363   panic("iderw: ide disk 1 not present");
4364
4365 acquire(&idelock);              //获取 ide lock
4366 //把 b 加到 ide 队列的尾部
4367 //Append b to idequeue.
4368 b->qnext = 0;
4369 for(pp=&idequeue; *pp; pp=&(*pp)->qnext)
4370   ;
4371 *pp = b;
4372
4373 //Start disk if necessary
4374 if(idequeue == b)               //b 位于队列的头部，启动 ide
4375   idestart(b);
4376 // 等待请求完成
4377 // Wait for request to finish
4378 while((b->flags & (B_VALID|B_DIRTY)) != B_VALID){
4379   sleep(b, &idelock);
4380   }
4381
4382
4383 release(&idelock);
4384 }
```

11.3　块缓存层

由于磁盘读写的速度相对内存较慢，因此，xv6 在内存中为要操作的数据块分配一个缓冲块以减少不必要的磁盘读写操作；文件系统通过缓冲块与块设备进行数据交换，这一机制称为块缓存。块缓存层如图 11.3 所示。

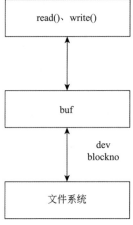

图 11.3   块缓存层

11.3.1   缓冲块结构体

xv6 定义了缓冲块结构体 buf 用于管理磁盘块在内存的缓冲,其定义和成员分别如引用 11.8 和表 11.4 所示。

引用 11.8   缓冲块结构体 buf 的定义（buf.h）

```
3850 struct buf {
3851 int flags;
3852 uint dev;
3853 uint blockno;
3854 struct sleeplock lock;
3855 uint refcnt;
3856 struct buf *prev; //LRU cache list
3857 struct buf *next;
3858 struct buf *qnext; //disk queue
3859 uchar data[BSIZE];
3860 };
```

表 11.4   缓冲块结构体 buf 的成员

成　　员	含　　义
flags	B_BUSY、B_VALID、B_DIRTY 标志的组合
dev	设备号
blockno	磁盘块号
lock	锁（sleeplock 类型）
refcnt	引用数
prev	双向链表的前向指针
next	双向链表的后向指针
qnext	磁盘队列 idequeue 的后向指针
data[512]	512 字节的数据

缓冲块结构体的 flags 成员用以下两个内部标志来表示缓冲块的状态。

（1）B_VALID：有效，缓冲块数据已经从磁盘读取。

（2）B_DIRTY：脏，缓冲块数据已经改变，需要回写到磁盘。

缓冲块是一个双向链表的节点，dev 记录了块所属的设备号，blockno 记录了块所属的磁盘块号，refcnt 记录了该缓冲块的引用数，data 数组存储块的数据。为了能让进程带着锁在缓冲块上睡眠，定义了每个缓冲块的锁 lock；指针 prev 指向前一个缓冲块，next 指向后一个缓冲块。使用双向链表来管理缓冲块方便在需要选择缓冲块替换时按照最近最少使用（Least Recently Used，LRU）算法找到被替换的缓冲块，也就是队列尾部的缓冲块。

缓冲块通过指针 qnext 维护一个缓冲块队列，用于管理等待 ide 读写的缓冲块。缓冲块通过 refcnt 来管理对缓冲块的使用，每增加一个对缓冲块的引用 refcnt 增加 1，每释放一个对缓冲块的引用 refcnt 减少 1；当引用数 refcnt 归 0 后释放缓冲块的锁 lock，并且将该缓冲块移到双向链表的头部，表示它最近被使用过，缓冲块 buf 组成的 LRU 双向链表与 idequeue 队列如图 11.4 所示。

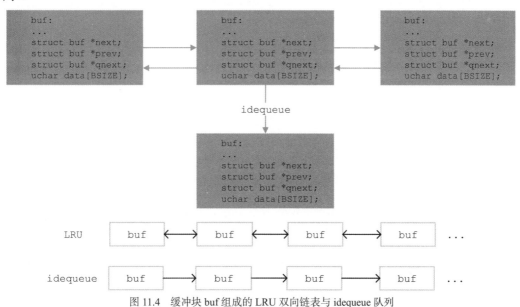

图 11.4　缓冲块 buf 组成的 LRU 双向链表与 idequeue 队列

11.3.2　块缓存及其初始化

1.　块缓存结构体 bcache

块缓存结构体 bcache 用于管理系统的缓冲块数组 buf[NBUF]构成的缓存，其定义和成员分别如引用 11.9 和表 11.5 所示。

引用 11.9　块缓存结构体 bcache 的定义（bio.c）

```
4428 struct {
4429 struct spinlock lock;
4430 struct buf buf[NBUF];
4431
4432 //Linked list of all buffers, through prev/next
4433 //head.next is most recently used
```

```
4434 struct buf head;
4435 } bcache;
4436
```

表 11.5　块缓存结构体 bcache 的成员

成　　员	含　　义
lock	锁
buf[NBUF]	缓冲块数组
head	缓冲块链表的头指针，这是双向链表的空头

2. 块缓存初始化函数 binit()

内核 main()函数中调用 binit()函数完成 bcache 的初始化（1230），binit()函数首先初始化锁 bcache.lock，然后建立带空头 head 的 buf 双向链表，将 buf[NBUF]的每一个缓冲块加入链表中，如引用 11.10 所示。

引用 11.10　bcache 的初始化函数 binit()（bio.c）

```
4437 void
4438 binit(void)
4439 {
4440 struct buf *b;
4441
4442 initlock(&bcache.lock, "bcache");
4443
4450 //Create linked list of buffers
4451 bcache.head.prev = &bcache.head;
4452 bcache.head.next = &bcache.head;
4453 for(b = bcache.buf; b < bcache.buf+NBUF; b++){
4454   b->next = bcache.head.next;
4455   b->prev = &bcache.head;
4456   initsleeplock(&b->lock, "buffer");
4457   bcache.head.next->prev = b;
4458   bcache.head.next = b;
4459   }
4460 }
4461
```

块缓冲机制把对磁盘块的读写操作转换为对缓冲块的读写操作，这样就减少了对磁盘块的访问次数，提高了系统性能；但是这就需要块缓存层对磁盘的访问进行同步，保证同一个数据块在内存中只有一份副本，以避免数据的不一致性和缓冲空间的浪费，xv6 通过块 buf 的 refcnt 来维护数据块的一致性。

11.3.3　缓冲块读取

1. 读取到缓冲块函数 bread()

bread()函数读取设备 dev 上编号为 blockno 的数据块到缓冲块。对某个设备 dev 的 blockno 数据块进行读取时，调用 bget()函数来获取其对应的缓冲块（4506），如果对应的数据块无效，则调用 iderw(b)函数（4508）从磁盘的数据块读入数据到缓冲 b。

bread()函数如引用 11.11 所示。

引用 11.11　bread()函数（bio.c）

```
4501 struct buf*
4502 bread(uint dev, uint blockno)
4503 {
4504 struct buf *b;
4505
4506 b = bget(dev, blockno);
4507 if((b->flags & B_VALID) == 0) {
4508   iderw(b);
4509   }
4510 return b;
4511 }
4512
```

2. 获取缓冲块函数 bget()

bget()函数获取设备 dev 上块号为 blockno 的缓冲块。

bget()函数如引用 11.12 所示，其主要过程如下。

（1）扫描缓冲块链表检查该数据块是否已经被缓冲（4472~4480），如果已经被缓冲到 b 则增加 b 的引用数（4475）；否则按照 LRU 策略分配一个未被使用的缓冲块，由于释放缓冲块时把最近使用过的缓冲块放到头部，因此从尾部反向查找可用的缓冲块（4485~4495）；分配到的缓冲块记录其设备号和块号、flags 清 0，然后引用数记为 1。

（2）由于 bget()函数中需要修改块缓存 bcache，为了同步，因此在 bget()函数的开头先获取bcache 的锁（4470），在返回前释放锁（4476、4491）。

引用 11.12　bget()（bio.c）

```
4465   static struct buf*
4466   bget(uint dev, uint blockno)
4467   {
4468   struct buf *b;
4469
4470   acquire(&bcache.lock);                //获取锁
4471   // 查找块是否已经被缓存
4472   // 扫描
4473 for(b = bcache.head.next; b != &bcache.head; b = b->next){
4474   if(b->dev == dev && b->blockno == blockno){     // 找到可用块
4475     b->refcnt++;
4476     release(&bcache.lock);              //释放 bcache 的锁
4477     acquiresleep(&b->lock);             //获取睡眠锁
4478     return b;
4479     }
4480   }
4481
4482   // 没有被缓存,循环使用一个未被占用的缓冲块
4483   //即使 refcnt==0,B_DIRTY 仍然代表该缓冲块在占用中
4484   //因为 log.c 已经修改了该块,但是还没有提交
4485 for(b = bcache.head.prev; b != &bcache.head; b = b->prev){
4486   if(b->refcnt == 0 && (b->flags & B_DIRTY) == 0) {
4487     b->dev = dev;
```

```
4488        b->blockno = blockno;
4489        b->flags = 0;              //标记清除
4490        b->refcnt = 1;
4491        release(&bcache.lock);     //释放 bcache 的锁
4492        acquiresleep(&b->lock);    //获取睡眠锁
4493        return b;
4494        }
4495    }
4496 panic("bget: no buffers");
4497 }
4498
```

3. bget()函数与睡眠锁

为了数据的一致性，一个缓冲块 buf 只能允许一个内核线程使用它，以避免竞争条件（Race Condition）。因为磁盘操作过程有时候时间较长，所以 xv6 使用睡眠锁来同步磁盘块的使用。

在 bget()函数返回缓冲块 b 前调用 acquiresleep(&b->lock)（4477、4492），acquiresleep()函数检查睡眠锁 lk 是否为 locked 状态，它首先取得保护睡眠锁 lk 的自旋锁&lk->lk（4623）；如果睡眠锁 lk 被持有，也即 lk->locked 非零，则进程在&b->lock 上带着自旋锁&lk->lk 进入睡眠状态（4625~4627），自旋锁&lk->lk 在 sleep()函数中会被释放（2892），否则要检查 locked 状态的线程就可以进行；如果睡眠锁没有被占用则标记睡眠锁 lk（4628）为加锁状态，从而取得锁的使用权，最后释放睡眠锁的自旋锁。

11.3.4 缓冲块写入与释放

1. 缓冲块写入磁盘函数 bwrite()

bwrite()函数把缓冲块标记为 B_DIRTY（4519），调用 iderw()函数把缓冲块中的一块写到磁盘上（4520）。B_DIRTY 表示磁盘数据块与缓冲块的数据可能不一致，在 IDE 中断处理中完成数据的写入后，B_DIRTY 标志将被清除（4323）。bwrite()函数如引用 11.13 所示。

引用 11.13   bwrite()函数（bio.c）

```
4513 // Write b's contents to disk. Must be locked
4514 void
4515 bwrite(struct buf *b)
4516 {
4517 if(!holdingsleep(&b->lock))
4518   panic("bwrite");
4519 b->flags |= B_DIRTY;
4520 iderw(b);
4521 }
4522
```

2. 缓冲块释放函数 brelse()

缓冲块使用完后，brelse()函数被调用以释放缓冲块，释放后不能再使用该缓冲块。brelse()函数如引用 11.14 所示，其主要过程如下。

（1）调用 releasesleep(&b->lock)（4531）释放&b->lock，releasesleep()函数修改睡眠锁 lk 的 locked 为 0，表示锁被释放，然后唤醒在睡眠锁 lk 上睡眠的进程；由于涉及睡眠锁的状态修改，因此修改前取得保护它的自旋锁 lk，修改后释放保护它的自旋锁 lk。

（2）brelse()函数取得 bcache 的锁（4533），再将 b 的引用数 refcnt 减 1（4534）；如果 refcnt 为 0，即缓冲块 b 不再被使用，则将其移动到双向链表的头部（4535~4543）。

（3）brelse()函数释放睡眠锁 lk 的自旋锁。

引用 11.14　brelse()函数（bio.c）

```
4525 void
4526 brelse(struct buf *b)
4527 {
4528 if(!holdingsleep(&b->lock))
4529   panic("brelse");
4530
4531 releasesleep(&b->lock);
4532
4533 acquire(&bcache.lock);
4534 b->refcnt--;
4535 if (b->refcnt == 0) {
4536   //no one is waiting for it
4537   b->next->prev = b->prev;
4538   b->prev->next = b->next;
4539   b->next = bcache.head.next;
4540   b->prev = &bcache.head;
4541   bcache.head.next->prev = b;
4542   bcache.head.next = b;
4543   }
4544
4545 release(&bcache.lock);
4546 }
4547
```

11.3.5　缓冲块的使用

对缓冲块经常进行如下操作：

（1）调用 bread()函数读入数据到缓冲块；

（2）对缓冲块进行修改；

（3）调用 bwrite()函数从缓冲块写入磁盘；

（4）调用 brelse()函数释放不再使用的缓冲块。

调用 bread()函数读入块时只有获取了该缓冲块的锁 b->lock 才能返回，否则就进入了睡眠状态，所以 b->lock 会被在 brelse()函数中释放，从而实现了缓冲块的互斥访问，例如引用 11.15 所示。

引用 11.15　缓冲块使用示例（log.c）

```
4803 static void
4804 write_head(void)
4805 {
// （1）调用 bread()函数读入数据到缓冲块
4806 struct buf *buf = bread(log.dev, log.start);
// （2）对缓冲块进行修改
4807 struct logheader *hb = (struct logheader *) (buf->data);
```

```
4808 int i;
4809 hb->n = log.lh.n;
4810 for (i = 0; i < log.lh.n; i++) {
4811 hb->block[i] = log.lh.block[i];
4812 }
// (3) 调用 bwrite() 函数从缓冲块写入磁盘
4813 bwrite(buf);
// (4) 调用 brelse() 函数释放不再使用的缓冲块
4814 brelse(buf);
4815 }
```

11.4　日志层

11.4.1　事务与日志

　　事务（Transaction）是数据库领域的重要概念，事务包含一组操作并把该组所有操作当作一个整体一起向系统提交或撤销，这一组操作要么都执行要么都不执行，因此事务是一个不可分割的操作逻辑单元，这就是事务的原子性。事务完成时必须使所有的数据都保持一致状态。

　　操作系统中文件系统的一些修改也有类似数据库事务的要求，例如缩小或者扩大文件磁盘空间的操作涉及目录项、空闲块等的修改，如果不能原子地完成，可能因为操作执行顺序的不同，导致文件被截断的数据块没有加入系统的空闲块中，也可能导致文件新占用的数据块没有从空闲块中删除，从而导致文件系统处于错误的状态。因此，事务的概念被借用到文件系统的实现中。

　　事务的管理常常基于日志结构的文件系统来完成，其核心思想是把事务中的操作分为如下两个阶段。

　　第一阶段先把数据写到日志中，事务的所有写操作结束后，在日志中写一个特殊的提交记录标记事务的操作完整结束。

　　第二阶段把日志中的数据写到磁盘文件系统中。在事务的所有数据都成功写到磁盘文件系统数据结构中后，删除磁盘上的日志文件。

　　如果系统崩溃发生在第一阶段的事务提交之前，则文件系统的数据是一致的，日志文件不会被标记为已完成状态，恢复程序只需要忽略日志即可；如果系统崩溃发生在事务提交之后，则日志文件是正确的，恢复程序只需要重新将日志中的数据写到磁盘文件系统数据结构中即可保证数据是一致的。这样就保证了事务的操作要么都没有完成要么都完成（All-or-nothing），也即保证了事务的原子性。

11.4.2　日志

1. 日志的概念

　　xv6 的日志由若干个磁盘块构成，块数最多为 superblock.nlog。日志包括一个日志起始块（块号为 superblock.logstart）和若干个日志块，起始块用于存储日志头，其余每个日志块对应事务写操作的一个数据块。

　　xv6 文件系统分配了固定数量的磁盘块用于日志，每次事务的数据块数不能超过该数量，因此每次事务开始时先检查是否有足够的日志空间（4834）。但是对大文件的写操作可能超过这一限制，例如对文件系统中记录块使用状况的位图的写操作，对于这种情况，xv6 把它分为若干小的写操作来进行。例如在 filewrite() 函数中将事务放到循环中，将一次大的写操作拆分成小的事务来完成，如引用 11.16 所示。

引用 11.16　filewrite() 函数中的事务（file.c）

```
6001 int
6002 filewrite(struct file *f, char *addr, int n)
6003 {
…
6019 while(i < n){
…
6024 begin_op();
6025 ilock(f->ip);
6026 if ((r = writei(f->ip, addr + i, f->off, n1)) > 0)
6027   f->off += r;
6028 iunlock(f->ip);
6029 end_op();
…
6035 i += r;
6036 }
...
6040 }
6041
```

2. 日志头结构体 logheader

xv6 定义日志头结构体 logheader 来记录日志所包含的日志块数 n，若 n 为 0 则表示日志为空；每个日志块对应的数据块号用数组 block[LOGSIZE] 来存储。日志头结构体 logheader 的定义和成员分别如引用 11.17 和表 11.6 所示。

引用 11.17　日志头结构体 logheader 的定义（log.c）

```
4733 struct logheader {
4734 int n;
4735 int block[LOGSIZE];
4736 };
4737
```

表 11.6　日志头结构体 logheader 的成员

成　　员	含　　义
n	日志包含的日志块数（不含起始块）
block[LOGSIZE]	日志块对应的数据块号

3. 日志与事务的并发

xv6 定义日志结构体 log 来管理日志，其定义和成员如引用 11.18 和表 11.7。

引用 11.18　日志结构体 log 的定义（locg.c）

```
4738 struct log {
4739 struct spinlock lock;
4740 int start;
```

```
4741 int size;
4742 int outstanding; //how many FS sys calls are executing
4743 int committing; //in commit(), please wait
4744 int dev;
4745 struct logheader lh;
4746 };
4747
```

表 11.7 日志结构体 log 的成员

成　　员	含　　义
lock	日志的锁
start	日志块的起始磁盘编号
size	日志包含的块数
outstanding	正在被执行的文件系统调用数
committing	提交过程中
dev	设备号
lh	日志头

由于进程的并发可能导致多个事务并发的情况，xv6 通过 outstanding 来管理事务的并发，开始事务操作时（begin_op()函数被调用），outstanding 增加 1（4838）；结束事务操作时（end_op()函数被调用），outstanding 减 1（4859），只有在 log.outstanding 为 0 时才提交事务（4861、4872~4880）。这样几个并行的事务被合并为一个事务组，只有这些事务都结束后才被最终提交。这一方面解决了事务并发的问题，另一方面也减少了磁盘的操作，增大了一次磁盘操作的粒度，使得磁盘写数据时以更优化的方式进行调度。

4. 日志层与块缓存层、磁盘层的互动

xv6 日志层的核心数据结构是内存中日志头 logheader 中的 block[]数组，它记录了事务中涉及的数据块号，块 block[i]对应日志块的块号为 log.start+1+i，而 log.start 是磁盘日志块的起始块块号，起始块用于存储日志头 logheader；日志块块号与数据块块号的对应关系由数组 block[] 来映射。

日志操作中，日志层、块缓存层、磁盘层间的交互如表 11.8 和图 11.5 所示。

表 11.8 日志层、块缓存层、磁盘层间的交互

序　　号	操　　作
①	从磁盘读入数据块到数据缓冲块 db 修改。 例如，事务中： 　bread(db), modify(db)
②	在日志头中登记数据缓冲块 db 并标记 db 为 B_DIRTY。 例如，log_write(db) 函数中： 　4936 log.lh.block[i] = b->blockno; 　4938 log.lh.n++;

序　号	操　　作

③	将数据从数据缓冲块 db 复制到日志缓冲块 lb。
	例如，write_log()函数中：
	`4890 struct buf *to = bread(log.dev, log.start+tail+1);`
	`4891 struct buf *from = bread(log.dev, log.lh.block[tail]);`
	`4892 memmove(to->data, from->data, BSIZE);`

④	将日志缓冲块 lb 写到磁盘。 例如，write_log()函数中： `4893 bwrite(to);`
⑤	从磁盘读入日志块到日志缓冲块 lb。 例如，install_trans()函数中： `4777 struct buf *lbuf = bread(log.dev, log.start+tail+1);`

⑥	将数据从日志缓冲块 lb 复制到数据缓冲块 db。
	例如，install_trans()函数中：
	`4778 struct buf *dbuf = bread(log.dev, log.lh.block[tail]);`
	`4779 memmove(dbuf->data, lbuf->data, BSIZE);`

⑦	将数据缓冲块 db 写到磁盘。 例如，install_trans()函数中： `4780 bwrite(dbuf);`

⑧	将日志头从磁盘的日志起始块读入到日志头缓冲块 lhb。
	例如，read_head()函数中：
	`4790 struct buf *buf = bread(log.dev, log.start);`
	`4791 struct logheader *lh = (struct logheader *) (buf->data);`

⑨	将日志头从日志头缓冲块 lhb 读入到 log->logheader。
	例如，read_head()函数中：
	`4793 log.lh.n = lh->n;`
	`4794 for (i = 0; i < log.lh.n; i++) {`
	`4795 log.lh.block[i] = lh->block[i];`
	`4796 }`

⑩	将日志头从 log->logheader 复制到日志头缓冲块 lhb。
	例如，write_head()函数中：
	`4806 struct buf *buf = bread(log.dev, log.start);`
	`4807 struct logheader *hb = (struct logheader *) (buf->data);`
	`4808 int i;`
	`4809 hb->n = log.lh.n;`
	`4810 for (i = 0; i < log.lh.n; i++) {`
	`4811 hb->block[i] = log.lh.block[i];`
	`4812 }`

⑪	将日志头缓冲块 lhb 写到磁盘。 例如，write_head()函数中： `4813 bwrite(buf);`

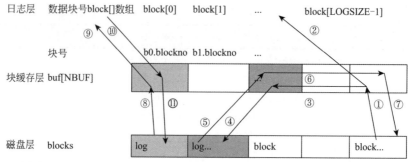

注：浅灰色示日志头块；深灰色块表示日志块；②、③等编号是表 11.8 中的编号。

图 11.5　日志层与块缓存层、磁盘层的互动

5. 日志层的函数

日志层中，静态函数 log_write()、write_log()、install_trans()、read_head()、write_head()、recover_from_log() 与 commit() 实现了日志的底层功能，供日志的对外接口函数 initlog()、begin_op()、end_op() 和 log_write() 调用。

日志的函数及主要操作如表 11.9 所示，commit() 函数在事务部分介绍。

表 11.9　日志层的函数及主要操作

函　　数	类　　型	主　要　操　作
1）begin_op()	对外接口	略
2）end_op()	对外接口	略
3）init_log()	对外接口	4762 initlock(&log.lock, "log"); 4763 readsb(dev, &sb); 4764 log.start = sb.logstart; 4765 log.size = sb.nlog; 4766 log.dev = dev; 4767 recover_from_log();
4）log_write(db)	对外接口	②在日志头中登记数据缓冲块 db 并标记 b 为 B_DIRTY。 4936 log.lh.block[i] = b->blockno; 4937 if (i == log.lh.n) 4938 log.lh.n++; 4939 b->flags |= B_DIRTY; // prevent eviction
5）write_log()	静态函数	③将数据从数据缓冲块 db 复制到日志缓冲块 lb。 ④将日志缓冲块 lb 写到磁盘。 4889 for (tail = 0; tail < log.lh.n; tail++) { 4890 struct buf *to = bread(log.dev, log.start+tail+1); 4891 struct buf *from = bread(log.dev, log.lh.block[tail]); 4892 memmove(to->data, from->data, BSIZE); 4893 bwrite(to); 4894 brelse(from); 4895 brelse(to); 4896 }

续表

函　数	类　型	主　要　操　作

6）install_trans()	静态函数	⑤从磁盘读入日志块到日志缓冲块 lb。
		⑥将数据从日志缓冲块 lb 复制到数据缓冲块 db。
		⑦将数据缓冲块 db 写到磁盘。
		`4776 for (tail = 0; tail < log.lh.n; tail++) {`
		`4777 struct buf *lbuf = bread(log.dev, log.start+tail+1);`
		`4778 struct buf *dbuf = bread(log.dev, log.lh.block[tail]);`
		`4779 memmove(dbuf->data, lbuf->data, BSIZE);`
		`4780 bwrite(dbuf);`
		`4781 brelse(lbuf);`
		`4782 brelse(dbuf);`
		`4783 }`

7）read_head()	静态函数	⑧将日志头从磁盘的日志起始块读入到日志头缓冲块 lhb。
		⑨将日志头从日志头缓冲块 lhb 读入到 log->logheader。
		`4790 struct buf *buf = bread(log.dev, log.start);`
		`4791 struct logheader *lh = (struct logheader *) (buf->data);`
		`4792 int i;`
		`4793 log.lh.n = lh->n;`
		`4794 for (i = 0; i < log.lh.n; i++) {`
		`4795 log.lh.block[i] = lh->block[i];`
		`4796 }`

8）write_head()	静态函数	⑩将日志头从 log->logheader 复制到日志头缓冲块 lhb。
		⑪将日志头缓冲块 lhb 写到磁盘。
		`4806 struct buf *buf = bread(log.dev, log.start);`
		`4807 struct logheader *hb = (struct logheader *) (buf->data);`
		`4808 int i;`
		`4809 hb->n = log.lh.n;`
		`4810 for (i = 0; i < log.lh.n; i++) {`
		`4811 hb->block[i] = log.lh.block[i];`
		`4812 }`
		`4813 bwrite(buf);`

9） recover_from_log()	静态函数	`4820 read_head();`
		`4821 install_trans();`
		`4822 log.lh.n = 0;`
		`4823 write_head();`

10）commit()	静态函数	`4904 write_log();`
		`4905 write_head();`
		`4906 install_trans();`
		`4907 log.lh.n = 0;`
		`4908 write_head();`

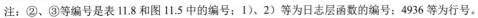
注：②、③等编号是表 11.8 和图 11.5 中的编号；1）、2）等为日志层函数的编号；4936 等为行号。

11.4.3　日志的静态函数

1. 读日志头函数 read_head()

read_head()函数从磁盘的日志起始块读取日志头到内存中的日志头 log.lh 中。

read_head()函数如引用 11.19 所示，其主要过程如下：

（1）读取磁盘的日志起始块（4790）；

（2）获取日志块数（4793）；

（3）复制 block 数组数据（4794~4796）。

引用 11.19　read_head()函数（log.c）

```
4787 static void
4788 read_head(void)
4789 {
     //读取日志起始块
4790 struct buf *buf = bread(log.dev, log.start);
4791 struct logheader *lh = (struct logheader *) (buf->data);
4792 int i;
4793 log.lh.n = lh->n;                    //日志块数
4794 for (i = 0; i < log.lh.n; i++) {     //复制 block 数组数据
4795   log.lh.block[i] = lh->block[i];
4796 }
4797 brelse(buf);
4798 }
4799
```

2. 写日志头函数 write_head()

write_head()函数将日志块数 log.lh.n（4809）和数组 block 的前 n 项（4810~4812）写到日志起始块的缓冲块，最后将该缓冲块写到磁盘（4813），如引用 11.20 所示。

引用 11.20　write_head()函数（log.c）

```
4803 static void
4804 write_head(void)
4805 {
4806 struct buf *buf = bread(log.dev, log.start);
4807 struct logheader *hb = (struct logheader *) (buf->data);
4808 int i;
4809 hb->n = log.lh.n;
4810 for (i = 0; i < log.lh.n; i++) {
4811   hb->block[i] = log.lh.block[i];
4812 }
4813 bwrite(buf);
4814 brelse(buf);
4815 }
4816
```

3. 写日志块函数 write_log()

写日志块函数 write_log()读出每个数据块（4891），复制到日志缓冲块（4892），然后将日志缓冲块写到磁盘（4893），如引用 11.21 所示。

引用 11.21　write_log()函数（log.c）

```
4883 //Copy modified blocks from cache to log
4884 static void
4885 write_log(void)
4886 {
4887 int tail;
4888
4889 for (tail = 0; tail < log.lh.n; tail++) {
4890   struct buf *to = bread(log.dev, log.start+tail+1); //log block
4891   struct buf *from = bread(log.dev, log.lh.block[tail]); //cache block
4892   memmove(to->data, from->data, BSIZE);
4893   bwrite(to); //write the log
4894   brelse(from);
4895   brelse(to);
4896   }
4897 }
4898
```

4. 加载事务函数 install_trans()

install_trans()函数读出每一个日志块（4777），复制到对应的数据缓冲块（4779），然后将数据缓冲块写到磁盘（4780），如引用 11.22 所示。

引用 11.22　install_trans 函数（log.c）

```
4771 static void
4772 install_trans(void)
4773 {
4774 int tail;
4775
4776 for (tail = 0; tail < log.lh.n; tail++) {
4777   struct buf *lbuf = bread(log.dev, log.start+tail+1); //read log block
4778   struct buf *dbuf = bread(log.dev, log.lh.block[tail]); //read dst
4779   memmove(dbuf->data, lbuf->data, BSIZE); //copy block to dst
4780   bwrite(dbuf); //write dst to disk
4781   brelse(lbuf);
4782   brelse(dbuf);
4783   }
4784 }
4785
```

5. 从日志恢复函数 recover_from_log()

recover_from_log()函数读取日志头（4820），恢复日志中已经提交但还没有写到磁盘的数据（4821），然后把日志块数改为 0 并清除日志（4822、4823），如引用 11.23 所示。

引用 11.23　recover_from_log()函数（log.c）

```
4817 static void
4818 recover_from_log(void)
4819 {
4820 read_head();
```

```
4821 install_trans(); //if committed, copy from log to disk
4822 log.lh.n = 0;
4823 write_head(); //clear the log
4824 }
4825
```

11.4.4　日志的对外接口

1. 日志初始化函数 initlog()

日志初始化函数为 initlog()，它在 forkret()函数中被调用，用于系统的初始进程（2865）。

initlog()函数从超级块中读入日志的参数（4762），初始化日志，调用 recover_from_log()函数恢复上次提交但未处理的块，如引用 11.24 所示。

引用 11.24　initlog()函数（log.c）

```
4755 void
4756 initlog(int dev)
4757 {
4758 if (sizeof(struct logheader) >= BSIZE)
4759   panic("initlog: too big logheader");
4760
4761 struct superblock sb;
4762 initlock(&log.lock, "log");
4763 readsb(dev, &sb);
4764 log.start = sb.logstart;
4765 log.size = sb.nlog;
4766 log.dev = dev;
4767 recover_from_log();
4768 }
4769
```

2. 日志写函数 log_write()

log_write()函数在日志头中登记数据缓冲块 b 到数组 block 并把标记该块 b 为 B_DIRTY，以便为该数据缓冲块保留一个对应的日志块。

一个数据块只应该有唯一的日志块与之对应，这样才能保证提交时对数据块有唯一的一个复制，否则可能会造成数据的不一致性。保证数据块对应日志块的唯一性称为日志块的吸收（Log Absorbtion）。

log_write()函数如引用 11.25 所示，其主要过程如下。

（1）逐一比较 block 数组的每一项查看日志块是否已经登记过，如果已经登记过，则不再往下比较（4932~4935）。

（2）在 block 数组中登记该缓冲项的 blockno（4936）。

（3）如果新增加了一项，则日志块数 log.lh.n 加 1（4937~4939）。

（4）将数据缓冲块 b 置为 B_DIRTY 以防止数据被清空，因为数据块的内容要到提交后才会被复制到日志块（4937、4938）。

引用 11.25　log_write()函数（log.c）

```
4921 void
```

```
4922 log_write(struct buf *b)
4923 {
4924 int i;
4925
4926 if (log.lh.n >= LOGSIZE || log.lh.n >= log.size - 1)
4927   panic("too big a transaction");
4928 if (log.outstanding < 1)
4929   panic("log_write outside of trans");
4930
4931 acquire(&log.lock);
4932 for (i = 0; i < log.lh.n; i++) {
4933   if (log.lh.block[i] == b->blockno) //log absorbtion
4934     break;
4935   }
4936 log.lh.block[i] = b->blockno;
4937 if (i == log.lh.n)
4938   log.lh.n++;
4939 b->flags |= B_DIRTY; //prevent eviction
4940 release(&log.lock);
4941 }
4942
```

11.4.5　事务的操作与实现

1. 事务的操作

xv6 中，提供以下主要事务操作函数来实现事务处理。

（1）begin_op()函数：开始事务操作。

（2）end_op()函数：结束事务操作，提交事务。

xv6 的典型事务中，包括一系列的读取数据块、修改和日志登记，这一系列的操作需要原子地完成，就是在操作开始前调用 begin_op()函数，操作完成后调用 end_op()函数，这样就定义了一个事务。事务的典型代码如例 11.1 所示。

例 11.1　事务的典型代码（file.c）（见 *xv6 Book*）

```
begin_op();              //开始事务操作
...
bp = bread(...);         //读取数据块 b
bp->data[...] = ...;     //修改 b 的数据
log_write(bp);           //日志登记
...
end_op();                //结束事务操作
```

以函数 fileclose()为例，其日志操作如引用 11.26 所示。

引用 11.26　fileclose()的日志操作（file.c）

```
5913 void
5914 fileclose(struct file *f)
5915 {
5916 struct file ff;
```

```
5917
5918 acquire(&ftable.lock);
...
5930 if(ff.type == FD_PIPE)
5931   pipeclose(ff.pipe, ff.writable);
5932 else if(ff.type == FD_INODE){
5933   begin_op();
5934   iput(ff.ip);
5935   end_op();
5936   }
5937 }
5938
```

2. 开始事务操作函数 begin_op()

在事务开始处，调用开始事务操作函数 begin_op()，函数中的操作在日志锁 log.lock 的保护下（4830）循环进行：如果日志在提交中或者日志空间不足，则带着日志锁在日志上进入睡眠状态（4832~4837）；否则进入事务，将正在被执行的文件系统调用数 outstanding 加 1（4938），释放日志锁（4839）退出循环（4840），如引用 11.27 所示。

引用 11.27　begin_op()函数（log.c）

```
4827 void
4828 begin_op(void)
4829 {
4830 acquire(&log.lock);
4831 while(1){
4832   if(log.committing){
4833     sleep(&log, &log.lock);
4834   } else if(log.lh.n + (log.outstanding+1)*MAXOPBLOCKS >
LOGSIZE){
4835     //this op might exhaust log space; wait for commit
4836     sleep(&log, &log.lock);
4837   } else {
4838     log.outstanding += 1;
4839     release(&log.lock);
4840     break;
4841   }
4842  }
4843 }
4844
```

3. 结束事务操作函数 end_op()

在事务结束处，调用结束事务操作函数 end_op()，函数中的操作在日志锁 log.lock 的保护下进行（4857）：将正在被执行的文件系统调用数 outstanding 减 1（4858）；如果所有事务都已经结束，即 outstanding 为 0（4859），则将日志 committing 状态置 1（4862、4863），否则唤醒在日志上等待日志空间的事务（4864~4869）；如果需要提交，即 do_commit 非 0（4872），调用 commit 提交事务（4875），提交完成后，恢复日志的 committing 状态为 0（4877），唤醒因为日志提交进入睡眠的进程（4878），如引用 11.28 所示。

引用 11.28 end_op()函数（log.c）

```
4852 void
4853 end_op(void)
4854 {
4855 int do_commit = 0;
4856
4857 acquire(&log.lock);
4858 log.outstanding -= 1;
4859 if(log.committing)
4860 panic("log.committing");
4861 if(log.outstanding == 0){
4862 do_commit = 1;
4863 log.committing = 1;
4864 } else {
4865 //begin_op() may be waiting for log space
4866 //and decrementing log.outstanding has decreased
4867 //the amount of reserved space
4868 wakeup(&log);
4869 }
4870 release(&log.lock);
4871
4872 if(do_commit){
4873 //call commit w/o holding locks, since not allowed
4874 //to sleep with locks
4875 commit();
4876 acquire(&log.lock);
4877 log.committing = 0;
4878 wakeup(&log);
4879 release(&log.lock);
4880 }
4881 }
4882
```

4. 提交事务函数 commit()

commit()函数提交事务。

commit()函数如引用 11.29 所示，其主要操作如下：如果有需要提交的日志块（4903），则第一阶段先调用 write_log()函数将数据缓冲块写到磁盘日志块（4904），再调用 write_head()函数将日志头写到磁盘（4905）；第二阶段调用 install_trans()函数将日志块中的数据写到磁盘数据块（4906），再清除日志（4907、4908）。

引用 11.29 commit()函数（log.c）

```
4900 static void
4901 commit()
4902 {
4903 if (log.lh.n > 0) {
4904   write_log(); //Write modified blocks from cache to log
4905   write_head(); //Write header to disk — the real commit
```

```
4906     install_trans(); //Now install writes to home locations
4907     log.lh.n = 0;
4908     write_head(); //Erase the transaction from the log
4909     }
4910 }
4911
```

11.5　磁盘块管理

1. 空闲块管理

文件系统需要对磁盘的使用状况进行管理，标记磁盘上已经使用的块和空闲块。空闲块管理可以用类似空闲帧的链表方式，也可以每块用一个位顺序标记每个磁盘块的使用状况，0 表示空闲，1 表示占用，从而形成一个空闲位图（Free Bitmap，简称位图）。xv6 采用后一种方式，引导块、超级块、i 节点位图块的位被永远标记为占用。位图也被存储在磁盘块，起始位图块的块号为 sb.bmapstart，每个位图块可管理(BSIZE*8)个块，xv6 中用宏 BPB 来表示，宏 BPB 的定义如引用 11.30 所示。xv6 定义了宏 BBLOCK 来计算该值，宏 BBLOCK 的定义如引用 11.31 所示。

引用 11.30　宏 BPB 的定义（fs.h）

```
4107 #define BPB (BSIZE*8)
```

引用 11.31　宏 BBLOCK（b.sb）的定义（fs.h）

```
4110 #define BBLOCK(b, sb) (b/BPB + sb.bmapstart)
```

其中，sb.bmapstart 为位图的起始块号。

2. 块分配函数 balloc()

balloc()函数分配一个空闲块。对每个位图块（5022），它首先逐个将位图块读入对应的位图缓冲块 bp 中（5023），再在每个 bp 中逐位搜索以得到空闲块，然后返回内容被清 0 的空闲块的块号（5024~5031），如引用 11.32 所示。

引用 11.32　balloc()函数（fs.c）

```
5015 static uint
5016 balloc(uint dev)
5017 {
5018 int b, bi, m;
5019 struct buf *bp;
5020
5021 bp = 0;
5022 for(b = 0; b < sb.size; b += BPB){
5023   bp = bread(dev, BBLOCK(b, sb));
5024   for(bi = 0; bi < BPB && b + bi < sb.size; bi++){
5025     m = 1 << (bi % 8);
5026     if((bp->data[bi/8] & m) == 0){ //Is block free
5027         bp->data[bi/8] |= m; //Mark block in use
5028         log_write(bp);
5029         brelse(bp);
5030         bzero(dev, b + bi);
```

```
5031              return b + bi;
5032          }
5033      }
5034   brelse(bp);
5035   }
5036 panic("balloc: out of blocks");
5037 }
5038
```

从代码可以看出，balloc()函数并没有加锁使用位图块，如果两个进程都调用 balloc()函数进行块分配，会不会导致竞争，从而把一个块空闲块多次分配呢？这无须担心，因为调用 bread()函数读入位图块时，只有获取了该缓冲块的锁 b->lock 才能返回，否则就进入了睡眠状态。b->lock 会被在 brelse()函数中释放。这样就实现了缓冲块的互斥访问。

3. 块释放函数 bfree()

bfree()函数释放设备 dev 上的块 b。它首先读取超级块 sb（5057），然后读取块 b 对应位所在的位图块到块缓冲 bp（5058），然后将块 b 的位置 0（5059~5063）；因为 bp 已经修改完成，在日志中进行登记（5064）。如引用 11.33 所示。

引用 11.33　bfree()函数（fs.c）

```
5050 //Free a disk block
5051 static void
5052 bfree(int dev, uint b)
5053 {
5054 struct buf *bp;
5055 int bi, m;
5056
5057 readsb(dev, &sb);
5058 bp = bread(dev, BBLOCK(b, sb));
5059 bi = b % BPB;
5060 m = 1 << (bi % 8);
5061 if((bp->data[bi/8] & m) == 0)
5062   panic("freeing free block");
5063 bp->data[bi/8] &= ~m;
5064 log_write(bp);
5065 brelse(bp);
5066 }
5067
```

与 balloc()函数类似，bfree()函数无须担心位图块的竞争。

11.6　i 节点

11.6.1　磁盘 i 节点

1. 磁盘 i 节点结构体 dinode

为了便于对文件进行控制和管理，在文件系统内部，给每个文件都唯一地设置一个文件控制块（File Control Block，FCB），xv6 定义了两种数据结构 dinode 和 inode 来表示文件控制块，磁盘 i 节点结构体 dinode 用于在磁盘中管理文件的基本信息。磁盘 i 节点结构体 dinode 的定义和成员分别如引用 11.34 和表 11.10 所示。

引用 11.34　磁盘 i 节点结构体 dinode（fs.h）

```
4077 //On-disk inode structure
4078 struct dinode {
4079 short type; //File type
4080 short major; //Major device number (T_DEV only)
4081 short minor; //Minor device number (T_DEV only)
4082 short nlink; //Number of links to inode in file system
4083 uint size; //Size of file (bytes)
4084 uint addrs[NDIRECT+1]; //Data block addresses
4085 };
4086
```

表 11.10　磁盘 i 节点结构体 dinode 的成员

成　员	含　义
type	文件格式，分为文件、目录和特殊文件的 i 节点， 0 表示空闲节点
major	主设备号(只适用于 T_DEV)
minor	次设备号(只适用于 T_DEV)
nink	文件系统中 i 节点的链接数
size	文件字节数
addrs	数据块地址

2. 磁盘 i 节点的数据块管理

磁盘 i 节点存储文件内容所使用的数据块由 addrs[]数组管理。磁盘 i 节点数据块的索引方式有如下两种。

1）直接索引

直接索引直接在 addrs[]的前 NDIRECT 项记录数据块的块号，能被直接索引的块称为直接块。

2）间接索引

数组 addrs[]的最后一项记录了一个数据块的块号 indirect，该块专门用来存储间接块的块号，称为**索引块**。访问间接块的数据要先通过索引块查到块号，因而称为**间接块**。

所有文件的磁盘 i 节点信息被依次存储在磁盘的 inodes 区域，每块能存储的 i 节点数 IPB 为(BSIZE/sizeof(struct dinode))，第 i 个 i 节点所在的块为((i) / IPB + sb.inodestart)，它由宏 IBLOCK (i, sb)定义。宏 IPB 与 IBLOCK(i, sb)的定义如引用 11.35 所示。

引用 11.35　宏 IPB 与 IBLOCK(i, sb)的定义（fs.h）

```
4101 #define IPB (BSIZE / sizeof(struct dinode))
4102
4103 //Block containing inode i
4104 #define IBLOCK(i, sb) ((i) / IPB + sb.inodestart)
4105
```

磁盘 i 节点 dinode 的结构与内容存储如图 11.6 所示。

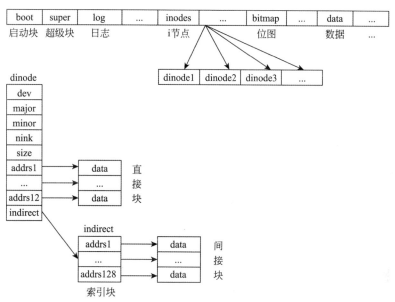

图 11.6 磁盘 i 节点 dinode 的结构与内容存储

11.6.2 i 节点及其锁

1. i 节点结构体 inode

inode 用于在内存中管理文件，inode 在 dinode 基础上增加了节点编号、引用数、锁和有效性等成员。其定义和成员分别如引用 11.36 和表 11.11 所示。

引用 11.36 i 节点结构体 inode 的定义（file.h）

```
4161 //in-memory copy of an inode
4162 struct inode {
4163 uint dev; //Device number
4164 uint inum; //Inode number
4165 int ref; //Reference count
4166 struct sleeplock lock; //protects everything below here
4167 int valid; //inode has been read from disk
4168
4169 short type; //copy of disk inode
4170 short major;
4171 short minor;
4172 short nlink;
4173 uint size;
4174 uint addrs[NDIRECT+1];
4175 };
4176
```

ref 用于管理对内存中 i 节点的引用数，当调用 iget() 函数获取一个 i 节点的指针时增加一个引用；当调用 idup() 函数复制 i 节点指针时增加一个引用；当调用 iput() 函数释放 i 节点指针时减少一个引用，当引用数归 0 时，如果 inode 已经读入内存中而且没有文件链接到该 i 节点，则调用 itrunc() 函数从磁盘的 inodes 中释放该 i 节点的数据块。

表 11.11　i 节点结构体 inode 的成员

成　　员	含　　义
dev	设备号
inum	i 节点号，从 1 开始编号
ref	引用数
lock	睡眠锁，保护下面的元信息
valid	1，i 节点已经被从磁盘读入
type	文件格式，分为文件、目录和特殊文件的 i 节点，0 表示空闲节点
major	主设备号（只适用于 T_DEV）
minor	次设备号（只适用于 T_DEV）
nink	文件系统中 i 节点的链接数
size	文件字节数
addrs	数据块地址

2. i 节点加锁函数 ilock() 与解锁函数 iunlock()

为了实现对 i 节点元信息和内容的互斥访问，i 节点定义了睡眠锁 lock，函数 ilock() 和 iunlock() 分别用于加锁和解锁。在 ilock() 函数中，调用 acquiresleep(&ip->lock) 来加锁，如果锁已经被占用则转入睡眠状态（5311）；如果锁的 i 节点不在内存中，则从磁盘读入该 i 节点的元信息。ilock() 函数如引用 11.37 所示。

引用 11.37　ilock() 函数（fs.c）

```
5302 void
5303 ilock(struct inode *ip)
5304 {
5305 struct buf *bp;
5306 struct dinode *dip;
5307
5308 if(ip == 0 || ip->ref < 1)
5309   panic("ilock");
5310
5311 acquiresleep(&ip->lock);
5312
5313 if(ip->valid == 0){
5314   bp = bread(ip->dev, IBLOCK(ip->inum, sb));
5315   dip = (struct dinode*)bp->data + ip->inum%IPB;
5316   ip->type = dip->type;
5317   ip->major = dip->major;
5318   ip->minor = dip->minor;
5319   ip->nlink = dip->nlink;
5320   ip->size = dip->size;
5321   memmove(ip->addrs, dip->addrs, sizeof(ip->addrs));
5322   brelse(bp);
5323   ip->valid = 1;
5324   if(ip->type == 0)
```

```
5325        panic("ilock: no type");
5326    }
5327 }
5328
```

iunlock()函数中调用 releasesleep(&ip->lock)释放节点的睡眠锁，releasesleep()函数中会唤醒在睡眠锁上睡眠的进程。iunlock()函数如引用 11.38 所示。

引用 11.38　iunlock()函数（fs.c）

```
5330 void
5331 iunlock(struct inode *ip)
5332 {
5333 if(ip == 0 || !holdingsleep(&ip->lock) || ip->ref < 1)
5334   panic("iunlock");
5335
5336 releasesleep(&ip->lock);
5337 }
5338
```

11.6.3　icache 初始化与 i 节点更新

1. i 节点缓存结构体 icache

xv6 定义了 i 节点缓存结构体 icache 来管理 i 节点的缓存，i 节点缓存结构体 icache 的定义和成员分别如引用 11.39 和表 11.12 所示。

引用 11.39　i 节点缓存结构体 icache 的定义（fs.c）

```
5137 struct {
5138 struct spinlock lock;
5139 struct inode inode[NINODE];
5140 } icache;
5141
```

表 11.12　i 节点缓存结构体 icache 的成员

成　　员	含　　义
lock	缓存的自旋锁
inode[NINODE]	主节点数组

2. i 节点缓存初始化函数 iinit()

iinit()函数初始化 i 节点缓存，它只初始化 i 节点缓存 icache 的自旋锁（5147）和每个 i 节点的睡眠锁（5148~5150），然后读入超级块（5152）并输出超级块的信息（5153~5157）。

iinit()函数被系统的初始进程在 forkret()函数中调用（2864），完成 icache 的初始化，如引用 11.40 所示。

引用 11.40　iinit ()函数（fs.c）

```
5142 void
5143 iinit(int dev)
5144 {
5145 int i = 0;
```

```
5146
5147 initlock(&icache.lock, "icache");
5148 for(i = 0; i < NINODE; i++) {
5149    initsleeplock(&icache.inode[i].lock, "inode");
5150    }
5151
5152 readsb(dev, &sb);
5153 cprintf("sb: size %d nblocks %d ninodes %d nlog %d logstart %d\
5154 inodestart %d bmap start %d\n", sb.size, sb.nblocks,
5155 sb.ninodes, sb.nlog, sb.logstart, sb.inodestart,
5156 sb.bmapstart);
5157 }
5158
```

3. i 节点更新函数 iupdate()

i 节点更新函数 iupdate() 把内存中的 i 节点的元信息复制到磁盘 i 节点的缓冲块（5236~5242），并在日志中登记（5243）。为了防止复制期间其他进程修改元信息，调用者必须持有 i 节点的锁，iupdate() 函数如引用 11.41 所示。

i 节点缓存采用写透（Write-through）模式，在该模式下，所有的写操作都经过缓存，每次向缓存中写数据后，都要把数据持久化到对应的数据块中去，且这两个操作都在一个事务中完成。只有两次都写成功才是最终写成功。这带来一些写延迟但是它保证了数据的一致性。因此，在每次修改 i 节点后，必须调用 iupdate() 函数更新到 i 节点的缓冲块，iupdate() 函数在数据修改完成后，调用 log_write(bp) 函数登记对 bp 的更新来完成数据的持久化，以保持数据的一致性。在这种模式下，因为程序只和缓存交互，所以代码更加简单和整洁。

引用 11.41　iupdate() 函数（fs.c）

```
5229 void
5230 iupdate(struct inode *ip)
5231 {
5232 struct buf *bp;
5233 struct dinode *dip;
5234
5235 bp = bread(ip->dev, IBLOCK(ip->inum, sb));
5236 dip = (struct dinode*)bp->data + ip->inum%IPB;
5237 dip->type = ip->type;
5238 dip->major = ip->major;
5239 dip->minor = ip->minor;
5240 dip->nlink = ip->nlink;
5241 dip->size = ip->size;
5242 memmove(dip->addrs, ip->addrs, sizeof(ip->addrs));
5243 log_write(bp);
5244 brelse(bp);
5245 }
5246
```

11.6.4　i 节点的分配、获取、复制与释放

1. i 节点分配函数 ialloc()

ialloc() 函数在设备 dev 上分配一个类型为 type 的 i 节点，它逐一从磁盘上读入 i 节点到缓冲

块 bp（5210、5211），查找一个空闲节点（type 为 0），改变其类型值，并调用 log_write(bp)函数在日志中登记块 bp 被改变（5216），然后返回调用 iget()函数得到的该节点在缓存中的指针（5219），如引用 11.42 所示。

引用 11.42　ialloc()函数（fs.c）

```
5203 struct inode*
5204 ialloc(uint dev, short type)
5205 {
5206 int inum;
5207 struct buf *bp;
5208 struct dinode *dip;
5209
5210 for(inum = 1; inum < sb.ninodes; inum++){
5211   bp = bread(dev, IBLOCK(inum, sb));
5212   dip = (struct dinode*)bp->data + inum%IPB;
5213   if(dip->type == 0){ //a free inode
5215     dip->type = type;
5216     log_write(bp); //mark it allocated on the disk
5217     brelse(bp);
5218     return iget(dev, inum);
5219     }
5220   brelse(bp);
5221   }
5222 panic("ialloc: no inodes");
5223 }
5224
```

2. 获取节点函数 iget()

iget()函数在 i 节点缓存中的 inode 数组中查找设备 dev 上编号为 inum 的 i 节点的活动项（ip->ref > 0)，如果没有找到则在数组中分配然一个 i 节点，然后返回找到的或分配的 i 节点。iget()函数对 i 节点并不加锁，也不负责从磁盘中加载其元信息，只修改无须 i 节点锁保护的信息（5277~5280)。iget()函数的主要作用就是返回 i 节点在缓存中复制的指针。由于分配的是空闲节点，icache 的锁保证不可能有进程在访问该节点，因此修改 ip 的成员时没有使用节点的睡眠锁来保护，如引用 11.43 所示。

引用 11.43　iget()函数（fs.c）

```
5253 static struct inode*
5254 iget(uint dev, uint inum)
5255 {
5256 struct inode *ip, *empty;
5257
5258 acquire(&icache.lock);
5259
5260 //Is the inode already cached
5261 empty = 0;
5262 for(ip = &icache.inode[0]; ip < &icache.inode[NINODE]; ip++){
5263   if(ip->ref > 0 && ip->dev == dev && ip->inum == inum){
5264     ip->ref++;
5265     release(&icache.lock);
5266     return ip;
```

```
5267        }
5268    if(empty == 0 && ip->ref == 0) //Remember empty slot
5269        empty = ip;
5270    }
5271
5272 //Recycle an inode cache entry.
5273 if(empty == 0)
5274     panic("iget: no inodes");
5275
5276 ip = empty;
5277 ip->dev = dev;
5278 ip->inum = inum;
5279 ip->ref = 1;
5280 ip->valid = 0;
5281 release(&icache.lock);
5282
5283 return ip;
5284 }
5285
```

由于 iget()函数并对返回的 i 节点不加锁，因此调用者如果需要读写其元信息（节点锁保护的信息），需要先调用 ilock()函数获得锁。

3. 复制 i 节点函数 idup()

idup()函数复制 i 节点指针，并将其引用数加 1（5293），如引用 11.44 所示。

引用 11.44   idup()函数（fs.c）

```
5288 struct inode*
5289 idup(struct inode *ip)
5290 {
5291 acquire(&icache.lock);
5292 ip->ref++;
5293 release(&icache.lock);
5294 return ip;
5295 }
5296
```

4. 释放 i 节点引用函数 iput()

iput()函数用来释放 i 节点的一个引用。引用数为 1 时，如果没有文件链接到 i 节点(ip->nlink == 0)且该 i 节点有效，则调用 itrunc()函数释放其占用的块并将文件长度截断为 0（5367），将节点的 type 清 0 以表示节点空闲（5368），调用 iupdate()函数更新该 i 节点（5369）。否则，引用数减 1（5376），如引用 11.45 所示。

引用 11.45   iput()函数（fs.c）

```
5357 void
5358 iput(struct inode *ip)
5359 {
5360 acquiresleep(&ip->lock);
5361 if(ip->valid && ip->nlink == 0){
5362   acquire(&icache.lock);
5363   int r = ip->ref;
```

```
5364     release(&icache.lock);
5365     if(r == 1){
5366       //inode has no links and no other references: truncate and free.
5367       itrunc(ip);
5368       ip->type = 0;
5369       iupdate(ip);
5370       ip->valid = 0;
5371     }
5372   }
5373   releasesleep(&ip->lock);
5374
5375   acquire(&icache.lock);
5376   ip->ref—;
5377   release(&icache.lock);
5378 }
5379
```

iput()函数可能会释放一个节点，导致对磁盘内容的修改，因此任何可能导致对 iput()函数调用的操作都必须在事务中使用，即便表面上看起来系统调用只进行了文件系统的读操作。对 iput()函数的直接和间接调用如表 11.13 所示。

表 11.13　对 iput()函数的直接和间接调用

直 接 调 用	间 接 调 用
fileclose、sys_link、exit、sys_chdir、dirlink、namex、iunlockput	exec、namex、sys_link、create、sys_open、sys_mkdir、sys_mknod、sys_chdir

因为要读写 i 节点元信息，所以先获取该 i 节点的睡眠锁（5360），对于 i 节点的其他信息则是在 icache 的自旋锁的保护下进行读写。但 iput()函数检查 ip->ref（5365）的值 r 时并没有受到 icache 自旋锁的保护，这会不会导致竞争呢？*xv6 Book* 中论述得很清楚，这里直接引用：

"假设有两个并发的线程要使用指针为 ip 的 i 节点，其中一个在 ilock 中睡眠等待使用 ip，而另外一个线程调用了 iput()函数，如果链接数 nlink 为 0，ref 为 1，那在 ip->valid 有效的情况下，该 i 节点将会释放，这样等待的线程将没有机会醒来。但这不可能发生，因为一个系统调用如果没有链接到该 i 节点而且 ref==1，不可能得到 i 节点在缓存的指针。该引用只能由调用 iput()函数的线程拥有。iput()函数确实在 icache 锁的临界区外检查 ref，但是此时链接到该 i 节点的数量 nlink==0，因此，没有线程要取得新的引用。另外，如果一个线程调用 iput()函数释放的 i 节点，该 i 节点被另外一个线程调用 ialloc()函数分配。这只可能发生在 iput 调用的 iupdate()函数更新了缓冲块、inode 结构体的类型成员 type 被置为 0 之后。调用 ialloc()函数分配的线程将等到获得该节点的睡眠锁才进行读写，这时 iput()函数已经完成，所以不会造成问题。

当 i 节点的链接数 nlink 变为 0 时，若其他进程仍然在读写该 i 节点，则该 i 节点仍然在被引用中，因此，iput()函数中截断文件的操作并不能立即被执行。这种情况下，如果文件关闭前系统崩溃，则该 i 节点不再被链接到任何文件，它不再能通过目录入口查找到，但是其内容没有被释放。解决这一问题有两种途径：一种是重新启动后恢复过程中对磁盘进行扫描，查找那些没有目录入口的 i 节点，然后释放；另外一种途径不需要扫描整个文件系统，这种方法文件系统在磁盘记录了链接数为 0 但是引用数非 0 的 i 节点编号。如果文件系统移除引用数为 0 的 i 节点，则更新磁盘上的记录。系统恢复时，文件系统释放这些 i 节点。为了简化，xv6 没有实现任何一种解决方案，这意味着一个 i 节点已经不再使用但仍然会被标记为已经分配。这样，系统使用一段时间后，可能耗尽磁盘空间。"

11.6.5　i 节点的映射、截断、状态与读写

1. i 节点映射函数 bmap()

bmap()函数通过逻辑块编号（i 节点的第 bn 块）查出磁盘块号，如果没有（即块号为 0），则分配一个磁盘块。对于直接索引（bn < NDIRECT），在数组 addrs[]中可以直接查出；对于间接索引，先读入块号为 addrs[NDIRECT]的索引块，再在索引块中查出第 n- NDIRECT 个块号，如果不存在则分配并在日志中登记。如果逻辑块号 n> NDIRECT+NINDIRECT，则出错。bmap()函数如引用 11.46 所示。

引用 11.46　bmap()函数（fs.c）

```
5409 static uint
5410 bmap(struct inode *ip, uint bn)
5411 {
5412 uint addr, *a;
5413 struct buf *bp;
5414
5415 if(bn < NDIRECT){
5416   if((addr = ip->addrs[bn]) == 0)
5417     ip->addrs[bn] = addr = balloc(ip->dev);
5418   return addr;
5419   }
5420 bn -= NDIRECT;
5421
5422 if(bn < NINDIRECT){
5423   //Load indirect block, allocating if necessary
5424   if((addr = ip->addrs[NDIRECT]) == 0)
5425     ip->addrs[NDIRECT] = addr = balloc(ip->dev);
5426   bp = bread(ip->dev, addr);
5427   a = (uint*)bp->data;
5428   if((addr = a[bn]) == 0){
5429     a[bn] = addr = balloc(ip->dev);
5430     log_write(bp);
5431     }
5432   brelse(bp);
5433   return addr;
5434   }
5435
5436 panic("bmap: out of range");
5437 }
5438
```

2. i 节点截断函数 itrunc()

itrunc()函数将 i 节点的长度截断为 0，释放所占用的数据块。其主要过程如下：先释放直接块（5462~5467），然后开始释放间接块（5472~5475），最后释放索引块（5477、5478）。只有 i 节点的链接数（链接到该节点的目录项数）为 0 而且引用数为 0（没有被打开），才能调用 itrunc()函数。

itrunc()函数如引用 11.47 所示。

引用 11.47　itrunc()函数（fs.c）

```
5455 static void
5456 itrunc(struct inode *ip)
5457 {
5458 int i, j;
5459 struct buf *bp;
5460 uint *a;
5461
5462 for(i = 0; i < NDIRECT; i++){
5463    if(ip->addrs[i]){
5464       bfree(ip->dev, ip->addrs[i]);
5465       ip->addrs[i] = 0;
5466       }
5467    }
5468
5469 if(ip->addrs[NDIRECT]){
5470    bp = bread(ip->dev, ip->addrs[NDIRECT]);
5471    a = (uint*)bp->data;
5472    for(j = 0; j < NINDIRECT; j++){
5473       if(a[j])
5474          bfree(ip->dev, a[j]);
5475       }
5476    brelse(bp);
5477    bfree(ip->dev, ip->addrs[NDIRECT]);
5478    ip->addrs[NDIRECT] = 0;
5479    }
5480
5481 ip->size = 0;
5482 iupdate(ip);
5483 }
5484
```

3. i 节点状态函数 stati()

stati()函数复制 i 节点的状态信息。显然，只有持有 i 节点的锁才能调用该函数，以保证数据的一致性。

stati()函数如引用 11.48 所示。

引用 11.48　stati()函数（fs.c）

```
5485 //Copy stat information from inode
5486 //Caller must hold ip->lock
5487 void
5488 stati(struct inode *ip, struct stat *st)
5489 {
5490 st->dev = ip->dev;
5491 st->ino = ip->inum;
5492 st->type = ip->type;
5493 st->nlink = ip->nlink;
5494 st->size = ip->size;
5495 }
5496
```

4. i 节点读函数 readi()

readi()函数从 i 节点 ip 偏移 off 处读取 n 个字节到 dst。如果 i 节点的类型为 T_DEV，则调用设备的读写函数读入（5508~5512）；否则，逐块读入数据并把需要的数据复制到 dst（5519~5524），数据块号通过调用 bmap()函数得到（5520）。只有持有 i 节点的锁才能调用该函数，如引用 11.49 所示。

引用 11.49　readi()函数（fs.c）

```
5500 //Read data from inode
5501 //Caller must hold ip->lock
5502 int
5503 readi(struct inode *ip, char *dst, uint off, uint n)
5504 {
5505 uint tot, m;
5506 struct buf *bp;
5507
5508 if(ip->type == T_DEV){
5509    if(ip->major < 0 || ip->major >= NDEV || !devsw[ip->major].read)
5510      return -1;
5511    return devsw[ip->major].read(ip, dst, n);
5512    }
5513
5514 if(off > ip->size || off + n < off)
5515    return -1;
5516 if(off + n > ip->size)
5517    n = ip->size - off;
5518
5519 for(tot=0; tot<n; tot+=m, off+=m, dst+=m){
5520    bp = bread(ip->dev, bmap(ip, off/BSIZE));
5521    m = min(n - tot, BSIZE - off%BSIZE);
5522    memmove(dst, bp->data + off%BSIZE, m);
5523    brelse(bp);
5524    }
5525 return n;
5526 }
5527
```

5. i 节点写函数 writei()

writei()函数将 src 中的数据写的那个字节到 i 节点偏移 off。如果 i 节点的类型为 T_DEV，则调用设备的读写函数写（5558~5562）；否则，逐块写数据（5569~5574），数据块号通过调用 bmap()函数得到（5570）。持有 i 节点的锁才能调用该函数。

writei()函数如引用 11.50 所示。

引用 11.50　writei()函数（fs.c）

```
5550 //Write data to inode
5551 //Caller must hold ip->lock
5552 int
5553 writei(struct inode *ip, char *src, uint off, uint n)
5554 {
5555 uint tot, m;
5556 struct buf *bp;
```

```
5557
5558 if(ip->type == T_DEV){
5559    if(ip->major < 0 || ip->major >= NDEV || !devsw[ip->major].write)
5560      return −1;
5561    return devsw[ip->major].write(ip, src, n);
5562    }
5563
5564 if(off > ip->size || off + n < off)
5565    return −1;
5566 if(off + n > MAXFILE*BSIZE)
5567    return −1;
5568
5569 for(tot=0; tot<n; tot+=m, off+=m, src+=m){
5570    bp = bread(ip->dev, bmap(ip, off/BSIZE));
5571    m = min(n − tot, BSIZE − off%BSIZE);
5572    memmove(bp->data + off%BSIZE, src, m);
5573    log_write(bp);
5574    brelse(bp);
5575    }
5576
5577 if(n > 0 && off > ip->size){
5578    ip->size = off;
5579    iupdate(ip);
5580    }
5581 return n;
5582 }
5583
```

11.7　目录层

目录可用树结构来管理，它的根节点是一个特殊的目录，根节点也称为根目录。例如，/a/b/c 指向一个在目录 b 中的文件 c，而 b 本身又在目录 a 中，a 又处在根目录下。不从根目录 / 开始的目录表示的是相对进程当前目录的目录，进程的当前目录可以通过系统调用函数 chdir()改变。

在 xv6 中目录被实现为一种特殊的文件。与 UNIX 一样 xv6 采用层次结构来组织文件和目录，所有的文件无论是普通文件、特殊文件或者是目录都以目录项的形式记录在某个目录中。

11.7.1　目录项

目录项记录文件名和 inode 编号的对应关系，或者说目录项建立 i 节点到文件名的一个链接（Link），同一个 i 节点可能有多个名字并出现在多个目录中，i 节点每出现在一个目录中都由一个目录项来记录；系统调用 link()函数创建目录项，目录项包含文件名称和 i 节点的编号。

目录的 i 节点类型为 T_DIR，它用来存储一系列目录项，目录项结构体 dirent 的定义和成员分别如引用 11.51 和表 11.14 所示。

引用 11.51　目录项结构体 dirent 的定义（fs.h）

```
4115 struct dirent {
4116 ushort inum;
```

```
4117 char name[DIRSIZ];
4118 };
4119
```

表 11.14 目录项结构体 dirent 的成员

成　　员	含　　义
inum	i 节点编号，若为 0，表示该目录项可用
name	名字，最长为 DIRSIZ 的字符串，含字符串末尾的 NUL。目录中的名字不能重复，.表示当前目录，..表示父目录

目录项、i 节点与数据块的关系如图 11.7 所示。

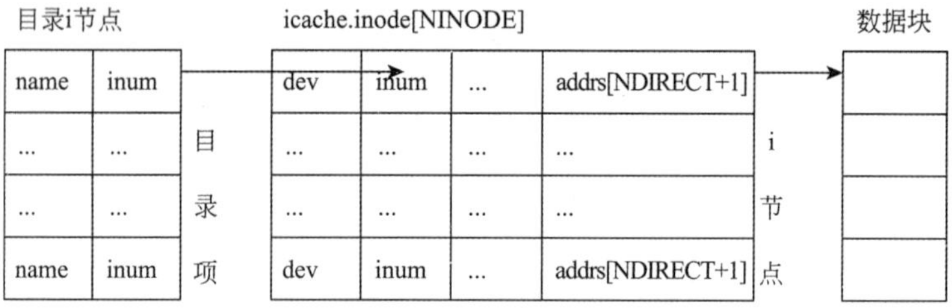

图 11.7　目录项、i 节点与数据块的关系

目录及文件之间的包含关系构成了树，称为目录树，xv6 中，文件系统的目录树是唯一的，其顶部为根目录（/）。路径是以 '/' 分割的目录项名称构成的一个字符串。xv6 中，定义根目录的 i 节点编号 ROOTNO（4054），它放在编号为 ROOTDEV 的设备上（0157）。

文件和目录通过路径访问，访问方法是以根目录或当前目录为起点，逐层次取得与路径该层名称对应的 i 节点。这样就可以得到与路径对应的 i 节点。

11.7.2　目录项查找

dirlookup()函数在目录 i 节点 dp 中查找指定名字的目录项，如果找到它将返回一个指向该 i 节点的指针。

dirlookup()函数如引用 11.52 所示，其主要过程如下。

（1）对每个目录项（5617）：

①读取目录项（5618）；

②忽略空节点（5622、5623）；

③比较名字（5624），找到则按需要记录其在目录 i 节点中偏移 off（5626、5627）。

（2）返回编号为 inum 的 i 节点（5628、5629）。

引用 11.52　dirlookup()函数（fs.c）

```
5610 struct inode*
5611 dirlookup(struct inode *dp, char *name, uint *poff)
5612 {
5613 uint off, inum;
5614 struct dirent de;
5615
5616 if(dp->type != T_DIR)
5617   panic("dirlookup not DIR");
```

```
5618
5619 for(off = 0; off < dp->size; off += sizeof(de)){
5620   if(readi(dp, (char*)&de, off, sizeof(de)) != sizeof(de))
5621     panic("dirlookup read");
5622   if(de.inum == 0)    //尚未被使用（可用）的目录项
5623     continue;
5624   if(namecmp(name, de.name) == 0){
5625     //entry matches path element
5626     if(poff)
5627         *poff = off;
5628     inum = de.inum;
5629     return iget(dp->dev, inum);
5630     }
5631   }
5632
5633 return 0;
5634 }
5635
```

dirlookup()函数未对 i 节点 dp 进行加锁，所以要求调用者持有 dp 的锁。返回的 i 节点没有加锁，这是因为如果查找当前目录"."，则查找到的文件指针就是 dp，如果试图对 dp 进行加锁，那么就会进入死锁之中，因为 dp 的锁已经被调用者持有。如果调用者要对查找到的 i 节点的指针 ip 进行加锁，调用者可以先解锁 dp，再对 ip 进行加锁，以避免持有两个锁可能造成的死锁风险。

11.7.3　目录项链接

函数 dirlink()写入一个名字为 name、节点号为 inum 的新目录项到目录 i 节点 dp 中。目录中的名字不能重复，因此先调用 dirlookup()函数在目录中查找目录项的名字，如果这个名字已经存在，则 dirlink()函数会返回错误（5658~5662）。另外，因为删除目录项时直接将其 inum 标记为 0 表示该目录项可用，所以查找一个可用的空目录项，改写该目录项作为新的目录项。如果不存在可用空目录项，则在目录 i 节点的尾部新写入一个目录项。

dirlink()函数如引用 11.53 所示，其主要过程如下。

（1）在目录中查找目录项的名字，如果这个名字已经存在，则会返回错误（5658~5662）。

（2）对每个现有的目录项（5665），读入到 de（5666），若该目录项为空则作为新的目录项，并终止循环（5668、5669）。

（3）修改目录项 de 的名字和 i 节点号（5672-5673）。

（4）将 de 写入目录 i 节点（5674）。

引用 11.53　dirlink()函数（fs.c）

```
5651 int
5652 dirlink(struct inode *dp, char *name, uint inum)
5653 {
5654 int off;
5655 struct dirent de;
5656 struct inode *ip;
5657
5658 //Check that name is not present
```

```
5659 if((ip = dirlookup(dp, name, 0)) != 0){
5660    iput(ip);
5661    return -1;
5662    }
5663
5664 //Look for an empty dirent
5665 for(off = 0; off < dp->size; off += sizeof(de)){
5666    if(readi(dp, (char*)&de, off, sizeof(de)) != sizeof(de))
5667      panic("dirlink read");
5668    if(de.inum == 0)
5669      break;
5670    }
5671
5672 strncpy(de.name, name, DIRSIZ);
5673 de.inum = inum;
5674 if(writei(dp, (char*)&de, off, sizeof(de)) != sizeof(de))
5675    panic("dirlink");
5676
5677 return 0;
5678 }
5679
```

11.7.4 通过路径查找 i 节点

namex()函数输入路径，返回对应该路径的 i 节点（参数 nameiparent 为 0）或者 i 节点的父节点（参数 nameiparent 非 0）的指针。

namex()函数如引用 11.54 所示，其主要过程如下。

（1）如果路径以"/"开头，则将路径作为绝对路径，从根目录开始搜寻（5759），否则，从进程的当前目录开始搜寻（5761）。

（2）循环调用 skipelem(path，name) 将抽取路径 path 的最高层路径的名字 name 和其余部分作为参数 path 来迭代逐层查找（5764）：

①如果当前 i 节点 ip 的类型不为如 T_DIR，返回空指针（5766~5769）；

②如果参数 nameiparent 非 0 而且子路径为空，则返回路径 i 节点的父节点（5769~5773），否则，返回对应路径的节点（5774~5777）；

③调用 dirlookup()函数在当前 i 节点 ip 中查找名为 name 的 i 节点 next。

（3）令 ip=next，准备下一次的循环（5764~5781）。

引用 11.54 namex()函数（fs.c）

```
5754 static struct inode*
5755 namex(char *path, int nameiparent, char *name)
5756 {
5757 struct inode *ip, *next;
5758
5759 if(*path == '/')
5760    ip = iget(ROOTDEV, ROOTINO);
5761 else
5762    ip = idup(myproc()->cwd);
5763
5764 while((path = skipelem(path, name)) != 0){
```

```
5765    ilock(ip);
5766    if(ip->type != T_DIR){
5767      iunlockput(ip);
5768      return 0;
5769      }
5770    if(nameiparent && *path == '\0'){
5771      //Stop one level early
5772      iunlock(ip);
5773      return ip;
5774      }
5775    if((next = dirlookup(ip, name, 0)) == 0){
5776      iunlockput(ip);
5777      return 0;
5778      }
5779    iunlockput(ip);
5780    ip = next;
5781    } //end while
5782  if(nameiparent){
5783  iput(ip);
5784  return 0;
5785  }
5786  return ip;
5787  }
5788
```

namei()和 nameiparent()函数调用 namex()函数分别获得对应路径 path 的 i 节点（5793）和 i 节点的父目录节点（5803）。由于 namex()函数中调用了 iput()函数，因此应该在事务中使用 namex() 函数。

第12章

文件描述符与系统调用

本章主要介绍文件描述符层的相关数据结构和文件系统调用。本章主要涉及代码 file.h、file.c 和 sys_file.c。

12.1　文件描述符层

文件描述符（File Descriptor）是一个整数，它代表一个进程可以读写的内核对象，如磁盘文件、设备文件、目录或者管道的一端，这些对象统称为文件。xv6 中每个进程都有一张打开文件表 ofile，文件描述符就是这张表的索引。按照 UNIX 惯例，文件描述符 0 为标准输入，1 为标准输出，2 为标准错误，这三个文件在进程启动时被打开。

xv6 中文件描述符常常作为文件系统函数的参数，例如 sys_open()函数打开文件并返回文件描述符，sys_pipe()函数建立管道时返回文件描述符数组，文件描述符也可通过 sys_dup()函数复制使用。

12.1.1　文件结构体

UNIX 的一大特点是"一切皆文件"。UNIX 把大部分输入输出资源包括终端设备、管道和磁盘等都抽象为文件进行访问，因为从本质上来看，它们都是对字节流或者字节块进行读写操作。

xv6 以统一的文件结构体 file 来管理打开的文件，并以统一的接口来使用文件，例如：

（1）read()函数，读文件；

（2）write()函数，写文件；

（3）close()函数，关闭文件。

文件结构体 file 的定义和成员分别如引用 12.1 和表 12.1 所示。

引用 12.1　文件结构体 file 的定义（file.h）

```
4150 struct file {
4151 enum { FD_NONE, FD_PIPE, FD_INODE } type;
4152 int ref; //reference count
4153 char readable;
```

```
4154 char writable;
4155 struct pipe *pipe;
4156 struct inode *ip;
4157 uint off;
4158 };
4159
```

表 12.1　文件结构体 file 的成员

成　　员	含　　义
type	文件类型，分为空、管道和 i 节点
ref	文件的引用数
readable	可读
writable	可写
pipe	管道指针
ip	i 节点指针
off	文件偏移

文件的类型 type 由 enum { FD_NONE, FD_PIPE, FD_INODE } 定义，分别代表空、管道和 i 节点。

每次调用open()函数打开一个文件都会创建一个新的文件结构体，文件结构体 file 是对 i 节点或者管道的一次打开操作的封装，它包含打开的 i 节点或者管道的指针、类型 type 和读写模式 readable、writable 等成员；此外还包括文件的引用数 ref 以及文件偏移 off 供读写文件使用。在并发情况下，可能多个进程独立打开同一个 i 节点或者管道，off 指示了各个打开文件的当前操作位置。

xv6 文件系统的结构如图 12.1 所示。

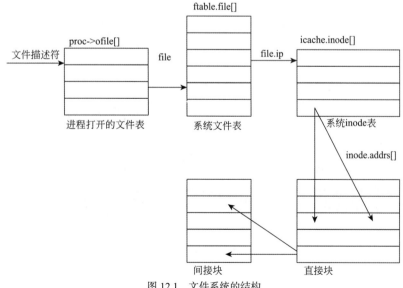

图 12.1　文件系统的结构

12.1.2 文件表及其初始化

1. 文件表结构体 ftable

系统中用一个全局文件表 ftable 来管理所有打开的文件，文件结构体 file 的 ref 项记录了引用该文件的进程数，文件表结构体 ftable 的定义和成员分别如引用 12.2 和表 12.2 所示。

引用 12.2 文件表结构体 ftable 的定义（file.c）

```
5863 struct {
5864 struct spinlock lock;
5865 struct file file[NFILE];
5866 } ftable;
5867
```

表 12.2 文件表结构体 ftable 的成员

成　员	含　义
lock	自旋锁
file[NFILE]	文件结构体数组

进程的 ofile[]、系统的 ftable 和 inode 之间的引用关系如图 12.2 所示。

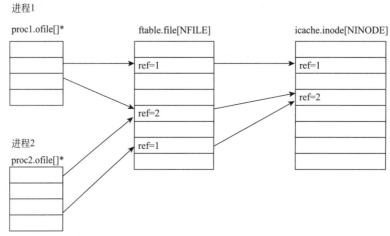

注：*索引为文件描述符 fd

图 12.2　进程的 ofile[]、系统的 ftable 与 inode 之间的引用关系

2. 文件表初始化函数 fileinit()

fileinit()函数被内核 main()函数调用（1231），对文件表进行初始化。文件表的初始化仅仅是完成对文件表自旋锁的初始化，fileinit()函数如引用 12.3 所示。

引用 12.3 fileinit()函数（file.c）

```
5868 void
5869 fileinit(void)
5870 {
5871 initlock(&ftable.lock, "ftable");
5872 }
5873
```

12.1.3　文件分配、文件指针复制与关闭

1. 文件分配函数 filealloc()

filealloc ()函数在文件表中分配一个空闲（ref 为 0）文件并且返回一个新的文件引用，如引用 12.4 所示。

引用 12.4　filealloc()函数（file.c）

```
5875 struct file*
5876 filealloc(void)
5877 {
5878 struct file *f;
5879
5880 acquire(&ftable.lock);
5881 for(f = ftable.file; f < ftable.file + NFILE; f++){
5882   if(f->ref == 0){
5883     f->ref = 1;
5884     release(&ftable.lock);
5885     return f;
5886     }
5887   }
5888 release(&ftable.lock);
5889 return 0;
5890 }
5891
```

2. 文件指针复制函数 filedup()

filedup()函数增加对文件指针 f 的引用并返回文件指针，filedup()函数如引用 12.5 所示。

引用 12.5　filedup()函数（file.c）

```
5901 struct file*
5902 filedup(struct file *f)
5903 {
5904 acquire(&ftable.lock);
5905 if(f->ref < 1)
5906   panic("filedup");
5907 f->ref++;
5908 release(&ftable.lock);
5909 return f;
5910 }
5911
```

3. 关闭文件函数 fileclose()

fileclose()函数关闭一个打开的文件，将其引用数减少 1；如果不再被引用，则将其类型标记为空（FD_NONE），并关闭管道或者释放其 i 节点指针。fileclose()函数如引用 12.6 所示，其主要过程如下：如果文件指针还有其他，则将引用数减 1 后返回（5921~5924）；否则，将其类型标记为空（FD_NONE）（5925~5928），对于管道型文件，关闭管道（5930、5931），对于 i 节点型文件，释放其 i 节点指针（5932~5936）。

引用 12.6　fileclose()函数（file.c）

```
5913 void
5914 fileclose(struct file *f)
```

```
5915 {
5916 struct file ff;
5917
5918 acquire(&ftable.lock);
5919 if(f->ref < 1)
5920   panic("fileclose");
5921 if(--f->ref > 0){
5922   release(&ftable.lock);
5923   return;
5924   }
5925 ff = *f;
5926 f->ref = 0;
5927 f->type = FD_NONE;
5928 release(&ftable.lock);
5929
5930 if(ff.type == FD_PIPE)
5931     pipeclose(ff.pipe, ff.writable);
5932 else if(ff.type == FD_INODE){
5933   begin_op();
5934   iput(ff.ip);
5935 end_op();
5936 }
5937 }
5938
```

12.1.4 文件状态与文件读写

1. 文件状态函数 filestat()

filestat()函数获取类型为 i 节点的文件的元数据，如引用 12.7 所示。

引用 12.7　filestat()函数（file.c）

```
5951 int
5952 filestat(struct file *f, struct stat *st)
5953 {
5954 if(f->type == FD_INODE){
5955   ilock(f->ip);
5956   stati(f->ip, st);
5957   iunlock(f->ip);
5958   return 0;
5959   }
5960 return -1;
5961 }
5962
```

2. 文件读函数 fileread()

fileread()函数在文件可读的情况下从文件或者管道读取 n 字节，然后更新文件的偏移（对 i 节点）。

fileread()函数如引用 12.8 所示，其主要过程如下。

（1）检查文件是否可读（5969、5970）。

（2）对于管道文件，调用管道读函数读入（5972）。

（3）对于 i 节点文件，在锁的保护下调用 readi()函数读入（5973~5979）。

引用 12.8　fileread()函数（file.c）

```
5964 int
5965 fileread(struct file *f, char *addr, int n)
5966 {
5967 int r;
5968
5969 if(f->readable == 0)
5970   return -1;
5971 if(f->type == FD_PIPE)
5972   return piperead(f->pipe, addr, n);
5973 if(f->type == FD_INODE){
5974   ilock(f->ip);
5975 if((r = readi(f->ip, addr, f->off, n)) > 0)
5976   f->off += r;
5977 iunlock(f->ip);
5978 return r;
5979 }
5980 panic("fileread");
5981 }
5982
```

3. 文件写函数 filewrite()

filewrite()函数在文件可写的情况下向文件或者管道写 n 字节，然后更新文件的偏移（对 i 节点）。

filewrite()函数如引用 12.9 所示，其主要过程如下。

（1）检查文件是否可写（6006、6007）。

（2）对于管道文件，调用管道读函数读入（6008、6009）。

（3）对于 i 节点文件，在锁的保护下循环写入（6017~6019）：

①计算本次写入的字节数 n1（6020、6021）；

②在事务中、在锁的保护下调用 writei()函数写入并更新文件偏移（5924~5929）。

引用 12.9　filewrite()函数（file.c）

```
6001 int
6002 filewrite(struct file *f, char *addr, int n)
6003 {
6004 int r;
6005
6006 if(f->writable == 0)
6007   return -1;
6008 if(f->type == FD_PIPE)
6009   return pipewrite(f->pipe, addr, n);
6010 if(f->type == FD_INODE){
6017   int max = ((MAXOPBLOCKS-1-1-2) / 2) * 512;
6018   int i = 0;
6019   while(i < n){
6020     int n1 = n - i;
6021     if(n1 > max)
6022         n1 = max;
```

```
6023
6024    begin_op();
6025    ilock(f->ip);
6026    if ((r = writei(f->ip, addr + i, f->off, n1)) > 0)
6027        f->off += r;
6028        iunlock(f->ip);
6029    end_op();
6030
6031    if(r < 0)
6032        break;
6033    if(r != n1)
6034        panic("short filewrite");
6035    i += r;
6036    }   //end while
6037  return i == n ? n : -1;
6038  }
6039 panic("filewrite");
6040 }
6041
```

文件写函数 filewrite()有两点值得注意：

（1）它通过把写操作放在 while 循环中，将一个大的写操作分作若干事务，每个事务只写几个块，以免耗尽日志块（6019~6036）。

（2）对同一个 i 节点操作的读写操作都使用 i 节点的睡眠锁来保护，当多个进程并发地访问同一个 i 节点时，i 节点的函数需要调用者来处理锁（5305~5307、5324~5327、5364~5378）。i 节点的睡眠锁只可能被一个进程持有，也即同一个 i 节点只有一个打开的文件处于活动的状态，这样对同一个 i 节点并发的读写就会按照不确定的顺序串行地执行。可见如果是并发地只读则不会有问题，但如果是并发地写则其结果是不确定的。

12.2 系统调用层

12.2.1 文件系统调用

1. 文件系统调用

xv6 通过系统调用封装文件系统的功能供外界使用。文件系统调用的功能在内核中由相应的系统函数实现，主要功能有文件指针复制（sys_dup()），文件读、写、关闭与状态信息（sys_read()、sys_write()、sys_close()与 sys_fstat()函数），链接、删除链接（sys_link()、sys_unlink()函数），打开普通文件、创建目录和设备文件（sys_open()、sys_mkdir()和 mk_nod()函数）以及改变路径、载入执行和管道（sys_chdir()、sys_exec()和 sys_pipe()函数）。

本部分也为事务的使用提供了很好的范例，sys_link()、sys_unlink()、sys_open()、sys_mkdir()、sys_mknod()和 sys_chdir()函数的操作都是在事务中进行的。

2. 文件系统调用函数

系统调用在 user.h 与 usys.S 中进一步定义和实现为用户态的系统调用函数，用户程序通过系统调用函数来使用文件系统的功能。以系统调用函数 open()和 read()为例，它们是在 user.h 中声明并在 usys.S 中实现系统调用函数，其声明如下：

int open(const char*, int)：第一个参数为文件路径，第二个参数为打开方式。

int read(int, void*, int)：第一个参数为文件描述符，第二个参数为目的指针，第三个参数为读取字节数。

其实现是在 usys.S 中用宏 SYSCALL(open)和 SYSCALL(read)展开得到的，展开后其形式如例 12.1 和例 12.2 所示。

例 12.1　宏 SYSCALL(open)展开得到 open()函数

```
.globl open;
 open:
   movl $SYS_ open, %eax;
   int $T_SYSCALL;
   Ret
```

例 12.2　宏 SYSCALL(read)展开得到 read()函数

```
.globl read;
 read:
   movl $SYS_ read, %eax;
   int $T_SYSCALL;
   ret
```

3. 系统调用的参数传递

用户程序中调用系统调用函数 open()或 read()时参数被压入用户堆栈，系统调用陷入内核态后利用 argfd()、argint()、argstr()或 argptr()函数从用户堆栈取出参数。

以系统调用函数 int open(const char* path, int mode)为例，sys_open()函数调用 argstr()函数从用户堆栈取出系统调用函数 open()的参数 path，再用路径 path 查出目录，从目录中查找到文件的 i 节点并打开。

再如系统调用函数 read()，sys_read()函数调用 argfd()函数取出文件描述符参数 fd 并通过 fd 在打开文件表 ofile 中查出其文件结构体指针。

4. 文件描述符参数函数 argfd()

argfd()函数从系统调用参数中提取文件描述符然后得到文件指针，如引用 12.10 所示。它调用 argint(n, &fd)（6076）将文件描述符提取到 fd 中，而 argint()函数调用 fetchint((myproc()->tf->esp)+4+4*n, ip)（3604）从堆栈指针 tf->esp 指向的堆栈提取参数，由陷阱帧 trapframe 结构体的定义可知，tf->esp 指向的是系统调用陷入前的用户堆栈（0632）。因此 argfd()函数从用户堆栈获得参数。

引用 12.10　argfd()函数（file.c）

```
6070 static int
6071 argfd(int n, int *pfd, struct file **pf)
6072 {
6073 int fd;
6074 struct file *f;
6075
6076 if(argint(n, &fd) < 0)
6077   return −1;
6078 if(fd < 0 || fd >= NOFILE || (f=myproc()->ofile[fd]) == 0)
6079   return −1;
6080 if(pfd)
6081   *pfd = fd;
6082 if(pf)
```

```
6083    *pf = f;
6084 return 0;
6085 }
6086
```

12.2.2 链接与删除链接

1. 链接系统函数 sys_link()

sys_link()函数在新的父目录中增加一个目录项并建立一个新的路径 new，链接到原来路径 old 对应的 i 节点，如引用 12.11 所示。

sys_link()函数首先从用户堆栈中获取参数 old 和 new 两个字符串（6207、6208），old 是要建立链接的 i 节点的路径，而 new 是新的链接路径；old 指向的 i 节点指针 ip 通过调用 namei() 函数获得（6211~6214）；xv6 中不能建立一个目录的多链接，所以检查避免这种情况发生（6217-6221），如果要建立一个子目录，可用使用系统调用 sys_mkdir()函数来建立；然后更新 ip 的引用数（6223~6225）；最后调用 nameiparent(new) 来寻找 new 的父目录 i 节点指针 dp（6227、6228），并在*dp 中建立一个目录项完成链接（6227~6240），new 的上级目录*ip 必须和文件名为 old 的 i 节点在同一个设备上（6230），因为 i 节点号是对同一个磁盘上 i 节点的编号。如果发生错误，sys_link()函数必须还原引用计数并且更新 ip，然后释放 ip 及其锁，（6241~6247）。

引用 12.11 sys_link()函数（file.c）

```
6201 int
6202 sys_link(void)
6203 {
6204 char name[DIRSIZ], *new, *old;
6205 struct inode *dp, *ip;
6206
6207 if(argstr(0, &old) < 0 || argstr(1, &new) < 0)
6208   return −1;
6209
6210 begin_op();
6211 if((ip = namei(old)) == 0){
6212 end_op();
6213 return −1;
6214 }
6215
6216 ilock(ip);
6217 if(ip->type == T_DIR){      //目录不能多次链接
6218   iunlockput(ip);
6219   end_op();
6220   return −1;
6221   }
6222
6223 ip->nlink++;               //增加链接数
6224 iupdate(ip);              //ip 已经改变，回写到磁盘
6225 iunlock(ip);
6226
6227 if((dp = nameiparent(new, name)) == 0)
6228   goto bad;
6229 ilock(dp);
```

```
6230 if(dp->dev != ip->dev || dirlink(dp, name, ip->inum) < 0){
6231   iunlockput(dp);
6232   goto bad;
6233   }
6234 iunlockput(dp);
6235 iput(ip);
6236
6237 end_op();
6238
6239 return 0;
6240
6241 bad:                //出错，回滚
6242 ilock(ip);
6243 ip->nlink--;
6244 iupdate(ip);
6245 iunlockput(ip);
6246 end_op();
6247 return -1;
6248 }
6249
```

2. 删除链接个位函数 sys_unlink()

sys_unlink()函数删除路径为 path 的文件的链接，参数 path 通过用户堆栈传入。

sys_unlink()函数如引用 12.12 所示，其主要过程如下。

（1）开始事务（6311）。

（2）得到父节点指针 dp，若失败则结束事务并返回（6312~6315）。

（3）dp 加锁（6316）。

（4）若要删除“.”或者“..”，转到 bad（6320、6321）。

（5）在 dp 目录 i 节点中查找文件名对应的 i 节点指针 ip，若失败转到 bad（6323、6324）。

（6）ip 加锁。

（7）确保 ip 的 nlink 不小于 1（6327、6328）。

（8）若 ip 的类型为路径 T_DIR 且 ip 不是空路径，则解锁并释放 ip 并转到 bad（6329~6332）。

（9）清空目录项 de（6334）。

（10）将 de 写到父节点*dp（6335、6336）。

（11）若 ip 的类型为目录 T_DIR，父目录 dp 的链接数减 1 并更新 dp（6337~6340）。

（12）解锁并释放 dp、ip 的链接数减 1、解锁并释放 ip、结束事务成功返回（6341~6349）。

（13）若出错则解锁 dp、结束事务并失败返回（6350~6354）。

引用 12.12 sys_unlink()函数（file.c）

```
6300 int
6301 sys_unlink(void)
6302 {
6303 struct inode *ip, *dp;
6304 struct dirent de;
6305 char name[DIRSIZ], *path;
6306 uint off;
6307
6308 if(argstr(0, &path) < 0)
6309   return -1;
```

```
6310
6311 begin_op();        //开始事务操作
     //得到父目录 dp 和名称 name
6312 if((dp = nameiparent(path, name)) == 0){
6313   end_op();        //未找到，结束事务操作
6314   return -1;
6315   }
6316
6317 ilock(dp);
6318 //不能删除当前目录和父目录的链接
6319 //Cannot unlink "." or ".."
6320 if(namecmp(name, ".") == 0 || namecmp(name, "..") == 0)
6321   goto bad;
6322  //查找 dp 下名为 name 的节点到 ip
6323 if((ip = dirlookup(dp, name, &off)) == 0)
6324   goto bad;
6325 ilock(ip);
6326
6327 if(ip->nlink < 1)
6328   panic("unlink: nlink < 1");
6329 if(ip->type == T_DIR && !isdirempty(ip)){   //空目录，已无链接
6330   iunlockput(ip);
6331   goto bad;
6332    }
6333
6334 memset(&de, 0, sizeof(de));                 //清除父目录中 ip 对应项的内容
6335 if(writei(dp, (char*)&de, off, sizeof(de)) != sizeof(de))
6336   panic("unlink: writei");
6337 if(ip->type == T_DIR){
     //目录文件，父目录节点的链接数减 1
6338   dp->nlink--;
6339   iupdate(dp);                             //更新 i 节点
6340   }
6341 iunlockput(dp);
6342
6343 ip->nlink--;                                //普通文件，节点的链接数减 1
6344 iupdate(ip);                                //更新 i 节点
6345 iunlockput(ip);
6346
6347 end_op();
6348
6349 return 0;
6350 bad:    //出错，回滚
6351 iunlockput(dp);
6352 end_op();
6353 return -1;
6354 }
6355
```

sys_unlink()函数有几点隐晦操作需要补充说明：

（1）在父目录中查找名为 name 的目录项成功时，文件的偏移 off 指向该目录项，所以将空目录项写入时，实质上是清空了该目录项，即删除了链接。

（2）iput()函数被调用释放 dp 或 ip 指针时将再进行检查，如果链接数为 0，且引用数为 0，将截断对应的 i 节点。

（3）由于子目录中的 ".." 链接到父目录，删除子目录链接时，".." 链接也被删除，故父目录 dp 的 nlink 减 1。

（4）另外，为什么子目录不可以链接但可以删除链接呢？这是因为删除子目录链接的操作其实就是删除子目录。

（5）修改目录文件，可能会创建或者移除对 i 节点的引用。

sys_link()函数是使用会话的佳例。sys_link()函数（5513）最开始获取自己的参数 old 和 new 两个字符串。假设 old 是存在的并且不是一个目录文件（5520~5530），sys_link()函数增加它的 ip->nlink 计数。然后 sys_link()函数调用 nameiparent(new)来寻找上级目录和最终的目录元素（5536），并且创建一个目录项指向文件名为 old 的 i 节点（5539）。

12.2.3　文件创建

sys_link()函数为一个已有的 i 节点创建一个新的名字，而 create()函数（6357）新建一个 i 节点、目录或设备文件，如引用 12.13 所示。

create()函数在三个文件创建系统调用中使用，如图 12.3 所示。在 sys_open()函数中被调用来以 O_CREATE 的方式来创建一个新的普通文件（6414），文件类型为 T_FILE；在 sys_mkdir() 函数中被调用来创建一个新目录 i 节点（6457），文件类型为 T_DIR；在 sys_mknod()函数中被调用来创建一个新目录 i 节点（6457），文件类型为 T_DEV。

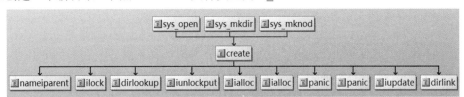

图 12.3　create()函数的调用关系

引用 12.13　create()函数（file.c）

```
6356 static struct inode*
6357 create(char *path, short type, short major, short minor)
6358 {
6359 uint off;
6360 struct inode *ip, *dp;
6361 char name[DIRSIZ];
6362
6363 if((dp = nameiparent(path, name)) == 0)
6364 return 0;
6365 ilock(dp);
6366
6367 if((ip = dirlookup(dp, name, &off)) != 0){
6368   iunlockput(dp);
6369   ilock(ip);
6370   if(type == T_FILE && ip->type == T_FILE)
6371     return ip;
6372   iunlockput(ip);
```

```
6373   return 0;
6374   }
6375
6376 if((ip = ialloc(dp->dev, type)) == 0)
6377   panic("create: ialloc");
6378
6379 ilock(ip);
6380 ip->major = major;
6381 ip->minor = minor;
6382 ip->nlink = 1;
6383 iupdate(ip);
6384
6385 if(type == T_DIR){  //Create . and .. entries
6386   dp->nlink++;  //for ".."增加对父节点的引用
6387   iupdate(dp);
6388   //No ip->nlink++ for ".": avoid cyclic ref count
6389   if(dirlink(ip, ".", ip->inum) < 0 ||
         dirlink(ip, "..", dp->inum) < 0)
6390     panic("create dots");
6391   }
6392
6393 if(dirlink(dp, name, ip->inum) < 0)
6394   panic("create: dirlink");
6395
6396 iunlockput(dp);
6397
6398 return ip;
6399 }
```

create()函数首先调用 nameiparent()函数获取路径 path 的父目录 i 节点指针 dp 并对 dp 加锁（6363~6365）；然后调用 dirlookup()函数在 dp 中查找对应文件名的 i 节点 ip，确保文件名没有被使用（6367）；否则如果打开的文件类型为 T_FILE，即调用者为 sys_open()函数，找到了所需要的文件*ip 也就成功完成了打开文件的操作；否则文件类型为 T_DIR 或者 T_DEV，即调用者为 sys_mkdir()函数或者 sys_mknod()函数则认为创建失败。

如果文件名没有被使用，则调用 ialloc()函数分配 i 节点*ip 并对其进行初始化；对于目录（文件类型为 T_DIR），还要调用 dirlink()函数在*ip 中建立"."和".."两个目录项，分别指向自身和父目录 i 节点，父目录 i 节点的链接".."需要计数，因此增加 dp->nlink 并更新；对于指向自身的目录项"."则不计入链接数以便管理；最后在父目录 i 节点*dp 中调用 dirlink()函数增加指向新生成节点的链接。

调用 create()函数并且按指定文件名找到的文件是一个普通文件，则打开成功。使用 create()函数就能轻易实现 sys_open()和 sys_mkdir()以及 sys_mknod()函数。

12.2.4 文件打开

sys_open()函数打开文件，路径为*path，打开方式为 omode，参数 path 和 omod 通过用户堆栈传入，如引用 12.14 所示，其主要过程如下。

（1）如果打开方式为 O_CREATE（6413），则以文件类型 T_FILE 调用 create()函数来创建文件（6414）；否则，它就会调用 namei()函数（6420）打开路径 path 的 i 节点得到其指针 ip。

（2）调用 filealloc()函数在系统文件表 ftable 中分配文件结构体得到指针 f，再为 f 在进程的打开文件表中分配一个文件描述符 fd（6432~6440）。

（3）完成对文件 f 的初始化并将其与打开的 i 节点*ip 关联（6442~6446）。

引用 12.14　sys_open()函数（file.c）

```
6400 int
6401 sys_open(void)
6402 {
6403 char *path;
6404 int fd, omode;
6405 struct file *f;
6406 struct inode *ip;
6407
6408 if(argstr(0, &path) < 0 || argint(1, &omode) < 0)
6409 return -1;
6410
6411 begin_op();
6412
6413 if(omode & O_CREATE){
6414   ip = create(path, T_FILE, 0, 0);  //创建文件
6415   if(ip == 0){                        //创建失败
6416     end_op();
6417     return -1;
6418     }
6419   } else {
6420   if((ip = namei(path)) == 0){
6421     end_op();
6422     return -1;
6423     }
6424   ilock(ip);
6425   if(ip->type == T_DIR && omode != O_RDONLY){
6426     iunlockput(ip);
6427     end_op();
6428     return -1;
6429     }
6430   }
6431
6432 if((f = filealloc()) == 0 || (fd = fdalloc(f)) < 0){
6433   if(f)
6434     fileclose(f);
6435   iunlockput(ip);
6436   end_op();
6437   return -1;
6438   }
6439 iunlock(ip);
6440 end_op();
6441
6442 f->type = FD_INODE;
6443 f->ip = ip;
6444 f->off = 0;
6445 f->readable = !(omode & O_WRONLY);
```

```
6446 f->writable = (omode & O_WRONLY) || (omode & O_RDWR);
6447 return fd;
6448 }
6449
```

12.2.5　文件读写

1. 文件读系统函数 sys_read()

sys_read()函数调用内核函数 fileread()来进行普通文件（type 为 FD_INODE）和管道（类型为 FD_INODE）两类文件的读。根据文件类型不同，fileread()函数分别调用 piperead()和 readi()函数来完成最终的读操作。这样 sys_read()函数就为目录和普通文件对外提供了相同的读接口，如引用 12.15 所示。

引用 12.15　sys_read()函数（file.c）

```
6131 int
6132 sys_read(void)
6133 {
6134 struct file *f;
6135 int n;
6136 char *p;
6137
6138 if(argfd(0, 0, &f) < 0 || argint(2, &n) < 0 ||
        argptr(1, &p, n) < 0)
6139   return -1;
6140 return fileread(f, p, n);
6141 }
6142
```

sys_write()与 filewrite()函数的调用关系如图 12.4 所示。

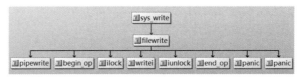

图 12.4　sys_write()与 filewrite()函数的调用关系

2. 文件写系统函数 sys_write()

与 sys_read()函数类似，sys_write()函数调用内核函数 filewrite()来进行普通文件（类型为 FD_INODE）和管道（类型为 FD_INODE）两类文件的写。根据文件类型不同，filewrite()函数分别调用 pipewrite()和 writei()函数来完成最终的写操作。这样 sys_write()函数就为目录和普通文件对外提供了相同的写接口，如引用 12.16 所示。

引用 12.16　sys_write()函数（file.c）

```
6150 int
6151 sys_write(void)
6152 {
6153 struct file *f;
6154 int n;
6155 char *p;
6156
```

```
6157 if(argfd(0, 0, &f) < 0 || argint(2, &n) < 0 ||
        argptr(1, &p, n) < 0)
6158   return −1;
6159 return filewrite(f, p, n);
6160 }
6161
```

12.2.6　管道

管道是一个小的内核缓冲区，用于缓冲从读端文件读入的内容，供写端文件取出，所以管道关联了一对文件描述符，用数组 fd[]来存储。详细介绍可参考 13.2 节。

sys_pipe()函数建立管道，如引用 12.17 所示。

管道的描述符由数组 fd[]由调用者的用户堆栈传入，分配管道后，将读端文件描述符存入 fd[0]，写端文件描述符存入 fd[1]，由数组 fd[]传回调用者。

sys_pipe()函数的调用关系如图 12.5 所示。

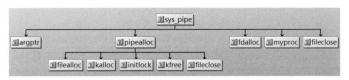

图 12.5　sys_pipe()函数的调用关系

sys_pipe()函数首先提取用于存储管道的文件描述符数组（6557、6558）、分配管道（6559、6560）及管道的读写文件描述符（6562），将管道的描述符复制到数组 fd（6569、6570）。

引用 12.17　sys_pipe()函数（file.c）

```
6550 int
6551 sys_pipe(void)
6552 {
6553 int *fd;
6554 struct file *rf, *wf;
6555 int fd0, fd1;
6556
6557 if(argptr(0, (void*)&fd, 2*sizeof(fd[0])) < 0)
6558 return −1;
6559   if(pipealloc(&rf, &wf) < 0)
6560     return −1;
6561 fd0 = −1;
6562 if((fd0 = fdalloc(rf)) < 0 || (fd1 = fdalloc(wf)) < 0){
6563   if(fd0 >= 0)
6564     myproc()->ofile[fd0] = 0;
6565   fileclose(rf);
6566   fileclose(wf);
6567   return −1;
6568   }
6569 fd[0] = fd0;
6570 fd[1] = fd1;
6571 return 0;
6572 }
6573
```

12.2.7　载入执行

载入执行系统调用函数 sys_exec() 调用内核函数 exec() 载入一个程序执行，exec() 函数所需的路径 path 和程序的参数数组 argv 通过调用用户程序的堆栈传入。sys_exec() 函数如引用 12.18 所示。

sys_exec() 函数的主要工作是提取参数，它首先提取参数 path 和其他参数到数组 argv[]（6532~6534）；然后提取数组 uargv[] 的每个元素，将它作为参数字符串的指针（6532~6540）；最后将提取字符串到字符串 argv[i] , argv[] 数组以 0 元素作为结束标志，所以如果字符串地址 urargv 为 0，则提取完成（6545~6547）。

在提取参数完成后，以 path 和 arg 作为参数调用内核函数 exec() 函数载入执行（6548）。在系统调用返回时将返回到新载入的用户程序入口执行。

引用 12.18　sys_exec() 函数（file.c）

```
6525 int
6526 sys_exec(void)
6527 {
6528   char *path, *argv[MAXARG];
6529   int i;
6530   uint uargv, uarg;
6531
6532   if(argstr(0, &path) < 0 ||
         argint(1, (int*)&uargv) < 0){
6533     return -1;
6534   }
6535   memset(argv, 0, sizeof(argv));
6536   for(i=0;; i++){
6537     if(i >= NELEM(argv))
6538     return -1;
6539     if(fetchint(uargv+4*i, (int*)&uarg) < 0)
6540     return -1;
6541     if(uarg == 0){ //参数串以 0 结尾
6542     argv[i] = 0;
6543     break;
6544     }
6545     if(fetchstr(uarg, &argv[i]) < 0)
6546     return -1;
6547   }
6548   return exec(path, argv);
6549 }
```

第13章

exec()函数、管道与字符串

本章主要介绍 exec()函数、管道以及常用字符串函数的实现。本章涉及的源码主要有 exec.c、pipe.c 和 string.c。

13.1　exec()函数

13.1.1　内核函数 exec()

内核函数 exec()载入路径为 path 的 ELF 格式程序，并以 argv[]数组给出的参数运行。exec()函数包括三个步骤：

（1）调入文件；

（2）构建用户堆栈；

（3）保存名称、切换用户空间并设置用户堆栈。

1. 载入文件

exec()函数首先调用 namei()函数获得 path 对应的 i 节点的指针 ip（6223~6227）；调用 readi()函数读入 ELF 文件头、检查文件头的幻数并调用 setupkvm()函数建立内核页表（6229~6238）；逐段读入程序段，为其分配用户空间并载入到用户空间（6641~6657）； 整个过程都在一个事务中进行，事务开始于 6621 行，结束于 6659 行。exec()函数载入文件如引用 13.1 所示。

引用 13.1　exec()函数载入文件（exec.c）

```
6621 begin_op();
6622
6623 if((ip = namei(path)) == 0){
6624   end_op();
6625   cprintf("exec: fail\n");
6626   return -1;
6627   }
6628 ilock(ip);
6629 pgdir = 0;
6630
```

```
6631 //Check ELF header
6632 if(readi(ip, (char*)&elf, 0, sizeof(elf)) != sizeof(elf))
6633   goto bad;
6634 if(elf.magic != ELF_MAGIC)
6635   goto bad;
6636
6637 if((pgdir = setupkvm()) == 0)
6638   goto bad;
6639
6640 //Load program into memory
6641 sz = 0;
6642 for(i=0, off=elf.phoff; i<elf.phnum; i++, off+=sizeof(ph)){
6643   if(readi(ip, (char*)&ph, off, sizeof(ph)) != sizeof(ph))
6644     goto bad;
6645   if(ph.type != ELF_PROG_LOAD)
6646     continue;
6647   if(ph.memsz < ph.filesz)
6648     goto bad;
6649   if(ph.vaddr + ph.memsz < ph.vaddr)
6650     goto bad;
6651   if((sz = allocuvm(pgdir, sz, ph.vaddr + ph.memsz)) == 0)
6652     goto bad;
6653   if(ph.vaddr % PGSIZE != 0)
6654     goto bad;
6655   if(loaduvm(pgdir, (char*)ph.vaddr, ip, ph.off, ph.filesz) < 0)
6656     goto bad;
6657   }
6658 iunlockput(ip);
6659 end_op();
6660 ip = 0;
6661
```

2. 构建用户栈

exec()函数在用户空间分配两页：一页用于分隔；另一页用于用户堆栈（6662~6668）。并在其中为调用用户程序建立栈帧（6681~6687）。

进程的典型空间布局从地址到高地址为：代码(Text)、数据(Data)、堆栈(Stack)和堆(Heap)，xv6 在堆栈和数据间放了一个专门的页用于分割，当调用 exec()函数载入一个程序到进程空间，完成栈帧设置后，进程的内存空间布局及堆栈如图 13.1 所示。

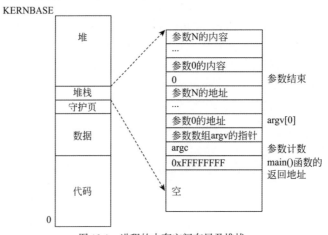

图 13.1　进程的内存空间布局及堆栈

exec()函数构建用户堆栈过程如引用 13.2 所示。

引用 13.2　exec()函数构建用户堆栈（exec.c）

```
       //在下一个页边界分配两页
       //第一页不可访问，第二页作为用户堆栈
6664 sz = PGROUNDUP(sz);
6665 if((sz = allocuvm(pgdir, sz, sz + 2*PGSIZE)) == 0)
6666 goto bad;                          //置第一页不可访问
6667 clearpteu(pgdir, (char*)(sz - 2*PGSIZE));
6668 sp = sz;                           //栈指针
6669 //将参数的内容写入用户堆栈
6670 //Push argument strings, prepare rest of stack in ustack
6671 for(argc = 0; argv[argc]; argc++) {
6672   if(argc >= MAXARG)
6673     goto bad;
      //写入后的栈指针
6674   sp = (sp - (strlen(argv[argc]) + 1)) & ~3;
      //从 argv[argc]复制到栈
6675   if(copyout(pgdir, sp, argv[argc], strlen(argv[argc]) + 1) < 0)
6676     goto bad;
6677   ustack[3+argc] = sp;            //记录第 argc 个参数的地址
6678   }
6679   ustack[3+argc] = 0;            //没有参数了
6680 // 构造主函数的栈帧前三项：返回地址、argc、argv
6681   ustack[0] = 0xffffffff;         //fake return PC
6682   ustack[1] = argc;
6683   ustack[2] = sp - (argc+1)*4; //argv pointer
6684
6685   sp -= (3+argc+1) * 4;          //栈指针
      //将参数从数组 ustack 复制(3+argc+1)*4 字节到 pgdir 空间的 sp 处
      //即新用户空间的堆栈
6686   if(copyout(pgdir, sp, ustack, (3+argc+1)*4) < 0)
6687     goto bad;
6688
```

3. 保存名称、切换用户空间并设置用户堆栈

保存名称、切换用户空间并设置用户堆栈如引用 13.3 所示，其主要过程如下：

（1）保存程序的名称（6690~6693），然后把当前进程的程序替换为新载入的用户程序（6696~6702）。由于要将内核函数 exec()中的 ustack[]数组的内容复制到新的用户空间（pgdir 定义），因此需要调用函数 copyout()来完成；

（2）在栈帧中将 EIP 设置为载入的用户程序的入口即 elf.entry（6699），系统调用返回后，将返回到新载入的用户程序执行；

（3）设置新的页表并调用 switchuvm()函数完成用户空间的切换（6701）以及用户堆栈的切换（6700），切换后原来的空间已经不再使用，故将其释放（6702）。

引用 13.3　保存名称、切换用户空间并设置用户堆栈（exec.c）

```
6689     //保存程序的名称供调试
6690   for(last=s=path; *s; s++)
6691     if(*s =='/')
6692         last = s+1;
```

```
6693   safestrcpy(curproc->name, last, sizeof(curproc->name));
6694
6695       //提交到用户空间运行
6696 oldpgdir = curproc->pgdir;
6697 curproc->pgdir = pgdir;
6698 curproc->sz = sz;
6699 curproc->tf->eip = elf.entry; //main()
6700 curproc->tf->esp = sp;
6701 switchuvm(curproc);
6702 freevm(oldpgdir);
```

13.1.2　系统调用函数 exec()

系统调用函数 exec()在 user.h 中定义如下：

```
int exec(char*, char**);
```

其实现是在 usys.S 中用宏 SYSCALL(exec)展开得到的，宏展开后其形式如下：

```
.globl exec;
  exec:
    movl $SYS_ exec, %eax;
    int $T_SYSCALL;
    ret
```

当用户程序中调用 exec()函数时，参数 path 和 argv 被压入用户堆栈，当系统调用陷入内核态后，sys_exec()函数将参数从用户堆栈取出，然后内核函数 exec()被调用完成实际的载入程序的工作和栈帧设置等工作，sys_exec()函数返回后，新载入的路径为 path 的程序将被执行，执行的参数位于新用户空间的用户堆栈上。exec()函数的使用如例 13.1 所示。

例 13.1　exec()函数的使用

```
char *argv[3];
argv[0] = "ls";
argv[1] = "-l";
argv[2] = 0;
exec("/bin/ls", argv);
printf("exec error\n");
```

这段代码将调用/bin/ls 这个程序，这个程序的参数列表为 ls -l。大部分的程序都忽略第一个参数，这个参数惯例上是程序的名字（此例是 ls）。exec()为系统调用函数，不是内核函数。

13.2　管道

13.2.1　管道结构体

管道是类 UNIX 系统中很重要的一种进程间通信方式；管道是一个固定大小的先进先出的内核缓冲区；管道以文件描述符对的形式提供给进程，一个文件描述符用于写操作，另一个文件描述符用于读操作。从管道的一端写入的数据可以从管道的另一端读取。管道提供了一种进程间通信的方式，如图 13.2 所示。

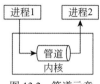

图 13.2 管道示意

xv6 中，管道结构体 pipe 的定义和成员分别如引用 13.4 和表 13.1 所示。

引用 13.4 管道结构体 pipe 的定义（exec.c）

```
6762 struct pipe {
6763 struct spinlock lock;
6764 char data[PIPESIZE];
6765 uint nread;      //number of bytes read
6766 uint nwrite;     //number of bytes written
6767 int readopen;    //read fd is still open
6768 int writeopen;   //write fd is still open
6769 };
```

表 13.1 管道结构体 file 的成员

成　　员	含　　义
lock	管道的自旋锁
data[PIPESIZE]	数据缓冲区
nread	已读的字节数
nwrite	已写的字节数
readopen	读端打开中
writeopen	写端打开中

13.2.2　管道的分配、关闭与读写

1. 管道分配函数 pipealloc()

管道分配函数 pipealloc()分配两个文件分别作为管道的读端和写端并分配一个页面作为管道的数据缓冲区，文件类型被标记为 T_PIPE。pipealloc()函数被 sys_pipe()函数调用来构建新的管道。由于管道读写端的文件类型为 T_PIPE，当 sys_read()函数和 sys_write 函数调用 fileread()函数和 filewrite()函数进行文件读写时，对于管道它们将分别调用 piperead()函数和 pipewrite()函数来完成最终的读写操作。

管道分配函数 pipealloc()如引用 13.5 所示，其主要过程如下：

（1）分配两个文件分别作为管道的读端和写端（6778~6779）；

（2）分配一个页面作为管道数据缓冲区（6780~6781）；

（3）初始化管道（6782~6786）；

（4）初始化读端和写端文件（6787~6794）。

引用 13.5 管道分配函数 pipealloc()（pipe.c）

```
6771 int
6772 pipealloc(struct file **f0, struct file **f1)
```

```
6773 {
6774 struct pipe *p;
6775
6776 p = 0;
6777 *f0 = *f1 = 0;
6778 if((*f0 = filealloc()) == 0 || (*f1 = filealloc()) == 0)
6779   goto bad;
     //分配一页作为管道
6780 if((p = (struct pipe*)kalloc()) == 0)
6781   goto bad;
     //初始化管道 p
6782 p->readopen = 1;
6783 p->writeopen = 1;
6784 p->nwrite = 0;
6785 p->nread = 0;
6786 initlock(&p->lock, "pipe");
     //初始化读端文件*f0
6787 (*f0)->type = FD_PIPE;
6788 (*f0)->readable = 1;
6789 (*f0)->writable = 0;
6790 (*f0)->pipe = p;
     //初始化写端文件*f1
6791 (*f1)->type = FD_PIPE;
6792 (*f1)->readable = 0;
6793 (*f1)->writable = 1;
6794 (*f1)->pipe = p;
6795 return 0;
6796
6800 bad:
6801 if(p)
6802   kfree((char*)p);
6803 if(*f0)
6804   fileclose(*f0);
6805 if(*f1)
6806   fileclose(*f1);
6807   return -1;
6808 }
6809
```

2. 管道关闭函数 pipeclose()

管道关闭函数 pipeclose()实质是关闭管道的读端和写端文件，参数 writeable 有效则关闭写端，唤醒在管道读上睡眠等待缓冲区不为空的进程；若参数 writeable 无效则关闭读端，唤醒在管道写上睡眠等待缓冲区不为满的进程。管道两端都被关闭后则释放管道。管道关闭函数 pipeclose()如引用 13.6 所示，其主要过程如下。

（1）获得锁（6813）。

（2）若 writable，p->writeopen 标记为 0，表示写关闭，唤醒等待读的进程（6814~6816）。

（3）否则，p->readopen 标记为 0，表示读关闭，唤醒等待写的进程（6817~6823）。

（4）若两端都已经关闭，释放管道所用的页，否则释放锁（6821~6826）。

引用 13.6 管道关闭函数 pipeclose()（pipe.c）

```
6810 void
```

```
6811 pipeclose(struct pipe *p, int writable)
6812 {
6813 acquire(&p->lock);
6814 if(writable){
6815   p->writeopen = 0;     //关闭写端
6816   wakeup(&p->nread);   //唤醒等待读的进程
6817   } else {
6818   p->readopen = 0;      //关闭读端
6819   wakeup(&p->nwrite); //唤醒等待写的进程
6820   }
6821 if(p->readopen == 0 && p->writeopen == 0){
6822   release(&p->lock);
6823   kfree((char*)p);
6824   } else
6825   release(&p->lock);
6826 }
6827
```

3. 管道写函数 pipewrite()

管道写函数 pipewrite()通过将字节复制到管道的缓冲数组 p->data[]而写入数据，而管道读函数 piperead()则通过复制缓冲数组 p->data[]的字节从而读出数据。内核使用了锁和阻塞机制同步对管道的访问。

xv6 中管道缓冲区的大小为 PIPESIZE，即 512 字节，因此管道的大小不像文件那样能不加检验地增长，在写管道时管道变满时进程将被阻塞，等待某些数据被调用 piperead()函数读取后腾出足够的空间供 pipewrite()函数写入。

用户程序使用管道时首先调用系统调用函数 pipe(int*)构建一个管道，管道的读端和写端文件描述符（不妨记为 fd0 和 fd1）从 pipe 的参数 int*返回。

当用户程序向管道中写入时，它调用系统调用函数 write(fd1)来进行，系统根据 write()函数传递的文件描述符，sys_write()函数可找到该文件的 file 结构，sys_write()函数调用内核函数 filewrite()完成写操作，filewrite()函数将根据文件的类型调用 pipewrite()函数来完成最终的管道写操作。

管道写函数 pipewrite()如引用 13.7 所示，其主要过程如下。

（1）取得管道的锁（6834）。

（2）对每个字节 addr[i]（6835），当管道满（nwrite - nread == PIPESIZE）时，循环进行检查处理已关闭的读端（6837~6840）、唤醒等待的读管道的进程、当前进程带着管道的锁进入睡眠状态（6841~6843）；把 add[i]写到管道（6844~6845）。

（3）n 字节写完后，唤醒等待读管道的进程并释放锁返回（6846~6849）。

引用 13.7　管道写函数 pipewrite()（pipe.c）

```
6829 int
6830 pipewrite(struct pipe *p, char *addr, int n)
6831 {
6832 int i;
6833
6834 acquire(&p->lock);
     //逐字节写
```

```
6835 for(i = 0; i < n; i++){
         //管道已经写满
6836   while(p->nwrite == p->nread + PIPESIZE){
           //读端关闭，或进程被杀，退出
6837     if(p->readopen == 0 || proc->killed){
6838       release(&p->lock);
6839       return -1;
6840     }
6841     wakeup(&p->nread);              //唤醒等待读的进程
6842     sleep(&p->nwrite, &p->lock);  //进入睡眠状态
6843   }
         //写
6844   p->data[p->nwrite++ % PIPESIZE] = addr[i];
6845   }
       //唤醒等待读管道的进程
6846 wakeup(&p->nread);
6847 release(&p->lock);
6848 return n;
6849 }
```

管道写入函数 pipewrite()在向缓冲区中写入数据之前必须首先检查缓冲区，同时满足如下条件时才能进行实际的内存复制工作：

（1）取得管道锁；

（2）缓冲区未满。

如果同时满足上述条件则从写进程的地址空间中复制数据到内存，否则写入进程就休眠在管道的写上。

写入进程实际处于可中断的等待状态，当内存中有足够的空间可以容纳写入数据时写入进程可被唤醒，数据写入内存之后管道被解锁。

4. 管道读函数 piperead()

管道的读取过程和写入过程类似。读取前先取得管道锁，循环检查若缓冲区为空则读取进程转入在管道读上的睡眠状态；但是如果只读取到部分数据就读空了管道则进程可以立即返回而不是阻塞该进程。

当用户程序从管道中读入时，它调用系统调用函数 read(fd0)来进行，系统根据 read()函数传递的文件描述符，sys_read()函数可找到该文件的 file 结构，sys_read()函数调用内核函数 fileread()完成读操作，fileread()函数将根据文件的类型调用 piperead()函数来完成最终的管道读操作。

管道读函数 piperead()如引用 13.8 所示，其主要过程如下。

（1）取得管道的锁（6855）。

（2）循环检查管道为空，若进程已经被杀死则返回，否则带着进程锁进入睡眠（6856~6862）。

（3）对每个字节（6863），当管道空（nread == nread）时，跳出循环，从管道读一个字节到add[i]（6866）。

（4）读完后，唤醒等待读管道的进程并释放锁返回（6868~6871）。

引用 13.8　管道读函数 piperead()（pipe.c）

```
6850 int
6851 piperead(struct pipe *p, char *addr, int n)
6852 {
6853 int i;
```

```
6854
6855 acquire(&p->lock);
       //管道已经读空
6856 while(p->nread == p->nwrite && p->writeopen){
       //写端关闭，或进程被杀，退出
6857   if(proc->killed){
6858     release(&p->lock);
6859     return -1;
6860     }
6861   sleep(&p->nread, &p->lock);
6862   } //end while
6863 for(i = 0; i < n; i++){          //逐字节读
6864   if(p->nread == p->nwrite)       //管道读空了
6865     break;
6866   addr[i] = p->data[p->nread++ % PIPESIZE];
6867   } //end for
6868 wakeup(&p->nwrite);                //唤醒等待写的进程
6869 release(&p->lock);
6870 return i;
6871 }
6872
```

13.2.3　管道系统调用函数

1. 管道的定义与实现

管道系统调用函数 pipe()在 user.h 中定义如下：

```
int pipe(int*);
```

其实现是在 usys.S 中用宏 SYSCALL(pipe)展开得到的，展开后其形式如下：

```
.globl pipe;
  exec:
    movl $SYS_ pipe, %eax;
    int $T_SYSCALL;
    ret
```

用户程序中调用 pipe()函数的参数 int*被压入用户堆栈，系统调用陷入内核后 sys_pipe()函数将参数从用户堆栈中取出，然后内核函数 pipealloc()被调用在文件表 ftable 中分配两个文件结构体，sys_pipe()为这两个文件结构体分配文件描述符并存入参数 int*指示的数组，系统函数 sys_pipe()返回后系统调用函数 pipe()的调用者可从该数组中得到文件描述符。

2. 管道的使用

可使用读写端文件描述符进行读写管道，如例 13.2 所示。行号为例子中的行编号。

例 13.2　管道的使用

```
1 #include <unistd.h>
2 #include <stdio.h>
3 int main( void )
4 {
5   int p[2];
6     char buf[80];
```

```
7      pid_t pid;
8
9      if (pipe(p) < 0 || (pid=fork()) < 0){
10
11         return -1;
12
13
14     if (pid == 0)
15     {
16       close(p[0]);
17       printf( "Child process writes a string to the pipe.\n" );
18       char s[] = "Hello world from pipe.\n";
19       write( p[1], s, sizeof(s) );
20       close( p[1] );
21     }
22     else if(pid > 0)
23     {
24
25       close(p[1]);
26       printf( "Father process reads the string from the
 pipe.\n" );
27       read( p[0], buf, sizeof(buf) );
28       printf( "%s\n", buf );
29       close( p[0] );
30     }
31     return 0;
32  }
```

第 9 行在系统调用 pipe() 函数构建管道执行结束后，再执行 fork() 函数生成子进程，父进程打开的文件 ofile[] 数组的内容将被复制到新生成的子进程中，文件指针也调用 filedup() 函数复制（2583~2605），文件指针的引用数相应增加。25 行利用 close() 函数关闭父进程的管道的写端使用的文件描述符，16 行利用系统调用 close() 函数关闭子进程的管道的写端使用的文件描述符，就形成了一条从父到子传送数据的管道。父进程和子进程间的通信如图 13.3 所示。

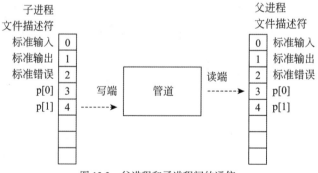

图 13.3　父进程和子进程间的通信

具体过程如下：

（1）第 9 行执行完 pipe() 函数后，父进程的文件表如图 13.4 所示。

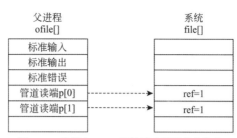

图 13.4　执行空 pipe()函数后父进程的文件表

（2）第 9 行执行完 fork()函数后，父进程和子进程的文件表如图 13.5 所示。

（3）第 16、25 行调用 close()函数后，父进程和子进程的文件表如图 13.6 所示。

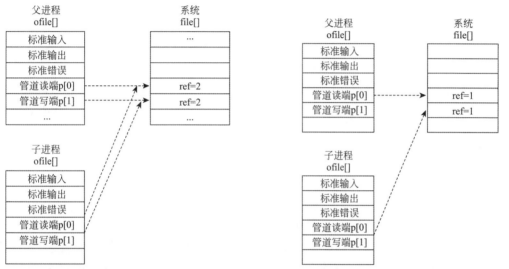

图 13.5　执行完 fork()函数后父进程和子进程的文件表　　　图 13.6　调用 close()函数后父进程和子进程的文件表

3. 命令间管道的实现

pipe()函数建立管道，fork()函数生成子进程，close()函数关闭文件，再加上 dup()函数复制文件，组合以上函数就可以实现在 Shell 中使用的通过"|"连接的管道通信。例如，在 xv6 的界面程序 sh.c 中输入如下命令：

```
$ echo hello pipe| wc
```

这样 echo 向标准输出写入字符串"hello pipe"，它实际上是写入管道中；当 wc 从标准输入读取时它实际上是从管道读取的。echo 的输出将通过管道传送给 wc 作为输入，通过这种简单的方式即可实现进程间通信。这一功能在 sh.c 的 runcmd()函数中通过调用 pipe()、fork()、close()和 dup()函数来实现，命令间的管道通信如引用 13.5 所示。

引用 13.5　命令间的管道通信（sh.c）

```
8650 case PIPE:
8651 pcmd = (struct pipecmd*)cmd;
8652 if(pipe(p) < 0)
8653  panic("pipe");
8654 if(fork1() == 0){
8655  close(1);
8656  dup(p[1]);
```

```
8657   close(p[0]);
8658   close(p[1]);
8659   runcmd(pcmd->left);
8660   }
8661 if(fork1() == 0){
8662   close(0);
8663   dup(p[0]);
8664   close(p[0]);
8665   close(p[1]);
8666   runcmd(pcmd->right);
8667   }
8668 close(p[0]);
8669 close(p[1]);
8670 wait();
8671 wait();
8672 break;
8673
```

sh.c 将解析输入并提取管道左右两边的命令 echo 和 wc，存储在结构体 pcmd 的 cmd 类型指针，结构体 pcmd 的类型为 pipecmd，它存储了管道左右两边命令的指针 left 和 right；然后以 PIPE 方式运行，也即执行 8650~8672 行的程序。

runcmd()函数首先调用系统调用函数 pipe(p)（8652），返回后 p[0]和 p[1]将存储管道的读、写文件描述符。

在 fork1()函数（8654）执行成功后，父进程和子进程都有了指向管道的文件描述符 p[0]和 p[1]；然后子进程的标准输出（文件描述符为 1）被关闭（8655），接着复制文件描述符为 p[0]（8655）的文件指针（也即管道的输入端文件指针）引用数增加，刚刚关闭的文件描述符 1 将分配给该文件指针，因此子进程 1 的标准输出被关联到了管道的写端，子进程 1 的输出将写到管道的写端；接着关闭子进程 ofile 中的描述符 p[0]和 p[1]（8657、8658），但 p[1]因为被复制，它代表的文件将保持打开，然后执行管道左边的命令（8659），echo 被载入执行。

类似地，子进程 2（8661）的标准输入被关闭，然后复制关联到了管道的读端（8662、8663），接着关闭子进程 ofile 中的描述符 p[0]和 p[1]（8664、8666），然后执行管道右边的命令（8666），wc 被载入执行，它将从管道读入。

为什么在执行 wc 之前要关闭子进程的写端口呢（8658）？*xv6 Book* 的解释是"如果管道中没有数据，那么对管道执行的读操作会一直等待，直到有数据了或者其他绑定到该管道写端口的描述符均已关闭。在后一种情况中，read 会返回 0，就像是一份文件读到了最后的 eof 标志。读操作会一直阻塞直到不可能再有新数据到来，这就是为什么在执行 wc 之前要关闭子进程的写端口。如果 wc 指向了一个管道的写端口，那么 wc 就永远看不到 eof 标志了。"

13.3 字符串

xv6 实现了以下基本字符串函数：

（1）函数 void* memset(void *dst, int c, uint n)，把字符串 dst 的前 n 个字设置为值 c 的最低字节。

（2）函数 int memcmp(const void *v1, const void *v2, uint n)，比较字符串 v1 和 v2 的前 n 字节，若相同则返回 0，若不同则返回首次不同的字节的差值。

（3）函数 void* memmove(void *dst, const void *src, uint n)，从 src 复制 n 字节到 dst，返回 dst。

（4）函数 void* memcpy(void *dst, const void *src, uint n)，从 src 复制 n 字节到 dst，返回 dst。它是为了与 GCC 兼容而定义的，它调用函数 memmove()实现。

（5）函数 int strncmp (const char *p, const char *q, uint n)，比较字符串 p 和 q 的前 n 字节，若相同则返回 0，若不同则返回首次不同的字节的差值。

（6）函数 char* strcpy(char *s, const char *t, int n)，从字符串 t 复制 n 字节到 s，若 t 的长度不到 n 字节，则在 s 的末尾填充 0。

（7）函数 char* safestrcpy(char *s, const char *t, int n)，从字符串 t 复制 n 字节到 s，并以 NUL 结尾。

（8）函数 int strlen(const char *s)，返回字符串 s 的长度。

如果理解了双重指针，那么这些函数的实现较为简单。双重指针可参考 3.1 节。

第14章

多处理器

本章结合 xv6 代码介绍多处理器系统架构和多处理器配置及相关数据结构，然后介绍中断控制器部件 Local APIC（简称 LAPIC）和 I/O APIC。

本章涉及的源码主要有 mp.h、mp.c 和 lapic.c。

14.1 多处理器系统架构

1. SMP

近年来多处理器系统已经取得了市场的主导地位，现代的多处理器系统大多采用对称多处理（Symmetric Multi Processing，SMP）架构，该架构下一个计算机系统包含了一组 CPU，这些 CPU 之间共享内存系统以及总线，所有的 CPU 都是对等的，都可以执行操作系统的所有进程，处理器之间还可以通过状态信息和存储器共享地址空间并相互通信。存储器通常允许同时有多个 CPU 对存储器不同部分进行访问。

多个处理器既可以是物理上分离的，也可以集成在一个芯片上，如 2006 年 Intel（英特尔）基于酷睿（Core）架构的处理器一个芯片上集成了两个 CPU 内核。2021 年发布的 Intel Core 第 11 代 i9 处理器包含了多达 10 个内核。IA-32 多处理器系统采用的是 SMP 架构，如图 14.1 所示。

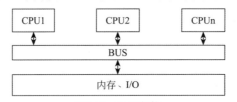

图 14.1　SMP 架构

多处理器（Multi Processor，MP）系统给操作系统带来了挑战，其中最关键的是如何更好地解决多个处理器的相互通信和协调问题，这一方面需要相应硬件的支持，另一方面也需要操作系统支持协调和管理多处理器系统。Windows 和 Linux 等操作系统的现代版本都对 SMP 提供了支持。xv6 虽然是一个简单的操作系统，但也实现了多处理器支持。

2. APIC

SMP 中断系统需要解决中断由哪个处理器处理的问题，为此 Intel 开发了高级可编程中断控制器（APIC）用于将中断重定向并发送处理器间中断（Inter-Processor Interrupt，IPI）消息，即 IPI 消息给相应处理器。

APIC 由 I/O APIC 和 Local APIC（简记为 LAPIC）两个部分组成，其中 I/O APIC 通常位于南桥并用于处理桥上的设备所产生的各种中断，LAPIC 则每个 CPU 都有一个，查看 CPUID.01H:EDX 位 9 就可以知道本地的 CPU 是否有内置的 LAPIC。

APIC 的架构如图 14.2 所示。

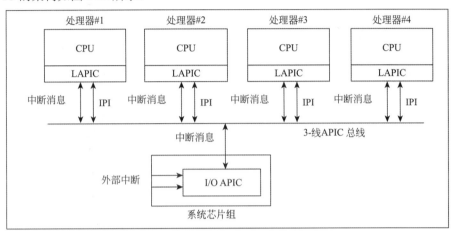

图 14.2　APIC 的架构

对处理器而言，LAPIC 主要有两个功能：

（1）LAPIC 从处理器的中断引脚、内部源以及外部 I/O APIC（或其他外部中断控制器）接收中断，然后将这些中断转发给处理器内核进行处理。

（2）在多处理器系统中，LAPIC 向系统总线上的其他逻辑处理器发送和接收处理器间中断消息。IPI 消息可用于处理器之间分配中断或执行整个系统范围的功能。

外部 I/O APIC 是 Intel 系统芯片组的一部分。它的主要功能是从系统及其关联的 I/O 设备接收外部中断事件，并将它们作为中断消息中继到 LAPIC。在多处理器系统中，I/O APIC 还提供了一种机制用于将外部中断分配给系统总线上选定处理器的 LAPIC。I/O APIC 通过直接写 I/O APIC 设备内存映射的地址空间，在系统总线中传送中断消息，无须处理器发出响应周期（Acknowledge Cycle）确认，因此 I/O APIC 的中断响应更快。

14.2　多处理器配置的数据结构

14.2.1　多处理器环境与内存布局

1. 多处理器环境

多处理器系统需要操作系统、硬件以及 BIOS 的协作支持，*Intel MP Specification* 描述了 Intel 的多处理器环境，如图 14.3 所示。BIOS 构建 MP 配置相关的数据结构，将相关硬件抽象为一定格式的数据结构以供驱动程序或操作系统的硬件抽象层使用。

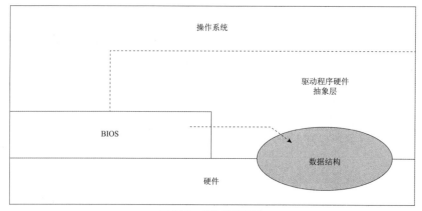

图 14.3 多处理器环境

2. 内存布局配置

IA-32 计算机系统最大支持 4GB 内存，IA-32 多处理器系统的内存布局如图 14.4 所示，FE00_0000H~FFFF_FFFFH 的空间称为设备空间，xv6 中用内核映射数组 kmap[]的 DEVSPACE 项来表示，它的映射方式为物理地址与虚拟地址相同，I/O 设备的内存映射（MMIO）位于该空间，包括 I/O APIC 的默认基地址 FEC0_0000H 和 LAPIC 的默认基地址 FEE0_0000H 也在该空间。

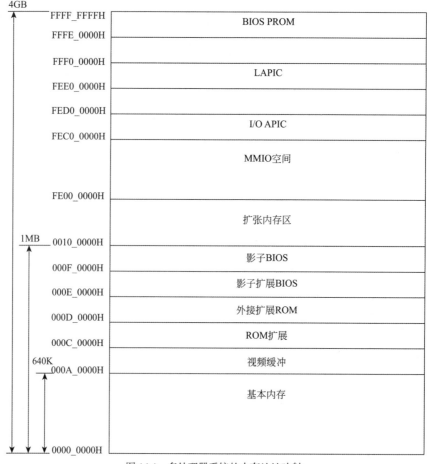

图 14.4 多处理器系统的内存地址映射

14.2.2　mp 结构体

x86 的多处理器系统定义 MP 浮动指针结构（MP Floating Pointer Structure）来管理多处理器，该结构是可变长的，长度为 16 字节的倍数并且存放的地址开始字节必须为 16 的倍数。该结构包含一个指向 MP 配置表和其他配置特性的物理地址，通过该物理地址可以进一步得到其配置信息。目前该结构只定义了 16 字节，xv6 中把它定义为 mp 结构体，其定义和成员分别如引用 14.1 和表 14.1 所示。

引用 14.1　多处理器结构体 mp 的定义（mp.h）

```
7052 struct mp { //floating pointer
7053 uchar signature[4]; //"_MP_"
7054 void *physaddr; //phys addr of MP config table
7055 uchar length; //1
7056 uchar specrev; //[14]
7057 uchar checksum; //all bytes must add up to 0
7058 uchar type; //MP system config type
7059 uchar imcrp;
7060 uchar reserved[3];
7061 };
7062
```

表 14.1　多处理器结构体 mp 的成员

成　　员	说　　明
signature[4]	签名，内容必须为_MP_
physaddr	物理地址，mp 配置表的物理地址，为 0 表示 mp 配置表不存在
length	长度，以 16 字节为单位的本结构体长度，默认值为 1
specrev	版本号，例如版本号 04H 对应 1.4
checksum	校验和，所有字节（包括校验和）相加应该为 0
type	类型，MP 系统配置类型。全 0 表示配置表存在，非 0 表示某些默认配置由系统实施，具体参照 *Intel MP Specification* 的第 5 章
imcrp	第 7 位表示 IMCR 存在而且为 PIC 模式
reserved[3]	保留

由于 Bochs 模拟器不支持 IMCR，因此在 MP 初始化函数 mpinit()中对 mp->imcrp 做检查，检查 IMCR 如引用 14.2 所示。

引用 14.2　检查 IMCR（mpinit(), mp.c）

```
7342 if(mp->imcrp){              //IMCR 存在
7345 outb(0x22, 0x70);          //选择 IMCR
7346 outb(0x23, inb(0x23) | 1); //Mask external interrupts
7347 }
```

按照 *Intel MP Specification* 所述，MP 浮动指针结构必须在下列地址空间保持最少一份，操作系统搜索这些区域以得到该结构：

（1）扩展 BIOS 数据区域（Extended BIOS Data Area，EBDA）第一个 1KB；

（2）若 EBDA 未定义，系统基本内存的最后 1KB，也即 640KB 基本内存的 639KB~640KB 或者第 512KB 基本内存的 511KB~512KB；

（3）BIOS ROM 的 0F0000H~0FFFFFH。

xv6 在 mp.c 中实现了用函数 mpsearch()在上述三个区域搜索，它调用 mpserach1()函数来搜索每个区域。

EISA 或者 MCA 总线的系统中，EBDA 的起始地址（8086 的 20 位地址）的高 16 位存放在 BIOS 数据区域（40:0EH）开始的两个字节，也即物理地址 40FH 和 40EH 的两个字节。xv6 以 uchar*类型的指针 bda 来访问这两个字节，并且将 bda 初始化为物理地址 0x400 对应的虚拟地址，则 EBDA 段地址的高 8 位存放在 bda[0x0F]，低 8 位存放在 bda[0x0E]，所以 EBDA 的地址高 16 位为：

```
(bda[0x0F]<<8)| bda[0x0E])
```

该地址左移 4 位即可得到 EBDA 的物理地址 p：

```
p=(bda[0x0F]<<8)| bda[0x0E])<<4
```

EBDA 的起始地址 bda 计算如引用 14.3 所示。

引用 14.3　EBDA 的起始地址 bda 计算（mpsearch(), mp.c）

```
7258   uchar *bda;
7259   uint p;
7260   struct mp *mp;
7261
7262   bda = (uchar *) P2V(0x400);
```

基本内存的地址可以从 BIOS 数据区(40:13H)处的两个字节获得，其单位为 KB，并减去了 1KB，因此基本内存最后 1KB 的起始物理地址 p 的计算如引用 14.4 所示。

引用 14.4　基本内存最后 1KB 的起始物理地址 p 的计算（mpsearch(), mp.c）

```
7267   p = ((bda[0x14]<<8)|bda[0x13])*1024;
```

14.2.3　MP 配置表头

MP 浮动指针结构（MP Floating Pointer Structure）的物理地址指针（physaddr）字段指向 MP 配置表。该表是可选的，包括一个基本区和一个扩展区，如图 14.5 所示。基本区包括配置表表头和若干个配置表表项，该表包括处理器、APIC、总线和中断等信息。每个表项的长度和格式取决于其类型。

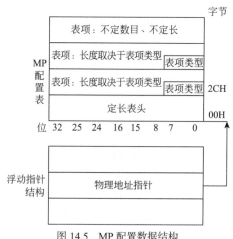

图 14.5　MP 配置数据结构

　　xv6 定义结构体 mpconf 来表示配置表表头(Configuration Table Header)，其定义和成员分别如引用 14.5 和表 14.2 所示。

表 14.2　多处理器配置表表头结构体 mpconfig 的成员

成　　员	中 文 名 称	说　　明
signature[4]	签名	内容必须为"PCMP"
length	长度	表的总长度
version	版本号	例如版本号 04H 对应 1.4
checksum	校验和	校验和
product[20]	产品	产品标识
oemtable	OEM 表	定义的配置表的物理地址，可选项，0 表示没有
oemlength	OEM 长度	OEM 配置表的长度
entry	项目	配置表的项目数
lapicaddr	LAPIC 地址	本地 APIC 的地址
xlength	扩展长度	扩展表的长度
xchecksum	扩展校验和	扩展表的校验和
reserved	保留	保留

引用 14.5　多处理器配置表表头结构体 mpconfig 的定义（mp.h）

```
7063 struct mpconf { //configuration table header
7064 uchar signature[4]; //"PCMP"
7065 ushort length; //total table length
7066 uchar version; //[14]
7067 uchar checksum; //all bytes must add up to 0
7068 uchar product[20]; //product id
7069 uint *oemtable; //OEM table pointer
7070 ushort oemlength; //OEM table length
7071 ushort entry; //entry count
7072 uint *lapicaddr; //address of local APIC
7073 ushort xlength; //extended table length
7074 uchar xchecksum; //extended table checksum
7075 uchar reserved;
7076 };
```

　　xv6 的 mp.c 实现了函数 mpconfig()，该函数的调用关系如图 14.6 所示。该函数调用 mpsearch() 函数搜索到浮动指针结构 mp 后，验证 mp 的 physaddr 指向的多处理器配置表头 mpconfig 的正确性，然后返回该结构表头。mpconfig() 函数被 mpinit() 函数调用，通过 conf 结构体的->lapicaddr 成员得到配置表表项的起始地址，逐一检查表项，记录处理器及 I/O APIC 的 ID 等信息，完成多处理器的初始化。

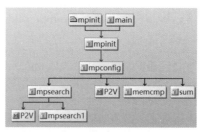

图 14.6　mpconfig()函数的调用关系

14.2.4　MP 配置表表项

1. 表项类型

MP 配置表表项类型和定义分别如表 14.3 和引用 14.6 所示。

表 14.3　MP 配置表表项类型

英 文 名 称	中 文 名 称	类 型 代 码	长度/字节	注　　释	xv6 符号
Processor	处理器	0	20	每个处理器一项	MPPROC
Bus	总线	1	8	每个总线一项	MPBUS
I/O APIC	I/O APIC	2	8	每个 I/O APIC 一项	MPIOAPIC
I/O Interrupt Assignment	I/O 中断分配	3	8	每个总线中断源一项	MPIOINTR
Local Interrupt Assignment	本地中断分配	4	8	每个系统中断源一项	MPLINTR

引用 14.6　MP 配置表表项类型的定义（mp.h）

```
7100 //Table entry types
7101 #define MPPROC 0x00   //One per processor
7102 #define MPBUS 0x01    //One per bus
7103 #define MPIOAPIC 0x02 //One per I/O APIC
7104 #define MPIOINTR 0x03 //One per bus interrupt source
7105 #define MPLINTR 0x04  //One per system interrupt source
7106
```

2. 处理器配置表表项

xv6 定义了结构体 mpproc 来表示处理器配置表的表项，其定义和成员分别如引用 14.7 和表
14.4 所示。

引用 14.7　处理器配置表表项结构体 mpproc 的定义（mp.h）

```
7078 struct mpproc {        //processor table entry
7079 uchar type;           //entry type (0)
7080 uchar apicid;         //local APIC id
7081 uchar version;        //local APIC verison
7082 uchar flags;          //CPU flags
7083 #define MPBOOT 0x02    //This proc is the bootstrap processor
7084 uchar signature[4];   //CPU signature
7085 uint feature;         //feature flags from CPUID instruction
7086 uchar reserved[8];
7087 };
7088
```

表 14.4　处理器配置表表项结构体 mpconfig 的成员

成　　　员	中 文 名 称	说　　　明
type	类型(0)	表项类型(0)
apicid	APIC 号	APIC 的 ID
version	版本号	APIC 版本号
flags	标识符	如果是 BP，则标识符为 0x02
signature[4]	签名	CPU 的签名
feature	特征	CPUID 指令返回的处理器特征标识
reserved[8]	保留	保留

3. IOAPIC 表项

xv6 定义了结构体 mpproc 来表示处理器配置表的表项，其定义和成员分别如引用 14.8 和表 14.5 所示。

引用 14.8　处理器配置表表项结构体 mpioapic 的定义（mp.h）

```
7089 struct mpioapic {//I/O APIC table entry
7090 uchar type;       //entry type (2)
7091 uchar apicno;     //I/O APIC id
7092 uchar version;    //I/O APIC version
7093 uchar flags;      //I/O APIC flags
7094 uint *addr;       //I/O APIC address
7095 };
7096
```

表 14.5　处理器配置表表项结构体 mpioapic 的成员

成　　　员	中 文 名 称	说　　　明
type	类型(0)	表项类型(0)
apicid	APIC 号	I/O APIC 的 ID
version	版本	APIC 的版本号
flags	标识符	CPU 标识符
addr	地址	I/O APIC 基地址

14.3　LAPIC

14.3.1　LAPIC 的结构

每个 LAPIC 都有自己的一系列寄存器、一个本地 APIC 定时器（APIC-timer）、一个本地向量表（Local Vector Table，LVT）、一个性能监控计数器（Performance Monitoring Counter）、热传感器（Thermal Sensor）和两条中断请求线（LINT0 和 LINT1）。本地直连 I/O 设备 （Locally

Connected I/O Devices）通过 LINT0 和 LINT1 接收引脚发来的中断。例如，一种典型的连接方式将 LINT0 作为处理器的 INTR 引脚连接外部 8259 类的中断控制器的 INTR 输出端，LINT1 作为处理器的 NMI 引脚连接外部设备的 NMI 请求端。

　　LAPIC 的结构如图 14.7 所示。

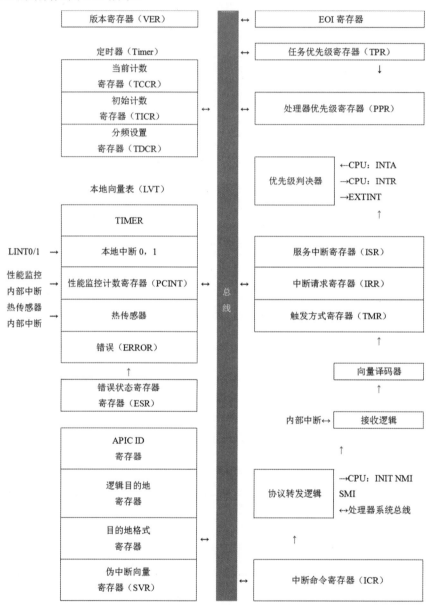

图 14.7　APIC 的结构

14.3.2　LAPIC 的寄存器

　　每个处理器的 LAPIC 有自己的 LAPIC ID，这个 ID 决定了处理器在系统总线上的寄存器地址，xv6 中 lapicid()函数获取 LAPIC 的 ID，如引用 14.9 所示。

引用 14.9　lapicid()函数（lapic.c）

```
7454 int
7455 lapicid(void)
7456 {
7457 if (!lapic)
7458   return 0;
7459 return lapic[ID] >> 24;
7460 }
7461
```

每个处理器的 LAPIC 寄存器地址被映射到 4KB 的内存空间，如表 14.6 所示。这些地址空间可以用于处理器间的消息接收和发送，也可用于外部中断消息的接收。

表 14.6　Local APIC 寄存器地址映射

偏　　移	寄存器英文名	说　　明	XV6 索引符号	软件读/写
0000H	Reserved			
0010H	Reserved			
0020H	Local APIC ID Register	LAPIC ID	ID	读/写
0030H	Local APIC Version Register	LAPIC 版本	VER	只读
0040H	Reserved			
0050H	Reserved			
0060H	Reserved			
0070H	Reserved			
0080H	Task Priority Register (TPR)	任务优先级	TPR	读/写
0090H	Arbitration Priority Register1 (APR)	优先级裁决		只读
00A0H	Processor Priority Register (PPR)	处理器优先级		只读
00B0H	EOI Register	中断结束	EOI	只写
00C0H	Remote Read Register1 (RRD)			只读
00D0H	Logical Destination Register	逻辑目的地		读/写
00E0H	Destination Format Register	目的地格式		读/写
00F0H	Spurious Interrupt Vector Register	伪中断向量	SVR	读/写
0100H~ 0170H	In-Service Register (ISR)	服务中的中断		只读
0180H~ 01F0H	Trigger Mode Register (TMR)	触发模式		只读
0200H~ 0270H	Interrupt Request Register (IRR)	中断请求		只读
0280H	Error Status Register	错误状态	ESR	只读

偏　　移	寄存器英文名	说　　明	XV6 索引符号	软件读/写
0280H~ 02E0H	Reserved			
02F0H	LVT CMCI Register			读/写
0300H	Interrupt Command Register (ICR); bits 0~31	中断命令，低	ICRLO	读/写
0310H	Interrupt Command Register (ICR); bits 32~63	中断命令，高	ICRHI	读/写
0320H	LVT Timer Register	LVT 计时器	TIMER	读/写
0330H	LVT Thermal Sensor Register	LVT 热传感器		读/写
0340H	LVT Performance Monitoring Counters Register	LVT 性能监控计数	PCINT	读/写
0350H	LVT LINT0 Register		LINT0	读/写
0360H	LVT LINT1 Register		LINT1	读/写
0370H	LVT Error Register	LVT 错误	ERROR	读/写
0380H	Initial Count Register (for Timer)	计时器初始计数	TICR	读/写
0390H	Current Count Register (for Timer)	计时器当前计数	TCCR	只读
03A0H~ 03D0H	Reserved			
03E0H	Divide Configuration Register (for Timer)	分频设置	TDCR	读/写
03F0H	Reserved			

　　这些寄存器宽度为 4 字节、8 字节或者 32 字节，而且都是按照 16 字节对齐的，所以访问时地址要按照 16 字节对齐，32 位系统中每次存取 4 字节。因此，xv6 中，通过 uint 类型的指针 lapic 来访问 LAPIC 的地址空间。Lapic 的定义如引用 14.10 所示。

　　引用 14.10　指针 Lapic 的定义（lapic.c）

```
7393 volatile uint *lapic; // Initialized in mp.c
```

　　LAPIC 的初始化在 mp.c 中完成。

　　为了便于访问，xv6 定义了访问这些寄存器的索引，由于 LAPIC 的类型 uint 为 4 字节，因此将字节地址除以 4，LAPIC 寄存器的索引如引用 14.11 所示。

　　引用 14.11　LAPIC 寄存器的索引（lapic.c）

```
7362 //Local APIC registers, divided by 4 for use as uint[] indices
7363 #define ID   (0x0020/4)  //ID
7364 #define VER  (0x0030/4)  //Version
7365 #define TPR  (0x0080/4)  //Task Priority
7366 #define EOI  (0x00B0/4)  //EOI
```

```
7367 #define SVR (0x00F0/4) //Spurious Interrupt Vector
7368 #define ENABLE 0x00000100 //Unit Enable
7369 #define ESR (0x0280/4) //Error Status
7370 #define ICRLO (0x0300/4) //Interrupt Command
7380 #define ICRHI (0x0310/4) //Interrupt Command [63:32]
7384 #define PCINT (0x0340/4) //Performance Counter LVT
7385 #define LINT0 (0x0350/4) //Local Vector Table 1 (LINT0)
7386 #define LINT1 (0x0360/4) //Local Vector Table 2 (LINT1)
7387 #define ERROR (0x0370/4) //Local Vector Table 3 (ERROR)
7388 #define MASKED 0x00010000 //Interrupt masked
7389 #define TICR (0x0380/4) //Timer Initial Count
7390 #define TCCR (0x0390/4) //Timer Current Count
7391 #define TDCR (0x03E0/4) //Timer Divide Configuration
7392
```

14.3.3 LAPIC ID 与版本

1. LAPIC ID

在通电启动后，系统硬件就会为系统总线或 APIC 总线上的每一个 LAPIC 分配一个唯一的 ID 号，称为 LAPIC ID。在多处理器系统上，LAPIC ID 也被 BIOS 和操作系统用作处理器 ID 号。

在 P6 和 Pentium 处理器上，LAPIC 的 ID 号只占 4 位，可以用 0x0~0xE 表示 APIC 总线上的 15 个不同处理器。在 P4 和 Xeon 处理器上，xAPIC 将 ID 号扩展到 8 位（x 表示扩展），因此可以表示最多 255 个不同的处理器。x2APIC 将 ID 号扩展到 32 位，其低 8 位用于兼容 xAPIC 的 ID 号。

2. 版本

对于 LAPIC 版本寄存器（Version Register），软件可以通过这个寄存器识别 APIC 版本。另外，这个寄存器还指定了 LVT 中的具体条目个数。版本寄存器主要有以下三个部分，如图 14.8 所示。

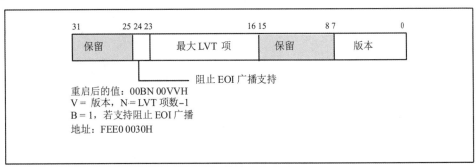

图 14.8 APIC 的版本寄存器

（1）版本（8 位）：LAPIC 的版本号，10H~15H 为内置于 CPU 的 LAPIC，例如 P4 和 Xeon 处理器，则是 14H；0xH（x 代表一个数字）为 82489DX 外部 APIC。

（2）最大 LVT 项（8 位）：具体 LVT 条目个数减 1。对于 P4 和 Xeon 处理器，该值为 5；P6 处理器为 4；Pentium 处理器为 3。

（3）阻止 EOI 广播（1 位）：表示是否可通过软件置位伪中断向量寄存器（Spurious Interrupt Vector Register，SVR）第 12 位的方式阻止 EOI 消息的广播。

14.3.4　ICR 与 AP 启动

1. ICR

系统总线或 APIC 总线上的处理器可以使用 LAPIC 的中断命令寄存器（Interrupt Command Register，ICR）发送一个中断，包括以下几种发送方式：

（1）发送一个中断到另外一个处理器。

（2）允许处理器转发一个它已收到但尚未处理的中断到另外一个处理器进行服务。

（3）处理器发送一个中断给自己，称为自中断（Self Interrupt）。

（4）传送特定的 IPI，例如启动 IPI（Start-up IPI，SIPI）消息到另外的处理器。

当 ICR 进行写入时，将产生 IPI 消息 并通过系统总线或 APIC 总线（Pentium / P6 家族）送达目标 LAPIC。通过 ICR 寄存器产生的中断通过系统总线或 APIC 总线进行传送。处理器发送最低优先级（Lowest Priority）IPI 的能力是与特定型号相关的，因此 BIOS 和操作系统需避免使用它。

LAPIC 的 ICR 如图 14.9 所示。

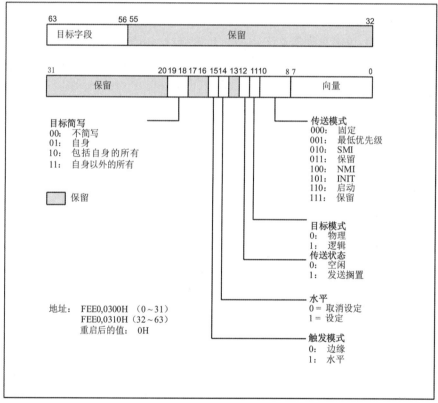

图 14.9　APIC 的 ICR

1）第 0~7 位为中断号

目标 CPU 收到的中断向量号，其中 0~15 号被视为非法，会给目标 CPU 的 APIC 产生一个非法中断号错误。

2）第 8~10 位

第 8~10 位为传送模式，ICR 传送模式位如表 14.7 所示。

表 14.7　ICR 传送模式位

位	英 文 名 称	说　明
000	Fixed	按中断号的值向所有目标 CPU 发送相应的中断向量号
001	Lowest Priority	按中断号的值向所有目标 CPU 中优先级最低的 CPU 发送相应的中断向量号，发送最低优先级模式的 IPI 的能力取决于 CPU 型号，不总是有效，建议 BIOS 和 OS 不要发送最低优先级模式的 IPI
010	SMI	向所有目标 CPU 发送一个 SMI 消息，为了兼容性中断号必须为 0
100	NMI	向所有目标 CPU 发送一个 NMI 消息，此时中断号会被忽略
101	INIT	向所有目标 CPU 发送一个 INIT IPI 消息，导致该 CPU 发生一次 INIT。此模式下中断号必须为 0，CPU 在 INIT 后其 APIC ID 和 Arb ID（只在 Pentium 和 P6 上存在）不变
101	INIT Level De-assert	向所有 CPU 广播一个特殊的 IPI 消息，将所有 CPU 的 APIC 的 Arb ID（只在 Pentium 和 P6 上存在）重置为初始值（初始 APIC ID）。要使用此模式，Level 必须取 0，触发模式必须取 1，目的地简写必须设置为 10。只在 Pentium 和 P6 家族上有效
110	Start-up	向所有目标 CPU 发送一个启动（Start-up）IPI，目标会从物理地址 0x000VV000 开始执行。其中，0xVV 为中断号的值

3）第 11 位为传送模式

传送模式（Delivery Mode）取 0 表示物理（Physical）模式，取 1 表示逻辑（Logical）模式。

4）第 12 位为传输状态

传输状态（Delivery Status）只读，取 0 表示空闲（Idle），取 1 表示上一个 IPI 尚未发送完毕（Send Pending）。

5）第 13 位为水平触发

水平触发（Level）取 0 则传输模式 = 101b 表示取消 INIT 水平触发设定，否则表示设定 INIT。在 P4 及以后的 CPU 上该位必须永远取 1。

6）第 14 位为触发模式

触发模式（Trigger Mode）表示 101 模式下的触发模式，取 0 表示边沿触发，取 1 表示水平触发。P4 及以后的 CPU 上该位必须永远取 0。

7）第 18、19 位为目的地简写

目的地简写即 Destination Shorthand。如果指定了目的地简写就无须通过 ICR_High 中的目的地字段 Destination 来指定目标 CPU，于是可以只通过一次对 ICR_Low 的写入发送一次 IPI。

目的地简写取值如下：

（1）00，不简写（No Shorthand），目标 CPU 通过目的地指定。

（2）01，自身（Self），目标 CPU 为自身。

（3）10，包含自身的所有（All Including Self），向所有 CPU 广播 IPI，此时发送的 IPI 信息的目的地会被设置为 0xF（Pentium 和 P6）或 0xFF（P4 及以后），表示是一个全局广播。

（4）11，除自身以外（All EXcluding Self），向除自身以外所有 CPU 广播 IP。

ICR 位符号如表 14.8 和引用 14.12 所示。

表 14.8　xv6 定义的 ICR 位符号

符　号	位	值	位值及含义
INIT	8~10	0x00000500	101，发送模式为 INIT
STARTUP	8~10	0x00000600	110，发送模式为 Startup IPI
DELIVS	12	0x00001000	1，CPU 尚未接收该中断
LEVEL	14	0x00008000	1，水平触发
BCAST	18~19	0x00080000	10，向所有 CPU 广播 IPI
FIXED	8~10	0x00000000	000，按中断号的值，向所有目标 CPU 发送相应的中断向量号

引用 14.12　ICR 的位符号（lapicinit()，lapic.c）

```
7371 #define INIT 0x00000500 //INIT/RESET
7372 #define STARTUP 0x00000600 //Startup IPI
7373 #define DELIVS 0x00001000 //Delivery status
7374 #define ASSERT 0x00004000 //Assert interrupt (vs deassert)
7375 #define DEASSERT 0x00000000
7376 #define LEVEL 0x00008000 //Level triggered
7377 #define BCAST 0x00080000 //Send to all APICs, including self.
7378 #define BUSY 0x00001000
7379 #define FIXED 0x00000000
7340
```

2. IPI 启动消息与 AP 的启动

AP 的启动就是由 BP 或者另一个已经启动的 AP 发送 IPI 启动消息来完成的，在 *Intel MultiProcessor Specification* 附录 B 中给出了通用启动算法（Universal Start-up Algorithm），通用启动算法如引用 14.13 所示。该算法包括一系列的 IPI 消息以及延时程序以便让 AP 能够响应启动的命令。为了方便描述，算法以伪代码形式给出。BSP 必须初始化 BIOS 的关机代码为 0AH，而且必须将热启动向量，其地址 40:67 是 8086 形式的逻辑地址，其中 40H 为段地址，偏移为 67H。行号为例子中的行编号。

引用 14.13　通用启动算法（*Intel MultiProcessor Specification* 附录 B）

```
1 BSP sends AP an INIT IPI BSP DELAYs (10mSec)
2 If (APIC_VERSION is not an 82489DX) {
3   BSP sends AP a STARTUP IPI
4   BSP DELAYs (200μSEC)
5   BSP sends AP a STARTUP IPI BSP DELAYs (200μSEC)
6 }
7 BSP verifies synchronization with executing AP
```

具体实现如下：

1）写关机码

把关机码写入 CMOS。写 CMOS 的一种方法是将要访问的 CMOS RAM 的偏移写到 CMOS 端口 0x70，将要写入该偏移位置的内容写到 CMOS 的端口 0x71。关机码在 CMOS RAM 中的偏移为 0xF，因此，xv6 中在 CMOS 中写关机码的 0x0A 的代码，如引用 14.14 所示。

引用 14.14　CMOS 中写关机码 0x0A（lapicstartap()，laicp.c）

```
7491 outb(CMOS_PORT, 0xF); // offset 0xF is shutdown code
```

```
7492 outb(CMOS_PORT+1, 0x0A);
```

2）写热启动向量

热启动向量的物理地址=段*16+偏移，也即

$$0x40<<4 \mid 0x67$$

该物理地址对应的虚拟地址为 P2V((0x40<<4 | 0x67))。

xv6 在 startothers 中调用 lapicstartap() 函数时通过参数 addr 传入要写入的热启动向量 0x7000，该地址为 AP 启动后的执行地址，xv6 在此放了 entryother 的代码。xv6 中写热启动向量的代码如引用 14.15 所示。

引用 14.15　写热启动向量（lapicstartap(), laicp.c）

```
7493 wrv = (ushort*)P2V((0x40<<4 | 0x67)); //Warm reset vector
7494 wrv[0] = 0;
7495 wrv[1] = addr >> 4;
```

wrv[1]和 wrv[0]分别是 8086 形式地址的偏移和段地址，也即

$$700H:0H=0x7000$$

3）发送启动 AP 的 IPI 消息

每个 AP 接收到 BP 的 Start-up IPI 指令然后启动，*Intel Multi Processor Specification* 的 B.4.2 部分中提到：AP 从实模式下的 XY00:0000 地址开始运行，XY 是 8 位的，XY 与宏 STARTUP 代表的值组合在一起发送，因此必须是 4KB 对齐的。启动后运行程序的地址 addr 右移 12 位即可得到 XY。

当一个 CPU 向其他 CPU 发送中断信号时，就在自己的本地 ICR 低字节中存放其中断向量，高字节中存放目标 CPU 的 LAPIC 的标识 ID 来发出中断。IPI 信号由 APIC 总线或者系统总线传递到目标 LAPIC。

xv6 实现时首先通过向 LAPIC 的 ICR 的低字节写入接收消息的 LAPIC 的 ID，再向高字节写入消息，让该 AP 重启动，延时 200μs；然后向 AP 发送 IPI 消息，发送两次，间隔 200μs。xv6 的实现如引用 14.16 所示。

引用 14.16　发送启动 AP 的 IPI 消息（lapicstartap(), laicp.c）

```
7501 // Send INIT (level-triggered) interrupt to reset other CPU
7502 lapicw(ICRHI, apicid<<24);
7503 lapicw(ICRLO, INIT | LEVEL | ASSERT);
7504 microdelay(200);
7505 lapicw(ICRLO, INIT | LEVEL);
7506 microdelay(100); //should be 10ms, but too slow in Bochs
...
7513 for(i = 0; i < 2; i++){
7514 lapicw(ICRHI, apicid<<24);
7515 lapicw(ICRLO, STARTUP | (addr>>12));
7516 microdelay(200);
```

14.3.5　LAPIC 计时器

1. 相关寄存器

LAPIC 内集成了一个 32 位的计时器，这样每个 CPU 内核都有一个定时器，从而避免了定时器资源的抢占问题，LAPIC 计时器的基准频率是总线频率（外频）或内核晶振频率（如果能

通过 CPUID.15H.ECX 查到的话），其精度稳定度不如外部计时器高，使用 LAPIC 计时器必须计算单位时间内能触发多少个中断。LAPIC 计时器通过两个 32 位的计数寄存器和一个分频设置以及 LVT 计时器寄存器实现，LAPIC 计时器的寄存器如表 14.9 所示。

表 14.9   LAPIC 计时器的寄存器

偏　　移	寄存器英文名	说　　明	xv6 符号	软件读/写
0380H	Initial Count Register	计时初始计数	TICR	读/写
0390H	Current Count Register	计时当前计数	TCCR	只读
03E0H	Divide Configuration Register	分频设置	TDCR	读/写
0320H	LVT Timer Register	LVT 计时器	TIMER	读/写

2. 分频设置

分频设置寄存器（TDCR）如图 14.10 所示。第 0、1、3 位决定了除数，而计数器的频率由 LAPIC 计时器的基准频率除以 TDCR 确定的除数获得。当配置为除以 1 时，将使用与时间戳计数器（Time-stamp Counter，TSC）及 IA32_FIXED_CTR2 计数器相同的计数频率。

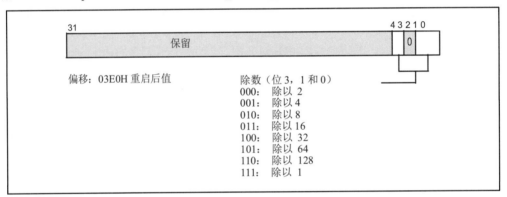

图 14.10   分频设置寄存器（TDCR）

xv6 用宏 X1 设置 TIDR，宏 X1 如引用 14.17 所示。

引用 14.17   宏 X1（lapic.c）

```
7382 #define X1 0x0000000B // divide counts by 1
```

xv6 的注释认为除数为 1，但是按照 *Intel SDM 3A* 中的图 10-10 的说明，该值代表的除数为 2。

3. LAPIC 计时器模式

LAPIC 计时器有三种操作模式，可以通过 LVT 定时器寄存器的第 17、18 位设置，三种模式如下。

1）00：单次模式

单次模式（One Shot）初始计数值写入计时器初始计数寄存器（TICR）以启动计时器，计时器当前计数寄存器（TCCR）会从写入的初始计数值开始不断减小，直到最后降到零触发一个中断，并停止变化。

2）01：周期模式

周期模式（Periodic）初始计数值写入 TICR 以重启计时器，TCCR 会反复从写入的初始计数值开始不断减小到 0，并在减小到 0 时触发中断。xv6 使用该模式，其定义如引用 14.18 所示。

引用 14.18 周期模式的定义（lapic.c）

```
7383 #define PERIODIC 0x00020000 // Periodic
```

3）10：TSC 截止模式

TSC 截止模式（TSC-Deadline）下，对 TICR 的写入会被忽略，TCCR 永远为 0。此时计时器受 IA32_TSC_DEADLINE_MSR（简称 TSC）寄存器控制，在 TSC 寄存器写入一个非 0 的 64 位值即可激活计数器，使得在计数达到该值时触发一个中断。该中断只会触发一次，触发后该寄存器就被重置为 0。TSC 寄存器写入 0 或者通过 LVT 计时器寄存器中的屏蔽位屏蔽或者修改模式都会停止计时器运行。

LAPIC 计时器可能会随 CPU 休眠而停止运作，需检查 CPUID.06H.EAX.ARAT[位 2]确定。

4. LAPIC 计时器初始化

xv6 中对 LAPIC 计时器的初始化函数为 lapicinit()，LAPIC 计时器初始化如引用 14.19 所示。

引用 14.19 LAPIC 计时器初始化（lapicinit()，lapic.c）

```
7420 lapicw(TDCR, X1);
7421 lapicw(TIMER, PERIODIC | (T_IRQ0 + IRQ_TIMER));
7422 lapicw(TICR, 10000000);
```

7421 行设置了计时器的工作模式以及中断向量。

14.3.6 伪中断

伪中断（Spurious Interrupt）产生的原因如下：当 CPU 要接受一个外部 ExtINT 中断时，第一步获取中断向量号需要经过两个周期，第一个周期 INTR 引脚收到信号，第二个周期（INTA 周期）从外部控制器获取中断向量号。而通常的中断都是在 INTR 引脚收到信号的周期内，就取得中断向量号。由于这种非原子性，若 CPU 正好在 INTA 周期通过 LVT 表项或是任务优先级寄存器（Task Priority Register，TPR）屏蔽了该外部中断（ExtINT），则 APIC 会转而发送一个伪中断。由于外部中断并未被接收，这个伪中断无须进行中断结束操作（EOI）。

伪中断向量寄存器 SVR 的偏移为 0xF0，格式如下。

1）位 0~7：伪中断向量号

APIC 产生伪中断时应该发送的值中断向量号。对于 Pentium 和 P6 家族，第 0~3 位被置为 1，因此伪中断向量号低 4 位最好设置为全 1。

2）位 8：APIC 启用/禁用

软件控制 APIC 软件启用/禁用，1 为启用，0 为禁用。

APIC 断电重启后，默认处于软件禁用状态。在软件禁用状态下，IRR 和 ISR 的状态仍会保留。在软件禁用状态下，仍能响应 NMI、SMI、INIT、SIPI 中断，并且仍可通过 ICR 发送 IPI。在软件禁用状态下，LVT 表项的屏蔽位都被强制设置为 1（即屏蔽）。

xv6 定义该位如引用 14.20 所示。

引用 14.20 LAPIC 伪中断寄存器中断使能位（lapicinit(),lapic.c）

```
7368 #define ENABLE 0x00000100 // Unit Enable
```

3）位 9：焦点处理器检查

焦点处理器检查（Focus Processor Checking）取 1 表示禁用焦点处理器，取 0 表示启用焦点处理器。焦点处理器是 Pentium 和 P6 家族在处理最低优先级模式（Lowest Priority Mode）时会涉及的概念，如今已没有用处。

4）位 12：阻止 EOI 广播

阻止 EOI 广播（Suppress EOI Broadcasts）设置为 1 则禁止水平触发的中断的 EOI 默认向 IOAPIC 广播 EOI 消息的行为。并非所有型号的 CPU 都支持阻止 EOI 广播。这个功能实际上是与 x2APIC 模式一同引入的，可以通过查询 APIC 版本寄存器的第 24 位获知是否支持该功能。换句话说，它实际上是对过去广播 EOI 消息的改进，现代 CPU 上建议启用该功能。

xv6 通过写入 SVR 寄存器打开 LAPIC，并设定伪中断向量的向量号，如引用 14.21 所示。

引用 14.21 LAPIC 使能及伪中断号设定（lapicinit()，lapic.c）

```
7413 //Enable local APIC; set spurious interrupt vector
7414 lapicw(SVR, ENABLE | (T_IRQ0 + IRQ_SPURIOUS));
7367 #define SVR (0x00F0/4) //Spurious Interrupt Vector
```

14.3.7 LVT 与 ICR

1. LVT

LVT（本地向量表）每项为 4 字节，被划分成多个部分，如图 14.11 所示。

1）位 0~7：中断向量号

CPU 收到的中断向量号，其中 0~15 号被视为非法，会产生一个非法中断号错误（即 ESR 的位 6）。

2）位 8~10：发送模式

发送模式有以下几种取值。

（1）000（Fixed）：按转发模式的值向 CPU 发送相应的中断向量号。

（2）010（SMI）：向 CPU 发送一个 SMI，此模式下中断号必须为 0。

（3）100（NMI）：向 CPU 发送一个 NMI，此时中断号会被忽略。

（4）101（INIT）：向 CPU 发送一个 INIT，此模式下中断号必须为 0。

（5）111（ExtINT）：令 CPU 按照响应外部 8259A 的方式响应中断，这将会引起一个 INTA 周期，CPU 在该周期向外部控制器索取中断号。APIC 只支持一个 ExtINT 中断源，整个系统中应当只有一个 CPU 的其中一个 LVT 项配置为 ExtINT 模式。

3）位 12：发送状态

发送状态（只读）取 0 表示空闲，取 1 表示 CPU 尚未接受该中断（尚未 EOI）。

4）位 13：中断输入引脚的极性

中断输入引脚的极性取 0 表示高电平有效，取 1 表示低电平有效。

5）位 14：远端 IRR 标准

对于远端 IRR 标准（只读），若当前接受的中断为固定模式（Fixed Mode）且是水平触发的，则该位为 1 表示 CPU 已经接收中断（已将中断加入 IRR），但尚未进行 EOI。CPU 执行 EOI 后，该位就恢复到 0。

6）位 15：触发方式

触发方式取 0 表示边沿触发，取 1 表示水平触发。

7）位 16：屏蔽位

屏蔽位取 0 表示允许接收中断，取 1 表示禁止接收中断，重启后初始值为 1。

8）位 17、18：计数器模式

计数器模式只有 LVT 计时器寄存器有，用于切换 APIC 计时器的三种模式。

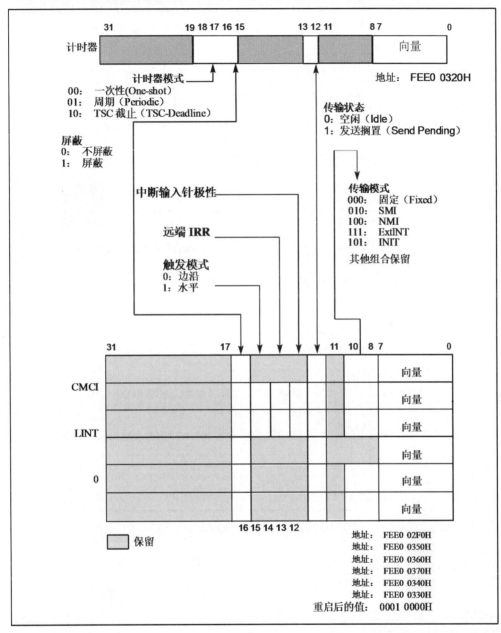

图 14.11　LVT

2. LVT 寄存器与 ICR

LAPIC 的 LVT 寄存器用来接收和发送本地中断向量。LVT 寄存器实际上是一片连续的地址空间，每 4 字节一项，作为各个本地中断源的 APIC 寄存器；LVT 允许软件设定每项中断的发送给处理器内核的方式，如表 14.10 所示。xv6 在 lapic.c 的初始化函数 lapicinit()中对一些 LVT 寄存器和 ICR 做了设置，如引用 14.22 所示。

表 14.10　LVT 与 ICR

地　址	英 文 名	中 文 名	xv6 符号	xv6 的设置	说　明
02F0H	LVT CMCI Register	LVT CMCI 寄存器			
0300H	Interrupt Command Register（ICR）; bits 0-31	中断命令寄存器，低字节，0~31 位	ICRLO	7444 lapicw(ICRHI, 0); 7445 lapicw(ICRLO, BCAST | INIT | LEVEL);	高字节清 0； 广播式向 CPU 发送 INIT 命令，水平触发； 等待设置完成
0310H	Interrupt Command Register（ICR）; bits 32-63	中断命令寄存器，高字节，32~64 位	ICRHI	7446 while(lapic[ICRLO] & DELIVS) 7447 ;	
0320H	LVT Timer Register	LVT 计时器寄存器	TIMER	7420 lapicw(TDCR, X1); 7421 lapicw(TIMER, PERIODIC | (T_IRQ0 + IRQ_TIMER)); 7422 lapicw(TICR, 10000000);	设置分频倍数； 设置 TIMER 的终端号为(T_IRQ0 + IRQ_TIMER)，计数模式为周期式； 设置初始计数值
0330H	LVT Thermal Sensor Register	LVT 热传感器寄存器			
0340H	LVT Performance Monitoring Counters Register	LVT 性能监控计数寄存器	PCINT	7430 if(((lapic[VER]>>16) & 0xFF) >= 4) 7431 lapicw(PCINT, MASKED);	对有该中断的 CPU 版本，关闭该中断
0350H	LVT LINT0 Register	LVT LINT0 寄存器	LINT0	7425 lapicw(LINT0, MASKED);	关闭
0360H	LVT LINT1 Register	LVT LINT1 寄存器	LINT1	7426 lapicw(LINT1, MASKED);	关闭
0370H	LVT Error Register	LVT 错误寄存器	ERROR	7434 lapicw(ERROR, T_IRQ0 + IRQ_ERROR);	设置中断号为 T_IRQ0 + IRQ_ERROR

引用 14.22　LVT 与 ISR 的初始化（lapicinit(), lapic.c）

```
7420 lapicw(TDCR, X1);
7421 lapicw(TIMER, PERIODIC | (T_IRQ0 + IRQ_TIMER));
7422 lapicw(TICR, 10000000);
7423
7424 //Disable logical interrupt lines
7425 lapicw(LINT0, MASKED);
7426 lapicw(LINT1, MASKED);
7427
7428 //Disable performance counter overflow interrupts
7429 //on machines that provide that interrupt entry
7430 if(((lapic[VER]>>16) & 0xFF) >= 4)
7431 lapicw(PCINT, MASKED);
7432
7433 //Map error interrupt to IRQ_ERROR
```

```
7434 lapicw(ERROR, T_IRQ0 + IRQ_ERROR);
7435
7436 //Clear error status register (requires back-to-back writes)
7437 lapicw(ESR, 0);
7438 lapicw(ESR, 0);
7439
7440 //Ack any outstanding interrupts
7441 lapicw(EOI, 0);
7442
7443 //Send an Init Level De-Assert to synchronise arbitration ID's
7444 lapicw(ICRHI, 0);
7445 lapicw(ICRLO, BCAST | INIT | LEVEL);
7446 while(lapic[ICRLO] & DELIVS)
7447 ;
```

14.3.8 EOI 与 TPR

除了以 NMI、SMI、INIT、ExtINT、Start-up 或者 INIT-Deassert 发送模式发送的中断外，中断处理函数的结尾中断返回前都要对中断结束寄存器（EOI）进行写操作，这样 LAPIC 才能从服务中的中断寄存器（ISR）发送下一次中断了。如果终止的是水平触发的中断，LAPIC 将把 EOI 消息发送给所有的 I/O APIC。

TPR 管理中断的 16 种优先级类型，操作系统可通过该寄存器设置临时禁止特定的中断打断高优先级的任务。

14.3.9 LAPIC 可接收的中断源

LAPIC 可以接收的中断源有外部中断（Extern Interrupt）、处理器间中断以及本地中断。

1. 外部中断

芯片组上的 I/O APIC 接收来自连接到它的 IRQ 线上的 I/O 设备中断请求后，产生中断消息 IPI 经过 APIC 总线或者系统总线发送到目标处理器内核的 LAPIC 处理。

2. 处理器间中断

系统总线上的处理器内核可以使用 LAPIC 的自动控制寄存器发送一个中断给自己或其他处理器内核，也可以发送中断到一组处理器内核。

3. 本地中断

本地中断主要有：

1）CMCI

CMCI（Corrected Machine-Check Error Interrupt）是机器检查（Machine-Check）机制上的一个增强功能。从处理器模型号为 06_1A 的处理器开始支持。允许在处理器的修正的机器检查错误（Corrected Machinecheck Error）的计数达到一个临界值时，产生一个 CMCI 来报告信息。

2）LAPIC 计时器产生的中断

LAPIC 计时器产生的中断是性能监控计数器中断（Performance Monitoring Counter Interrupt），它是性能监控计数器溢出产生的中断。

3）热传感器产生的中断

热传感器中断（Thermal Sensor Interrupt）是 APIC 内部错误中断（Internal Error Interrupt），是本地直连 I/O 设备通过 LINT0 和 LINT1 引脚发来的中断。

14.4 I/O APIC

I/O APIC（I/O Advanced Programmable Interrupt Controller）提供多处理器中断管理，典型的 I/O APIC 有 24 个 输入引脚（INTIN0~INTIN23），这些引脚没有优先级之分，APIC 将优先级控制的功能放到了 LAPIC 中。I/O APIC 最大的作用在于中断分发，在某个引脚收到中断后，按一定规则根据其内部的重定向表（Redirection Table）将外部中断格式化为一条中断消息，发送给某个 CPU 的 LAPIC，由 LAPIC 通知 CPU 进行处理。I/O APIC 中断重定向表如图 14.12 所示。

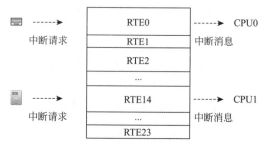

图 14.12　I/O APIC 中断重定向

14.4.1　I/O APIC 寄存器

根据版本的不同，每个 I/O APIC 有两三个 32 位寄存器和多个 64 位寄存器，每个 64 位寄存器对应一个中断请求 IRQ，这些 64 位的寄存器构成了 I/O 重定向表（I/O Redirection Table Register，IOREDTBL）。I/O APIC 寄存器如表 14.11 所示，前三个包含了 I/O APIC 的一些基本信息，而 I/O 重定向表用于配置每个中断请求。

表 14.11　I/O APIC 寄存器

地 址 偏 移	助 记 符	寄存器名称	访　　　问	xv6 符号
00H	IOAPICID	IOAPIC ID	R/W	REG_ID
01H	IOAPICVER	IOAPIC Version（IOAPIC 版本）	RO	REG_VER
02H	IOAPICARB	IOAPIC Arbitration ID（IOAPIC（优先级）仲裁 ID）	RO	
10~3FH	IOREDTBL[0:23]	Redirection Table（寄存器选择重定向表的 0~23 项，每项 64 位）	R/W	REG_TABLE

注：地址偏移取决于 I/O 寄存器选择寄存器的 0~7 位。

1. IOAPIC ID

IOAPIC ID 寄存器第 24~27 位表示 IOAPIC ID，用于标识 IOAPIC。

2. IOAPIC Version 寄存器

IOAPIC Version 寄存器第 0~7 位表示 APIC 版本；第 16~23 位表示重定向表最大项数值，

即重定项表的项数-1，取值应为 0x17（即 23）。

3. IOAPIC Arbitration ID 寄存器

IOAPICAR ID 寄存器第 24~27 位表示 Arb ID，用于 APIC 总线的仲裁。APIC 总线是 Pentium 和 P6 家族使用的技术，从 P4 开始 LAPIC 之间以及 LAPIC 和 IOAPIC 之间的通信都走系统总线，不使用 Arb ID 进行仲裁。

4. 重定向表寄存器

重定向表寄存器负责配置中断转发功能，其中每一项为重定向表项（Redirection Table Entry，RTE）。

I/O APIC 寄存器符号的定义如引用 14.23 所示。

引用 14.23　I/O APIC 寄存器符号的定义（ioapic.c）

```
7610 #define REG_ID 0x00 //Register index: ID
7611 #define REG_VER 0x01 //Register index: version
7612 #define REG_TABLE 0x10 //Redirection table base
7613
```

14.4.2　I/O APIC 寄存器访问

I/O APIC 通过两个 32 位的寄存器来访问，分别是 I/O 寄存器选择（I/O Register Select）寄存器 IOREGSEL（只有低 8 位有效）和 I/O 窗口（I/O Window）IOWIN 寄存器，这两个寄存器被映射到了内存，其默认的物理地址分别为 0xFEC00000 和 0xFEC00010，但是可以通过 APIC 基址重定位寄存器（APIC Base Address Relocation Register）配置为 0xFEC0xy00 和 0xFEC0xy10。xv6 将默认地址 0xFEC00000 定义为 IOAPIC，如引用 14.24 和表 14.12 所示。

引用 14.24　IOREGSEL 默认物理地址（ioapic.c）

```
7608 #define IOAPIC 0xFEC00000
```

表 14.12　I/O APIC 访问寄存器

地　　址	助 记 符	寄存器名称	访　　问
FEC0 xy00H	IOREGSEL	I/O Register Select (index)，I/O 寄存器选择（索引）	R/W
FEC0 xy10H	IOWIN	I/O Window (data)，I/O 窗口（数据）	R/W

注：xy 取决于 APIC 基址选择寄存器，x 的范围是 0~FH，y 是 0、4、8、CH。

为便于使用，xv6 定义了 ioapic 结构体来使用访问寄存器，其定义和成员分别如引用 14.25 和表 14.13 所示。

引用 14.25　ioapic 结构体的定义（ioapic.c）

```
7626 //IO APIC MMIO structure: write reg, then read or write data
7627 struct ioapic {
7628 uint reg;
7629 uint pad[3];
7630 uint data;
7631 };
7632
```

表 14.13　结构体 ioapic 的成员

成　员	含　义
reg	要访问的寄存器的索引
pad[3]	填充数组
data	要访问的寄存器的值

访问 I/O APIC 寄存器时，先写入 IOREGSEL 寄存器，给出要访问的寄存器的索引，再读写对应该索引的寄存器的数据。

xv6 中，I/O APIC 寄存器读写分别如引用 14.26 和引用 14.27 所示。

引用 14.26　I/O APIC 寄存器读（ioapic.c）

```
7633 static uint
7634 ioapicread(int reg)
7635 {
7636 ioapic->reg = reg;
7637 return ioapic->data;
7638 }
7639
```

引用 14.27　I/O APIC 寄存器写（ioapic.c）

```
7640 static void
7641 ioapicwrite(int reg, uint data)
7642 {
7643 ioapic->reg = reg;
7644 ioapic->data = data;
7645 }
7646
```

14.4.3　I/O APIC 初始化与中断打开

1. 重定向表项的位

当一个中断来到 I/O APIC 时，就要根据重定向表发送给 CPU，每个重定向表寄存器就是一个重定向表项 RTE，每个表项有 64 位，重定向表项格式如表 14.14 所示。

表 14.14　重定向表项格式

位	描　述
63~56，目的地字段（Destination Field）	根据目的地模式（第 11 位）值的不同，该字段值的意义不同，它有如下两个意义。 0：物理模式，位 59~56 为 APIC ID，用于标识一个唯一的 APIC； 1：逻辑模式，其值根据 LAPIC 的不同配置，位 63~56 代表一组 CPU（具体见 LAPIC 相关内容）
55~17	保留
16，中断屏蔽位（Interrupt Mask）	置 1 时，对应的中断引脚被屏蔽，这时产生的中断将被忽略，xv6 定义为 INT_DISABLED； 清 0 时，对应引脚产生的中断被发送至 LAPIC

位	描 述
15，触发模式 （Trigger Mode）	指明该引脚的中断由什么方式触发。 1：电平触发（Level），xv6 定义为 INT_LEVEL； 2：沿触发（Edge）
14，远端 IRR （Remote IRR），只读	只对电平触发的中断有效，当该中断是边沿触发时，该值代表的意义未定义； 当中断是电平触发时，LAPIC 接收了该中断，该位置 1，LAPIC 写 EOI 时，该位清 0
13，中断输入引脚极性 （Interrupt Input Pin Polarity，INTPOL）	指定该引脚的有效电平是高电平还是低电平。 0：高电平； 1：低电平
12，传送状态 （Delivery Status），只读	0：IDEL，当前没有中断； 1：发送搁置（Send Pending），IOAPIC 已经收到该中断，但由于某种原因该中断还未 发送给 LAPIC，例如 IOAPIC 没有竞争到总线
11，目的地模式 （Destination Mode）	0：物理模式（Physical Mode）； 1：逻辑模式（Logical Mode），xv6 定义为 INT_LOGICAL
10~8，传送模式 （Delivery Mode）	用于指定该中断以何种方式发送给目的 APIC，各种模式需要和相应的触发方式配合 可选的模式如下，字段相应的值以二进制表示。 固定（Fixed）：000b，发送给目的地字段列出的所有 CPU，电平、边沿触发均可。 最低优先级（Lowest Priority）：001b，发送给目的地字段列出的 CPU 中，优先级最低 的 CPU 电平、边沿触发均可。 SMI：010b，系统管理中断（System Management Interrupt）只能为边沿触发，并且向 量号字段写 0。 NMI：100b，不可屏蔽中断（None Mask Interrupt）发送给目的地字段列出的所有 CPU， 中断号字段值被忽略 NMI 是边沿触发，触发模式字段中的值对 NMI 无影响，但建议 配置成边沿触发。 INIT：101b，发送给目的地字段列出的所有 CPU，LAPIC 收到后执行 INIT 中断。 ExtINT：111b，将外部 PIC 的中断发送目的地列出的所有 CPU，用于 PIC 接在 APIC 上的情况边沿触发
7~0，向量 （Vector）	R/W 指定该中断对应的中断号，范围从 10H 到 FEH，x86 架构前 16 个中断号被系统 预留，见后面相关内容

xv6 重定向表项位符号如引用 14.28 所示。

引用 14.28 xv6 重定向表项位符号（ioapic.c）

```
7619 #define INT_DISABLED 0x00010000 // Interrupt disabled
7620 #define INT_LEVEL 0x00008000 // Level-triggered (vs edge-)
7621 #define INT_ACTIVELOW 0x00002000 // Active low (vs high)
7622 #define INT_LOGICAL 0x00000800 // Destination is CPU id (vs APIC ID)
7623
```

2. I/O APIC 初始化函数 ioapicinit()

每个中断请求（IRQ）对应的 RTE 项包括了两个 32 位的寄存器，第 0 个中断请求的索引地
址为 0x10（被 xv6 定义为 REG_TABLE）和 0x11，第 1 个为 0x12 和 0x13，因此第 i 个的索引
地址为 REG_TABLE+2*i 和 REG_TABLE+2*i+1。

xv6 中函数 ioapicinit()对每个表项进行了初始化，对每项关闭中断、设置中断号、不转发中断，如引用 14.29 所示。

引用 14.29　I/O APIC 初始化函数 ioapicinit()（ioapic.c）

```
7650 void
7651 ioapicinit(void)
7652 {
7653 int i, id, maxintr;
7654
7655 ioapic = (volatile struct ioapic*)IOAPIC;
7656 maxintr = (ioapicread(REG_VER) >> 16) & 0xFF;
7657 id = ioapicread(REG_ID) >> 24;
7658 if(id != ioapicid)
7659   cprintf("ioapicinit: id isn't equal to ioapicid; not a MP\n");
7660
7661 //Mark all interrupts edge-triggered, active high, disabled
7662 //and not routed to any CPUs
7663 for(i = 0; i <= maxintr; i++){
7664   ioapicwrite(REG_TABLE+2*i, INT_DISABLED | (T_IRQ0 + i));
7665   ioapicwrite(REG_TABLE+2*i+1, 0);
7666   }
7667 }
7668
```

3. 中断打开函数 ioapicenable()

xv6 中定义了函数 ioapicenable()打开 I/O 中断，如引用 14.30 所示。

引用 14.30　中断打开函数 ioapicenale()（ioapic.c）

```
7669 void
7670 ioapicenable(int irq, int cpunum)
7671 {
7672 //Mark interrupt edge-triggered, active high
7673 //enabled, and routed to the given cpunum
7674 //which happens to be that cpu's APIC ID
7675 ioapicwrite(REG_TABLE+2*irq, T_IRQ0 + irq);
7676 ioapicwrite(REG_TABLE+2*irq+1, cpunum << 24);
7677 }
7678
```

ioapicenale()函数被 uartint()、ideinit()和 consoleinit()函数调用打开 I/O 中断，完成 I/O APIC 重定向的配置，串口和控制台中断被分配给处理器 0 处理，磁盘中断被分配给最后一个处理器处理。

第15章

字符设备驱动

本章结合 xv6 的源码介绍键盘、控制台和串口 UART。本章涉及的源码主要有 kbd.h、kdb.c、console.c 和 uart.c。

15.1 键盘

15.1.1 键盘端口

键盘驱动相关的硬件主要有 Intel 8042（i8042）和 Intel 8048（i8048）两种芯片，键盘控制器（Keyboard Controller，KBC）i8042 芯片位于主板上，该芯片获得按键的扫描码或者通过键盘命令来控制键盘。

i8048 位于键盘中，当键盘上有键被按下时，i8048 直接获得键盘硬件产生的扫描码。i8048 也负责键盘本身的控制，例如点亮 LED 指示灯或熄灭 LED 指示灯；i8048 通过 PS/2 口和 i8042 通信从而把得到的扫描码传送给 i8042。CPU 通过读写端口可以直接把 i8042 中的数据读入 CPU 的寄存器中或者把 CPU 寄存器中的数据写入 i8042 中。

i8042 有 4 个 8 位寄存器，分别是状态寄存器（Status Register）、输出缓冲器（Output Buffer）、输入缓冲器（Input Buffer）和控制寄存器（Control Register）。i8042 使用 60H 和 64H 两个 I/O 端口，驱动中把 0x60 称为数据端口，把 0x64 称为命令端口。i8042 状态寄存器是一个 8 位只读寄存器，任何时刻均可被 CPU 读取，在从 0x60 端口读入数据前状态端口最低位必须为 1，表示有数据在输入缓冲器存在。i8042 的结构如图 15.1 所示。

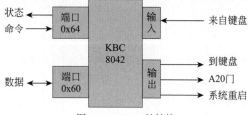

图 15.1　i8042 的结构

i8042 的端口定义如引用 15.1 所示。

引用 15.1   i8042 的端口定义（kbd.h）

```
7702 #define KBSTATP  0x64 //kbd controller status port(I)
7704 #define KBDATAP  0x60 //kbd data port(I)
7703 #define KBS_DIB  0x01 //kbd data in buffer
```

因此在读数据前要检测 KBS_DIB 位，查看 i8042 状态并读入数据如引用 15.2 所示。

引用 15.2   查看 i8042 状态并读入数据（kbd.c）

```
7864  st = inb(KBSTATP);       //读入键盘状态字
7865  if((st & KBS_DIB) == 0)  //检查是否有数据
7866    return -1;
7867  data = inb(KBDATAP);      //读入数据
```

15.1.2   扫描码

当键盘上的一个按键被按下时，键盘会发送一个中断信号给 CPU，与此同时键盘会在指定端口（0x60）输出一个数值，这个数值对应按键的扫描码叫通码（Make Code），当按键弹起时，键盘又给端口输出一个数值，这个数值叫断码（Break Code）。

PS/2 接口只有 8 比特，单字节最多能表示 256 个值，每个键被按下和被释放均需由不同的值表示，所以 256 个值最多表示 128 个按键。为了区分和便于记忆，以最高位来区分按键按下（0）和释放（1），键被释放时的码值（断码）=0x80+键被按下时的码值（通码），0 和 0x80 没有被用作键值，最早的键盘按键较少，单字节够用，随着扩展键的引入，单字节键值不够用了，就得使用多字节（双字节居多），若使用双字节，那么被按下键值=E0H 后面加一个字节 xx，则被释放时键值=E0H 后面加(0x80+xx)。例如：

（1）a 键被按下键值为 1EH，那么被释放时键值为 9E；

（2）HOME 键被按下键值为 0xE047，被释放时键值为 0xE0C7。

键盘还有两类特殊键：一类是 Shift、Ctrl 和 Alt 键，这三个键关注的是其按下状态，记录是否按下；另外一类是锁定键 CapsLock、NumLock 和 ScrollLock，分别是大小写锁定、数字键锁定和滚屏锁定，这三个键关注的是其开关状态，每按下一次状态取反。xv6 用一个整数 shift 的 0~5 位来记录这 6 个键的状态，并用第 6 位 E0ESC 表示是否为双字节：

（1）Shift、Ctrl 和 Alt 键状态位表示是否被按下；

（2）CapsLock、NumLock 和 ScrollLock 状态位表示键的开关状态；

（3）E0ESC 为双字节码状态位，表示是否为双字节码。表示为双字节码，以 0xE0 开头。

kbd.h 中定义键状态位如引用 15.3 所示。

引用 15.3   键状态位（kbd.h）

```
7708 #define SHIFT (1<<0)
7709 #define CTRL (1<<1)
7710 #define ALT (1<<2)
7711
7712 #define CAPSLOCK (1<<3)
7713 #define NUMLOCK (1<<4)
7714 #define SCROLLLOCK (1<<5)
7715
7716 #define E0ESC (1<<6)
```

在 kbd.h 中，定义了三种映射表，即 normalmap、shiftmap、ctlmap，分别代表正常映射、Shift 键按下的映射和 Ctrl 键按下的映射。

15.1.3　中断处理与驱动

1. 按键的处理步骤

当用户按下某个键时处理步骤如下：

（1）键盘内的芯片 i8048 会检测到这个动作，并通过键盘控制器把扫描码（Scan Code）传送到键盘端口控制器 i8042；

（2）计算机接收到扫描码后，将其交给键盘驱动程序；

（3）键盘驱动程序把这个扫描码转换为字符；

（4）键盘驱动程序把该键盘操作的扫描码和虚拟码以及其他信息传递给操作系统。

2. 键盘字符获取函数 kbdgetc()

键盘驱动程序把扫描码映射到字符，kbd.c 中的 kbdgetc()函数完成该功能。其主要过程如下：

1）读入数据

读入状态（7864）；

数据未准备好则返回-1（7865、7866）；

读入数据（7867）。

2）双字节码与断码预处理

若 data==0xE0，即双字节码的首字节（7869），则置 shift 的 E0ESC 位：shift |= E0ESC（7870），函数返回（7871），否则若 data & 0x80 为真，即断码（7872），双字节码的第二字节不要处理，单字节码保留低 7 位（data & 0x7F）（7874），通过 shiftcode[data]查是否为 Shift、Ctrl 或 Alt 键被释放，若是则相应状态位清 0，E0ESC 的状态位清 0（7875）；断码返回 0（7876）。否则若 shift & E0ESC 为真，即为双字节码的第二字节的通码（7877），处理为扩张键（128 个键以外的键）（7879），置最高位，清除 E0 位（7880）。

3）提取字符

检测 Shift、Ctrl 和 Alt 键是否被按下，相应位置 1（7883）；

检测 CapsLock、NumLock 和 ScrollLock 是否键被按下，相应位取反（7884）；

根据 Ctrl 和 Shift 键按下状况的四种组合（00，01，10，11）从映射数组 normalmap、shiftmap、ctlmap 和 ctlmap 中选择一种进行映射（7885）。

根据按下 CapsLock 键的状况进行必要的大小写转换（7887~7890）。

其中，7885 行定义 charcode[]为{ normalmap, shiftmap, ctlmap, ctlmap}，由此可见，若 Shift 和 Ctrl 键都被按下，则按照只按下 Ctrl 键进行处理。

键盘字符获取函数 kbdgetc()如引用 15.4 所示。

引用 15.4　键盘字符获取函数 kbdgetc()（kbd.c）

```
7855 int
7856 kbdgetc(void)
7857 {
7858 static uint shift;
7859 static uchar *charcode[4] = {
7860 normalmap, shiftmap, ctlmap, ctlmap
```

```
7861 };
7862 uint st, data, c;
7863
        //1）输入数据
7864 st = inb(KBSTATP);              //读入状态
7865 if((st & KBS_DIB) == 0)         //数据未准备好
7866 return -1;                      //返回-1
7867 data = inb(KBDATAP);            //读入数据
7868
7869 if(data == 0xE0){               //双字节码
7870   shift |= E0ESC;              //双字节码状态位置1
7871   return 0;                    //双字节码的首字节，返回0
7872   } else if(data & 0x80){      //断码（键释放）
7873   //Key released
        //2）双字节码与断码预处理
7874   data = (shift & E0ESC ? data : data & 0x7F);
7875   shift &= ~(shiftcode[data] | E0ESC);
7876   return 0;                    //断码，返回0
7877   } else if(shift & E0ESC){    //双字节码的第二字节
7878   //Last character was an E0 escape; or with 0x80
7879   data |= 0x80;                //处理为扩展键（128个键以外的键）
7880   shift &= ~E0ESC;             //双字节状态位清0
7881   }
        //3）提取字符
7883 shift |= shiftcode[data];
7884 shift ^= togglecode[data];
7885 c = charcode[shift & (CTL | SHIFT)][data];
7886 if(shift & CAPSLOCK){
7887   if('a' <= c && c <= 'z')
7888     c += 'A' - 'a';
7889     else if('A' <= c && c <= 'Z')
7890     c += 'a' - 'A';
7891 }
7892 return c;
7893 }
7894
```

kbdgec()函数中数组 shiftcode[]和 togglecode[]的定义如引用 15.5 所示。

引用 15.5 数组 shiftcode[]和 togglecode[]的定义（kbd.h）

```
7733 static uchar shiftcode[256] =
7734 {
7735 [0x1D] CTL,
7736 [0x2A] SHIFT,
7737 [0x36] SHIFT,
7738 [0x38] ALT,
7739 [0x9D] CTRL,
7740 [0xB8] ALT
7741 };
7742
7743 static uchar togglecode[256] =
7744 {
7745 [0x3A] CAPSLOCK,
```

```
7746 [0x45] NUMLOCK,
7747 [0x46] SCROLLLOCK
7748 };
```

15.2　控制台

15.2.1　控制台与文件读写

1. 控制台结构体

xv6 的字符输入设备可从键盘或串口输入，xv6 的输出设备有显示器和串口两种，xv6 把控制台作为一种设备文件对控制台进行文件读写。xv6 中用 cons 结构体对控制台进行管理，其定义和成员分别如引用 15.6 和表 15.1 所示。

引用 15.6　控制台结构体 cons 的定义（console.c）

```
7921 static struct {
7922 struct spinlock lock;
7923 int locking;
7924 } cons;
7925
```

表 15.1　控制台结构体 cons 的成员

成　　员	含　　义
lock	控制台的锁
locking	锁的状态

2. 设备驱动结构体 devsw

在 file.h 中，定义了设备驱动结构体 devsw 管理设备文件与设备的读、写函数的映射关系，其定义和成员分别如引用 15.7 和表 15.2 所示。

引用 15.7　设备驱动结构体 devsw 的定义（file.h）

```
4179 struct devsw {
4180 int (*read)(struct inode*, char*, int);
4181 int (*write)(struct inode*, char*, int);
4182 };
```

表 15.2　设备驱动结构体 devsw 的成员

成　　员	含　　义
read	设备的读函数
write	设备的写函数

在 file.c 中，定义了设备驱动数组的声明，如引用 15.8 所示。

引用 15.8　设备驱动数组的声明（file.c）

```
5862 struct devsw devsw[NDEV];
```

3. 控制台初始化函数 consoleinit()

i 节点读写函数 readi() 和 writei() 通过设备号在 devsw 数组中查找对应的文件读写函数来完

成特定设备文件的输入和输出。对控制台而言，其设备号指定为 1（4186），读写函数在 consele.c 的控制台初始化函数 consoleinit()中被定向到 consoleread()和 consolewrite()函数，如引用 15.9 所示。

引用 15.9　控制台初始化函数 consoleinit()（console.c）

```
8273 void
8274 consoleinit(void)
8275 {
8276 initlock(&cons.lock, "console");
8277
8278 devsw[CONSOLE].write = consolewrite;
8279 devsw[CONSOLE].read = consoleread;
8280 cons.locking = 1;
8281
8282 ioapicenable(IRQ_KBD, 0);
8283 }
8284
```

consoleread()函数从输入缓冲区 input 读入，consoleread()函数将调用 consputc()函数完成写字符，consputc()函数分别调用 uartputc(c)和 cgaputc(c)将字符写到 CGA 显示屏和串口。

4. 控制台读函数 consoleread()

consoleread()函数从控制台的输入缓冲读 n 字节到 dst。

consoleread()函数如引用 15.10 所示，其主要过程如下。

（1）i 节点解锁（8226）。

（2）取得控制台的锁（8228）。

①n>0 循环进行（8229）：循环检查输入缓冲区 input 为空（8230），若进程已经杀死则控制台解锁、i 节点加锁退出（8231~8235），否则在缓冲区 input.r 上带着锁 cons.lock 进入睡眠（8236、8237）。

②从输入缓冲提取一个字节到 c，读索引+1（8238），若 c 为^D(Ctrl+D)（8239），则若读入字节数不够则保留^D（8240~8244），结束读取结束（8245、8246）。

③复制 c 到 dst 中（8247），剩余的字节数减 1（8248）。

④如果 c 为'\n'(代表新行)则结束读取（8249~8251），释放控制台，加锁 i 节点并返回剩余的字节数（8252~8255）。

该函数的调用者须持有 ip 的锁。

引用 15.10　控制台读函数 consoleread()（console.c）

```
8220 int
8221 consoleread(struct inode *ip, char *dst, int n)
8222 {
8223 uint target;
8224 int c;
8225
8226 iunlock(ip);
8227 target = n;
8228 acquire(&cons.lock);
8229 while(n > 0){
8230   while(input.r == input.w){        //输入缓冲区为空
8231     if(myproc()->killed){          //进程已被杀死
```

```
8232            release(&cons.lock);        //释放控制台的锁
8233            ilock(ip);                   //i 节点加锁
8234            return -1;                   //失败返回
8235            }
8236        sleep(&input.r, &cons.lock);     //进入睡眠
8237        }
8238    c = input.buf[input.r++ % INPUT_BUF]; //从输入缓冲区提取一个字节到 c，读索引+1
8239    if(c == C('D')){                      //EOF
8240        if(n < target){
8241            //Save ^D for next time, to make sure
8242            //caller gets a 0-byte result
8243            input.r--;                    //读索引减 1，在输入缓冲区保留该字符
8244            }
8245        break;
8246        }
8247    *dst++ = c;                          //复制 c 到 dst 中
8248    --n;
8249    if(c == '\n')
8250        break;
8251    }
8252 release(&cons.lock);
8253 ilock(ip);
8254
8255 return target - n;
8256 }
8257
```

5. 控制台写函数 consolewrite()

consolewrite()函数从缓冲区*buf 写 n 个字节到控制台。

consolewrite()函数如引用 15.11 所示，其主要过程如下。

（1）i 节点解锁（8263），取得控制台的锁（8264）。

（2）调用 consputc()函数逐字节从缓冲区 buf 写到控制台（8265、8266）。

（3）释放控制台的锁（8267）；i 节点加锁（8268）。

注：consolewrite()函数的调用者（实际上是调用 writei()函数的进程）持有 ip 的锁。

引用 15.11　consolewrite()函数（console.c）

```
8258 int
8259 consolewrite(struct inode *ip, char *buf, int n)
8260 {
8261 int i;
8262
8263 iunlock(ip);                    //i 节点解锁
8264 acquire(&cons.lock);            //取得控制台的锁
8265 for(i = 0; i < n; i++)
8266   consputc(buf[i] & 0xff);       //从 buf 写到控制台
8267 release(&cons.lock);
8268 ilock(ip);
8269
8270 return n;
8271 }
8272
```

15.2.2 控制台输入

1. 控制台输入介绍

键盘和串口输入字符的方式不同，但是字符输入后处理方式相同，因此控制台为它们提供了统一的接口函数 consoleintr() 进行中断处理，consoleintr() 函数的参数为设备输入字符的回调函数 getc()，它由各设备自己实现，键盘的实现为 kbdgetc() 函数，串口的实现为 uartgetc() 函数，它们的中断处理函数 kbdintr() 和 uartintr() 将各自的字符输入函数指针作为参数传给 consoleintr() 函数，consoleintr() 函数调用它们输入字符，然后进行统一的处理。键盘和 COM 口的中断处理如引用 15.12 所示。

引用 15.12 键盘和 COM 口的中断处理（trap()，trap.c）

```
3430    case T_IRQ0 + IRQ_KBD:
3431    kbdintr();
3432    lapiceoi();
3433    break;
3434    case T_IRQ0 + IRQ_COM1:
3435    uartintr();
3436    lapiceoi();
3437    break;
```

可以看出，发生键盘输入中断时，调用中断处理函数 kbdintr() 进行处理，kbdintr() 函数调用 consoleintr(kbdgetc) 函数进行处理，间接调用 kbdgetc() 函数完成字符输入，如引用 15.13 所示。

引用 15.13 键盘中断处理（kbd.c）

```
7895    void
7896    kbdintr(void)
7897    {
7898    consoleintr(kbdgetc);
7899    }
```

发生串口输入中断时，调用 uartintr() 函数进行处理，uartintr() 函数调用 consoleintr(kbdgetc) 函数进行处理，间接调用 uartgetc() 函数完成字符输入。串口 UART 中断处理如引用 15.14 所示。

引用 15.14 串口 UART 中断处理（uart.c）

```
8372    void
8373    uartintr(void)
8374    {
8375    consoleintr(uartgetc);
8376    }
```

2. 控制台输入缓冲

从键盘或串口输入的字符被放入缓冲 input 中，然后根据情况回显（Echo）到显示屏，控制台输入缓冲结构体 input 在 console.c 中定义，如引用 15.15 所示。

引用 15.15 输入缓冲结构体 input 的定义（console.c）

```
8166 #define INPUT_BUF 128
8167 struct {
8168 char buf[INPUT_BUF];
8169 uint r; //读索引
8170 uint w; //写索引
8171 uint e; //编辑索引
```

```
8172  } input;
8173
```

input 主要维护了一个缓冲区 buf[INPUT_BUF]和读、写、编辑的位置，其成员如表 15.3 所示。

表 15.3　输入缓冲结构体 input 的成员

成　　员	含　　义
buf	输入缓冲数组
r	读索引
w	写索引
e	编辑索引

函数 consoleintr()循环调用设备的 getc()函数输入字符到输入缓冲区直到输入 0，解释输入的字符并编辑缓冲区。它定义了一些特殊的字符，具体如下。

^P：调用 procdump()函数列出进程；

^U：删除输入缓冲区的一行；

^H 或 BACKSPACE：删除一个字符；

^D：结束输入；

\r 或者\n：新的一行。

15.2.3　控制台输出

控制台的输出是文本形式的，console.c 提供了cprintf()函数进行类似于 C 语言标准库函数 printf()的格式化输出，cprintf()函数调用 consputc()函数进行每个字符的输出。

consputc()函数调用 consputc()和 uartputc()函数将字符输出到 CGA 屏幕和串口，如图 15.2 所示。

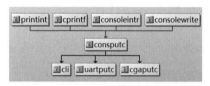

图 15.2　consputc()函数的调用关系

consputc()函数如引用 15.16 所示，其主要过程如下。

（1）如果出现了 panic，关中断，出现死循环（8153~8157）。

（2）如果要输出的字符为 BACKSPACE，调用 uartputc()函数输出 '\b'、' ' 和 '\b' 到串口（8159~8161），否则，调用 uartputc(c)和 cgaputc(c)函数将 c 输出到串口和 CGA 屏幕（8162、8163）。

引用 15.16　consoleputc()（console.c）

```
8150 void
8151 consputc(int c)
8152 {
8153 if(panicked){
8154   cli(); //关中断
8155 for(;;)
```

```
8156  ;
8157 }
8158
8159 if(c == BACKSPACE){
8160   uartputc('\b'); uartputc(' '); uartputc('\b');
8161   } else
8162   uartputc(c);        //输出到串口
8163 cgaputc(c);           //输出到 CGA 屏幕
8164 }
8165
```

1. CGA 输出

CGA 提供了两种图形输出模式和两种文本输出模式，两种文本输出模式分别是 16 色 25 行 80 列字符和 16 色 25 行 40 列字符模式。xv6 使用的是前一种文本模式，屏幕被作为 25 行 80 列的一个字符矩阵，每个字符的显示占用两字节（即一个 ushort），前一字节为字符的 ASCII 码，后一字节为字符的颜色。CGA 使用以物理地址 0xb8000 开始的 4000（=80×25×2）字节内存空间来存储。xv6 使用 ushort 的数组 crt[] 来访问它，其定义如引用 15.17 所示。

xv6 使用 cgaputc() 函数来显示字符，显示字符的位置由变量 pos 指示，显示字符前需要从端口 0x3d4 获得当前位置，该端口被定义为 CRTPORT。CRTPORT 和 crt[] 数组定义如引用 15.17 所示。

引用 15.17　CRTPORT 和 crt[] 数组定义（console.c）

```
8101 #define CRTPORT 0x3d4
8102 static ushort *crt = (ushort*)P2V(0xb8000); // CGA memory
```

当前位置 pos 由两字节构成，pos/80 为其行的值，pos%80 为其列的值，也即

$$pos=col+80*row$$

在读取高、低字节前，需要分别向端口输出控制字 14 和 15，然后读出。输出 CGA 控制字如引用 15.18 所示。

引用 15.18　输出 CGA 控制字（cgaputc(), console.c）

```
8110 outb(CRTPORT, 14);
8111 pos = inb(CRTPORT+1) << 8;
8112 outb(CRTPORT, 15);
8113 pos |= inb(CRTPORT+1);
8114
```

对每个要显示的字符 c，将它的低字节也即 ASCII 码和颜色作为高字节构造一个无符号短字（ushort）作为 crt[] 数组在 pos 的内容，如引用 15.19 所示。

引用 15.19　获取 CGA 的当前位置（cgaputc(), console.c）

```
8120 crt[pos++] = (c&0xff) | 0x0700; // black on white
```

当屏幕满屏时，需要对屏幕进行滚屏的操作，也即将 crt 中位置 80 显示的内容每个都前移 80，也即把 crt 的索引 80 以后的内容复制到 crt，如引用 15.20 所示。

引用 15.20　CGA 滚屏（cgaputc(), console.c）

```
8125 if((pos/80) >= 24){ //滚屏
8126   memmove(crt, crt+80, sizeof(crt[0])*23*80);
8127   pos -= 80;
8128   memset(crt+pos, 0, sizeof(crt[0])*(24*80 - pos));
```

```
8129  }
```

2. UART 输出

通用异步收发传输器 UART 输出相对简单，在 uart.c 中实现，在此不做介绍。

15.2.4　标准文件初始化

在系统初始化时，init.c 中的 main() 函数被调用，标准输入 stdin（0）、标准错误 stdout（1）和标准错误 stderr（2）文件描述符被初始化，标准输入输出与错误文件如引用 10.14 所示，8515 行调用系统调用函数 mknod() 创建类型为 T_DEV 的 i 节点，此时还没有打开的文件，因此分配文件描述符 0 将作为标准输入，此 i 节点作为文件打开后，文件的类型为 FD_INODE，8518 行和 8519 行的复制将分配文件描述符 1、2 作为标准输出和标准错误，0、1 和 2 都存储控制台 console 的文件指针。由于其他进程是 fork() 函数创建的，因此所有进程的标准输出和标准错误文件描述符都这样初始化。

mknod() 函数的功能实际上由 sys_mknod() 函数实现，如引用 15.21 所示。

引用 15.21　sys_mknod() 函数的实现（sysfile.c）

```
6466 int
6467 sys_mknod(void)
...
6477   (ip = create(path, T_DEV, major, minor)) == 0){
...
6484 }
6485
```

控制台的 i 节点类型为 T_DEV，主设备号为 0，次设备号为 1。

由 file.h 的定义，1 是控制台的设备号，设备的驱动程序由驱动程序数组的 devsw[] 来管理，设备驱动结构体 devsw 在 file.c 中定义，如引用 15.22 所示。

引用 15.22　设备驱动结构体 devsw 的定义（file.h）

```
4177 //table mapping major device number to
4178 //device functions
4179 struct devsw {
4180 int (*read)(struct inode*, char*, int);
4181 int (*write)(struct inode*, char*, int);
4182 };
4183
4184 extern struct devsw devsw[];
4185
4186 #define CONSOLE 1
```

设备驱动数组 devsw[] 的声明如引用 15.23 所示。

引用 15.23　设备驱动数组 devsw[] 的声明（file.c）

```
5862 struct devsw devsw[NDEV];
```

15.3　控制台输出示例

xv6 在 printf.c 中部分实现了 C 语言标准库中的 printf() 函数，用户程序可调用 printf() 函数来完成格式化的输出。下面分析从调用 printf()函数到最终输出到控制态的路径。以下以一个示例来分析从调用 printf()函数到输出至控制台的全过程。

1. writetest()函数调用 printf()函数

用户程序通过 writetest()函数调用 printf()函数来完成格式化的输出，如引用 15.24 所示。

引用 15.24　writetest()函数调用 printf()函数（usertests.c）

```
138 void
139 writetest(void)
140 {
141   int fd;
142   int i;
143
144   printf(stdout, "small file test\n");
...
185 }
186
```

引用 15.24 中的行号为文件内编号。下同。

usertests.c 中 144 行调用 printf()函数，参数 fd 值为 1，即标准输出。

2. printf()函数调用 write()函数

printf()函数的实现如引用 15.25 所示。

引用 15.25　printf()函数的实现（printf.c）*

```
1    #include "types.h"
2    #include "stat.h"
3    #include "user.h"
4
5    static void
6    putc(int fd, char c)
7    {
8      write(fd, &c, 1);
9    }
10
...
38   //Print to the given fd. Only understands %d, %x, %p, %s.
39   void
40   printf(int fd, const char *fmt, ...)
41   {
...
54         putc(fd, c);
...
85   }
```

可见 printf()函数最终将调用系统调用函数 write()来实现输出字符到标准输出文件。

3. write()函数调用功能号为 SYS_write 的系统调用

write()函数在 usys.S 中展开宏 SYSCALL(write)实现，宏 SYSCALL(write)展开如引用 15.26 所示，可见，write()函数调用功能号为 SYS_write 的系统调用。

引用 15.26　宏 SYSCALL(write)展开（usys.S）

```
.globl write
write:
```

```
movl $SYS_write, %eax
int  $T_SYSCALL
Ret
```

4. sys_write()函数调用 filewrite()函数

根据 trap.c 中 syscall()函数的实现，对功能号为 SYS_write 的系统调用，syscall()函数调用系统函数 sys_write()来实现。sys_write()函数的实现如引用 12.16 所示。

sys_write()函数调用内核函数 filewrite()，系统调用传入的参数 fd 是进程打开文件表 ofile[] 的索引，fd 为 0、1 和 2 分别为标准输入、输出与错误文件描述符。

5. filewrite()函数调用 writei()函数

除了管道以外，对 filewrite()函数的调用将调用 writei()函数来执行实际的写入，如引用 12.9 所示。

usertests.c 中 144 行和 153 行调用 printf()函数，其文件类型 f->type 均为 FD_INODE，因此 writetest()函数调用 printf()函数写入的内容将调用 writei()函数写入。

6. writei()函数调用 consolewrite()函数

writei()函数在 fs.c 中实现，如引用 11.50 所示。

usertests.c 中 153 行调用 write()函数，参数 fd 为打开文件名为"small"的描述符，其 i 节点类型为 T_FILE，将调用 5564~5582 行部分内容写入磁盘。

usertests.c 中 144 行调用 printf()函数，参数 fd 值为 1（即标准输出 stdout），其文件类型为 T_DEV，主设备号 major 为 CONSOLE，因此将调用

```
devsw[ ip->major ].write( ip, src, n );
```

也即调用

```
devsw[ CONSOLE ].write( ip, src, n )
```

控制台的驱动程序 write()函数和 read()函数在 console.c 中的 consoleinit()函数中被注册，如引用 15.9 所示。

7. consolewrite()函数调用 consputc()函数

consolewrite()函数从缓冲区 buf 写 n 字节到控制台。consolewrite()函数的调用如图 15.3 所示。

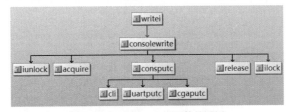

图 15.3　consolewrite()函数的调用

8. consputc()函数调用 uartputc()和 cgaputc()函数

consputc()函数调用 uartputc()和 cgaputc()函数输出字符到 CGA 和串口，如引用 15.16 所示。

最终 uartputc()和 vgaputc()函数被调用，writetest()函数中 144 行调用 printf(stdout, "small file test\n")将字符串输出到串口和 CGA。

9. 输出到 QEMU 模拟器

Makefile 通过-nographic 或者-serial mon:stdio 参数设置 QEMU 模拟器使用串口通信，QEMU

模拟器使用控制台的终端发送数据到串口，显示从串口来的数据，如引用 15.27 所示，其中的行号为文件内编号。

引用 15.27　Makefile 的 QEMU 设置（Makefile）*

```
224 qemu: fs.img xv6.img
225   $(QEMU) -serial mon:stdio $(QEMUOPTS)
230 qemu-nox: fs.img xv6.img
231   $(QEMU) -nographic $(QEMUOPTS)
```

15.4　串口通信

15.4.1　UART 硬件

串口通信通用异步收发传输器通常称作 UART，它是计算机硬件的一部分，其功能一般用独立的模块化芯片实现，如 Intel 8250 或兼容芯片，其物理接口一般是 RS-232C 规格的。

UART 主要寄存器如下：

（1）输出缓冲寄存器。它接收 CPU 从数据总线上送来的并行数据，并加以保存。

（2）输出移位寄存器。它接收从输出缓冲器送来的并行数据，以发送时钟的速率把数据逐位移出，即将并行数据转换为串行数据输出。

（3）输入移位寄存器。它以接收时钟的速率把出现在串行数据输入线上的数据逐位移入，当数据装满后，并行送往输入缓冲寄存器，即将串行数据转换为并行数据。

（4）输入缓冲寄存器。它从输入移位寄存器中接收并行数据，然后由 CPU 取走。

（5）控制寄存器。它接收 CPU 送来的控制字，控制字决定通信时的传输方式以及数据格式等。例如，采用异步方式还是同步方式、数据字符的位数、有无奇偶校验、是奇校验还是偶校验、停止位的位数等。

（6）状态寄存器。状态寄存器中存放着接口的各种状态信息，例如输出缓冲区是否空、输入字符是否准备好等。在通信过程中，当符合某种状态时，接口中的状态检测逻辑将状态寄存器的相应位置 1，以便让 CPU 查询。

15.4.2　UART 端口

1. COM 端口与寄存器组

在 IBM PC 上，默认 COM 端口与中断号如表 15.4 所示。

表 15.4　默认 COM 端口与中断号

COM	端口	中断号
COM1	0x3F8~0x3FF	4
COM2	0x2F8~0x2FF	3
COM3	0x3E8~0x3EF	4
COM4	0x2E8~0x2EF	3

xv6 使用 COM1，uart.c 中定义了其端口起始地址，COM1 端口地址如引用 15.28 所示。

引用 15.28　COM1 端口地址（uart.c）

```
8314  #define COM1    0x3f8    //线路控制寄存器端口
```

在 traps.h 中定义了其中断号，COM1 中断号如引用 15.29 所示。

引用 15.29　COM1 中断号（ttaps.h）

```
3233  #define      IRQ_COM1 4
```

COM 端口的寄存器组如表 15.5 所示，共有 12 个寄存器使用了 8 个地址，其中部分寄存器共用一个地址，由位 DLAB 区分，DLAB 是线路控制寄存器 LCR 的第 7 位。COM 的寄存器组如表 15.5 所示。

表 15.5　COM 的寄存器组

地址=起始地址+	DLAB	读/写	寄存器英文名	寄存器缩写	说　明
0	0	读	Receiver Buffer Register	RBR	接收保持寄存器
0	0	写	Transmitter Holding Register	THR	发送保持寄存器
0	1	读/写	Divisor Latch LSB	DLL	波特率低 8 位
1	0	读/写	Interrupt Enable Register	IER	中断允许寄存器
1	1	读/写	Divisor Latch MSB	DLM	波特率高 8 位
2		读	Interrupt Identification Register	IIR	中断标识寄存器
2		写	FIFO Control Register	FCR	FIFO 控制寄存器
3		读/写	Line Control Register	LCR	线路控制寄存器
4		读/写	Modem Control Register	MCR	Modem 控制寄存器
5		读	Line Status Register	LSR	线路状态寄存器
6		读	Modem Status Register	MSR	Modem 状态寄存器
7		读/写	Scratch Register	SCR	印迹寄存器

2. 中断允许寄存器

中断允许寄存器（IER）如表 15.6 所示。

表 15.6　中断允许寄存器

位	描　述
7	未使用
6	未使用
5	进入低功耗模式（16750）
4	进入睡眠模式（16750）
3	允许 Modem 状态中断
2	允许接收线路状态中断
1	允许发送保持寄存器空中断
0	允许接收数据就绪中断

位 0 置 1 时允许接收到数据时产生中断，位 1 置 1 时允许发送保持寄存器空时产生中断，位 2 置 1 则在 LSR 变化时产生中断，相应的位 3 置 1 则在 MSR 变化时产生中断。

3. 中断识别寄存器

中断识别寄存器（IIR）的定义如表 15.7 所示。

表 15.7 中断识别寄存器的定义

位	描　述
位 7:6=00	无 FIFO
位 7:6=01	允许 FIFO，但不可用
位 7:6=11	允许 FIFO
位 5	允许 64 字节 FIFO（16750）
位 4	未使用
位 3	16550 超时中断
位 2:1=00	Modem 状态中断（CTS/RI/DTR/DCD）
位 2:1=01	发送保持寄存器空中断
位 2:1=10	接收数据就绪中断
位 2:1=11	接收线路状态中断
位 0=0	有中断产生
位 0=1	无中断产生

IIR 为只读寄存器，位 7:6 用来指示 FIFO 的状态，均为 0 时则无 FIFO，此时为 8250 或 16450 芯片，为 01 时有 FIFO 但不可以使用，为 11 时 FIFO 有效并可以正常工作。位 3 用来指示超时中断（16550/16750）。位 0 用来指示是否有中断发生，位 2:1 标识具体的中断类型，这些中断具有不同的优先级别，其中 LSR 中断级别最高，其次是数据就绪中断，然后是发送寄存器空中断，而 Modem 状态寄存器（MSR）中断级别最低。

4. FIFO 控制寄存器

FIFO 控制寄存器（FCR）的定义如表 15.8 所示。

表 15.8 FIFO 控制寄存器的定义

位	描　述
位 7:6=00	1 字节产生中断
位 7:6=01	4 字节产生中断
位 7:6=10	8 字节产生中断
位 7:6=11	14 字节产生中断
位 5	允许 64 字节 FIFO
位 4	未使用
位 3	DMA 模式选择
位 2	清除发送 FIFO

续表

位	描　　述
位 1	清除接收 FIFO
位 0	允许 FIFO

FCR 可写但不可读，该寄存器用来控制 16550 或 16750 的 FIFO 寄存器。位 0 置 1 将允许发送/接收的 FIFO 工作，位 1 和位 2 置 1 分别用来清除接收及发送 FIFO。清除接收及发送 FIFO 并不影响移位寄存器。位 2:1 可自行复位，因此无须使用软件对其清 0。位 7:6 用来设定产生中断的级别，发送/接收中断将在发送/接收到对应字节数时产生。

5. 线路控制寄存器

线路控制寄存器（LCR）的定义如表 15.9 所示。

表 15.9　线路控制寄存器的定义

位	描　　述
位 7=1	允许访问波特率因子寄存器
位 7=0	允许访问接收/发送及中断允许寄存器
位 6	设置间断，0 表示禁止，1 表示设置
位 5:3=XX0	无校验
位 5:3=001	奇校验
位 5:3=011	偶校验
位 5:3=101	奇偶保持为 1
位 5:3=111	奇偶保持为 0
位 2=0	1 位停止位
位 2=1	此时停止位长度依赖于数据位长度：若数据位长度是 5 位，则停止位为 1.5 位；若数据位长度是 6~8 位，则停止位为 2 位
位 1:0=00	5 位数据位
位 1:0=01	6 位数据位
位 1:0=10	7 位数据位
位 1:0=11	8 位数据位

线路控制寄存器用来设定通信所需的一些基本参数。位 7 为 1 指定波特率因子寄存器有效，为 0 则指定发送/接收及 IER 有效。位 6 置 1 会将发送端置为 0，这将会使接收端产生一个"间断"。位 5:3 用来设定是否使用奇偶校验以及奇偶校验的类型，位 3 置 1 时使用校验，位 4 置 0 则为奇校验，位 4 置 1 为偶校验，而位 5 则强制校验为 1 或 0，并由位 4 决定具体为 0 或 1。位 2 用来设定停止位的长度，0 表示 1 位停止位，1 则根据数据长度的不同使用 1.5~2 位停止位。位 1:0 用来设定数据长度。

6. Modem 控制寄存器

Modem 控制寄存器的定义如表 15.10 所示。

表 15.10   Modem 控制寄存器的定义

位	描　　述
位 7	未使用
位 6	未使用
位 5	自动流量控制（仅 16750）
位 4	环路测试
位 3	辅助输出 2
位 2	辅助输出 1
位 1	设置 RTS
位 0	设置 DTR

Modem 控制寄存器可读可写，位 4 置 1 则进入环路测试模式。位 3~0 用来控制对应的引脚。

7. 线路状态寄存器

线路状态寄存器（LSR）的定义如表 15.11 所示。

表 15.11   线路状态寄存器的定义

位	描　　述
位 7	FIFO 中接收数据错误
位 6	发送移位寄存器空
位 5	发送保持寄存器空
位 4	间断
位 3	帧格式错
位 2	奇偶错
位 1	超越错
位 0	接收数据就绪

线路状态寄存器为只读寄存器，当发生错误时位 7 为 1，位 6 为 1 时表示发送保持及发送移位寄存器均空，位 5 为 1 时表示仅发送保持寄存器空，此时，可以由软件发送下一数据。当线路状态为 0 时位 4 置为 1，帧格式错时位 3 置为 1，奇偶错和超越错分别将位 2 及位 1 置为 1。位 0 置为 1 表示接收数据就绪。

在接收和发送过程中，错误状态位（1、2、3、4 位）一旦被置为 1，则读入的接收数据已不是有效数据，所以在串行应用程序中，应检测数据传输是否出错。 错误类型如下。

（1）奇偶错误：通信线上（尤其是用电话线传输时）的噪声引起某些数据位的改变，产生奇偶错误，检测出奇偶错误时，要求正在接收的数据至少应重新发送一段。

（2）超越错误：在上一个字符还未被 CPU 取走，又有字符要传送到数据寄存器中，则会引起超越错误。

（3）帧格式错误：接收/发送器未收到一个字符数据的终止位，会引起帧格式错误。这种错误可能是由于通信线上的噪声引起终止位的丢失，或者是由于接收方和发送方初始化不匹配。

（4）间断：间断有时候并不能算是一个错误，而是为某些特殊的通信环境设置的"空格"

状态。当间断为 1 时,这说明接收的"空格"状态超过了一个完整的数据字传输时间。

8. Modem 状态寄存器

Modem 状态寄存器(MSR)的定义如表 15.12 所示。

表 15.12 Modem 状态寄存器的定义

位	描　　述
位 7	载波检测
位 6	响铃指示
位 5	DSR 准备就绪
位 4	CTS 有效
位 3	DCD 已改变
位 2	RI 已改变
位 1	DSR 已改变
位 0	CTS 已改变

Modem 状态寄存器的高 4 位分别对应 Modem 的状态线,低 4 位表示 Modem 的状态线是否发生了变化。

15.4.3 UART 初始化

xv6 在 uart.c 的 uartinit()函数完成初始化,过程如下。

1. 关闭串口的 FIFO 功能

xv6 不使用 FIFO 功能,每字节产生中断,因此,FIFO 控制寄存器(FCR)写入 0,如引用 15.30 所示。

引用 15.30 关闭串口的 FIFO 功能(uartinit(),uart.c)

```
8324 outb(COM1+2, 0); // FCR
```

2. 设置波特率

xv6 设置串口的波特率为 9600,为了设置波特率,先置线路控制寄存器(LCR)的除数寄存器允许位 DLAB 为 1,打开除数寄存器如引用 15.31 所示。

引用 15.31 打开除数寄存器(uartinit(),uart.c)

```
8327 outb(COM1+3, 0x80);              // Unlock divisor
```

然后写除数寄存器的低位(DLL)和除数寄存器的高位(DLM),如引用 15.32 所示。

引用 15.32 写 DLL 和 DLM(uartinit(),uart.c)

```
//除数寄存器=基准频率/(16*波特率)=1.8432M/16/波特率=115200/9600
8328 outb(COM1+0, 115200/9600);       //设置波特率,除数寄存器的低位
8329 outb(COM1+1, 0);                 //设置波特率,除数寄存器的高位
```

3. 设置数据宽度

写线路控制寄存器(LCR),清除 DLAB 位,设定数据宽度为 8,如引用 15.33 所示。

引用 15.33 设置数据宽度（uartinit(),uart.c）

```
8330 outb(COM1+3, 0x03);   //Lock divisor, 8 data bits
```

4. Modem 控制寄存器清 0

Modem 控制寄存器（MCR）清 0，如引用 15.34 所示。

引用 15.34 Modem 控制寄存器清 0（uartinit(),uart.c）

```
8331 outb(COM1+4, 0); //MCR : Modem control register
```

5. 打开中断允许寄存器

打开中断允许寄存器，0 位置 1，如引用 15.35 所示。

引用 15.35 打开允许寄存器（uartinit(),uart.c）

```
8332 outb(COM1+1, 0x01);   //Enable receive interrupts
```

6. 检查线路状态寄存器

检查线路状态寄存器（LSR），如引用 15.36 所示。

引用 15.36 检查线路状态寄存器（uartinit(),uart.c）

```
//若状态为 0xFF，则没有串口
8335 if(inb(COM1+5) == 0xFF)
8336 return;
8337 uart = 1;
8338
```

7. 打开 UART 中断

打开 UART 中断，如引用 15.37 所示。

引用 15.37 打开 UART 中断（uartinit(),uart.c）

```
8341 inb(COM1+2); //中断向量标识
8342 inb(COM1+0); //RBR,接收缓冲
     //开中断
8343 ioapicenable(IRQ_COM1, 0);
8344
```

8. 输出到 UART

最后输出到 UART，如引用 15.38 所示。

引用 15.38 输出到 UART（uartinit(),uart.c）

```
     //输出"xv6...\n"
8346 for(p="xv6...\n"; *p; p++)
8347 uartputc(*p);
```

15.4.4　UART 输入输出与中断处理

1. UART 字符输出函数 uartputc()

uartputc()函数输出字符时写到发送保持寄存器。UART 字符输出函数 uartputc()如引用 15.39 所示。

引用 15.39 UART 字符输出函数 uartputc()（uart.c）

```
8359  outb(COM1+0, c); //THR
```

然后读入线路状态寄存器检查位 5，如引用 15.40 所示。

引用 15.40 读入线路状态寄存器检查位 5（uart.c）

```
8357 for(i = 0; i < 128 && !(inb(COM1+5) & 0x20); i++)
```

直到成功。

2. 输入数据函数 uartgetc()

UART 数据输出的函数为 uartgetc()，输入前先检查线路状态寄存器，如引用 15.41 所示。

引用 15.41 检查线路状态寄存器（uart.c）

```
8367 if(!(inb(COM1+5) & 0x01)) //LSR
8368   return -1;
```

然后接收保持寄存器输入，如引用 15.42 所示。

引用 15.42 接收保持寄存器输入（uart.c）

```
8369 return inb(COM1+0);        //RBR
```

3. UART 中断处理函数 uartintr()

UART 中断处理函数 uartintr()调用 consoleintr()函数，consoleintr()函数调用 uartgetc()函数完成数据输入中断。UART 中断处理函数 consoleintr()如引用 15.14 所示。

第16章

初始进程、API与Shell

本章首先介绍 xv6 的初始进程，然后介绍 xv6 的应用程序接口（API）和 xv6 的 Shell 程序 sh，最后详细分析命令的构造和运行以及如何从输入的字符串解析命令。

本章涉及的源码主要有 initcode.S、init.c、ussys.S 和 sh.c。

16.1 初始进程

16.1.1 载入初始用户程序

1. 初始进程的设定

系统初始化的最后阶段，main.c 的 main()函数调用 userinit()函数建立初始进程，再调用 mpmain()函数调度进程。xv6 中建立初始进程后，其他进程是通过 fork()函数由父进程生成的。

userinit()函数首先调用 allocproc()函数分配初始进程、建立初始进程的内核空间，然后调用 inituvm()函数初始化用户空间，inituvm()函数把内核中初始进程用户代码 initcode（8400）从 _binary_initcode_start 复制到用户空间虚拟地址 0 开始处，当初始进程被调度运行时 initcode 将被执行。函数 userinit()的具体过程可参照引用 10.32。

2. 初始用户代码 initcode

初始用户代码 initcode 由汇编程序 initcode.S 编译得到，它使用系统调用 exec()载入根目录下的初始程序 init 来执行。初始用户代码 initcode 如引用 16.1 所示，其主要过程如下：

（1）构建调用栈帧，首先把系统调用 exec()的参数 $argv、$init 推入堆栈（8410、8411），然后将$0 作为调用的返回地址推入栈中（8412）。

（2）使用系统调用需要先将功能号放到 EAX 寄存器中，所以功能号 SYS_exec 被放入 EAX 寄存器中（8413），然后执行软中断 int T_SYSCALL（8415），经过中断处理程序和系统调用处理程序分派，最终内核函数 exec()被调用。

正常情况下函数 exec()不会返回，它将载入由立即数$init 指示的根目录下的 init 程序运行程序，$init 处存放一个以空字符结尾的字符串"/init\0"。如果 exec()函数执行失败并且返回了，

initcode 会不断使用功能号为 SYS_exit 的系统调用退出进程。

引用 16.1 用户代码 initcode（initcode.S）

```
8407 #exec(init, argv)
8408 .globl start
8409 start:
8410   pushl $argv
8411   pushl $init
8412   pushl $0 // where caller pc would be
8413   movl $SYS_exec, %eax
8414   int $T_SYSCALL
8415
8416 #for(;;) exit();
8417 exit:
8418   movl $SYS_exit, %eax
8419   int $T_SYSCALL
8420   jmp exit
8421
8422 #char init[] = "/init\0";
8423 init:
8424   .string "/init\0"
8425
8426 #char *argv[] = { init, 0 };
8427 .p2align 2
8428 argv:
8429   .long init
8430   .long 0
8431
```

系统调用导致系统陷入内核执行系统调用，系统调用执行完成后进程返回系统调用函数，由于陷入栈帧的 EIP 被设置为新载入程序 init 的入口地址，将执行新载入的用户程序，也就是运行 init 程序。设置当前进程陷阱帧的 EIP 如引用 16.2 所示。

引用 16.2 设置当前进程陷阱帧的 EIP（exec.c）

```
6699 curproc->tf->eip = elf.entry;
```

16.1.2 初始用户程序 init

初始用户程序 init 由 init.c 编译生成，如引用 16.3 所示。xv6 也尽量使用已有的函数来实现 init 程序。 Init（8510）的主要工作是在需要的情况下创建新的控制台设备文件，该设备文件将被作为标准输入、标准输出和标准错误文件打开，文件描述符分别为 0、1 和 2（8514~8519）。接下来它将不断循环进行（8521）：

（1）创建子进程，创建失败则退出（8523~8527）；

（2）在子进程中调用系统调用函数 exec()加载 Shell 程序 sh（sh 由 sh.c 生成），若返回则退出（8529~8532）；

（3）在父进程中调用 wait()函数等待子进程返回，直到 Shell 退出（8533~8535）。

引用 16.3 初始用户程序 init（init.c）

```
8502 #include "types.h"
8503 #include "stat.h"
```

```
8504 #include "user.h"
8505 #include "fcntl.h"
8506
8507 char *argv[] = { "sh", 0 };
8508
8509 int
8510 main(void)
8511 {
8512 int pid, wpid;
8513
8514 if(open("console", O_RDWR) < 0){
8515   mknod("console", 1, 1);
8516   open("console", O_RDWR);
8517   }
8518 dup(0); //stdout
8519 dup(0); //stderr
8520
8521 for(;;){
8522   printf(1, "init: starting sh\n");
8523   pid = fork();
8524   if(pid < 0){
8525     printf(1, "init: fork failed\n");
8526     exit();
8527     }
8528   if(pid == 0){
8529     exec("sh", argv);
8530     printf(1, "init: exec sh failed\n");
8531     exit();
8532     }
8533   while((wpid=wait()) >= 0 && wpid != pid)
8534     printf(1, "zombie!\n");
8535   }
8536 }
8537
```

16.2　API

16.2.1　API 的定义和实现

　　操作系统的内核实现操作系统的功能，然后以系统调用的方式提供给用户程序使用，但是直接使用系统调用仍然太过底层，操作系统往往将其功能包装成为一系列函数，然后开放函数的接口给应用程序使用，称为用户编程接口（API）。xv6 实现了 UNIX 操作系统中的基本接口，UNIX 的 API 被实践证明是一个设计良好的接口，它通过少量的机制较好地平衡了接口的简洁性和功能的复杂性，展现了很好的统一性。为了接口的统一性，在早期 UNIX 接口的基础上发展了 POSIX 标准，POSIX 标准定义了操作系统应该为应用程序提供的接口，现代操作系统如 Linux、MacOS 和 Windows 等都实现了基本的 POSIX 标准。

　　xv6 在 user.h 中定义其 API 供用户程序使用，供 xv6 使用。xv6 的 API 包括两部分，一部分为公共函数，另一部分为系统调用函数。xv6 的 API 定义如引用 16.4 所示。行号为文件内的行编号。

引用 16.4 xv6 的 API 定义（user.h）

```
1   struct stat;
2   struct rtcdate;
3
4   //system calls
5   int fork(void);
...
27  //ulib.c
28  int stat(const char*, struct stat*);
...
```

公共函数在 ulib.c 中实现，提供一些字符串操作、内存操作和文件操作功能。

系统调用函数在 usys.S 中通过展开宏 SYSCALL 实现，宏展开后将根据系统调用 name 调用相应功能号 SYS_ ## name 的系统功能，调用时，先把功能号放在%EAX 寄存器，然后使用"int $T_SYSCALL;"陷入中断处理程序，中断处理程序调用函数 syscall()根据功能号分派到相应的内核函数，然后再调用相应的内核函数实现其功能。

xv6 的系统调用函数和公共函数分别如表 16.1 和表 16.2 所示。

表 16.1 系统调用

系统调用函数	最终调用的主要内核函数名称	系统调用函数的功能
fork()	fork()	创建进程
exit()	exit()	结束当前进程
wait()	wait()	等待子进程结束
pipe(p)	pipealloc()、fdalloc()	创建管道，并把读和写的 fd 返回到 p
write(fd, buf, n)	filewrite()	从 buf 中写 n 字节到文件
read(fd, buf, n)	fileread()	从文件中读 n 字节到 buf
close(fd)	fileclose()	关闭打开的 fd
kill(pid)	kill()	结束 pid 所指进程
exec(filename, *argv)	namei()、readi()、setupkvm()、allocuvm()、loaduvm()、swtitchuvm()、freeuvm()	加载并执行一个文件
open(filename, flags)	create()、namei()、iunlockput()、iput()、fdalloc()、filealloc()、fileclose()	打开文件，flags 指定读/写模式
mknod(name, major, minor)	create()、iunlockput()	创建设备文件
unlink(filename)	nameiparent()、dirlookup()、iupdate()、iunlockput()、iput()、writei()	删除链接
fstat(fd)	filestat()	返回文件信息
link(f1, f2)	namei()、iupdate()、iunlockput()、iput()、nameiparent()、dirlink()	给 f1 创建一个名为 f2 的链接
mkdir(dirname)	create()、iunlockput()	创建新的目录
chdir(dirname)	namei()、iunlockput()、iput()	改变当前目录

续表

系统调用函数	最终调用的主要内核函数名称	系统调用函数的功能
dup(fd)	filedup()	复制 fd
getpid()	getpid()	获得当前进程 pid
sbrk(n)	growproc()	为进程内存空间增加 n 字节
sleep(n)	sleep()	睡眠 n 秒
uptime()		从启动以来流逝的时间(单位：tick)

表 16.2　公共函数

公 共 函 数	实 现 文 件	函数的功能
stat(fd,st)	ulib.c	文件的状态
strcpy(s, t)	ulib.c	字符串复制
memmove(vdst, vsrc, n)	ulib.c	内存复制
strchr(s, c)	ulib.c	字符在字符串的位置
strcmp(p,q)	ulib.c	字符串比较
printf(fd, fmt, ...)	printf.c	格式化输出
gets(buf, max)	ulib.c	从标准输入设备获取字符串
strlen(s)	ulib.c	字符串长度
memset(dst, n, c)	ulib.c	内存置值
malloc(n)	umalloc.c	内存分配
free(ap)	umalloc.c	释放内存
atoi(s)	ulib.c	字符串转换为整数

16.2.2　接口函数使用示例

1. 生成子进程

一个进程（父进程）可以通过 fork() 系统调用函数来创建一个子进程，子进程是对父进程的复制，二者的内存内容是一样的；但是对于同一个变量，父子进程各有一份副本，二者是相互独立的；但父子进程的进程控制块一些成员会有所区别，例如 pid 等。如果调用成功则 fork() 函数在父进程和子进程中都会返回（一次调用两次返回），在父进程中返回子进程的 pid，在子进程中返回 0。生成子进程如例 16.1 所示。

例 16.1　生成子进程(xv6 Book)

```
#include <stdio.h>
#include <sys/types.h>
#include <unistd.h>
int main()
{
    int pid;
    pid = fork();
```

```
    if(pid > 0){
        printf("parent: child=%d\n", pid);
        pid = wait();
        printf("child %d is done\n", pid);
    } else if(pid == 0){
        printf("child: exiting\n");
        exit();
    } else {
        printf("fork error\n");
    }
}
```

其中，exit()函数的调用会使得调用它的进程退出。在上面的例子中，输出如下：

```
parent   is done: child=1234
child: exiting
```

fork()函数执行成功后父子进程的调度顺序是不确定的，因此上面两行输出的顺序也是不确定的，输出顺序取决于父进程与子进程谁先结束 printf()函数。

函数 wait()会循环检查子进程的状态，直到子进程退出，函数返回子进程的 pid。在上例中，wait()函数返回后，父进程输出：

```
parent: child 1234 is done
```

下面以例 16.2 分析父子进程中变量的值。

例 16.2　生成子进程

```
#include <stdio.h>
#include <sys/types.h>
#include <unistd.h>
int a=0;
int main()
{
    int pid;
    pid = fork();
    if(pid > 0){
        printf("a in parent=%d\n", a);
    } else if(pid == 0){
a=a+10;
        printf("a in child=%d\n", a);
    } else {
        printf("fork error\n");
    }
}
```

由于父子进程各有一份变量 a 的副本且相互独立，子进程对变量 a 的修改不会影响父进程的变量 a，因此，程序输出如下：

```
a in parent=0
a in parent=10
```

2. exec()函数载入执行程序

exec()函数载入另一个可执行程序，取代当前进程的内存空间。xv6 中可执行文件的格式为 ELF，exec()函数返回后当前进程从 ELF 头中声明的入口开始执行所加载的程序。这一过程中并没有创建新的进程，而且进程号 pid 也没有改变。如引用 16.3 中，init 中生成子进程（8523），子进程中载入程序 sh 来执行（8529），如果成功则执行 sh 的代码，8530 行和 8531 行不会被执行到，子程序也不会执行 exit()函数，从而 8534 行也不会被执行到。

3. I/O 和文件描述符的使用

形如 cnt=read(fd, buf, n)的函数调用从打开的设备或文件的当前文件偏移处读取最多 n 字节数据到数据缓冲 buf，fd 为文件的描述符，返回值 cnt 为实际读取的字节数。当 read()函数返回时，文件偏移量增加 cnt 字节。若 cnt 为 0，则表示没有数据可读了；出错返回-1。

形如 cnt=write(fd, buf, n)的函数从 buf 写 n 字节到 fd 所代表文件的当前偏移处并且返回实际写出的字节数 cnt，若 cnt<n 则发生了错误，当 write()函数返回时，文件偏移量增加 cnt 字节。

例 16.3 是 xv6 的 cat 程序，cat()函数将数据从标准输入（fd 为 0）复制到标准输出（fd 为 1）。

例 16.3　cat()程序（cat.c）

```
1   #include "types.h"
2   #include "stat.h"
3   #include "user.h"
4
5   char buf[512];
6
7   void
8   cat(int fd)
9   {
10  int n;
11
12  while((n = read(fd, buf, sizeof(buf))) > 0) {
13      if (write(1, buf, n) != n) {
14          printf(1, "cat: write error\n");
15          exit();
16      }
17    }
18  if(n < 0){
19      printf(1, "cat: read error\n");
20      exit();
21    }
22  }
23
24  int
25  main(int argc, char *argv[])
26  {
27    int fd, i;
28
29    if(argc <= 1){
30      cat(0);
31      exit();
32  }
33
34    for(i = 1; i < argc; i++){
35      if((fd = open(argv[i], 0)) < 0){
36        printf(1, "cat: cannot open %s\n", argv[i]);
37        exit();
```

```
38     }
39     cat(fd);
40     close(fd);
41   }
42   exit();
43 }
```

由于文件描述符 fd 的抽象性，当标准输入和标准输出重定向到其他文件、管道或者设备时，除链接文件外还能灵活地应用 cat 与其他命令组合实现文件复制、内容过滤和制作镜像文件等功能。

16.3 Shell

16.3.1 Shell 概述

xv6 在 sh.c 中实现了一个简单的类 UNIX Bourne Shell 程序 sh，程序 sh 是普通的用户程序而不是内核的一部分，程序 sh 的主要功能是接收用户输入的命令、分析命令然后载入相关程序来执行。

程序 sh 的主函数 main()如引用 16.5 所示，其主要过程如下。

（1）确保控制台打开文件描述符 0、1 和 2（8707~8712）。

（2）循环调用 getcmd()函数输入命令到缓冲区 buf 并进行如下处理（8715）：

①如果是改变路径的命令 cd，则在父进程调用 chdir()函数（8716~8722）；

②生成子进程并在子进程中调用 runcmd()函数运行命令，runcmd()函数的参数由 pasecmd 解析缓冲区得到（8723、8724）；

③等待子进程运行结束（8725）。

引用 16.5 程序 sh 的 main()函数（sh.c）

```
8700 int
8701 main(void)
8702 {
8703 static char buf[100];
8704 int fd;
8705
8706 //Ensure that three file descriptors are open
8707 while((fd = open("console", O_RDWR)) >= 0){
8708   if(fd >= 3){
8709     close(fd);
8710     break;
8711   }
8712 }
8713
8714 //Read and run input commands.
8715 while(getcmd(buf, sizeof(buf)) >= 0){
8716   if(buf[0] == 'c' && buf[1] == 'd' && buf[2] == ' '){
8717     //Chdir must be called by the parent, not the child
8718     buf[strlen(buf)-1] = 0; // chop \n
8719     if(chdir(buf+3) < 0)
8720         printf(2, "cannot cd %s\n", buf+3);
```

```
8721      continue;
8722      }
8723   if(fork1() == 0)
8724      runcmd(parsecmd(buf));
8725   wait();
8726   }
8727 exit();
8728 }
8729
```

16.3.2　程序 sh 的主要功能

程序 sh 的主要功能如下。

（1）载入执行命令，如$ kill(9)。

（2）命令的输入输出重定向，如$ ls>a.txt 或者$ ls>>a.txt（以追加的方式重定向）。

（3）命令间的管道连接，如$ cat a.txt|wc。

（4）命令的后台执行，如$ kill(918) &。

（5）命令的并列执行。命令的并列执行有以下几种情况：

①每个命令之间用;连接。如：

```
$ cd /a;ls
```

各命令的执行结果不会影响其他命令的执行。换句话说，各个命令都会执行，但不保证每个命令都执行成功。

②每个命令之间用&&连接。如：

```
$ mkdir a && cd a
```

只有前面的命令执行成功，才会去执行后面的命令。这样可以保证所有的命令执行完毕后，执行过程都是成功的。但 xv6 的 sh 不支持该种并列执行，读者可以尝试完成该功能。

③每个命令之间用||连接。如：

```
$ mkdir a ||ls
```

||是或的意思，只有前面的命令执行失败后才去执行下一条命令，直到执行成功一条命令为止。但 xv6 的 sh 不支持该种并列执行，读者可以尝试完成该功能。

其中，符号$为命令行提示符。

16.4　命令结构体及其构造与运行

xv6 分别定义了结构体 execcmd、redircmd 和 pipecmd 来管理命令，xv6 还定义了结构体 cmd 作为它们的"抽象父类"。

16.4.1　命令

1. 命令结构体 cmd

xv6 定义了命令结构体 cmd，命令结构体 cmd 的定义和成员分别如引用 16.6 和表 16.3 所示，它抽象了各种命令的共同特征。

引用 16.6　命令结构体 cmd 的定义（sh.c）

```
8565 struct cmd {
8566 int type;
8567 };
8568
```

命令实际上是一种递归结构，一个命令可能又由几个命令构成，所以 sh 中存在多处递归调用。

表 16.3　命令结构体 cmd 的成员

成　　员	含　　义
type	命令类型

命令的类型如引用 16.7 所示。

引用 16.7　命令的类型（sh.c）

```
7857    #define EXEC    1    //载入执行命令
7858    #define REDIR   2    //重定向命令
7859    #define PIPE    3    //管道命令
7860    #define LIST    4    //并列命令
7861    #define BACK    5    //后台命令
7862
```

2. 命令 cmd 的构造函数

cmd 是"抽象类"，没有定义专门的构造函数。

3. 命令 cmd 的运行

cmd 的运行函数为 runcmd()，如引用 16.8 所示。runcmd()函数根据命令的不同类型来运行命令，其运行方式随后在每种命令中具体介绍。

引用 16.8　runcmd()函数（sh.c）

```
8605 void
8606 runcmd(struct cmd *cmd)
8607 {
...
8618 switch(cmd->type){
8619 default:
8620 panic("runcmd");
8621
8622 case EXEC://参见16.4.2节
...
8630 case REDIR://参见16.4.3节
...
8640 case LIST://参见16.4.4节
...
8650 case PIPE://参见16.4.5节
...
8674 case BACK://参见16.4.6节
...
8679 }
8680 exit();
```

```
8681 }
8682
```

16.4.2 载入执行命令

1. 载入执行命令结构体 execcmd

xv6 定义了结构体 execcmd 用于描述命令的载入执行，其定义和成员分别如引用 16.9 和表 16.4 所示。

引用 16.9　载入执行命令结构体 execcmd 的定义（sh.c）

```
8569 struct execcmd {
8570 int type;
8571 char *argv[MAXARGS];
8572 char *eargv[MAXARGS];
8573 };
8574
```

execcmd 命令是结构最简单的命令，execcmd 命令的 argv[] 和 eargv[] 成员用于记录每个参数在程序 sh 输入缓冲 buf 中的起止位置，调用 nulterminate() 函数后将会在每个参数的结尾用 NUL 填充，argv[] 就形成了参数字符串数组。

表 16.4　载入执行命令结构体 execcmd 的成员

成　　员	含　　义
type	命令类型
argv[]	参数字符串起点位置数组，argv[i] 指向第 i 个参数字符串在 buf 的起点位置
eargv[]	参数字符串终点位置数组，argv[i] 指向第 i 个参数字符串在 buf 的终点位置

2. 命令 execcmd 的构造函数

命令 execcmd 的构造函数 execcmd() 如引用 16.10 所示，首先分配命令 execcmd 的存储空间（8757），然后将其清 0（8758）并设定其类型（8759）。

引用 16.10　构造函数 execcmd()（sh.c）

```
8752 struct cmd*
8753 execcmd(void)
8754 {
8755 struct execcmd *cmd;
8756
8757 cmd = malloc(sizeof(*cmd));
8758 memset(cmd, 0, sizeof(*cmd));
8759 cmd->type = EXEC;
8760 return (struct cmd*)cmd;
8761 }
8762
```

3. 命令 execcmd 的运行

命令 execcmd 调用 exec() 函数载入文件名为 ecmd->argv[0] 的可执行文件执行，参数数组为 ecmd->argv。命令 execcmd 的运行如引用 16.11 所示。

引用 16.11 命令 execcmd 的运行（sh.c）

```
8622 case EXEC:
8623 ecmd = (struct execcmd*)cmd;
8624 if(ecmd->argv[0] == 0)
8625   exit();
8626 exec(ecmd->argv[0], ecmd->argv);
8627 printf(2, "exec %s failed\n", ecmd->argv[0]);
8628 break;
```

16.4.3 重定向命令

1. 重定向命令结构体 redircmd

程序 sh 支持命令的重定向，xv6 定义了结构体 redircmd 用于描述命令的重定向，其定义和成员分别如引用 16.12 和表 16.5 所示。

引用 16.12 重定向命令结构体 redirccmd 的定义（sh.c）

```
8575 struct redircmd {
8576 int type;
8577 struct cmd *cmd;
8578 char *file;
8579 char *efile;
8580 int mode;
8581 int fd;
8582 };
8583
```

结构体 redircmd 的 file 和 efile 成员用于记录重定向文件名的起止位置，在调用 nulterminate() 函数后，文件名字符串的结尾用 NUL 填充，从而形成文件名字符串数组。

表 16.5 重定向命令结构体 redircmd 的成员

成 员	含 义
type	类型
cmd	重定向符左边的命令
file	重定向文件名在 buf[]起点位置的指针
efile	重定向文件名在 buf[]终点位置的指针
mode	重定向后的文件打开方式
fd	被重定向的文件描述符

2. 重定向命令 redircmd 的构造函数

重定向命令 redircmd 的构造函数 redircmd()如引用 16.13 所示，首先分配命令 redircmd 的存储空间（8768），将其清 0（8769），并设定其类型（8770）；然后用构造函数的参数设定命令 redircmd 包含的命令 cmd、重定向文件的文件名起点 file、文件名终点 efile、打开方式和文件描述符（8771~8775）。

引用 16.13 构造函数 redircmd()（sh.c）

```
8763 struct cmd*
```

```
8764 redircmd(struct cmd *subcmd, char *file, char *efile, int mode, int fd)
8765 {
8766 struct redircmd *cmd;
8767
8768 cmd = malloc(sizeof(*cmd));
8769 memset(cmd, 0, sizeof(*cmd));
8770 cmd->type = REDIR;
8771 cmd->cmd = subcmd;
8772 cmd->file = file;
8773 cmd->efile = efile;
8774 cmd->mode = mode;
8775 cmd->fd = fd;
8776 return (struct cmd*)cmd;
8777 }
8778
```

3. 命令 redircmd 的运行

命令 redircmd 的运行如引用 16.14 所示，其主要过程如下：先关闭被重定向的文件（描述符为 fd）（8632），再打开重定向文件（8633~8636），fd 将会被分配给重定向文件从而完成重定向，然后递归调用 runcmd() 函数运行 redircmd() 函数所包含的命令（8637）。

引用 16.14　redircmd 的运行（sh.c）

```
8630 case REDIR:
8631 rcmd = (struct redircmd*)cmd;
8632 close(rcmd->fd);
8633 if(open(rcmd->file, rcmd->mode) < 0){
8634   printf(2, "open %s failed\n", rcmd->file);
8635   exit();
8636   }
8637 runcmd(rcmd->cmd);
8638 break;
8639
```

16.4.4　管道命令

1. 管道命令结构体 pipecmd

程序 sh 支持命令间的管道，xv6 定义了结构体 pipecmd 用于命令间的管道，其定义和成员分别如引用 16.15 和表 16.6 所示。

引用 16.15　管道命令结构体 pipecmd 的定义（sh.c）

```
8584 struct pipecmd {
8585 int type;
8586 struct cmd *left;
8587 struct cmd *right;
8588 };
8589
```

表 16.6 管道命令结构体 pipecmd 的成员

成 员	含 义
type	命令类型
left	管道左边的命令
right	管道右边的命令

2. 管道命令 pipecmd 的构造函数

管道命令 pipecmd 的构造函数 pipecmd()如引用 16.16 所示，其主要过程如下：首先分配 pipecmd 的存储空间（8784），将其清 0（8785），并设定其类型（8786）；然后用构造函数的参数设定其管道左右两边的命令 left 和 right（8787、8788）。

引用 16.16 构造函数 pipecmd()（sh.c）

```
8779 struct cmd*
8780 pipecmd(struct cmd *left, struct cmd *right)
8781 {
8782 struct pipecmd *cmd;
8783
8784 cmd = malloc(sizeof(*cmd));
8785 memset(cmd, 0, sizeof(*cmd));
8786 cmd->type = PIPE;
8787 cmd->left = left;
8788 cmd->right = right;
8789 return (struct cmd*)cmd;
8790 }
8791
```

3. 管道命令 pipecmd 的运行

管道命令 pipecmd 的运行如引用 16.17 所示，其主要过程如下。

（1）调用 pipe()函数构造管道得到文件描述符数组 p[]（8652、8653）。

（2）创建子进程 1（8654），在子进程 1 中关闭文件描述符 1（8655），复制管道的 p[1]（8656）时文件描述符 1 将被关联到管道的写端，然后关闭管道的文件描述符 p[0]和 p[1]（8657、8658），但是写端因为描述符的复制将保持打开，然后载入左边的命令来执行（8659）。

（3）创建子进程 2（8661），在子进程 2 中关闭右边命令的文件描述符 0（8662），复制管道的 p[0]（8663）时文件描述符 0 将被关联到管道的读端，然后关闭管道的文件描述符 p[0]和 p[1]（8664-8665），但是读端因为描述符的复制将保持打开，然后调入右边的命令来执行（8666）。

（4）关闭父进程的文件描述 0、1（8668、8669）。

（5）等待两个子进程返回（8670、8671）。

这样就建立了左边命令输出⇒管道写端⇒管道读端⇒右边命令输入的通道。

引用 16.17 管道命令 pipecmd 的运行（sh.c）

```
8650 case PIPE:
8651 pcmd = (struct pipecmd*)cmd;
8652 if(pipe(p) < 0)
8653   panic("pipe");
8654 if(fork1() == 0){
8655   close(1);
```

```
8656    dup(p[1]);
8657    close(p[0]);
8658    close(p[1]);
8659    runcmd(pcmd->left);
8660    }
8661 if(fork1() == 0){
8662    close(0);
8663    dup(p[0]);
8664    close(p[0]);
8665    close(p[1]);
8666    runcmd(pcmd->right);
8667    }
8668 close(p[0]);
8669 close(p[1]);
8670 wait();
8671 wait();
8672 break;
8673
```

16.4.5　并列命令

1. 并列命令结构体 listcmd

程序 sh 支持命令的并列运行，xv6 定义了结构体 listcmd 用于描述命令的并列运行，其定义和成员分别如引用 16.18 和表 16.7 所示。

引用 16.18　并列命令结构体 listcmd 的定义（sh.c）

```
8590 struct listcmd {
8591 int type;
8592 struct cmd *left;
8593 struct cmd *right;
8594 };
8595
```

表 16.7　并列命令结构体 listcmd 的成员

成　　员	含　　义
type	命令类型
left	";" 左边的命令
right	";" 右边的命令

2. 并列命令 listcmd 的构造函数

并列命令构造函数 listcmd()如引用 16.19 所示，其主要过程如下：首先分配 listcmd()函数的存储空间（8805），将其清 0（8806），并设定其类型（8807）；然后用构造函数的参数设定 ";"
左右两边的命令 left 和 right（8808、8809）。

引用 16.19　构造函数 listcmd()（sh.c）

```
8800 struct cmd*
8801 listcmd(struct cmd *left, struct cmd *right)
8802 {
```

```
8803 struct listcmd *cmd;
8804
8805 cmd = malloc(sizeof(*cmd));
8806 memset(cmd, 0, sizeof(*cmd));
8807 cmd->type = LIST;
8808 cmd->left = left;
8809 cmd->right = right;
8810 return (struct cmd*)cmd;
8811 }
8812
```

3. 并列命令 listcmd 的运行

并列命令 listcmd 的运行 listcmd 的运行如引用 16.20 所示，其主要过程如下：首先在子进程中调用 runcmd() 函数递归地运行左端的命令（8642、8643），等待子进程退出（8644）后在父进程中调用 runcmd() 函数递归地运行右端的命令（8645）。

引用 16.20　并列命令 listcmd 的运行（sh.c）

```
8640 case LIST:
8641   lcmd = (struct listcmd*)cmd;
8642   if(fork1() == 0)
8643     runcmd(lcmd->left);
8644   wait();
8645     runcmd(lcmd->right);
8646 break;
8647
```

16.4.6　后台命令

1. 后台命令结构体 backcmd

sh 支持命令的后台运行，xv6 定义了结构体 backcmd 用于命令的后台运行，其定义和成员分别如引用 16.21 和表 16.8 所示。

引用 16.21　后台命令结构体 backcmd 的定义（sh.c）

```
8596 struct backcmd {
8597 int type;
8598 struct cmd *cmd;
8599 };
```

表 16.8　后台命令结构体 backcmd 的成员

成　　员	含　　义
type	命令类型
cmd	"&" 左边的命令

2. 后台命令 backcmd 的构造函数

后台命令 backcmd 的构造函数 backcmd() 如引用 16.22 所示，其主要过程如下：首先分配 backcmd() 函数的存储空间（8818），将其清 0（8819），并设定其类型（8820）；然后用构造函数的参数设定其包含的 cmd（8821）。

引用 16.22 构造函数 backcmd()（sh.c）

```
8813 struct cmd*
8814 backcmd(struct cmd *subcmd)
8815 {
8816 struct backcmd *cmd;
8817
8818 cmd = malloc(sizeof(*cmd));
8819 memset(cmd, 0, sizeof(*cmd));
8820 cmd->type = BACK;
8821 cmd->cmd = subcmd;
8822 return (struct cmd*)cmd;
8823 }
8824
```

3. 后台命令 backcmd 的运行

后台命令 backcmd 的运行很简单，如引用 16.23 所示。后台运行就是把命令放在子进程中运行，父进程不等待子进程返回（8674~8678）。

引用 16.23 后台命令 backcmd 的运行（sh.c）

```
8674 case BACK:
8675 bcmd = (struct backcmd*)cmd;
8676 if(fork1() == 0)
8677 runcmd(bcmd->cmd);
8678 break;
```

16.5 输入字符串的解析

16.5.1 命令解析

负责命令解析的函数为 parsecmd()，如引用 16.24 所示。它将字符串 s 解析为命令 cmd，主要的解析工作实际是调用行解析函数 parseline() 完成的，其主要过程如下：指定解析范围，字符串 s 作为起点，而指针 es 指向字符串的终点（8923），调用 parseline() 函数（8924），解析过程中，位置指针 ps 将向后移动；因此，如果解析完成后字符串 s（8925~8929）仍然存在非空白字符，则存在语法错误；解析完成后，调用 nulterminate() 函数将命令的参数截断为以 NUL 结尾的字符串（8930）。

parseline() 函数可参考 16.5.2 节。

引用 16.24 命令解析 parsecmd() 函数（sh.c）

```
8917 struct cmd*
8918 parsecmd(char *s)
8919 {
8920 char *es;
8921 struct cmd *cmd;
8922
8923 es = s + strlen(s);
8924 cmd = parseline(&s, es);
8925 peek(&s, es, "");
8926 if(s != es){
```

```
8927  printf(2, "leftovers: %s\n", s);
8928  panic("syntax");
8929  }
8930 nulterminate(cmd);
8931 return cmd;
8932 }
8933
```

其中，nulterminate()函数递归地将命令的参数截断为以 NUL 结尾的字符串。

命令截断函数 nulterminate()如引用 16.25 所示，其主要过程如下：根据命令的类型进行处理（9064）。

（1）对 EXEC，将每个参数终点位置 eargv[i] 填充为 0（9065~9069）；

（2）对 REDIR，将文件名终点位置 efile 填充为 0（9071~9075）；

（3）对 PIPE 和 LIST，递归调用 nulterminate()函数分别将左右两边的命令参数截断为字符串（9077~9087）；

（4）对 BACK，递归调用 nulterminate()函数将其包含的命令的参数截断为字符串（9091）。

引用 16.25　命令截断函数 nulterminate()（sh.c）

```
9050 //NUL-terminate all the counted strings
9051 struct cmd*
9052 nulterminate(struct cmd *cmd)
9053 {
9054 int i;
9055 struct backcmd *bcmd;
9056 struct execcmd *ecmd;
9057 struct listcmd *lcmd;
9058 struct pipecmd *pcmd;
9059 struct redircmd *rcmd;
9060
9061 if(cmd == 0)
9062   return 0;
9063
9064 switch(cmd->type){
9065 case EXEC:
9066 ecmd = (struct execcmd*)cmd;
9067 for(i=0; ecmd->argv[i]; i++)
9068 *ecmd->eargv[i] = 0;
9069 break;
9070
9071 case REDIR:
9072   rcmd = (struct redircmd*)cmd;
9073   nulterminate(rcmd->cmd);
9074   *rcmd->efile = 0;
9075   break;
9076
9077 case PIPE:
9078   pcmd = (struct pipecmd*)cmd;
9079   nulterminate(pcmd->left);
9080   nulterminate(pcmd->right);
9081   break;
9082
```

```
9083 case LIST:
9084   lcmd = (struct listcmd*)cmd;
9085   nulterminate(lcmd->left);
9086   nulterminate(lcmd->right);
9087   break;
9088
9089 case BACK:
9090   bcmd = (struct backcmd*)cmd;
9091   nulterminate(bcmd->cmd);
9092   break;
9093   }
9094 return cmd;
9095 }
9096
```

16.5.2 行解析

行解析函数 parseline()如引用 16.26 所示，其调用关系如图 16.1 所示。注意 parseline()函数的递归调用。它对输入字符串的分析与 C 语言的操作符分析类似，";"和"|"是双目操作符，它们链接两个命令，而且"|"的优先级高于";"; "&"是与命令左结合的单目操作符，解析一个命令后查看如果存在该操作符则把左边的命令作为后台命令包含的命令并构造后台命令。

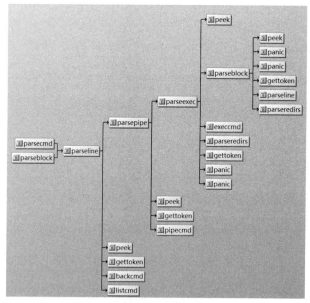

图 16.1 parseline()函数的调用关系

所以 parseline()函数先调用 parsepipe()函数解析管道命令（8939），再查看如果存在"&"则将左边的命令构造成一个后台命令（8940~8943），然后再查看如果存在";"则将左边的命令作为并列命令的左命令，剩余部分则递归调用 parseline()函数解析为一个命令作为并列命令的右命令，从而构造出并列命令（8944~8947）。

引用 16.26 行解析函数 parseline()（sh.c）

```
8934 struct cmd*
```

```
8935 parseline(char **ps, char *es)
8936 {
8937 struct cmd *cmd;
8938
8939 cmd = parsepipe(ps, es);
8940 while(peek(ps, es, "&")){
8941   gettoken(ps, es, 0, 0);
8942   cmd = backcmd(cmd);
8943   }
8944 if(peek(ps, es, ";")){
8945   gettoken(ps, es, 0, 0);
8946   cmd = listcmd(cmd, parseline(ps, es));
8947   }
8948 return cmd;
8949 }
```

其中：

（1）gettoken()函数从输入缓冲的字符串(从*ps 到 es)的开头获取一个操作符，要搜索的符号存放在 symbols 数组中，*ps 随着搜索往后移动，*q 记录了首个非空白字符的起始位置，*eq 记录了符号后的首字符位置。

（2）peek()函数调用 strchr()函数检查输入缓冲 buf 从*ps 到 es 的字符串是否存在 toks 字符串中的符号，调用后*ps 将是首个符号的位置或者字符串的结束位置。

（3）gettoken()函数可参考 16.5.7 节。

16.5.3　管道命令解析

parsepipe()函数解析管道命令，管道命令 pipecmd 的左边是一个 execcmd，右边则可以是一个 pipecmd 或者一个 cmdcmd，也就是说管道可以多重链接。因此，管道解析函数 parsepipe()解析时先调用 parseexec()函数解析左边的 execcmd（8955），然后调用 peek()函数查看，若存在"|"操作符则调用 gettoken()函数提取操作符并递归调用 parsepipe()函数将剩余部分解析为管道命令，将返回值与 cmd 一起构造管道命令（8956~8959），如果不再存在"|"操作符，则将返回一个 execcmd。管道解析函数 parsepipe()如引用 16.27 所示，其调用关系如图 16.2 所示。注意parsepine()函数的递归调用。

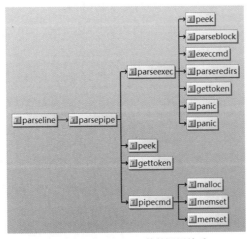

图 16.2　parsepipe()函数的调用关系

引用 16.27 parsepipe()函数（sh.c）

```
8950 struct cmd*
8951 parsepipe(char **ps, char *es)
8952 {
8953 struct cmd *cmd;
8954
8955 cmd = parseexec(ps, es);
8956 if(peek(ps, es, "|")){
8957   gettoken(ps, es, 0, 0);
8958   cmd = pipecmd(cmd, parsepipe(ps, es));
8959   }
8960 return cmd;
8961 }
8962
```

16.5.4　重定向命令解析

parseredirs()函数解析重定向命令，重定向命令 redircmd 由一个 execcmd 命令或者 redircmd 命令与一个文件名构成，二者之间的操作符为"<"">"或">>"，也就是说 redircmd()函数可以递归构造，其解析的思路是从左到右解析，循环查看，如果有重定向符则把左边的命令作为为重定向命令 redircmd 的子命令，递归的构造 redircmd 命令。

重定向命令解析函数 parseredirs()如引用 16.28 所示，其主要过程如下：循环调用 peek()函数查看若存在"<"或">"之一（8969）则将调用 gettoken()函数提取操作符（8970~8972），然后根据操作符不同分别做如下处理（8973）。

（1）对"<"，调用 redircmd()函数构造输入重定向命令，并指定重定向文件的读取方式为只读，被重定向的文件描述符为 0（8974~8976）；

（2）对">"，调用 redircmd()函数构造输出重定向命令，并指定重定向文件的读取方式为只写和创建，被重定向的文件描述符为 1（8977~8979）；

（3）对"+"，也即">>"，调用 redircmd()函数构造输出重定向命令，并指定重定向文件的读取方式为只写和创建，被重定向的文件描述符为 1（8980~8922）。

引用 16.28 重定向命令解析函数 parseredirs()（sh.c）

```
8963 struct cmd*
8964 parseredirs(struct cmd *cmd, char **ps, char *es)
8965 {
8966 int tok;
8967 char *q, *eq;
8968
8969 while(peek(ps, es, "<>")){          //循环查看重定向符
8970   tok = gettoken(ps, es, 0, 0);     //读取操作符
                                         //cmd 右边是字符串，语法错误
8971   if(gettoken(ps, es, &q, &eq) != 'a')
8972     panic("missing file for redirection");
8973   switch(tok){                      //构造不同的 redircmd（）函数
8974   case '<':
8975     cmd = redircmd(cmd, q, eq, O_RDONLY, 0);
8976     break;
```

```
8977  case '>':
8978    cmd = redircmd(cmd, q, eq, O_WRONLY|O_CREATE, 1);
8979    break;
8980  case '+':              //>>
8981    cmd = redircmd(cmd, q, eq, O_WRONLY|O_CREATE, 1);
8982    break;
8983    }                    //end switch
8984  }                      //end while
8985 return cmd;

8986 }
8987
```

gettoken()函数可参考 16.5.7 节。

16.5.5　块解析函数

parseblock()函数解析输入缓冲 buf 从*ps 到 es 的部分为括号包含的块。其思路是把()之间作为一个命令整体，然后检查是否有重定向。块解析函数 parseblock()如引用 16.29 所示，其主要过程如下。

（1）调用 peek()函数查看若存在"("（9005、9006）则将调用 gettoken()函数提取操作符（9007）。

（2）调用 parseline()函数把其后的部分作为一个整体解析提取一个 cmd（9008）。

（3）调用 peek()函数查看若不为")"（9009~9010）则错误，否则调用 parseredirs()函数将其后的部分尝试解析为重定向命令。

调用后*ps 为扫描的当前位置。

引用 16.29　块解析函数 parseblock()（sh.c）

```
9000 struct cmd*
9001 parseblock(char **ps, char *es)
9002 {
9003 struct cmd *cmd;
9004
9005 if(!peek(ps, es, "("))
9006   panic("parseblock");
9007 gettoken(ps, es, 0, 0);
9008 cmd = parseline(ps, es);
9009 if(!peek(ps, es, ")"))
9010   panic("syntax - missing )");
9011 gettoken(ps, es, 0, 0);
9012 cmd = parseredirs(cmd, ps, es);
9013 return cmd;
9014 }
9015
```

gettoken()函数可参考 16.5.7 节。

16.5.6　载入执行命令解析

parseexec()函数解析载入执行命令，载入执行命令 execcmd 既可以是独立的，也可以进一

步与重定向符 ">" ">>" 和 "<" 构成重定向命令；另外由于载入执行命令 execmd 位于一个复合命令的最左端，而 "(" 具有最高优先级，所以解析时先查看若开头为 "(" 则先调用函数 parseblock()解析括号块，括号块应该是一个独立的命令，所以，对括号块直接返回。

若不存在 "("，则调用 parseredirs()函数来解析，如果存在重定向符，parseredirs()函数将返回一个 redircmd 命令，重定向符左边将被解析为 execcmd 命令的参数，否则 parseredirs()函数将返回一个 execcmd 命令。

载入执行命令解析函数 parseexec()如引用 16.30 所示，其主要过程如下。

（1）查看，若开头为 "(" 则先调用 parseblock()函数解析括号块（9024~9025）。

（2）若不存在 "("，则调用 parseredirs()函数来解析，如果存在重定向符，parseredirs()函数将返回一个 redircmd，重定向符左边将被解析为 execcmd 的参数，否则 parseredirs()将返回一个 execcmd。

调用后*ps 为扫描的当前位置。

引用 16.30　载入执行命令解析函数 parseexec()（sh.c）

```
9016 struct cmd*
9017 parseexec(char **ps, char *es)
9018 {
9019 char *q, *eq;
9020 int tok, argc;
9021 struct execcmd *cmd;
9022 struct cmd *ret;
9023
9024 if(peek(ps, es, "("))
9025   return parseblock(ps, es);
9026
9027 ret = execcmd();
9028 cmd = (struct execcmd*)ret;
9029
9030 argc = 0;
9031 ret = parseredirs(ret, ps, es);
9032 while(!peek(ps, es, "|)&;")){
9033   if((tok=gettoken(ps, es, &q, &eq)) == 0)
9034     break;
9035   if(tok != 'a')
9036     panic("syntax");
9037   cmd->argv[argc] = q;
9038   cmd->eargv[argc] = eq;
9039   argc++;
9040   if(argc >= MAXARGS)
9041     panic("too many args");
9042   ret = parseredirs(ret, ps, es);
9043   }
9044 cmd->argv[argc] = 0;
9045 cmd->eargv[argc] = 0;
9046 return ret;
9047 }
9048
```

gettoken()函数可参考 16.5.7 节。

16.5.7　提取操作符

gettoken()函数从输入缓冲的字符串的开头获取一个操作符。提取操作符函数 gettoken()如引用 16.31 所示，其主要过程如下。

（1）忽略开始处的空白字符（8862~8863）。

（2）根据当前的首个字符进行处理（8867）。

①字符串结束则停止扫描（8868~8869）。

②遇到符号字符串"<|&;()"中的一个符号则用该符号来表示操作符并停止扫描（8870~8877）。

③遇到"＞"则看看其后面的内容，如果为"＞"则把它解析为"＞＞"，并用"+"来表示操作符并停止扫描（8878~8884）。

④其他字符则用"a"来表示操作符，并继续扫描直到到达结束位置 es 或遇到空白字符或符号（8885~8890）。

（3）记录*eq 为当前扫描位置（8891~8892），继续扫描跳过空白，记录扫描的位置到*ps（8894~8896）。

调用后*ps 为扫描的当前位置，参数 q 和 eq 用于带回返回值。

引用 16.31　提取操作符函数 gettoken()（sh.c）

```
8852 char whitespace[] = " \t\r\n\v";
8853 char symbols[] = "<|>&;()";
8854
8855 int
8856 gettoken(char **ps, char *es, char **q, char **eq)
8857 {
8858 char *s;
8859 int ret;
8860
8861 s = *ps;
8862 while(s < es && strchr(whitespace, *s))
8863   s++;          //跳过操作符前的空白字符
8864 if(q)
8865 *q = s;         //操作符的位置
8866 ret = *s;       //操作符
8867 switch(*s){
8868 case 0:
8869   break;
8870 case '|':
8871 case '(':
8872 case ')':
8873 case ';':
8874 case '&':
8875 case '<':
8876   s++;
8877   break;
8878 case '>':
8879 · s++;
8880   if(*s == '>'){        //将">>"解析为'+'
8881     ret = '+';
```

```
8882      s++;
8883      }
8884   break;
8885 default:
8886   ret = 'a';      //字符
8887   while(s < es && !strchr(whitespace, *s) &&
!strchr(symbols, *s))
8888      s++;            //继续扫描，直到遇到空白字符或者操作符
8889   break;
8890   }
8891 if(eq)
8892   *eq = s;
8893
8894 while(s < es && strchr(whitespace, *s))
8895   s++;              //跳过操作符后的空白
8896 *ps = s;
8897 return ret;
8898 }
8899
```

参考文献

[1] 博韦. 深入理解 Linux 内核[M]. 陈莉君，张琼声，张宏伟，译. 北京：中国电力出版社，2012.

[2] 赵炯. Linux 内核完全剖析[M]. 北京：机械工业出版社，2009.

[3] 青柳隆宏. UNIX 内核源码剖析[M].殷中翔，译. 北京：人民邮电出版社，2014.

[4] LIONS J. 莱昂氏 UNIX 源码分析[M].尤晋元，译. 北京：机械工业出版社，2000.

[5] RODRIGUEZ C S, et al. Linux 内核编程[M].陈莉君，译. 北京：人民邮电出版社，2011.

[6] TANENBAUM A S. 现代操作系统[M].陈向群，译. 北京：机械工业出版社，2017.

[7] SILBERSCHATZ A. 操作系统概念[M].郑扣根，译. 北京：机械工业出版社，2018.

[8] RAYMON E S. UNIX 编程艺术[M].姜宏，译. 北京：电子工业出版社，2011.

[9] KERNIGHAN B W. UNIX 传奇[M].韩磊，译. 北京：人民邮电出版社，2021.

[10] TORVAL L. 只是为了好玩[M].陈少芸，译. 北京：人民邮电出版社，2014.

[11] BRYANT R E, HALLARON D O. 深入理解计算机系统[M].龚奕利，贺莲，译. 北京：机械工业出版社，2016.

[12] 田宇. 一个 64 位操作系统的设计与实现[M]. 北京：人民邮电出版社，2018.

[13] Intel. Software Developer Manuals for Intel® 64 and IA-32 Architectures[EB/OL]. (2021-06-28)[2021-06-29]. https://software.intel.com/content/www/us/en/develop/download/intel-64-and-ia-32-architectures-sdm-combined-volumes-1-2a-2b-2c-2d-3a-3b-3c-3d-and-4.html.

[14] COX R，KAASHOEK F，MORRIS R. xv6 a simple, UNIX-like teaching operating system[EB/OL]. (2020-07-03). https://pdos.csail.mit.edu/6.828/2018/xv6/book-rev11.pdf.

[15] 于渊. Orange's 一个操作系统的实现[M]. 北京：电子工业出版社，2009.

[16] 川合秀实. 30 天自制操作系统[M]. 周自恒，李黎明，曾详江，等译. 北京：人民邮电出版社，2012.

[17] 佚名.Executable_and_Linkable_Format[EB/OL]. (2020-07-03). https://elinux.org/Executable_and_Linkable_Format_(ELF).

[18] Intel.11th-generation-core-processor [EB/OL]. (2020-07-03).https://www.intel.in/content/dam/www/program/design/us/en/images/16x9/11th-generation-core-processor.png.

附录A 缩略语与术语